21 世纪高职高专规划教材

粮油储藏

赵 红 余 昆 主 编
张善湛 副主编

中国商业出版社

图书在版编目(CIP)数据

粮油储藏/赵江 余昆主编.—北京:中国商业出版社,2007.12

ISBN 978-7-5044-6013-4

Ⅰ.粮… Ⅱ.赵… Ⅲ.粮油储藏-高等学校:技术学校-教材 Ⅳ.TS205.9

中国版本图书馆 CIP 数据核字(2007)第 154435 号

责任编辑:刘树林

中国商业出版社出版发行

010-63180647 www.c-cbook.com

(100053 北京广安门内报国寺 1 号)

新华书店经销

北京京丰印刷厂印刷

* * *

787×960 毫米 16 开 23 印张 437 千字

2007 年 12 月第 1 版 2018 年 8 月第 2 次印刷

定价:35.00 元

* * * *

(如有印装质量问题可更换)

编委会名单

编写说明

近年来，我国高等职业教育蓬勃发展，为现代化建设培养了大量高素质技能型专门人才，丰富了高等教育体系结构，形成了高等职业教育体系框架。高职教育作为高教发展中的一个类型，肩负着培养一线需要的高技能人才的使命。据此，我会于2004年根据高职院校的定位陆续组织编写了“财务会计”、“市场营销”、“旅游管理”、“电子商务”、“计算机应用”、“粮食工程”等六个专业部分主干课的教材，此后，我会又陆续组织编写了粮油储检等其他商科类各专业主干课教材。

根据教育部[2006]16号文件(关于全面提高高等职业教育教学质量的若干意见)的精神，我会提出教材建设是课程建设与改革的重要内容，所编教材要充分体现高职教学的特点，参照相关的职业资格标准，改革课程体系与教学内容，建立突出职业能力培养的课程标准，积极与行业、企业合作，融“教、学、做”为一体，努力编出适用于工学结合的优秀教材。

我们殷切希望各院校在使用过程中不断提出宝贵意见，以使这批教材更臻完善，进一步适应高等职业教育人才培养的需要。

中国商业高等职业教育研究会

2007年9月

前言

《粮油储藏》是“粮油储藏与检验”专业的一门主干课程。为了适应新世纪高等职业教育人才培养的特点，根据全国职教会议精神和中国商业高等职业教育研究会的安排，按照商业高职“粮油储藏与检验专业教学大纲”和本学科教学计划的要求，我们组织编写了这本教材。

本教材以提高学生的专业素质，培养创新精神和实践能力为宗旨，从技能型专业人才培养的实际出发，在教材体系、结构和内容等方面努力体现先进性、科学性和实用性，特别是在内容的筛选上，本教材既兼顾到全国职业资格鉴定考核的需要，又体现了本专业的最新进展，可以满足职业教育不同层次、不同学制的教学要求。本教材可以作为高、中等职业院校相关专业的教学用书，也可以作为从事粮油、轻工、食品、贸易等行业的技术人员和管理人员的参考用书。

本教材由赵红、余昆主编，张善湛副主编，沈宗海主审。参加本教材编写的人员有赵红（绪论、第三章、第七章）、余昆（第九章、第十章）、张善湛（第十一章、第十二章）、李静（第一章、第二章）、李书民（第四章、第八章）、白岩（第五章、第六章）。

本教材在编写过程中，得到了广西工商职业技术学院、河南工业贸易职业技术学院、辽宁师范大学职业技术学院、安徽科技贸易学校、新疆工业经济学校、安徽中谷国家粮食储备库、贵州省贸易经济学校等许多单位的领导、老师和专家的大力支持，在此深表感谢。

由于经验有限，书中难免有疏漏和不足，敬请批评和指正。

编　者

2007 年 9 月

目　录

绪　论 …………………………………………………………………… (1)

第一篇　粮油基础

第一章　粮堆及其物理性质 ………………………………………… (9)

第一节　粮堆及其组成 …………………………………………… (9)

第二节　散落性和自动分级 ……………………………………… (14)

第三节　空隙度 …………………………………………………… (21)

第四节　导热性和热容量 ………………………………………… (24)

第五节　吸附性与吸湿性 ………………………………………… (29)

第六节　气流特性 ………………………………………………… (39)

思考练习题 ………………………………………………………… (44)

第二章　储粮生理性质 ……………………………………………… (44)

第一节　呼吸作用 ………………………………………………… (45)

第二节　休眠与后熟 ……………………………………………… (53)

第三节　发芽生理 ………………………………………………… (56)

第四节　陈化作用 ………………………………………………… (65)

思考练习题 ………………………………………………………… (67)

第三章　粮堆生态系统 ……………………………………………… (69)

第一节　生态学的基本知识 ……………………………………… (69)

第二节　粮堆生态系统 …………………………………………… (72)

第三节　粮堆中各因子之间的生态关系 ………………………… (73)

第四节 粮堆环境因素的变化规律 …………………………………… (77)
第五节 储粮发热与霉变 ………………………………………………… (87)
第六节 粮堆生态系统的应用 …………………………………………… (93)
思考练习题 ………………………………………………………………… (95)

第二篇 储粮技术

第四章 常规储藏技术 ……………………………………………… (99)
第一节 自然通风与常规密闭 …………………………………………… (99)
第二节 露天储藏 ………………………………………………………… (102)
第三节 地下仓储藏 ……………………………………………………… (112)
思考练习题 ………………………………………………………………… (118)

第五章 粮食干燥技术 ……………………………………………… (119)
第一节 基础知识 ………………………………………………………… (119)
第二节 粮油干燥机理和干燥过程 ……………………………………… (124)
第三节 粮油干燥条件 …………………………………………………… (129)
第四节 主要粮油干燥技术 ……………………………………………… (136)
思考练习题 ………………………………………………………………… (151)

第六章 机械通风储粮技术 ………………………………………… (153)
第一节 储粮机械通风概述 ……………………………………………… (153)
第二节 储粮机械通风系统 ……………………………………………… (155)
第三节 储粮机械通风系统的设计 ……………………………………… (174)
第四节 几种仓型的储粮机械通风系统 ………………………………… (179)
第五节 机械通风操作条件 ……………………………………………… (185)
第六节 机械通风系统的操作与管理 …………………………………… (192)
思考练习题 ………………………………………………………………… (196)

第七章 低温储粮技术 ……………………………………………… (197)
第一节 概述 ……………………………………………………………… (197)
第二节 自然低温储粮 …………………………………………………… (200)
第三节 机械制冷低温储粮 ……………………………………………… (203)
第四节 谷物冷却机低温储粮 …………………………………………… (214)
第五节 空调机准低温储藏 ……………………………………………… (224)

思考练习题 …………（226）

第八章 气调储藏技术 …………（229）
第一节 气调储藏概述 …………（229）
第二节 气调储藏的密封技术 …………（231）
第三节 生物降氧气调技术 …………（235）
第四节 人工降氧气调技术 …………（237）
第五节 气调储藏的管理 …………（241）
思考练习题 …………（245）

第三篇 主要粮油、饲料及粮油食品的储藏

第九章 主要粮油的储藏 …………（249）
第一节 原粮的储藏 …………（249）
第二节 成品粮的储藏 …………（262）
第三节 油料的储藏 …………（271）
第四节 油脂的储藏 …………（281）
第五节 种子粮的储藏 …………（288）
思考练习题 …………（290）

第十章 粮油食品和饲料的储藏 …………（291）
第一节 粮油食品的储藏 …………（291）
第二节 粮油饲料的储藏 …………（294）
思考练习题 …………（299）

第四篇 粮油仓储管理

第十一章 粮油仓库 …………（303）
第一节 粮库的分类与设置 ………… 303）
第二节 粮库的类型及性能要求 …………（311）
第三节 仓房的使用与管理 …………（317）
第四节 粮油堆放的原则和要求 …………（319）
思考练习题 …………（322）

第十二章　粮油进出库和日常管理 ……………………………… (323)
第一节　粮油入库制度 ……………………………………………… (323)
第二节　粮油出库业务管理 ………………………………………… (330)
第三节　粮油储藏日常管理 ………………………………………… (334)
思考练习题 …………………………………………………………… (352)

主要参考文献 ……………………………………………………… (354)

绪论

一、粮油储藏的基本概念

（一）粮油的概念

粮油是粮食、油料及其加工品的统称。绝大多数粮油是农作物的种子或果实，是人类的主要食物。“民以食为天”，人类的生存与发展一天也离不开粮油。粮油的范围很广，主要包括以下种类：

- 粮油
  - 原粮
    - 禾谷类：稻谷、麦类、玉米、高粱等
    - 豆类：蚕豆、豌豆、绿豆等
    - 薯类：甘薯、马铃薯等
  - 成品粮
    - 米类：大米、小米、黍米等
    - 粉类：面粉、米粉、玉米粉等
  - 油料：如大豆、花生、芝麻、油菜籽等
  - 油脂：如大豆油、菜籽油、芝麻油、花生油等
  - 粮油制品：
    - 粮油制品：挂面、米粉、面包、饼干等
    - 粮油加工副产品：麸皮、米糠、油饼（粕）等
  - 种子粮：稻种、麦种、玉米种等。

（二）粮油储藏的概念

粮油储藏是指粮油离开生产领域，尚未进入消费领域之前，为保持粮油的品质，减少粮油的质和量的损失而采取的科学保管过程。

粮油本身是活的有机体，其内部不断进行着生命活动和复杂的生物化学变化；同时，储藏的粮油还处在一定的生态体系中，因而还受各种环境因素的影响和制约。对粮油的这种生理、生化变化必须采用科学的技术和方法加以定向控制，才能保持粮油的固有品质。

粮油储藏分为后备储藏和周转储藏两种。后备储藏是指商品粮油离开生产领域，暂时不进入消费领域和流通领域而储存起来，以备急需，一般储藏时间较长。周转储藏是指商品粮油离开生产领域即将进入消费领域的临时性储藏，一般储藏时间较短。

（三）粮油储藏的地位和意义

我国是个农业大国，是世界上最大的产粮国家，平均粮油年总产量近5亿吨。粮油作为一种特殊的商品，其生产的季节性与消费连续性的矛盾，要求社会必须有一定的粮油储备量。维持合理的储备是我国的一项基本国策。随着农业生产的不断发展，粮油储备任务与日俱增，但粮油产后损失严重，仅虫、霉及品质劣变和损耗等，每年即达数百万吨。由此可见，搞好粮油储藏，减少收获后的损失，在一定意义上是不生产的增收；不仅可以为人类提供优质的粮油，具有良好的社会效益，也可以为粮食企业带来可观的经济效益。它关系到军需民食、工业生产等国民经济的各个方面，也是世界关注的问题。同时，粮油储藏对于解决粮油的生产和消费在时间和空间的矛盾、以及在粮油物流过程中的短暂停滞都是必不可少的。

无论是在发达国家或是不发达国家，也无论是热带国家还是寒带国家，粮油储藏在国计民生中都占有重要的地位。粮油的安全储藏与粮油生产具有同等的重要性。

二、粮油储藏的基本任务和要求

由于粮油品种繁多，又是活的有机体，加之各地气候条件差异较大，仓储条件不一，技术水平有高有低。同时，随着人们生活水平的提高，对粮油品质的要求也越来越高，要把粮油储藏好，是一项艰巨而复杂的任务。从保护人类生存环境、减少对生态环境污染、提高人类生活质量、保障人类健康出发，从我国实际情况和客观需要出发，21世纪对我国粮油储藏总的要求至少应包括“三低”、“三高”，即低损失、低污染、低成本；高质量、高营养、高效益。具体地讲，有以下几项基本任务：

（一）保持粮油的原有品质和新鲜度

所谓品质，是指粮油适于各种不同用途的所有性质的总和。以稻谷为例：收购入库时，稻谷的收购品质是指水分、杂质、出糙率、整精米率、色泽、气味的总和；加工成米时的品质是指精度、杂质、不完善粒、碎米率、水分、色泽、气味的总和；粮油在储藏期间所要保持的品质范围很广，各种粮油也不尽相同。概括地说除应保持水分、杂质符合储藏要求外，还应保持工艺品质（小麦的出粉率、面筋率、稻谷的出糙率、油料的含油率等）；食用品质（如米面的营养成分、色、香、味，大米的脂肪酸值、粘度，面粉的酸度、面筋的弹性、延伸性，油脂的酸值等），营养品质、卫生品质以及种用品质等。随着储藏时间的延长，粮油会逐渐陈化，品质下降，这虽是自然规律，但通过采取积极的措施控制储粮环境，可延缓粮油品质陈化的进程，保持其固有的品质和新鲜度。

（二）减少储粮损耗

在粮油储藏期间，由于粮油本身内在的生理生化变化和外界影响以及虫、霉、鼠雀等有害生物的危害，造成发热、霉变、生虫等所导致粮油的重量、质量、营养、和卫生污染等损耗是惊人的。据联合国粮农组织对20个国家的调查，全世界平均每年储粮损失占产粮总量的10%～18%，有些甚至高达30%，世界各国储粮损耗很不平衡，这与各国气候条件、经济条件、技术条件等密切相关。热带地区和不发达国家损耗较为严重；而发达国家的储粮损耗相对较低，如澳大利亚的储粮损失仅为0.14%～0.68%。我国农村的年储粮损失平均约为5%，国库损失约为0.2%。设法减少粮油在储藏期间的损失，相当于农业上的增产。因此粮油储藏是继农业生产之后的“无形良田”。

（三）降低储藏费用，提高经济效益

粮油储藏的费用包括保管费、防治费、化验费、烘晒费、消防费、清理费等。目前我国各地粮库储粮费用差距很大，每5000 kg的保管费用由几元到几十元不等。各地的客观条件虽有差异，但通过努力，改善经营管理，推行经济责任制和科学保粮技术，降低储藏费用、提高经济效益还是有很大潜力的。尤其是1998年以来新建的中央直属储备库，仓房条件好，设备先进，同时又广泛采用了粮情电子检测、机械通风、环流熏蒸和谷物冷却机低温储粮的“四合一”储粮新技术，更有利于降低储粮费用。因此，科学的储粮是粮油仓储企业经济效益的“蓄水池”。

三、粮油储藏的发展概况及展望

（一）古代的粮油储藏

我国的粮油储藏历史悠久，早在原始农业发展、粮食有剩余时就开始了。浙江余姚河姆渡遗址中发现的栏杆式仓房和大量的炭化稻粒，就是七千年前粮油储藏的遗迹。我国古代的粮油储藏多采用地下仓，现已发掘出土的河南洛阳西郊地下仓始建于汉代。方形的地下粮仓是隋炀帝在洛阳兴建的含嘉仓，东西长612m，南北长715m，面积45万多m^2。已发掘出的粮仓259个，其中一个还留存着当时储藏的谷子，总仓容1.25亿kg，是隋唐两代的第二大官仓（第一大官仓是隋炀帝在河南巩县建造的兴洛仓）。粮仓多是圆形，口小底大。大的口径18m，深12m；小的口径8m，深6m。仓顶采用可拆除的木结构，草泥封顶。仓内先用火烤干，然后垫干土，再铺1～2层木板，上面再铺草垫席，仓壁也竖木板，进粮时再加围席，围席与木板之间填充谷壳。可见当时对地下粮仓的防潮设施是很重视的。还有甘肃的“大方盘”地下粮仓，距玉门关

20km，始建于汉代，是当时的仓城，用于储藏军粮。

我国古代的储粮技术十分丰富，有些迄今仍在使用。例如二千年前西汉《氾胜之书》载："种，伤湿、淤热则生虫也"，"取禾种，择高大者，斩一节下，苗则不败"。距今1400多年以前后魏贾思勰著《齐民要术》载："凡五谷种子，浥则不生，生者，亦寻死"；"今立秋前，治讫，立秋后，则重生。蒿艾箪盛之，良。以蒿艾蔽窖埋之，亦佳。窖埋法，必须日晒令干，及热埋之。"可见在一二千年以前，我国对种子干燥和保持发芽力的方法，储粮害虫发生的条件、时间、防治方法以及小麦热入仓储藏的方法等，就有了成熟的经验。

根据各地发掘的新石器时代以来的有关文物和《王祯农书》里的材料，储藏方式及工具大致有仓、庾、窖、筏、篅、篓、篮、翁、罐、缸等若干种。其他有关储粮工具、防虫、防霉、储藏方法等还有很多古籍记载，足以说明我国是世界上粮食储藏技术发展最早的国家之一。

（二）新中国成立后粮油储藏工作的巨大成就

新中国成立后，由于党和国家的重视，粮油储藏工作获得迅速发展。在粮仓建筑、仓储机械、储粮技术和仓储管理等方面都有长足的发展。

在仓库建筑方面，20世纪50年代，兴建了大批房式仓和简易仓；60年代以后有的地区建造了地下仓、低温仓、空调仓、机械化立筒仓，北方地区还建造了许多土圆仓。近十年来，中央直属储备库新建了许多高大平房仓、浅圆仓等新型仓房，又开发了"钢筋囤"、"土堤仓"等露天储粮建筑。

在仓储机械方面，解放后从无到有，从少到多，取得了可喜的进展。其中装卸输送机械占很大比例，清理、称重、烘干、通风等机械设备也有了较大发展。近几年来，由于中央直属储备库"四合一"储粮新技术的广泛采用，机械通风设备、环流熏蒸设备、粮情电子检测设备、谷物冷却机等配套设备或设施也得到普遍应用。这对减轻劳动强度，提高工作效率和粮油质量，确保粮油安全储藏，显示了较好的社会效益。

储粮技术方面，20世纪50年代主要采用传统的常规储藏方法保管粮油，随着储粮技术的进步，各地逐步采用了较先进的低温、气调、"双低"、"三低"、机械通风、环流熏蒸等储粮技术。目前，在国家粮食储备库中广泛采用了"四合一"储技术。储粮害虫防治措施从解放初期的物理机械除虫发展到化学防治，特别是熏蒸剂的应用，使防治手段发生了根本性的转变。目前采用的缓释、间歇、低氧、混合、环流熏蒸等先进的熏蒸方法和干燥技术也由过去主要是日光晾晒发展到今天的机械烘干和就仓干燥。

仓储管理上，制定并完善了"以防为主，综合防治"的保粮方针，积极开展"一符四无粮仓"和"一符四无油库"活动。颁布了《中央储备粮管理条例》、《国家粮油仓库管理办法》、《粮油储藏技术规范》、《中央储备粮管理办法（试行）》、和《磷化氢环流熏蒸技术规程》、《储粮机械通风技术规程》、粮情测控系统》、《谷物冷却机低温储粮技术规程》等相关储粮技术规程。

国际上，美国、加拿大、澳大利亚、日本和法国、德国等国家也十分重视粮油储藏，采取各种措施积极推广储粮新技术。如美国普遍采用机械通风储藏；日本、德国等国家大量采用机械制冷低温储藏，澳大利亚、意大利等国大量采用气调储藏。

（三）粮油储藏工作展望

随着我国社会主义市场经济的不断发展，我国储粮科学技术研究事业发展较快，粮油储藏工作也取得了巨大成就。但与发达国家相比，在仓储设备和技术、管理等方面，还有较大差距。未来的粮油储藏应在建立绿色一体化方面，加强绿色储粮和保鲜方面的探索；实现仓储设备现代化、信息网络化、管理规范化、检测自动化和智能化、技术绿色化等应是未来我国粮油储藏的发展目标；建立“中国的储粮生态系统理论体系”。

四、学习内容和方法

粮油储藏属于自然科学，是研究粮油与环境相互关系的科学，即研究粮油在储藏期间，不同储藏条件、不同储藏方法对粮油生理生化变化、粮油品质变化以及粮堆内各生物消长演替变化规律的影响和控制方法；是一门涉及多学科领域的综合应用型学科；也是商品储藏与检验专业的主干专业课程。根据粮油储藏的实践需要和高等职业教育培养目标的特点，本课程着重介绍了粮油储藏的基础理论、基本技术和主要粮油的储藏方法以及粮油仓储管理等。各地可根据当地气候条件和储粮品种，有针对性的选择，本着必须、够用的原则，力求做到实用性和可操作性。在学习方法上，重在实际应用能力和操作技能的培养。

思考练习题

1. 什么叫粮油储藏？有哪些类型？
2. 粮油储藏的基本任务是什么？未来粮油储藏的发展方向是什么？

第一篇

粮油基础

第一章 粮堆及其物理性质

粮堆是粮油储藏的基本形态，它是一个以粮粒为主体、包含其他生物成分和非生物成分的生态系统。

粮堆的物理性质，是指粮油在储藏期间表现出来的物理属性，如散落性、自动分级、空隙度、导热性、热容量、吸附性、气流性等。这些物理性质相互联系、相互作用，使得粮堆生态系统的各种变量因素不断变化，从而对粮油储藏的稳定性产生有利或不利的影响。本章就是从物理学的角度揭示这些变量的基本活动规律。

第一节 粮堆及其组成

储藏业务上，通常以粮堆作为一个单位进行研究，因为储藏期间，粮油的物理、生理和生化变化都是在粮堆中进行的。因此，了解粮堆的组成具有重要的实践意义。

一、粮堆

（一）粮堆的概念

粮油是小麦、稻谷、玉米、谷子、大麦等禾谷类籽粒及薯类、豆类和油料的总称。每种粮食的形态特征、化学成分各不一样，具有独特的形态结构、物理性质和化学性质，既有共性，又有个性，对粮油储藏产生有利影响或不利影响。粮食颗粒堆聚而成的群体叫做粮堆。粮油储藏研究的对象是粮堆，而不是单一的粮油颗粒。

（二）粮堆的组成

粮堆是由许多部分组成的，既有生物成分，又有非生物成分，主要包括：粮粒（约占总体积的60%）、杂质（有机杂质、无机杂质）、微生物（霉菌、细菌、酵母菌等）、节肢动物（昆虫、螨类）和脊椎动物（鼠、雀）、孔隙中的空气和湿度。由生物成分和非生物成分组成的粮堆，除了具有和它的主要构成——粮粒相似的化学性质和物理性质外，还具有它自己固有的生物特性和物理特性。粮油储藏中所发生的一些变化与影响都是发源于或受制于生物和非生物的变量因素之间的相互作用。

二、粮堆各成分及其特性

（一）生物成分及特性

粮堆生物成分是指有生命活动现象的成分，是粮堆内的“活成分”。下面分别讨论各生物成分的特性及其变化规律对粮油储藏的影响。

1. 种实

粮粒是构成粮堆的主体，约占粮堆总体积的60%。粮粒是粮油作物的种子或果实，是活的有机体，它们在储藏过程中表现为休眠状态，但其新陈代谢并未停止，使粮堆具有一系列生物学特性。粮油作物种类繁多，各种粮粒形态结构复杂多样，但大多数粮粒基本结构有共性，其构成归纳如图1-1，一般都由皮层、胚、胚乳三个主要部分组成，有些粮粒在皮层的外面还有外壳，如稻谷、大麦、谷子的内稃和外稃均有外壳。这些包围在粮粒的外壳和皮层是死细胞组成的，多少已木质化，含水量低，形成了抵御不良利储藏环境（如对湿热、虫霉等外来侵扰）的保护组织，对粮油储藏是有利的；而粮粒的胚和胚乳是粮粒的主要营养组织，含有较丰富的营养成分和较高水分，生命活力旺盛，最容易受虫霉感染，对外界不良侵扰的抵御能力差。所以，除去外壳和皮层的成品粮比原粮储藏稳定性差，不耐保管。

- 粮食
  - 禾谷类
    - 果皮（果皮、种皮）
    - 胚乳（胚乳、糊粉层）
    - 胚（胚根、胚轴、胚芽、子叶）
  - 豆　类
    - 有胚乳
      - 种皮
      - 胚乳
      - 胚
    - 无胚乳
      - 种皮（种脐、合点、发芽孔）
      - 胚（胚根、胚轴、胚芽、子叶）

图1-1　粮食的构成

各种粮粒由于受遗传、地理位置、生态技术、栽培条件等内在和外在条件的影响，彼此之间在体积、形状、成熟度、饱满度、重度、含水量、破碎粒以及其他指标方面不完全相同，这些构造方面的差异，是导致各种粮油储藏稳定性差异的原因之一。如充分成熟的、饱满完整的、大小一致的、含水量低的粮粒，储藏稳定性就强；反之，储藏稳定性就弱。

粮油籽粒的化学成分比较复杂，主要有碳水化合物、脂类、蛋白质、水分、维生素、酶以及矿物质等成分。各种主要粮食的化学成分见表1-1。

表 1-1 各种主要粮油的化学成分（%）

品种		水分	蛋白质	碳水化合物	脂肪	纤维素	灰分
禾谷类	小麦	13.5	10.5	70.3	2.0	2.1	1.6
	大麦	14.0	10.0	66.9	2.8	3.9	2.4
	黑麦	12.5	12.7	68.5	2.7	1.9	1.7
	荞麦	14.5	10.8	61.0	2.8	9.0	1.9
	稻谷	14.0	7.3	63.1	2.0	9.0	4.6
	玉米	14.0	8.2	70.6	4.6	1.3	1.3
	高粱	12.0	10.3	69.5	4.7	1.7	1.8
	粟	10.6	11.2	71.2	2.9	2.2	1.9
豆类	豌豆	10.9	20.5	58.4	2.2	5.7	2.3
	绿豆	9.5	23.8	58.8	0.5	4.2	3.2
	蚕豆	12.0	24.7	52.5	1.4	6.9	2.5
油料	大豆	10.2	36.3	25.3	18.4	4.8	5.0
	花生仁	8.0	26.2	22.1	39.2	2.5	2.0
	芝麻	5.4	20.3	12.4	53.6	3.3	5.0
	油葵	7.8	23.1	9.6	51.1	4.6	3.8
	油菜籽	7.3	19.6	20.8	42.2	6.0	4.2
	棉籽仁	6.4	39.0	14.8	33.2	2.2	4.4

不同品种之间，化学成分的含量各异，且差别很大，即使同一品种，受不同气候、栽培条件、成熟度、土壤等因素的影响，其化学成分也会有一定差异。这些化学成分的差异，对于粮油的储藏稳定性起着关键的作用。粮油在储藏期间的劣变，明显的反映了化学成分的量变和质变。如大米中的淀粉在储藏过程中和脂肪酸发生的相互作用，蛋白质形成二硫键等，都反映了粮食化学成分在储藏中的变化。

随粮油收获时混入的少量杂草种子，它们具有呼吸能力强、吸湿快、原始水分高、生命活力旺盛等特点，对粮油储藏稳定性产生不良影响。

2. 微生物

微生物是自然界中一群个体微小，结构简单的低等生物，它们形态小，繁殖快，数量大，适应能力强，分布极其广泛。就粮食来说，它不仅存在于粮粒的外部，在粮粒的内部亦经常存在许多菌类。质量较好的粮食，每克粮食的带菌量一般是几千个；而质量差的粮食，每克粮食的带菌量则是几百万，甚至以亿来计算。粮食微生物指的是寄附在粮食上的微生物，主要包括真菌、细菌、放线菌及病毒等，而真菌主要有霉菌、酵母菌以及植物的病原菌等。寄附在粮食上的微生物往往形成一区系，随着生态条件的变化而逐渐演变。其中，对粮油安全储藏和食品卫生有直接危害的是霉菌。这是因为霉菌代谢活动所要求的水分和温度等条件远比细菌、酵母菌和放线菌低，与粮堆生态条件相接近。

储粮微生物的生命活动是以粮油籽粒为营养物质，将其分解为无机物和简单的有机化合物并放出热量，而微生物的呼吸强度远远大于粮油籽粒本身。此外，有许多储粮微生物在其生命活动中能分泌有毒物质（如黄曲霉毒素 B_1），污染粮油。因此，微生物对储粮的危害和对储粮品质的影响主要表现在以下几个方面：干物质损耗，品质劣变且重量减轻；粮温和粮食水分增加，粮堆容易发热；酸度升高；变味变色；种子发芽率下降；加工工艺品质降低，严重的可使粮食完全失去食用价值，如毒素含量高的粮食。

3. 储粮害虫

凡是在储藏期间或运输中危害粮食的蛾类及昆虫类、螨类，统称为储粮害虫。通常情况下，粮油在田间和农户的初级保管中已感染害虫，带入粮仓继续为害。这些害虫分布广、种类多、危害极大，是安全储粮的大敌，其生命活动的结果，不仅侵食粮粒，引起储粮重量损失和品质劣变，甚至引起虫灾，而且在其取食呼吸、排泄等代谢过程中还散发热量和水分，促使粮堆发热、结露和霉变。同时虫、螨在活动过程中产生的分泌物、虫尸、虫粪、皮屑等混杂在粮堆中，不仅污染粮油，还促使霉菌滋生，严重时使其工艺价值、种用价值全部丧失。

如果我们掌握了储粮害虫的特征、生活习性以及与环境之间的关系，就可利用三种主要的环境因素（温度、湿度及气体成分）抑制仓虫的生长繁育，最大限度的保证储粮品质。

4. 脊椎动物

粮油储藏中的脊椎动物是指鼠、雀，它们经常出没于储藏条件较差的环境，对储藏中的粮食危害极大，尤其是鼠类。据统计，全世界因鼠类危害损失的粮食，每年达几千万吨，我国每年损失粮食亦接近 1000 万吨。鼠类对储粮的危害，不仅表现为它吃掉、糟蹋粮油，还能咬坏麻袋、面袋等仓储用具，掘洞营巢，破坏仓、厂建筑，排泄的粪便、鼠毛污染粮油，传播虫、霉、病。老鼠身上往往潜伏沙门氏菌，鼠尿中含有致毒病菌，能引起细螺旋体病等，鼠还能引起鼠疫，严重威胁人类的健康和生存。而麻雀在粮堆上活动，除啄食粮油，造成损失外，它们的粪便和羽毛或搭窝时运来的各种物质，也会传播虫霉、污染粮油，影响储粮的品质。

（二）非生物成分及特性

粮堆中的非生物成分包括温度（气温、仓温、粮温）、湿度（气湿、仓湿、粮湿）、气体（氧、氮、二氧化碳）、杂质（无机、有机杂质）和围护结构。它们受人类管理活动的干扰和外界大气的影响，也受生物成分生命活动的影响而变化，尤其是温度、湿度和气体成分的变化与粮油储藏有着十分密切的关系。

1．温度

温度是影响生物成分生命活动的一个重要因素，粮堆中各种生物成分的生长、发育和代谢都是在一定的温度范围内进行的。昆虫、螨类、微生物必须在适宜的温度条件下才能生存和繁育，超出适宜温度范围就会对其有抑制作用，过高、过低的温度环境还会影响它们的生存。对处于强迫休眠状态的粮粒本身来说，较高的温度可加速其自身的呼吸代谢，分解储存的有机物质，降低热能含量，使品质发生劣变；相反，较低的温度可延缓粮油陈化速度，维持其应有的品质和风味。

2．湿度

粮堆生态系统中的湿度可用粮油含水量和空隙中的相对湿度表示，两者相一致，即湿度问题的实质就是水。水是一切生物体的主要组成成分，也是一切生化反应的介质，生物的生理代谢活动必须在水的参与下才能进行。粮堆昆虫、螨类、微生物等生物体对相对湿度和水分的要求都具有一定的范围，低湿可抑制其生长、发育和繁殖。特别是微生物在高湿环境中会迅速生长繁殖，导致粮油很快发热、霉变。粮油水分对其自身生理活动具有显著的影响，粮油含水量一旦超过临界值，其旺盛的呼吸作用所产生的水分和热量就会严重威胁储粮安全。

3．气体成分

粮堆中气体成分与一般空气成分不同，由于生物成分的呼吸作用，氧气减少，二氧化碳增多，这就使粮堆内部氧气、二氧化碳与氮气的比例发生变化，粮堆内氧气含量多少，对有害生物的生长、繁殖和粮油本身的代谢作用都会有影响。减少氧的含量，可抑制虫、霉的发生，减缓粮油的代谢活动，延缓品质陈化，使粮油在储藏期间的损耗降到最低限度。

4．杂质

粮堆中的杂质分无机杂质和有机杂质。无机杂质主要包括沙、石、泥土、煤渣、砖瓦块等，有机杂质主要有麦秸、稻杆、谷壳等，它们也是影响粮油储藏稳定性的因素之一。细小杂质多的粮堆空隙度小，透气性差，影响湿热散发，有利于虫、霉滋生。而有机杂质具有较强的吸湿性、原始水分高、带菌量大、呼吸旺盛等特点，能将水分转移给粮油，同样形成对虫、霉滋生的有利条件。因此，粮食入库前必须作好清理工作。

5．围护结构

围护结构是粮堆与外界环境之间的隔离层。如各类仓房、各类苫盖物以及密封材料等。这些围护物是粮堆生态系统的一个重要组成部分，起到保护储粮不受外界气候因子的影响和有害生物的浸染。可以说，没有良好的围护结构，就不可能有粮油的安全储藏。安全储粮要求围护结构具有良好的防潮、隔热性能以及灵活的通风与密闭性能。

第二节　散落性和自动分级

散落性和自动分级是颗粒状粮食所固有的物理性质，是粮油流散特性的表现形式。

一、散落性

（一）散落性的概念及其成因

1. 散落性的概念

散落性是指粮油籽粒从一定高度自由下落至平面时，有向四面流散形成一个圆锥体的性质。粮油颗粒是一种散粒体，相互间的内聚力小，由高处下落时，不足以在重力的作用下使粮粒保持垂直稳定，很容易向四面流散，致使粮食在堆装、运输、干燥、加工等过程中表现出这种特有的物理性质。

2. 散落性的表示方法

粮食散落性的大小，通常用静止角 α 和自流角 β 表示。

(1) 静止角

静止角是指粮油颗粒由高点落下，自然形成圆锥体，此圆锥体的斜面线与底面水平线之间的夹角，也称自然坡角，如图 1-2 所示。静止角大小与散落性大小成反相关，即静止角大，散落性小；反之，静止角小，散落性大。

图 1-2　粮堆静止角

粮粒在粮堆斜面上停止或运动与否，与粮粒在斜面上的受力有关。静止角与粮粒之间的内摩擦系数有关。如图 1-3 所示，圆锥体粮堆斜面上的粮粒受到重力 P、斜面的支撑力 N 以及斜面对它的摩擦力 F 的作用。重力 P 可以分解为垂直于斜面的压力（$P\cos\alpha$）和粮粒的下滑力（$P\sin\alpha$）。若粮粒间的内摩擦系数为 f，则摩擦力 $F = N \cdot f$。由牛顿第一定律可知，当粮粒处于静止状态时，所受的合外力为零。

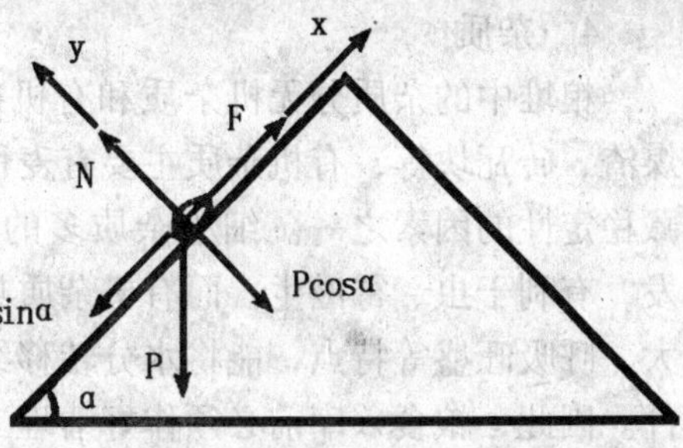

图 1-3　粮粒受力分析

即：　$N - P\cos\alpha = 0$　　即 $N = P\cos\alpha$

$$F - P\sin\alpha = 0 \quad 即\ F = P\sin\alpha$$

又因为：$F = N \cdot f = P\cos\alpha \cdot f$

则：$P\cos\alpha \cdot f = P\sin\alpha$

所以：$f = \sin\alpha / \cos\alpha = \mathrm{tg}\alpha$

由此可见，粮粒间的内摩擦力大小影响粮油的散落性。粮粒间内摩擦系数 f 与静止角 α 成正相关，即粮粒间内摩擦系数大，静止角就大；反之，静止角就小。表 1-2 给出了几种主要粮油的散落性大小。

表 1-2 主要粮食静止角

粮种	静止角（°）	变动范围（°）
小麦	23 ~ 38	15
大麦	28 ~ 45	17
玉米	30 ~ 40	10
稻谷	37 ~ 45	8
大米	23 ~ 33	10
糙米	27 ~ 78	1
大豆	24 ~ 32	8
黍	20 ~ 25	5
芝麻	24 ~ 30	8
油菜籽	20 ~ 27	7

（2）自流角

粮粒在某物体表面上开始下滑时，该物体表面与水平面所形成的夹角，叫自流角。它是表示粮油散落性的另一量度。自流角是一个相对的值，它既与粮粒的物理特性有关，又与测试时用的材料有关，其大小由粮粒本身的性质和物体表面的光滑程度共同决定的。同一种粮粒在光滑表面上的自流角，要比在粗糙表面上的自流角小。例如：同种小麦在光滑木板上的自流角为 24° ~ 27°，在铁板表面上的自流角为 23° ~ 24°。

自流角表示的是某种粮油在某种材料上的滑动性能。自流角愈大，滑动性能愈差；自流角愈小，滑动性能愈好。表 1-3 给出了三麦在不同材料上的自流角。

表 1-3 三类麦类在不同材料上自流角（°）

粮种	刨光木板	铁板	水泥或砖
小麦	24 ~ 27	24 ~ 23	21 ~ 23
大麦	26 ~ 27	25 ~ 30	25 ~ 28
燕麦	26 ~ 28	21 ~ 25	24 ~ 27

（二）影响散落性的因素

粮粒的大小、形状、表面光滑程度、容重、杂质量、含水量等都对粮油的散落性有影响。下面将讨论影响粮油散落性的各种因素。

1．粮粒自身形状

从表1-2所列的主要粮油静止角可以看出：粒大、比重大、表面光滑、圆形颗粒的粮油，由于内摩擦系数较小，静止角小，散落性就大。如豌豆、大豆、油菜籽等。而稻谷、面粉、向日葵等其他形状及表面粗糙甚至有毛刺的粮种，内摩擦系数较大，静止角也大，散落性就小。

2．水分

粮油含水量不同，散落性也不同。粮油含水量高，表面涩滞，粮粒间吸着力大，其内摩擦系数也就增大，因而散落性减少；反之，含水量低，则内摩擦系数减少，而散落性增大。

根据这个关系，用手插入粮堆或手握粮食摩擦时的感觉判断散落性，可在粮食征收时估测粮食的含水量。

粮食在储藏期间水分会发生变化，故其散落性也会随之变化。但水分对不同形状、不同表面状态的粮粒其影响程度不相同。

3．杂质

粮油中杂质多，一般都会降低散落性。特别是各种轻浮杂质，如麦秸、稻秆、谷壳等，会阻碍粮粒下滑，因而使散落性降低。

4．发热霉变

当粮油发热、霉变结块时，会使散落性降低，静止角甚至达到90°，而使散落性完全丧失。

（三）散落性与粮油储藏的关系

1．根据散落性的大小可判断粮油储藏的稳定状况

安全储藏的粮油总是具有良好的散落性。当粮油“出汗”、返潮、水分增加、霉菌滋生甚至发热、结块时，均会使散落性大大降低或完全丧失。检查粮情时，可以通过人在粮堆上走动或手插入粮堆的感觉来判断散落性的变化。如感觉松散则散落性就大，感觉紧实则散落性就小。

2．散落性有利于粮油装卸运输

散落性好的粮油，在装卸运输过程中容易流散，对装车、装船、入仓、出库等操作比较方便，可节省劳力和时间。

3．散落性是确定自流设备角度的理论依据

清理、输送及各种自流设备的应用，必须考虑自流角和静止角。如使用皮带输送机输送粮油时，输送机皮带和地平面的夹角应小于自流角和静止角；而使用溜筛和自流管时，溜筛面、自流管底面和水平面间夹角应大于自流角和静

止角。这样才能保证设备的正常运转。

4. 散落性使粮堆对仓壁产生侧压力

散落在粮仓里的粮油，由于仓壁的限制不能自然散落开，粮粒就对仓壁产生一种推力，这种力称为侧压力。一般来说，散落性越大，侧压力就越大，粮堆越高，粮粒对仓壁所产生的侧压力也越大。因此，在装粮时，对散落性大的粮油要降低堆装高度，以免仓壁胀裂；对散落性小的粮油可增加堆高，从而提高仓容利用率。侧压力大小是确定粮仓堆粮线的重要依据。粮堆堆仓壁的侧压力可按下式计算：

$$P=\frac{1}{2}\gamma h^2 tg^2\left(45°-\frac{1}{2}\alpha\right) \tag{1-1}$$

式中：P——每米宽度仓壁上所受的侧压力（kg/m）

γ——粮食容重（kg/m^3）；

h——粮堆高度（m）；

α——静止角（度）。

二、自动分级

（一）自动分级的概念和自动分级的形成原因

粮油在震动或散落时，同类型籽粒或杂质集中在粮堆的同一部位，不同类型的粮杂分布在不同部位，使粮堆组成重新分配的现象，称为自动分级。

一般说来，任何一批粮油，多是非匀质的散粒群体。粮粒有饱满的、瘪瘦的、完整的、破碎的，形态多种多样，杂质也有轻重不同、大小不一。这些千差万别的粮粒及杂质组成的群体，在震动或散落的过程中，它们具有的初始动能和重力势能不同，彼此还受到不同的空气阻力、摩擦檫力、重力等力的作用，运动状态不会一样，从而造成散粒体运动最后的落点就不一样。例如，某批小麦在形成粮堆时的自动分级现象，从顶部到底部各个部位的品质，呈现有规律的分布：破碎粒、轻浮杂质、杂草种子、瘪粒在底部的比在顶部多，形成基底杂质区（见图1-4）。如表1-4给出了自然形成粮堆的分级情况。

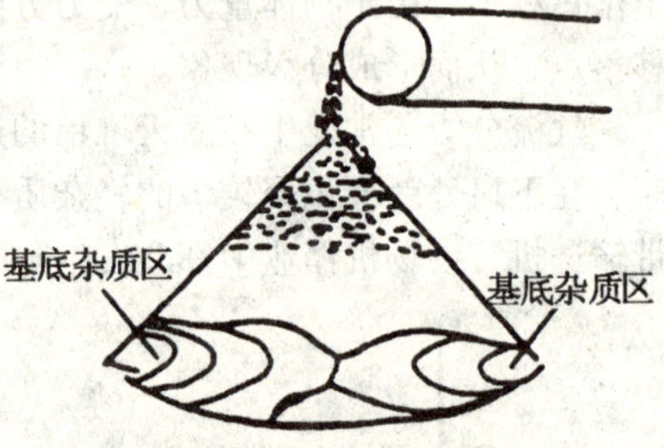

图1-3　粮堆的杂质区

表 1-4　　自然形成粮堆的分级情况

品质指标	圆锥体顶部	圆锥体顶部
容重(g/L)	707	667
破碎粒(%)	1.84	2.20
轻浮杂质(%)	0.51	2.14
杂草种子(%)	0.32	1.01
砂石杂质(%)	0.13	0.49
瘪粒(%)	0.09	0.47

（二）自动分级的类型及其规律

按照自动分级形成的原因，自动分级可分为重力分级、浮力分级和气流分级三种类型。

重力分级的情况明显地发生在有震动运输过程中。如散装原粮长途运输后，大而轻的物料就会浮在最上面，细而重的物料就会沉在底部，而细小、较轻、较大、较重的物料分于两者之间，从而形成了分层的现象。

浮力分级是说明粮粒下落过程受力不同而造成的自动分级。重力为 g 的粮粒由高点下落，会受到空气的阻碍作用，空气对粮粒产生浮力 P（见图 1-5）。当 $P > g$ 时，粮粒飘浮走；当 $P < g$ 时，粮粒下落；当 $P = g$ 时，粮粒悬浮。显然，当气流的浮力一定时，重的粮粒下落快，轻的较慢。而轻的杂质在慢慢的下落过程中，由于物体重力、受力方向的改变也随时变化，使得较轻的杂质漂移落点，从而形成分级现象。

气流分级通常发生在露天堆粮的过程中，见图 1-6。当输送机在风天卸粮时，在下风处就会积聚较多的轻杂质，从而形成自动分级现象。这种情况在皮带输送机、扬场机作业中都会发生。

图 1-5　浮力分极受力图

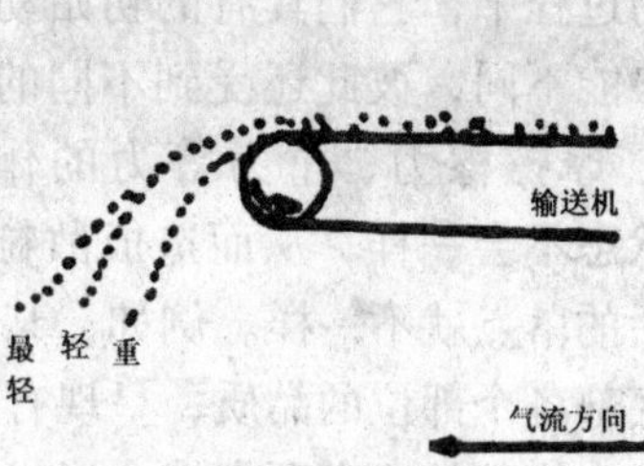

图 1-6　气流分级受力图

（三）影响自动分级的因素

自动分级现象的发生与粮油输送移动时的作业方式、仓房类型等密切相关。作业方式不同、仓房类型和粮堆形成的条件不同，自动分级状况也不同。

1. 入仓方式

在采用人工扛袋倒粮入仓时，由于落点低，受空气阻力小，而且倒的部位多，边倒边推平，自动分级现象不明显，整个粮堆的质量组合较均匀。而采用输送机入仓时，自动分级比较明显，其分级情况又随落点高低、风力大小以及机头固定或移动等因素而有所不同。

2. 仓房类型

房式仓进粮时，由于面积大，粮堆较低，自动分级一般不太明显。但在采用输送机入仓时，就会产生一定的自动分级现象。如移动式入仓，一般是输送机头先从仓端壁处开始，随入粮逐步由内向外退移。因此，饱满粮粒和沉重杂质多汇聚于机头落下的粮堆中央部位；沿输送机两侧的粮油，含有较多的瘪粒和较轻的杂质，形成带状杂质区；在皮带输送机下形成康壳杂质区。如固定式入仓，粮食就有多个卸粮点，那么像自然流成粮堆一样，在一个仓房内部形成多个圆窝状杂质区。

立筒仓因仓身较高，粮油入仓时其落点高达十余米甚至数十米，下落的粮食流动会带动空气运动，在仓内形成一个涡旋气流。涡旋气流的运动，将粮面上一些细小的较轻的杂质吹向筒壁，随着筒仓内粮面逐渐升高，靠近墙壁就形成一圈杂质区，而饱满的粮粒和沉重的杂质便集中在落点的中央部位，如图1-7所示。出仓时，则刚好相反，比较饱满和比重大的粮粒首先出来，靠近仓壁的瘪小籽粒和轻浮杂质后出来，如图1-8所示。粮油品质因出仓的先后不同而出现的差异，见表1-5。

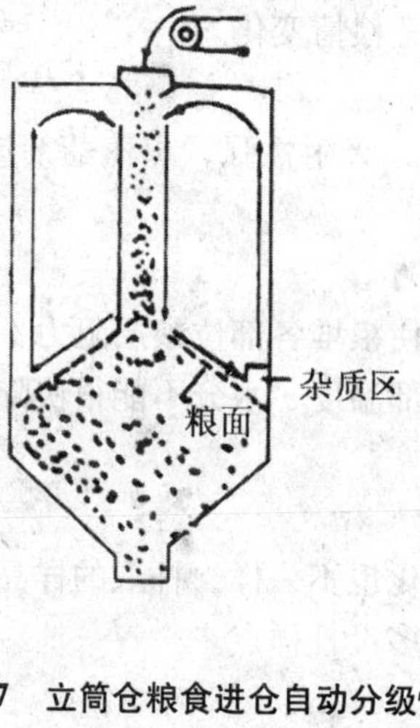

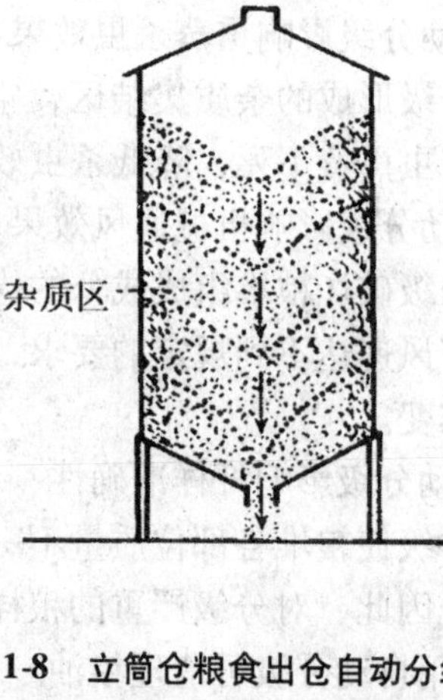

图1-7 立筒仓粮食进仓自动分级情况　图1-8 立筒仓粮食出仓自动分级情况

如果是露天作囤，在有大风的天气下，轻小杂质和破碎粒、小粒、比重轻的粮粒被抛向下风一边，形成较明显的杂质区，产生严重的自动分级现象。

3. 粮质影响

表1-5　　筒仓粮食进、出仓自动分级现象

作业	部位	容量(g/L)	碎粒(%)	不饱满粒(%)	杂质(%)
进仓	中心	704.1	1.84	0.09	0.60
	仓壁	667	2.20	0.47	3.80
出仓	出粮30分钟	666	1.80	1.54	2.50
	经3.5小时	660	3.50	5.0	2.98
	经4.5小时	496	1.70	9.0	19.90

当纯度不一、净度不高、饱满度不均匀、含杂多而轻重不同组成粮堆时，自动分级现象就会更严重。

如果是露天作囤，在有大风的天气下，轻小杂质和破碎粒、小粒、比重轻的粮粒被抛向下风一边，形成较明显的杂质区，产生严重的自动分级现象。

4. 粮质影响

当纯度不一、净度不高、饱满度不均匀、含杂多而轻重不同组成粮堆时，自动分级现象就会更严重。

（四）自动分级与粮油储藏的关系

1. 自动分级影响储粮安全

自动分级使粮堆组成成分重新分配，形成许多杂质集结区，对安全储粮十分不利。因为杂质多的地方带菌量大，水分较高，空隙度较小，虫、霉容易滋生，是极易发热、霉变的部位，如不能及时发现将蔓延整堆粮食。因此，对自动分级严重的地方，要多设检查点，密切注意粮情变化。

2. 自动分级影响熏蒸杀虫效果

自动分级形成的杂质集结区，空隙度小，吸附性强，熏蒸药剂渗透困难，导致局部害虫熏蒸不死，降低杀虫效果。

3. 自动分级影响机械通风效果

自动分级破坏粮堆组成成分的均匀性，使粮堆各部位粮层阻力不一致，通风量不同，风速达不到规定的要求，造成局部温度、水分不能很快降下来，导致发热、霉变。

4. 自动分级影响扦样准确性

自动分级使粮堆各部位质量不一致，变化也不一样，扦取的样品往往不具有代表性。因此，对分级严重的粮样时，应多设扦样点。

5. 利用自动分级可清理粮油

利用自动分级原理，采用风车、溜筛等清理机械设备，可使粮、杂分离，饱满粮粒与瘪粒分离，提高粮油品质。

（五）防止自动分级的方法

防止自动分级最积极的方法是预先清理粮食，提高粮食净度和均匀性。此外，在粮仓上安装一些机械装置，使粮油均匀地向四周散落，减轻自动分级现象。如皮带输送机头部的抛粮机构，如图 1-9 所示。在卸粮时不断扇面旋转，借助流粮的惯性冲力，将粮食均匀抛出。

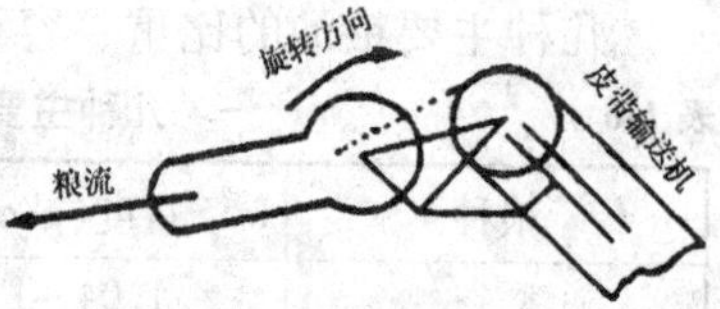

图 1-9 皮带输送机的散粮器

第三节 空隙度

在粮堆中，粮粒与粮粒之间存在着一定的空间，就形成了粮堆空隙。这些空隙是粮油呼吸、吸附、解吸的基础，也是粮堆中湿热散发、气体交换的基础。

一、基本概念

（一）粮堆的空隙度

空隙度是由粮粒本身的微孔性质与粮堆中粮粒间存在空间所构成的。在整个粮堆中，粮油颗粒间空隙体积与粮堆总体积的百分比叫空隙度。

从宏观上讲，粮堆中的空隙是粮粒与粮粒之间的空间，这是粮油在储藏中维持正常有氧呼吸，进行水分、热能交换的基础。从微观上讲，构成空隙的一个容易被忽视的因素是粮粒内部存在的微孔，它虽然在整个空隙度中占有较少的比例，但它的作用远远复杂于宏观的空隙。这些微孔是粮油呼吸代谢、吸湿、解吸、吸着的基础，也和粮油干燥密切相关。利用水银孔隙测定计可测得单位微孔的总体积。

生产实践中，可以实测空隙度的大小。其测定方法是：取 2 支 100 毫升的量筒，在一支量筒内装入 100 毫升稀酒精溶液。另一支量筒内装入 100 毫升粮油样品，再将稀释酒精溶液迅速倒入装有样品的量筒内。稍加振动使气泡逐出，待液面平稳并与粮面平齐后，立即记录剩余酒精的液面刻度（h），然后按下列公式计算：

$$空隙度（\%）=100-h$$

（二）粮油的容重

在粮油储藏中，检验定等的主要依据之一是单位体积内某种粮油的重量，即容重 γ，单位为 g/L 或 kg/m^3。这是和空隙度密切相关的物理量。容重与空隙度成反比。

（三）粮堆的比重（即重度）

粮堆的比重是指粮油重量与其实际体积的比值，单位为 g/cm^3。

几种主要粮油的比重、容重、空隙度见表1-6。

表1-6　几种主要粮油的重度、容重和空隙度

粮种	重度(g/cm^3)	容量(g/L)	空隙度(%)
稻谷	1.04~1.18	509左右	49~52
糙米	1.33	800左右	40左右
小麦	1.26	750左右	40左右
大麦	1.10	590左右	47左右
玉米	1.25	735左右	41左右
大豆	1.21	735左右	39左右
花生米	0.40	225左右	44左右
花生仁	1.01	600左右	40左右
油菜籽	1.05	675左右	36左右
豌豆	1.30	800左右	39左右
蚕豆	1.18	710左右	40左右
绿豆	1.30	780左右	40左右
赤豆	1.21	750左右	39左右
荞麦	1.06	588左右	38左右
薯干	0.96	350左右	64左右
面粉	1.30	594左右	54左右

（四）粮堆的密度

整个粮堆是由粮粒、杂质的体积和它们之间的空隙所构成的。密度是粮堆内粮粒和杂质的实际体积与粮堆总体积的百分比。因此，空隙度和密度是两个密切相关的物理量。对于某个特定的粮堆而言，空隙度和密度之和为百分之百。即

$$\text{空隙度（\%）}+\text{密度（\%）}=100\% \qquad (1\text{-}3)$$

空隙度和密度可根据粮油容重和重度来推算。

$$\text{密度（\%）}=\frac{\text{容重}}{\text{重度}}\times 100\% \qquad (1\text{-}4)$$

$$\text{空隙度（\%）}=\left(1-\frac{\text{容重}}{\text{重度}}\right)\times 100\% \qquad (1\text{-}5)$$

二、影响粮堆空隙度的因素

粮堆空隙度大小受多方面因素的影响。

（一）粮粒的物理性状

一般来说，粮粒本身大小、形状和表面状态不同，空隙度不同。凡是颗粒大、完整、表面粗糙的粮粒形成的粮堆，空隙度就大；反之，粮粒小、破碎粒多、表面光滑的粮粒形成的粮堆，空隙度就小。

（二）杂质含量和特征

粮堆空隙度受含杂量和杂质种类的影响，含细小杂质多的粮油，杂质填充一部分空隙，空隙度就下降；混有较多大而轻的杂质时，粮堆空隙度就增大。

（三）堆粮高度和储藏时间

粮堆中的不同部位，堆高不同，储藏时间不同，空隙度不同：一般粮堆堆高愈高，储藏时间愈长；受重力的作用，空隙度会降低，粮堆底层的空隙度比上部空隙度小。

（四）粮食含水量的影响

储藏期间，粮堆吸湿、水分增加，粮粒体积膨胀后，硬度降低，使颗粒之间相互挤压，会使空隙减小，空隙度下降。

三、空隙度与粮油储藏的关系

粮堆的空隙度在粮油储藏上具有重要意义。空隙是粮堆内生物成分生存的环境，也是粮食本身新陈代谢、发生虫霉引起质量变化的空间因素。空隙度的存在，对粮油储藏既有有利的一面，也有不利的影响。

（一）有利方面

1．粮堆空隙度是实施各种储粮技术的基础

根据粮堆内部的气体可交换的性质，可人为地利用惰性气体改变粮堆内的气体成分，改变粮堆内粮粒与害虫、霉菌的生活环境，以抑制粮油呼吸及虫、霉的活动。气调储藏就是在此基础上发展起来的储粮技术措施之一。在自然缺氧储藏中，空隙度大小与缺氧速度有一定关系。在同样的呼吸强度下，空隙度大的粮堆缺氧速度就慢。而在进行充氮或二氧化碳储藏时，空隙度大的粮堆，需要充入气体数量则较多。

粮堆空隙度的存在，决定了粮堆气体交换的可能性，空隙中空气的流通是粮仓自然通风和机械通风的必要条件。空隙度大，气体流动阻力小，粮堆内湿热易于散发；如果空隙度小，气体交换不足，当某些部位温湿度高时，粮堆内就会湿热郁积不散，易引起发热、霉变。所以粮堆中存在一定的空隙度，有利于自然通风和机械通风储粮。

另外，粮堆空隙度还可用来计算机械通风时空气的交换次数。

2．空隙度大小影响熏蒸杀虫效果

空隙度大的粮堆，毒气既易于渗透，又易于散发，杀虫效果和散毒效果就好；空隙度小，毒气渗透和散发困难，影响熏蒸杀虫效果。

3．粮堆空隙决定粮粒正常生命活动

由于空隙的存在，才使粮堆中有气体交换，而粮堆中气体存在是粮堆中各种活成分生命活动的必要条件，如呼吸、后熟等生理活动。

（二）不利方面

1. 不利于储粮密闭

空隙度的大小直接影响粮堆受外界环境的影响程度。空隙度大，粮堆受外界环境影响程度大，使粮堆温湿度随外界变化而变化，储粮稳定性变差。

2. 不利于气调降氧

空隙度大小影响气调降氧的速度和气调充气量。空隙度大的粮堆，在同样化学强度下，自然降氧速度慢，气调效果差。在进行充氮或二氧化碳气调时，需要充入的气体量增加，增加储藏费用。

3. 不利于药效发挥

空隙度大的粮堆在化学熏蒸时，要增加用药剂量。

4. 不利于提高仓房利用率

空隙度大的粮堆，占有仓容量大、降低了仓房利用率。

5. 不利于降温

空隙度大还影响制冷降温的冷却速度。

第四节 导热性和热容量

粮油总是具有一定的温度，即处在一定的热状态中，不断进行着热代谢，并随时与外界进行热交换。因此，热特性也是粮堆物理特性之一。粮油热特性包括导热性和热容量，它们对粮堆温度的变化有极其重要的影响。

一、导热性

（一）粮堆导热性的概念

导热性是指粮堆进行热量交换的性能。粮堆内外和粮堆内部时刻进行着热的传递。粮堆的导热性是粮堆的两个主要组成部分——粮粒和空气导热性的综合表现。在组成粮堆的主要成分中，粮粒对热的传导速度较慢，是热的不良导体。虽然粮堆中空气的流动可有助于热传导，但粮堆内阻力较大，空气对流缓慢。因此，整个粮堆导热性是很差的。如正常粮堆温度总是落后于外温，深层粮温变化总是落后于表层，就是粮堆导热性不良的具体表现。

（二）粮堆传热的方式

传热学表明，粮堆内热量传递是一个相当复杂的物理过程，它包括传导传热、对流传热和辐射传热三种热传递方式。三种热传递方式总是相互伴随而存在，其中以传导和对流传热为主。仓顶和仓壁的辐射传热也是通过传导和对流传给粮堆的。粮堆的传导传热是通过粮粒与粮粒或粮粒与空气分子直接接触而使热能逐渐转移；而对流传热是粮堆内外或粮堆内空气流动而使热能转移的；辐射传热则是通过各种不同波长电磁波传递热能的。如日光晒谷可使粮温升高，从而达到降水的目的。

（三）导热系数和导热量

1. 导热系数

粮堆的导热性就是粮堆传递热量的能力，通常以粮堆导热系数的大小来衡量。粮堆的导热系数是指在1m厚的粮堆里，当上层与底层的温度相差1℃时，在单位时间内通过粮堆表面积的热量。用符号λ表示，其单位是kJ/m·h·K。如图1-10所示。

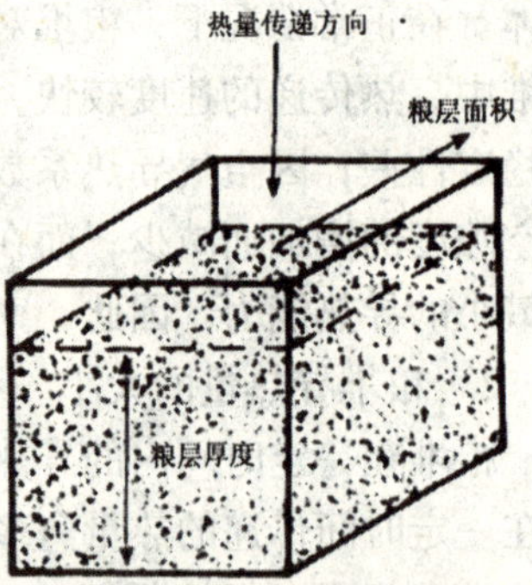

图1-10　热量通过粮食堆示意图

导热系数是粮堆的物理性质之一，表明粮油通过热量能力的大小，导热系数大，则导热能力就强。表1-7列出了几种不同物质的导热系数。

表1-7　几种不同物质的导热系数λ　kj/m·h·k

名称	粮食	空气	水	铁	铜	木材
λ	0.50～0.84	0.091	2.13	167～251	1087～1421	0.418～1.67

从表中可以看出，金属导热系数大，它们是热的良导体。粮粒和木材的导热系数小，是热的不良导体。而水的导热系数比粮食大。所以。粮堆导热系数随粮堆空隙度大小和粮油含水量的不同而不同。

2. 导热量

粮堆导热量是指某个特定的粮堆，在一定时间内传递热量的多少，用符号Q表示，单位是kJ。

按傅立叶定律，根据导热系数大小可以计算某粮堆在一定时间内传递的热量的多少。

$$Q=\lambda\frac{(t_1-t_2)\cdot F\cdot T}{h}$$

式中：Q——导热量（kJ）；

λ——导热系数（kJ/m·h·K）；

F——粮堆的传热面积（m^2）；

T——传热时间（h）；

(t_1-t_2)——上层与底层温差（℃）；

h——粮堆传热距离（m）。

粮堆导热量的多少，直接影响粮堆的热状态，从而影响粮油储藏的稳定性。

（四）粮堆导热的特点及其影响因素

1. 粮堆的导热速度

根据粮堆导热系数的大小，显然，较小的导热系数决定了粮堆是热的不良导体。在正常情况下，粮堆对热的传入、传出速度都很缓慢。但在水分较高的粮堆中，热传递的速度较快，粮堆热状态也比较激烈，储粮受外界影响大，储粮稳定性差；因空气导热系数远低于粮粒，所以在密闭条件下，粮堆导热能力随空隙度的增加而减少；而在密闭条件下，粮堆空气相对静止时，整个粮堆具有最小的导热能力。因此，密闭储藏粮堆的热状态比通风储藏要稳定得多。

2. 粮堆导热量的大小

粮堆在一定时间内的导热量与粮堆表面积成正比。即粮堆表面积愈大，粮堆在一定时间传递的热量愈多，粮堆温度变化愈快。所以对低温粮入库，应缩小粮堆表面积以保持低温；反之，则应通过耙沟、挖塘和摊晾等方法扩大粮面，以加速散热降温。

粮堆导热量与粮堆高度成反比。即粮堆高度越高，热量越不易传入传出。所以在储粮实际中，对低温而干燥的粮食可以堆高些，以延缓粮温上升，对高温潮湿的粮食应降低堆高，以散发湿热。

粮堆导热量与传热温差成正比。温差是粮堆传热的必要条件，粮堆与外界环境间的温差越大，粮堆导热量越多。所以在储粮实际中，应保持储粮环境的低温和粮堆温度的相对均衡。

二、热容量和导温系数

物体在传热的同时，其本身也会吸收部分热量而加热。粮油也不例外，它不仅传热，而且也吸热升温。研究指出：同样重量的物体吸收同样的热量，其升温的幅度也会不同。为了准确地表示这一性质，人们定义了热容量和导温系数的概念。

（一）热容量

1. 热容量的概念及计算

热容量是指某一特定的物体，温度每变化 1℃时所需要吸收或放出的热量。常用符号 C 表示，单位为 kJ/℃。某粮堆的热容量等于该粮堆的质量与其比热的乘积，即：

$$C = M \cdot Co \tag{1-7}$$

式中：C——热容量（kJ/℃）；

M——粮堆质量（kg）；

Co——粮堆比热（kJ/kg·℃）。

$Co \cdot \gamma$ 的乘积为体积热容量，γ 为粮食容重（kg/m^3）。

2. 比热的概念及计算

比热是指单位质量的某种物质，温度每变化 1℃所需要吸收或放出的热量。常用符号 Co 表示，单位为 kJ/kg·℃。不同的物质比热是不同的，几种主要物质的比热见表1-8。

表1-8　几种物质的比热（kJ/kg·℃）

物质	水	空气	干淀粉	无水脂肪	干纤维	水银
比热	4.18	1.00	1.55	2.05	1.34	0.14

粮油的比热可以根据水的比热和粮油的比热以及它们在粮油中的含量来计算。计算公式为：

$$C_o = C_g \frac{100 - W}{100} + \frac{C_S W}{100} \quad (1\text{-}8)$$

式中：Co——粮油比热（kJ/kg·℃）；

Cg——粮油干物质的比热（kJ/kg·℃）；

Cs——水的比热（kJ/kg·℃）；

W——粮油中水的含量（%）。

从上式可见，影响粮油热容量的主要因素是含水量。因为在所有固态和液态物质中，水的比热最大，而干物质比热却很小，所以同种粮油的比热，因水分含量的增大而增大。不同种类粮食的热容量随其含有化学成分的不同而不同。此外，粮油温度在0℃以下时，它的热容量与温度无关；粮油温度在0℃以上时，则粮食热容量随着温度升高而增大。

（二）导温系数的概念及其意义

粮食的导温系数是一个综合系数，它包括了粮食的导热系数及比热容。它表示了粮食的热惯性，即受到同样的热量，粮食温度升高的快慢程度。导温系数用符号a表示，单位为m^2/h，计算公式为：

$$\alpha = \frac{\lambda}{C_o \gamma} \quad (1\text{-}9)$$

式中：α——导温系数（m^2/h）；

Co——粮食比热（kJ/kg·℃）；

γ——粮食容重（kg/m^3）；

λ——导热系数（kJ/m·h·K）。

导温系数α大表明粮食易被冷却干燥，α小表明不易干燥和冷却。通常粮堆的α值约为$6.15 \times 10^{-4} \sim 6.85 \times 10^{-4} m^2/h$，数值较小，说明粮食不易升温和冷却。

Co·γ的乘积为体积热容量，表明物体储热能力的大小。如果粮食的λ值一定，Co·γ的值愈大，则α值愈小。也就是粮食的储热能力大，不易加热升温，也不易冷却。

应该看到：当给定粮堆后，λ值就随之确定。因此，粮食的导温系数就取决于粮食的比热。比热大，α值就减少；比热小，α值就增大。

三、导热性、热容量与粮油储藏的关系

（一）导热性与粮油储藏的关系

粮堆的不良导热性对储粮既有有利的影响，也有不利的一面。

1. 有利方面

粮堆导热系数小，导热性不良，有利于保持粮堆原有的温度，为低温储藏和高温密闭提供了有利条件，以增进储粮稳定。如对低温储藏的粮食，可以延缓粮温上升的速度，有利于保持较长时间的低温，有效抑制虫霉危害；而小麦的热密闭储藏正是充分利用了粮堆的不良导热性，以较长时间保持高温，才能达到理想的杀虫效果。

2. 不利方面

（1）易导致发热霉变。粮堆导热性差，不利于粮堆内热量的散发。对高温粮堆，容易造成热量积累，有害生物繁殖，导致发热霉变，是助长储粮品质劣变的因素。

（2）不利于检查和发现发热区。对局部发热粮，由于粮堆难以散热，接近发热区的温升比发热中心慢，不利于检查和发现发热区域。据测定，在距离发热中心 1.5m 和 2m 处，要经过 30 昼夜才能察觉；距离 3m 处，30 昼夜仍察觉不到温升。因此，在检查粮情时，要合理布点，以尽早发现局部发热。

（3）对原始粮温不一致的粮堆，粮堆内存在较大的温差，易引起低温部位结露和局部水分升高。

（二）热容量与粮油储藏的关系

粮堆中热的传递与温度的变化受热容量的影响。热容量大的粮食热流通过粮层时温度变化小，热容量小的粮堆温度变化大。粮食储藏中热容量的变化，主要是由于粮食水分的变化引起的。只有在水分升高的情况下，热容量才会增加，这对储藏显然是不利的。

热容量大的粮油，伴随着较高的含水量，在进行干燥处理时，加热空气使粮温升高所需的热量较多，燃料消耗和劳力消耗较大。

另外，粮堆导热性小，热容量大，粮堆温度变化慢，使储粮温度在正常情况下，总是滞后于外温的变化。如在低温季节，粮温高于外温；在高温季节，粮温低于外温，形成温差，这极易导致粮堆产生湿热扩散和结露变质。

第五节　吸附性与吸湿性

一、粮堆吸附性

（一）吸附性的概念

所有的粮油籽粒和粮堆都具有吸附和解吸各种物质的蒸气和气体的特性，这种性能称为吸附性。在粮油储藏中碰到的吸附现象主要是粮油对惰性气体的吸附，对熏蒸气体的吸附以及对一些污染物的吸附，如香料、煤油、汽油、桐油、咸鱼、樟脑等等。粮油吸附性能在储藏中最明显的是对水气的吸附。

吸附是指当气体和蒸气与固体接触时，气体分子浓集和滞留在固体表面上的现象。解吸则是指浓集和滞留在固体表面上的气体和蒸气分子从固体表面上逸出而脱吸的现象。固体与气体和蒸气发生吸附与解吸时，固体称为吸附剂，气体和蒸气称为吸附质。

（二）粮油吸附的原因

粮油中发生的吸附主要是气体在固体表面上的吸附作用。粮油能够吸附气体和蒸气分子，主要是粮粒表面和内部的微界面上的各种分子受到内部分子的拉力，其所受的合力不等于零，处于力场不平衡的状态，当某些气体和蒸气分子进入此力场时，就能被吸附而使固体表面分子受力平衡。吸附是放热过程，当气体分子被吸附时，其分子的平均动能降低，要放出一定的热，所释放的热量称为吸附热。

被吸附的气体和蒸气分子都具有一定的内能，它们并不会固定在固体表面上不动，而是时刻不停地、无规则地作热运动，结果使一部分分子又脱离固体表面。当气体分子脱离固体表面时，必须吸取一定热量，使其平均动能增加，所以解吸是一个吸热过程，所吸收的热量称为解吸热。

吸附和解吸是互为相反的分子运动过程。实际上物体表面时刻存在着吸附和解吸现象。当吸附速度和解吸速度相等时，就达到吸附平衡。

$$[\text{吸附剂}] + [\text{吸附质}] \underset{\text{解吸}}{\overset{\text{吸附}}{\rightleftharpoons}} 【\text{吸附剂}\cdot\text{吸附质}】 + \text{吸附热}$$

建立吸附平衡往往需要较长时间，如粮油对二氧化碳气体的吸附，需 24 小时能达到平衡，对水蒸气的吸附，则需要 7～12 天，才能建立平衡。这是因为，吸附不仅在外部表面，而且更重要的是在内部活性表面进行。

通常吸附剂的吸附性能与吸附剂的比表面和表面活性成正比。粮食是多孔性的胶体，据测定，在粮粒细胞中存在着很多大小不同的毛细管，大的直径约为 10^{-3}～10^{-4}cm，而小的直径为 10^{-7}cm，毛细管的壁面由于含有氨基酸、淀粉、脂肪等基团，具有良好的表面活性，是吸附的有效面积。此外，当考虑粮粒多孔结构时，粮食的比表面就高达48～200m^2/kg。所以，粮食具有吸附气体和蒸气的能力。

（三）粮油吸附的过程和类型

1. 吸附过程

粮粒对气体和蒸气分子的吸附存在着吸着、吸收、毛细管凝结和化学吸附等由表及里的过程。

外界气体和蒸气分子被吸附在粮粒表面的现象，称为吸着。气体和蒸气分子扩散到粮粒内部而被粮粒内部活性基团吸附，称为吸收。被吸收的气体和蒸气分子在粮粒内毛细管中达到饱和状态而凝结，称为毛细管凝结。有些气体在吸附时能与粮粒内的化学成分发生化学反应产生成一种新物质，称为化学吸附。这些过程是连续进行的，统称为吸附过程。反之就是解吸过程。

2. 吸附类型

吸附按其作用力的性质分为两类，即物理吸附和化学吸附。

（1）物理吸附。固体表面以分子间引力（范德华力和付价力）吸附气体和蒸气分子的吸附作用，称为物理吸附。在物理吸附过程中，第一层分子凝聚在粮粒表面上，还可以发生第二层、第三层……，不是单分子吸附而是多分子吸附层。吸附过程中的吸着、吸收和毛细管凝结均属于物理吸附，它们在粮堆中同时存在，是气体分子在粮堆通过扩散进而在粮面吸着、粮粒内吸收的连续过程。

物理吸附的特点：物理吸附无选择性，即任何固体可以吸附任何气体，越容易液化的气体，越容易被吸附；物理吸附是可逆的，吸附速度快，也容易解吸；物理吸附量随温度的升高而下降。

（2）化学吸附。固体与气体产生化学反应，相互间以化学键力所形成的吸附作用，称为化学吸附。化学吸附的结果会产生新的物质，如小麦和面粉能吸收少量磷化氢，生成磷酸化合物；溴甲烷也可与小麦蛋白质作用，生成无机溴化物及一系列甲基衍生物。

化学吸附的特点：由于形成化学键，只能单分子层吸附；化学吸附速度随着温度的升高而加快；化学吸附是不可逆的，一般情况下不易吸附，一旦形成化学吸附就不能解吸。这就是化学药剂熏蒸后残留的根本原因。如溴甲烷熏蒸后的残留：剂量32mg/l在15.5℃条件下密闭24小时，处理一次的小麦，溴甲烷的残留量为35ppm。

应该看到，在粮堆中发生的吸附作用不是物理吸附和化学吸附彼此相对孤立存在的，根据吸附剂的不同而往往物理吸附与化学吸附并存。

（四）影响粮堆吸附性的因素

粮油吸附能力的大小，通常以吸附量和吸附速度来表示。吸附量是指在一定条件下粮油吸附气体和蒸气的总量。而吸附速度则是指单位时间内吸附气体和蒸气的多少。影响粮油吸附能力的因素主要是环境温度、气体浓度、气体性质、粮油自身特点等。

1. 粮油自身特点

不同种类的粮油吸附能力有所不同。表 1-9 说明了在相同条件下（温度20℃，时间 3 小时），不同粮油对二氧化碳的吸附能力的差异。

表 1-9　　几种主要粮油对二氧化碳的吸附量（ml/kg）

花生	大豆	芝麻	玉米	稻谷	小麦	大米	小豆	面粉
560	440	230	170	86	75	70	64	60

不同粮油吸附能力发生差异的原因是多方面的，主要是粮粒之间毛细管孔径存在着差异，吸附活性表面大小不同，以及组织结构的差异。这些因素的综合结果，导致不同粮种吸附量之间的差异。一般表面粗糙、组织疏松的粮粒较外表光滑、组织坚实的粮粒吸附能力强。小粒粮因为表面积大，一般比大粒粮吸附能力强。但是，外表面积还不是吸附能力大小的决定因素，粮粒内部是多孔毛细管结构，比较起来粮粒内部的毛细管空隙的活性表面更是主要因素。例如几种原粮比其加工后的成品粮吸附能力强，原因是加工过程破坏了粮粒内毛细管的活性表面。粮油化学成分不同，也是影响吸附能力的主要原因之一。通常，当被吸附的化学性质与吸附剂的化学性质相近时，则吸附量就随着某一化学成分含量的增加而增加。如在相同条件下，含油量高的粮食比含油量低的粮食吸收的水分较少，就是油和水比相溶而引起的。在粮粒的不同部位，吸附量也是有差异。通常蛋白质含量多的粮粒吸附能力较强。

总之，粮油对气体和蒸气的吸附过程是一个非常复杂的物理过程。影响吸附的主要因素也不是一成不变的，而是随着条件的改变而改变。

2. 环境温度

在气体浓度不变的情况下，温度下降，物理吸附过程加强，吸附量增加，但化学吸附却随着温度的下降吸附量减少；反之，温度升高，物理过程减弱，吸附量减少，而化学吸附速度加快，吸附量增加。籼米在 25℃ 和 35℃ 对二氧化碳的吸附量有明显的差别，如图 1-11 所示。

在 25℃时，二氧化碳的吸附量远远大于 35℃时的吸附量。这是典型的物理吸附过程。表 1-10 所列的是不同熏蒸条件下溴甲烷的残留量。残留量随着温度的升高而增加，说明粮食对溴甲烷的吸附是一个化学吸附过程。

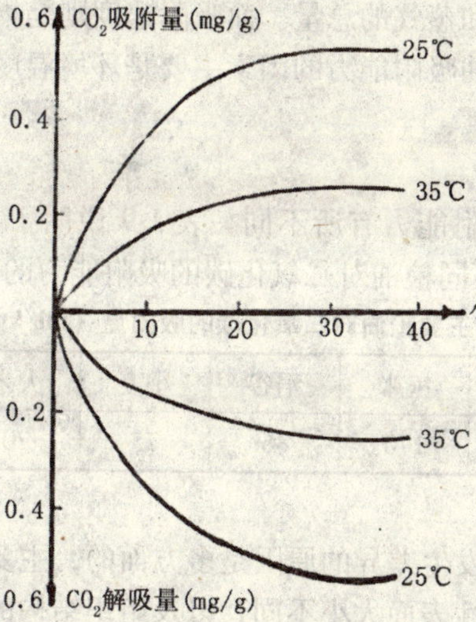

图 1-11　籼米对二氧化碳的吸附和解吸曲线

表 1-10

溴甲烷的化学吸附量

药剂	粮种	熏蒸温度	密闭时间	投药剂量	残留量	备注
溴甲烷	大麦	15.5℃	24	32mg	35	
	大麦	24℃	24	32mg	42	

3. 气体浓度

在温度不变的情况下，气体浓度增加，环境气体与粮粒内部气体分压差增大，使吸附量增大，吸附速度加快。但浓度增加到某一程度时，吸附速度逐渐减缓，以至吸附量达到饱和而不再增加（见图 1－12）。相反，当吸附气体浓度降低，吸附动态平衡向解吸方向移动，吸附量减少。图 1-13 是在 25℃时花生吸附二氧化碳的吸附等温线。可见花生的吸附能力随着二氧化碳浓度的增加而加强。

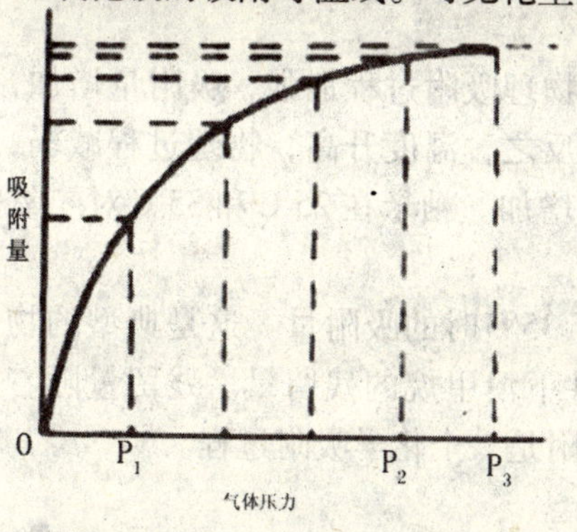

图 1-12　气体浓度与吸附量的关系

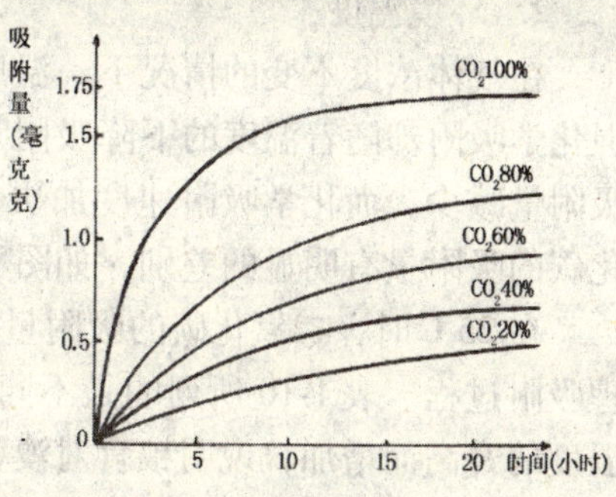

图 1-13　花生吸附二氧化碳量与气体浓度关系

4. 气体性质

在温度和气体浓度不变的情况下，气体性质与吸附作用有密切关系。凡是沸点高、蒸气压力小、容易凝结的气体，都容易被吸附，不易解吸。凡是容易与粮油化学成分发生化学反应的气体，一般容易发生化学吸附。

（五）吸附性与粮油储藏的关系

1. 吸附易造成粮油污染

由于粮油的吸附特性存在，很容易吸附不良气体和液体，产生异味。如煤油、汽油、化肥、农药等气味性物质，轻者影响食用品质，重者造成粮油污染。因此，粮油运输车辆，盛装粮油的器皿及使用的工具都要严加检查，以免污染。

2. 吸附不利于熏蒸杀虫

当熏蒸毒气分子被粮粒等熏蒸物大量吸附时，其挥发性、扩散性和渗透性就会受到影响，粮堆空隙中毒气浓度也会降低，这对熏蒸杀虫显然不利。同时熏蒸后的粮油必须充分通风散气，待毒气解吸达到卫生允许标准后，方可出仓供应食用。因此，化学熏蒸中，可选择容易解吸的熏蒸剂进行熏蒸，减少药剂残留。

3. 利用吸附进行气调储藏

粮油储藏技术中二氧化碳置换法，就是利用粮粒对二氧化碳的吸附特性，使粮油在包装内呈现胶着状态（袋内负压可达15mmHg以上），从而有效地保持粮油品质。

4. 粮油对水分的吸附和解吸，影响粮油储藏的稳定性这一内容将在吸湿性中讨论。

二、吸湿性和平衡水分

粮油的吸湿特性，是粮油吸附特性的一个侧面。在粮油储藏中，该特性与粮油的发热霉变、结露、返潮等现象直接相关，对粮油储藏有着极其特殊的重要意义。

（一）粮油的吸湿性

1. 吸湿性的概念

粮油吸附和解吸水气的性能称为吸湿性。对水气的吸附过程，称为吸湿，而对水气的解吸称为散湿。粮油储藏中水分的变化主要与粮油的吸湿性能有关。粮油水分含量与粮油的储藏稳定性、储藏品质的保持密切相关，是粮油储藏中最重要的变量因素之一。

粮油之所以吸附水蒸气，其原因是：（1）粮粒是多孔毛细管胶体物质，能够使水蒸气通过扩散进入其内部并凝结；（2）粮粒具有很大的吸附表面，使水蒸气分子能在表面发生单分子层或多分子层的吸附；（3）粮粒中存在有很多亲水性基团（如 - OH、 - COOH 等），这些基团对水蒸气分子具有较强的吸附能力，如小麦的淀粉含量约占粮粒的63%，蛋白质约占16%，纤维素约占13%，这些物质都具有数个亲水基团，构成了粮粒吸湿的活性部分。

2．粮油吸湿和散湿的过程

（1）粮粒中水分存在的形式

粮粒中水分存在的形式，一部分以毛细作用的形式，保持在粮粒内部的颗粒间隙中，这些水具有自然界中水一样的性质，通常将这一部分水叫做“自由水”或“游离水”。另一部分水则以分子间的力保持在粮粒中，吸附在粮粒的有效面积，叫做“结合水”或“束缚水”。另一部分水以化学形式与粮食中的某一成分相结合，构成了粮粒物质整体的一部分，这部分水叫做“结构水”或“化合水”。

但是，粮食是由多种物质构成的，同时还有组织器官存在，其中水的存在是多种形式的。在通常情况下，粮食中的“结构水”受环境影响的可能性不大。随着环境条件发生变化的主要是“自由水”和“结合水”。而“自由水”又是“结合水”在一定条件下凝结的结果。

（2）粮粒吸附水蒸气的各种力

水分子能被粮粒表面吸附，主要是由分子间的吸引力——范德华力和付价力作用的结果。

范德华力包括：极性分子相互靠近时，由永久偶极作用产生的取向力；极性分子和非极性分子相靠近时产生的诱导力；非极性分子相互靠近时，由分子正负电分子中心不重合产生的色散力，这三种力都具有吸引作用。因此，当粮粒的有效表面与水蒸气分子相接近时，在这三种力的作用下，水分子就分别吸附在极性和非极性表面上。

付价力：主要是指水分子与其他极化或极化的分子发生作用形成氢键力。水分子由一个氧原子和两个氢原子组成，其中氧的负电性很强，共用电子对强烈地偏向于氧的一边，从而使氢原子上带有部分正电荷，在氧原子上则带有部分负电荷，所以，水分子是极性分子，它很容易和一些极性基团相互吸引，形成一种不十分牢固的化学键，既氢键。

在粮油的淀粉、蛋白质等亲水胶体物质中，含有很多能与水作用的极性基团，如淀粉中羟基、环氧、氧桥，蛋白质中的肽键、氨基等，这些都是分子中的极性点，都可能和水形成氢键而吸附。

（3）粮油的吸湿过程

粮油的吸湿过程如图1-14所示。当粮粒置于有水汽的环境中，首先在粮粒表面形成水分子吸附层。随着环境湿度增加，粮粒外部水汽压力大于粮粒内部毛细管水汽压力，水分子将通过毛细管向内部扩散，开始在毛细管壁的活性表面上，形成单分子层，继续吸附而变成多分子层，当毛细管壁上的水汽吸附层逐渐加厚至中央汇合时，就出现了毛细管凝结水。这时水在毛细管中形成一个弯月面，因弯月面上的水汽分压小于管壁中的水汽分压，管壁中水汽分子就不断向弯月面上移动，外界水汽分子不断向内扩散并凝结，直至毛细管内充满水，而完成吸湿过程。

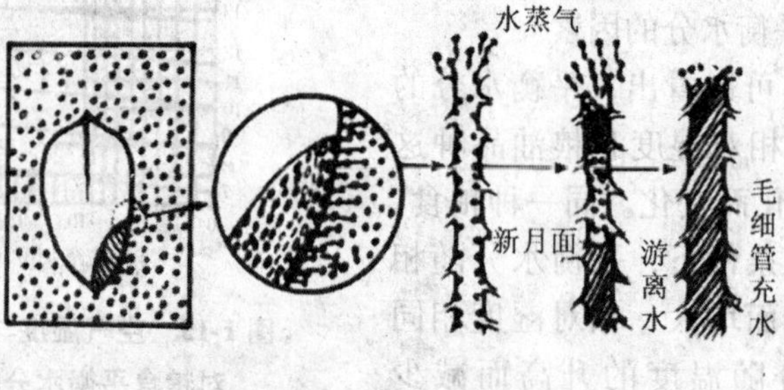

图 1-14　粮油籽粒吸湿过程

说明：自左至右

1. 粮食置于充满水汽环境中。
2. 从放大部分观察，粮食表面吸附大量水汽，并向毛细管内扩散。
3. 由于外界水汽压力大于粮食毛细管内水汽压，空气中大量水汽向毛细管内扩散，并为毛细管内壁胶体吸着。
4. 由于毛细管内水汽压不断增大，而至饱和状态，水汽液化。
5. 毛细管充水现象。

当环境温度较低时，粮粒内部水汽分压大于外界的水汽分压，粮粒中的水汽分压就向粮粒外扩散。首先是粮粒毛细管中的凝结水扩散到空气中，其次是多分子层的吸附水，最后是单分子层的吸附水，直到粮堆中的水汽分压平衡于环境中的水汽分压为止。这就是粮油的散湿过程。

3. 吸湿性与粮油储藏的关系

吸湿和散湿使粮油水分经常发生增减变化，对储藏稳定性有直接影响。如把干燥的粮油存放在空气潮湿的环境中，就会吸湿而受潮。所以，控制吸湿过程，保持干燥环境是粮油储藏的基本原则。

（二）平衡水分

1. 平衡水分的概念

在一定温、湿度条件下，粮油的吸湿和散湿速度相等时的含水量称为平衡水分。与平衡水分对应的粮堆湿度就称为平衡相对湿度。粮油在储藏过程中时刻进行着吸湿与散湿，从而使其含水量发生变化。当环境湿度高时，吸湿则水分增加，当环境湿度低时，散湿则水分减少。如果把粮油放在一定的温度和湿度条件下，经过一定时间，粮油的吸湿和散湿作用将以同等速度进行，含水量也不会再发生增减变化，而是一个相对稳定不变的数值。常见粮油在不同温、湿度条件下的平衡水分见表1-11。

2. 影响平衡水分的因素

从表1-11可以看出，平衡水分的大小随温度、相对湿度和粮油品种这三个因素的变化而变化。同一种粮食，在温度一定的条件下，平衡水分随相对湿度的增大而增大；相对湿度相同时，平衡水分随温度的升高而减少（如图1－15）；在温度和相对湿度都相同的条件下，平衡水分因粮食种类和品种而不同。

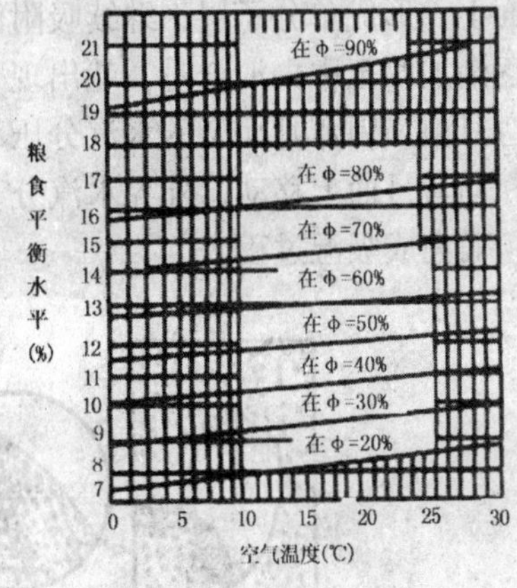

图1-15　空气湿度与相对湿度对粮食平衡水分的影响

表1-11　不同温度下的粮食平衡水分

粮种	温度℃ \ 相对湿度（%）	20	30	40	50	60	70	80	90
稻谷	30	7.13	8.51	10.0	10.88	11.93	13.12	14.6	17.13
	25	7.4	8.8	10.2	11.15	12.2	13.4	14.9	17.3
	20	7.54	9.1	10.35	11.35	12.5	13.7	15.23	17.83
	15	7.8	9.3	10.5	11.5	12.65	13.85	15.6	18.0
	10	7.9	9.5	10.7	11.8	12.85	14.1	15.95	18.4
	5	8.0	9.65	10.9	12.05	13.1	14.3	16.3	18.8
	0	8.2	9.87	11.09	12.29	13.26	14.5	16.59	19.22
大米	30	7.59	9.21	10.58	11.61	12.51	13.9	15.53	17.72
	25	7.7	9.4	10.7	11.85	12.8	14.2	15.65	18.2
	20	7.89	9.59	10.9	12.02	13.01	14.57	16.02	18.7
	15	8.10	9.8	11.0	12.15	13.15	14.65	16.4	19.0
	10	8.3	10.0	11.2	12.25	13.3	14.85	16.7	19.4
	5	8.5	10.2	11.35	12.4	13.5	15.0	17.1	19.7
	0	8.68	10.33	11.5	12.55	13.59	15.19	17.4	20.0
小麦	30	7.41	8.8	10.23	11.4	12.54	14.1	15.72	19.34
	25	7.5	9.0	10.3	11.65	12.8	14.2	15.85	19.7
	20	7.8	9.24	10.68	11.84	13.1	14.3	16.02	19.95
	15	8.1	9.4	10.7	11.9	13.1	14.5	16.2	20.3
	10	8.3	8.65	10.85	12.0	13.2	14.6	16.4	20.5
	5	8.7	10.32	11.0	12.1	13.2	14.8	16.55	20.8
	0	8.9	10.86	11.3	12.5	13.9	15.3	17.8	21.3

续表

玉米	30	7.85	9.0	10.13	11.24	12.39	13.9	15.85	18.3
	25	8.0	9.2	10.35	11.5	12.7	14.25	16.25	18.6
	20	8.23	9.4	10.7	11.9	13.19	14.9	16.92	19.2
	15	8.5	9.7	10.9	12.1	13.3	15.1	17.0	19.4
	10	8.8	10.0	11.1	.12.25	13.5	15.4	17.2	19.6
	5	9.5	10.3	11.4	12.5	13.6	15.6	17.4	19.85
	0	9.43	10.54	11.58	12.7	13.83	15.58	17.6	20.1

（1）环境温度

同品种粮油，在相对湿度一定的条件下，平衡水分随温度的升高而减少。这是因为温度上升时，吸热过程加强，平衡向散湿作用方向移动，加热会使粮粒吸附的水分子部分脱离，平衡水分相对降低。

（2）相对湿度

同品种粮油，在温度一定的情况下，平衡水分随相对湿度的增加而增大。但平衡水分与相对湿度之间不是直线相关，而是呈S形的曲线相关。

（3）粮油品种

在温度和湿度都一样的情况下，平衡水分因粮油品种不同而有差异。这是因为各种粮油的籽粒结构，吸附有效表面和化学组成不同所致。特别是当粮粒中蛋白质、糖类等亲水胶体物质含量多时，吸水量就多。反之，粮粒中脂肪类疏水性物质较多，吸水量就相对地降低。

3. 平衡水分在储藏中的应用

在粮油储藏过程中，平衡水分是自然通风与密闭、机械通风等储藏方法的重要依据。当与平衡水分对应的粮堆平衡湿度小于外界环境湿度时，不应通风而应密闭，以防增加水分；相反，当平衡水分对应的粮堆平衡湿度大于外界环境湿度时，则应及时通风降低粮油水分。

（三）吸湿等温线和吸附滞后现象

1. 吸湿等温线

在同一温度条件下，粮油的吸水量与相对湿度之间的S形关系曲线，称为吸湿等温线。通常粮油在同一相对湿度下，其水分含量有两个数值，一是当粮油吸湿时，一是当粮油解吸水分或干燥时。解吸时的水分含量高于吸湿时的水分含量。因而等温线又分为吸湿等温线和解吸等温线。

如图1-16所示，粮油吸湿等温线分为三段，每段所涉及到相对湿度和平衡水分的关系不同。在等温线开始的O-A段，相对湿度和平衡水分之间的关系，主要受水分子和吸附表面的结合能（范德华力和氢键力）的制约而吸附，水分子和亲水基团牢固地吸附着，为单分子层吸附，等温线弯向相对湿度轴，弯曲程度取决于粮种；在等温线中间A-B段，近似于一条直线，这时水分子吸附在第一层水分子，形成多分子层吸附，主要作用是水分子之间相互缔结的凝聚力，吸水量与相对湿度成正比；在等温线最后 B-C 段，即高湿区，等温线又弯向含水量轴，主要发生的是毛细管水分的凝结作用，吸水量增加得非常快，并一直到接近饱和湿度也未呈现出吸附饱和现象。

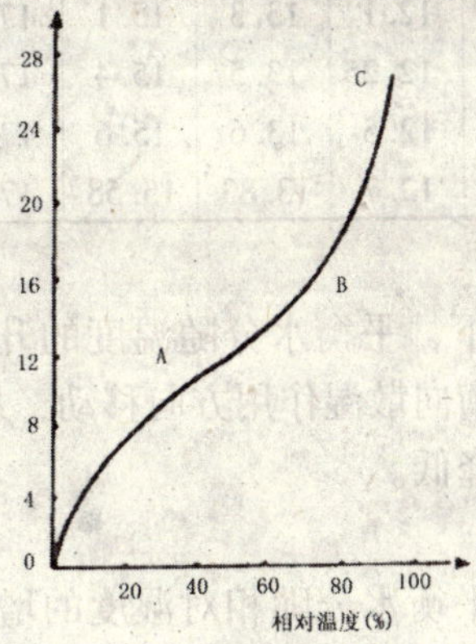

图 1-16 粮油吸湿等温线

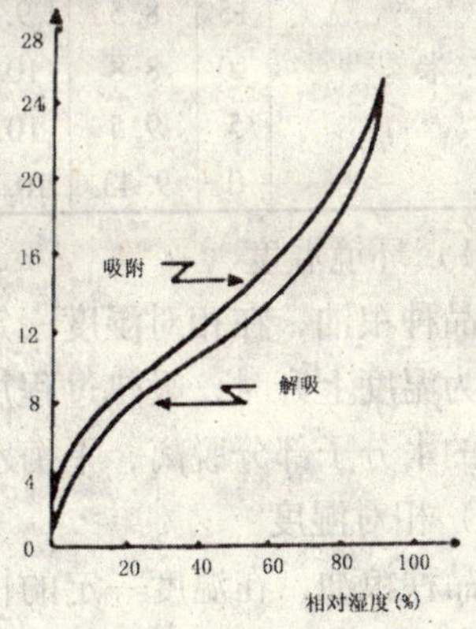

图 1-17 粮油吸附滞后现象

一些研究现象表明：当粮油水分在 15% ~ 16% 时，内部毛细管具有明显的毛细管凝结水。毛细管中的水分与粮油的各种联系不很紧密，能使水分在粮粒内部易于移动，并促使细胞中的物质代谢。因此，在出现毛细管凝结水以前粮油含有的部分水分只是维持正常生命的需要；而毛细管凝结水出现后，粮油正常生命活动——休眠将被打破，这时，粮油的储藏稳定性变差，很容易发生问题。

2. 吸附滞后现象。

在同一温、湿度条件下，同一粮油某一时刻正在吸湿增水的平衡水分始终小于同一时刻正在散湿降水的平衡水分，这种现象称为吸附滞后现象。如图 1-17 所示上面的曲线为吸湿等温线，下面的为散湿等温线。表 1-12 所示为玉米在等温条件下，吸附与解吸平衡水分之间的差异。

表 1-12 玉米在吸附和解吸时的水分差异

相对湿度（%）	解吸平衡	吸附平衡
88.5	24.2	23.4
67.6	16.5	15.2
46.5	12.9	11.5
25.8	9.8	8.0
9.4	7.0	5.6

了解粮油的吸附滞后现象，有助于从理论上搞清不同水分的粮油在一起存放很难达到水分平衡，以及存粮时要干湿粮分开问题。也可进一步了解通过取样测定的水分含量来判断整仓粮油的储藏稳定性是不可靠的，不能反映某些局部情况的问题。

形成吸附滞后现象的原因主要有以下几个方面：

（1）在粮粒毛细管中的水，因弯月面上的水汽分压小于管壁中的水汽分压，因此解吸时毛细管中的水较难渗出。

（2）在吸湿时，粮粒形成内部水含量较低、外部水含量较高的水分梯度；而散湿时，则是内部水分含量较高、外部水分含量较低的相反水分梯度。当吸湿和散湿粮粒的外表水汽分压相同时，散湿粮内部水含量却大于吸湿粮内部水含量。

（3）当粮粒吸湿后，其内部膨胀，出现龟裂、破缝，使吸附水分子的有效表面积增加。由于散湿时的有效表面积大于吸湿时的有效表面积，所以散湿时的平衡水分高于吸湿时的平衡水分。

第六节 气流特性

一、粮堆气流

（一）粮堆气流的概念

气流是指气体的方向性运动，其实质是大量的气体分子在某种作用力的推动下，按照作用力的方向进行定向扩散现象。粮堆气流就是粮堆生态系统中气体的对流运动。粮堆各部位及粮堆内外，常常存在温差和气压差，它们是形成储粮气体流动的主要原因。粮堆中的气体是由氧、氮、二氧化碳、水汽（熏蒸时还有毒气）等多种气体成分组成的，它和大气流在本质上有共同点，但又具有其特殊性，由于粮粒存在，粮堆空隙中分子运动阻力较大，加上粮堆常处于相对静止、相对密闭的环境中，所以储粮气体流动速度就非常缓慢。据测定，在仓房密封条件较差的情况下，在散装粮堆中气流速度约为0.1～1mm/s，这种气流一般不易被人的器官所察觉，所以又称微气流。

储粮气流不但在运动，而且在运动中变化，它像一条运输线，不断向粮堆送入或带出水分、能量、氧气、二氧化碳及熏蒸毒气等物质进行着气体和能量的交换，造成了粮油在储藏期间的诸多变化。所以粮堆气流运动不但影响着粮堆生物体的生命活动，并且是粮堆传热、水分转移、氧和二氧化碳传输及熏蒸时毒气扩散的主要作用机制。

在粮食储藏中，粮堆气流有两个方面的实际意义。凡能使粮堆中的水汽、热量向外散发起降温散湿作用、能促使储粮稳定的气流，称为有利气流。相反，凡能把粮堆外部的高温、高湿引入粮堆，或把粮堆内的水汽、热量向某一部位大量集中，使粮温升高、湿度增大的气流，则会降低储粮的稳定性，称为有害气流。

（二）粮堆气流的特点

在粮堆生态体系中，气体对流路线有粮堆内外对流、粮堆内部对流、仓内外对流等特点。

1. 粮堆内外热力对流

热核心粮气流。当粮温高于环境温度 2℃ ~3℃时，称为热核心粮。此时，储粮明显处在一个低温环境中，外围储粮受外温影响，温度较低，中间部位的气体由于有较高的温度，作上升运动，流向粮面及空间，气体在空间被冷却后又沿外围下沉，并向粮堆中间底部作补充，从而形成如图 1-18 所示的气体循环回路。

冷核心粮气流。当粮温低于环境温度 2℃ ~3℃时，称为冷核心粮。这时，储粮处在一个高温环境中。外围的储粮受外温的作用而升温，其空隙中的空气变暖向上运动至表层空间四周，中间部位粮温较低，向粮堆中、下层做下沉运动，并向四周扩散给予补充，造成中间部位上、下层压力差，而使空间热空气向下运动并被储粮吸热后变冷、下沉，形成图 1-19 所示的气体循环回路。

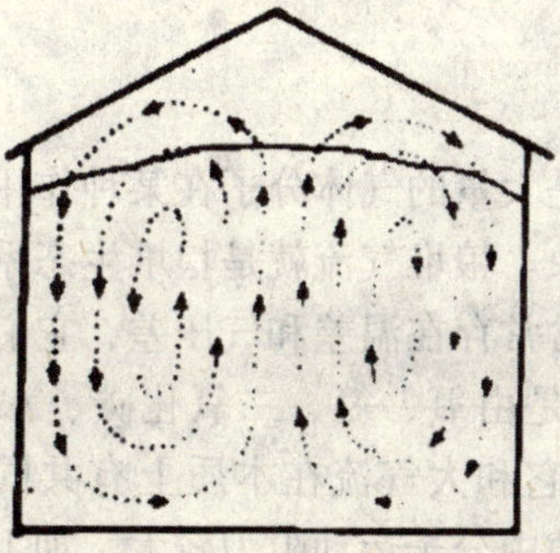
图 1-18　热核心粮堆气流

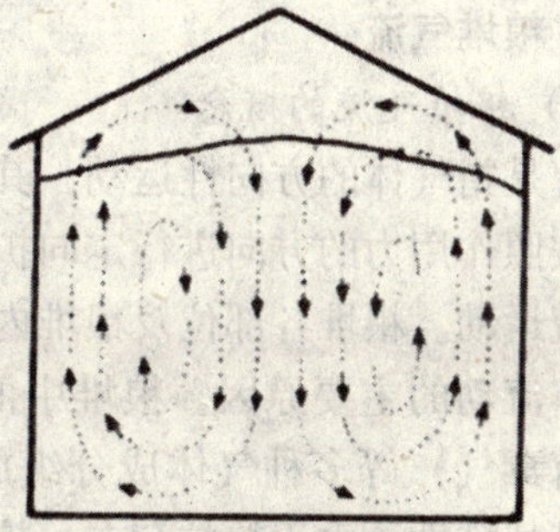
图 1-19　冷核心粮堆气流

2. 粮堆内部热力对流

当粮堆内粮质不均匀，水分不一样或生物种群密度有差异时，由于生物体的呼吸作用，常常造成粮堆内各部位温度高低不同。温度高的部位往往引起“窝状发热”。发热点热空气上升，中、下、底部冷空气作补充，形成如图 1-20 所示的局部气体回流。如果这样的回流不受或少受整个粮堆气流的影响，则会产生“自我激励效应”，即发热的范围越来越大，发热的程度也越来越严重。

3. 仓内外对流

对于顶部有出风口、底部有入风口的立筒仓、地下仓或通风仓，如果出、入风口敞开或压盖不严，能允许气体大量通过，则会形成如图 1-21 所示的单向气体流动路线，即所谓“烟囱效应”。

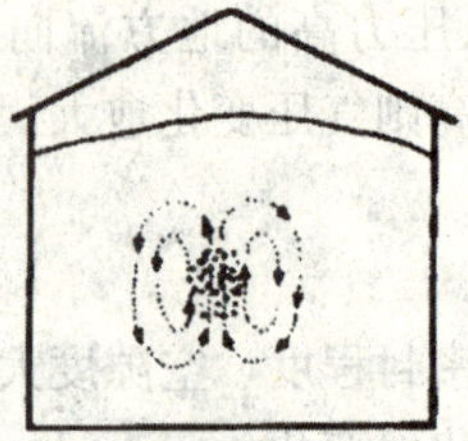

图 1-20　粮堆局部循环气流

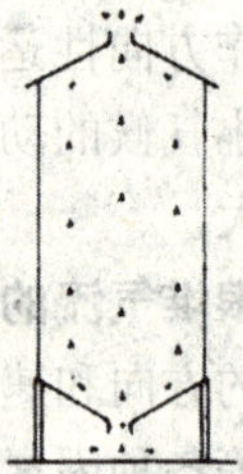

图 1-21　立筒仓的“烟囱效应”

（三）测定粮堆气流的方法

测定粮堆气流的方法，用检流仪和 QDF 热球式电风速计两种仪器配合使用。前者测定气流方向，后者测定气流速度。

检流仪由 PH_3 发生器、硝酸银试纸显色管及连接导管三大部件组成。其测定原理是：利用被测系统中压力使 PH_3 气体流动，通过左右硝酸银试纸的显色方向来判断气流的运动方向。如连接测口端显色瓶中的试纸变色，被测系统中的气体为负压气流，反之为正压气流。

QDF 热球式电风速计是由电热球测头和测量仪表两部分组成。测定时，将测头直接暴露在空气中，由电表读数表示气流速度。这种风速计的灵敏度为 0.05m/s。测定方法是：用 0.1～0.2mm 的塑料薄膜密封整个粮仓或粮堆，选择测试部位并安装长 5cm、直径 2～2.5cm，顶部有 1.5cm 弧形对称凹槽的聚乙烯软管，作为测试口。或将直径为 2～2.5cm 的丙烯硬管，尾部装上锥尖，下部 50cm 处均匀钻孔（孔径为 3～5mm），成探管形，插入粮堆；硬管的顶部也锉一个 1.5cm 弧形对称凹槽，作为测口。配以检流仪和风速仪分别对测口进行测试。检流仪的试纸显色方向为测口的气流方向，风速计表头的显示结果为测口的气流速度。采用这种方法，可以对气流进行直观测试。

（四）粮堆气流的类型

在储粮生态体系中难免存在温差和风压差，它们是储粮气流形成的主要原因。由于温差所形成的气流，称为热力对流；由于风压差所形成的气流，称为动力对流。

热力对流是储粮气流的主要对流形式。粮温与粮堆外围环境温度（仓温或气温）之间或粮堆内不同部位温度的差异，使得相邻空间气体密度不同。温度高的部位气体分子密度小，作上升运动，相反，温度低的部位气体密度大，作下沉运动，从而形成粮仓小气候中的热力对流。

动力对流是储粮气流的非主要对流形式。造成动力对流的作用力是粮堆外围环境的气候。在刮风天气，外界环境气体分子流动时具有较大的动能，它们通过围护结构的各种洞孔、缝隙，与粮堆气体分子进行方向性碰撞，使之压力发生变化，并作方向性运动，即气体分子将从压力高的地方流向压力低的地方，形成粮仓小气候的动力对流。外界风级愈高则气压变化愈大，这种动力对流的影响就越大。

二、影响粮堆气流的因素

储粮气流的方向和速度主要受温差、粮堆密封程度、空隙度大小、粮仓类型和储粮方式等各种因素的影响，并随着其变化而变化。

（一）温差的影响

温差是影响储粮气流运动速度和方向的主要因素。温差的大小影响气流运动的速度，即温差越大，气体热力对流速度就越快。温差的方向决定了气流运动的方向，当粮温高于环境温度2℃～3℃以上时为正温差粮，此时能稳定地显示出高温气流的上升运动；当粮温低于环境温度2℃～3℃时，则为负温差粮，一般表现为低温气流的下沉运动。试验表明，当温差不超过2℃～3℃时，由温差引起的气流运动方向不太稳定，其重要原因是此时易受仓外风力以及其他力的作用和影响，气流作用较弱；当温差大于2℃～3℃时，能明显地表现出气流的上升或下降运动，其运动速度随温差增大而增大。例如，在负温差粮5℃～8℃的情况下进行磷化氢气体熏蒸，10天后，粮堆底部的磷化氢气体浓度为表面浓度的22.5倍。因此，在气调或熏蒸时，应该尽量减少由温差引起的有效气体的流失和保持密封体系内的均一性。

（二）粮堆密封程度的影响

仓房或粮堆的密封程度也是影响气流的一个重要因素，它不仅影响粮堆气流的速度，而且影响粮堆气流的方向。当粮堆严格密封时，密封体系内外气体对流就会减少，同时粮堆内部的气体循环相应增强，密封体系内的气流主要是温差作用下的热力对流。密闭程度越高，密封体系受环境气体的影响就越小。在密封不严或仓房漏气严重等密封条件较差的情况下，密封体系内的气流不仅受热力对流的影响，还会使外部空气直接影响影响粮堆气流，造成粮堆内外或仓内外气流对流，影响到粮堆气流的垂直运动和水平运动，使粮堆中气体也进行上下交换和水平转移。

（三）粮堆空隙度

粮堆空隙度大小，直接影响到气流运动的快慢，以散装小麦和谷子相比，前者空隙度较大，气流阻力小，运动速度快；后者空隙度较小，气流阻力大，运动速度慢。据测试表明，在相同条件下，谷子堆的平均气流速度为0.18mm/s，小麦堆则为0.44mm/s，后者是前者的2.44倍。

（四）仓房类型和储粮方式

立筒仓仓身为圆柱形，直径小、仓身高，容易受气温的影响，粮堆上下温差大，表现出较强的气流垂直升降运动。标准房式仓，跨度大，仓身为矩形，又设有门窗，在非密闭情况下以水平气流为主，在密封情况下则以垂直气流为主。带有地槽的通风仓，由于地槽与外界直接相通，以垂直气流为主，而且气流速度快。

散装储粮粮堆大，底部接触地坪，侧面靠墙壁，受外界环境影响较小，较稳定，气流速度慢，变化小，主要的对流回路是粮堆内外的垂直气流。包装粮或围包散存的储粮形式，粮堆离开仓墙，粮堆气流受仓内小气候的直接影响，相应形成以储粮粮堆为中心的粮堆内外垂直对流或水平对流的仓内循环回路。

由上述分析可知，影响储粮气流的各种因素中，温差引起的热力对流是储粮气流运动的主要形式，但又在其他因素的综合作用下，很难单独存在，常常相伴发生，相互影响，形成极其复杂的气体流动路线，只不过在不同情况下有主次而已。储粮工作者应该善于识别不同条件下粮堆气体的的主要气流。

三、粮堆气流在储粮中的应用

（一）在化学熏蒸中的应用

合理熏蒸应将投药点设在粮堆气流的起始部位，以便在粮堆内形成最长的载毒气流路线和最大的毒气分布面，避免熏蒸粮堆中的毒气空白点。如热核心粮熏蒸时，投药点应设在包装粮粮堆下部四周或散装粮中、上层四周；而冷核心则应从粮堆上部中间投药，并严格密封粮堆，抑制粮堆内外气体的直接对流，促使粮堆内的气体循环，使毒气在气流的运载下，向整个粮堆均匀地扩散和渗透。

在熏蒸杀虫时，还应尽量避免动力对流造成的有害影响，如尽量提高熏蒸环境的密闭性。对于密闭性能差的仓房，刮大风则不宜熏蒸，应选择在无风天气进行。

（二）在常规储藏中的应用

粮堆中的气体运动总是伴随着湿热运动，这是因为气流能起到传热的作用。同样湿热扩散也会引起气流的运动。根据这个原理利用有利的气流，限制有害的气流，可以增强储粮的稳定性。如正确利用高深粮堆的“烟囱效应”，可以得到与机械通风同样的降温、降水效果。

我国大部分地区可以利用冬季低温干燥的空气进行自然通风，并可采取辅助措施增大气体的流动性，以充分利用其有利作用，降低粮温和水分。而在高温季节则应限制粮堆气流而进行密闭，阻隔粮堆内外的气体对流，限制气流传热、传湿，防止形成局部储粮水分增高而发热、霉变，以减少高温高湿气体对储粮的不利影响。对于有利的储粮气流应及时通风降温散湿。

（三）气流在气调储藏上的应用

在气调储藏中，粮堆气流有两个方面的实际意义：一方面在密封系统中，由于气流随运动，经过一定时间之后，该系统能达到动态平衡状态，即在这个系统中，无论各部位的原始气调浓度、温度和压力分布如何，由于分子的热运动和不断扩散，最终都能达到各种气体浓度、密度、温度和压力均一的平衡体系。这对于气调储藏来说是非常重要的。另一方面由于在生产上通常把一个粮堆或一个仓房作为一个密封对象，因此很难也不可能达到绝对密封的程度。在这种情况下，密封系统内的气体就会由于和环境气体发生交换而流失，降低系统内有效气体浓度，以致影响气调储藏的效果。

此外，“双低”、“三低”储粮也是建立在气调储藏基础上的综合技术。在这些综合储粮中，由于气流作用，不仅会降低药剂的有效气调浓度，而且会引起热量交换，使整个密封系统失控，难以达到预期的目的。因此，在气调储粮中，应尽量减少密封系统于环境的气体交换，增强系统内的气体运动。

思考练习题

1. 什么叫散落性？散落性与粮油储藏有什么关系？

2. 什么叫自动分级？自动分级对粮油储藏有什么影响？

3. 什么叫空隙度？空隙度对粮油储藏有什么影响？

4. 某仓散装小麦静止角为30℃～36℃，容重为750 kg/m^3，堆高3m，长期储存，仓壁安全。现需改盛油菜籽，其静止角为22℃～27℃，容重为680 kg/m^3，问堆高多少才能确保仓壁安全？

5. 粮堆导热性能如何？根据粮堆导热量的计算公式说明导热性与粮油储藏的关系。

6. 什么叫吸湿性？什么叫吸附滞后现象？

7. 什么叫平衡水分？它与哪些因素有关？平衡水分在粮油储藏中有什么意义？

8. 粮堆气流与哪些因素有关？在储藏中有哪方面的应用？

9. 某仓堆放小麦的温度为20℃，空气相对湿度为70%，查小麦的平衡水分。

10. 有一批含水量为18%的玉米，在温度20℃、相对湿度为70%的环境条件下，能否晾晒？

第二章
储粮生理性质

在粮堆生态系统中，粮堆生物体都是活的生物成分，在储藏期间仍不断地进行合成、分解代谢，以维持其生理活动。特别是粮粒都是作物的种子，它们虽然脱离了母株和栽培的环境条件，但仍然是活的有机体，即使处于休眠状态，仍在继续进行生理活动，主要表现为呼吸、后熟等生理现象。所不同的是它们不能再从外界环境中摄取营养，而是耗用自身储藏的物质。粮油生理活动的结果往往使其在储藏期间发生温湿度、水分、化学成分等一系列的变化，总的来说，是以分解代谢为主，逐步走向陈化和衰老，直接影响粮油的储藏稳定性。因此，储粮工作的目的，就是采用一切措施来控制储粮的代谢过程，使之处于最低限度，借以推迟其陈化、延长其寿命，并在储藏期内保持其食用品质、种用品质和工艺品质。

在储藏过程中，粮油籽粒的生理活动包括呼吸、后熟、萌发、陈化等现象。

第一节　呼吸作用

呼吸现象是生物体共同的特征，也是生物体进行生命活动的重要标志。呼吸一旦停止，就意味着生命的丧失。粮油籽实是活的有机体，虽然没有专职的呼吸系统，也时刻表现出维持其生命活动的特征：吸收氧气，放出二氧化碳。

在储藏过程中，整个粮堆始终表现出消耗氧气和释放二氧化碳的现象，这不仅是粮油本身的呼吸，还包括虫、霉及混入的有机杂质的呼吸，且它们的呼吸作用往往比粮油本身还大。因此，粮油的呼吸现象实际上是粮堆生态系统呼吸的总体表现。

一、呼吸作用的概念和类型

（一）呼吸作用的概念

粮油的呼吸作用是指粮油中的有机物质在多酶系统的催化作用下，逐步氧化分解为二氧化碳和水，并释放能量的生物氧化过程。被呼吸作用分解的有机物质，叫呼吸基质。

粮油的呼吸作用是以有机物质的分解、消耗为基础的，呼吸放出的热量又是造成粮堆发热的原因。粮油呼吸作用愈强，其干物质的消耗就愈多。因此，为了减少干物质的消耗，应把粮油储存在一定条件下，使之处于休眠状态，减少其呼吸，这样，粮油的营养物质损失就会减少，不会引起品质劣变。

（二）呼吸类型

根据对氧的需要，粮油呼吸作用可分为有氧呼吸和无氧呼吸两种类型。

1. 有氧呼吸

有氧呼吸是指生物体从环境中吸收分子态氧，使营养物质完全氧化成二氧化碳和水，并释放出能量的过程。如以葡萄糖为呼吸基质的总反应式为：

$$C_6H_{12}O_6 + 6O_6 \longrightarrow 6CO_2 + 6H_2O + 2868 \quad KJ$$

2. 无氧呼吸

无氧呼吸是指生物体在氧气供给不足或缺氧的情况下，有机物质依靠分子内部的氧化还原作用取得能量，其营养物质氧化不彻底，并残留有氧化不完全产物（乙醇、乳酸等）的过程。这种呼吸作用也称为缺氧呼吸或发酵作用。如以葡萄糖为呼吸基质的酒精发酵的总反应式为：

$$C_6H_{12}O_6 \rightarrow 2C_2H_5OH + 2CO_2 + 226 \quad KJ$$

其产物乙醇常常积累在有机体组织中，对粮粒的生命有害。潮湿的粮油在密封的条件下储藏会产生酒味，就是酒精发酵的结果，这不仅会降低种子的发芽率，对品质的保持也有较大影响。

比较上述两种呼吸类型的历程和效应，有着明显的差异。有氧呼吸使有机物质氧化彻底，释放的能量大；无氧呼吸的有机物质氧化不彻底，释放的能量小，产生的乙醇会引起对组织的毒害，除厌氧生物外，无氧呼吸只能维持一段有限时期的生存。然而，有氧呼吸与无氧呼吸既有区别又有联系。呼吸基质分子的不吸氧分解是有氧呼吸与无氧呼吸的共同途径。如下式：

$$C_6H_{12}O_6 \rightarrow 2CH_3 \cdot COCOOH \begin{cases} \xrightarrow{\text{有 } O_2} CO_2+H_2O+2868 \quad KJ \\ \xrightarrow{\text{无 } O_2} C_2H_5OH+CO_2+226 \quad KJ \end{cases}$$

在吸氧分解的共同途径中，基质经过一系列的变化，形成中间产物丙酮酸。丙酮酸在有氧条件下，以三羧酸循环生物氧化最终分解为二氧化碳和水。而在无氧条件下，丙酮酸经无氧呼吸过程分解为乙醛，最终生成二氧化碳和乙醇。

二、呼吸作用的指标

呼吸强度和呼吸商是广泛应用于呼吸作用的两项指标。测定这两项指标，能反映粮油在储藏期间的生理状况：呼吸强度反映呼吸作用的强弱，呼吸商则反映呼吸性质。

（一）呼吸强度（或称呼吸速率）

粮油的呼吸强度是指单位时间内单位重量的粮油呼吸所吸收或放出二氧化碳的量。单位为 mgO_2（或 CO_2）/g 粮油/h。呼吸强度是表示粮油呼吸代谢强弱的生理指标。

呼吸强度与干物质的消耗成正相关，呼吸强度愈大，干物质消耗愈多。正常储藏的干燥粮油呼吸极微弱。以玉米为例，种子成熟时期呼吸强度为 400 ~ 500$mgCO_2$/100g 干重/24h，而干燥后仅为 8 ~ 15$mgCO_2$/100g 干重/24h。

（二）呼吸商（或称呼吸系数）

粮油的呼吸商是指在一定时间内粮油呼吸放出二氧化碳的体积和吸收氧气的体积之比，用符号 RQ 表示，即：

$$RQ = VCO_2/VO_2 \tag{2-1}$$

一般情况下，呼吸商的大小取决于粮油所利用的呼吸基质的性质和粮油的透气状况。当呼吸基质为己糖时，且供氧充分，吸入的氧和放出的二氧化碳体积相等，呼吸商等于 1。如以葡萄糖为呼吸基质时：

$$C_6H_{12}O_6 + 6O_2 \longrightarrow 6CO_2 + 6H_2O$$

$$RQ = VCO_2/VO_2 = 6 \times 22.4/6 \times 22.4 = 1$$

这是因为葡萄糖分子中氢与氧的比值为 2∶1，恰可以生成水，吸收 6 分子的氧恰与 6 个碳化合生成 6 分子二氧化碳，因此，呼吸商等于 1。

在供氧不足时，呼吸基质虽仍为己糖，但进行无氧呼吸，放出的二氧化碳大于吸收的氧，呼吸商则大于 1。

当呼吸基质是脂肪或蛋白质时，因这两种物质含氢较多、含氧较少，分子中氢氧比值大于 2∶1，来自空气中的氧既要氧化碳，还要氧化氢，因而吸氧量增加，所以呼吸商小于 1，如以单酯为呼吸基质时：

$$C_{13}H_{36}O_2 + 26O_2 \longrightarrow 18CO_2 + 18H_2O$$

则 $RQ = VCO_2/VO_2 = 18 \times 22.4/26 \times 22.4 = 0.69$

当呼吸基质是含氧较多的有机酸（如草酸）时，分子中氢氧比值小于 2∶1，则仅需要吸收较少的氧就可放出较多的二氧化碳，故呼吸商大于 1。如以草酸为呼吸基质时：

$$2C_2H_2O_4 + O_2 \longrightarrow 4CO_2 + 2H_2O$$

则 $RQ = VCO_2/VO_2 = 4 \times 22.4/1 \times 22.4 = 4$

呼吸商是了解呼吸性质的一个指标，但粮油呼吸不是单纯靠某一物质作为基质，而且还受粮堆透气状况的影响，因此反映呼吸商的因素比较复杂，不易确定。呼吸商的变化，只能对粮油呼吸的内在情况作概括了解。一般地说，当

RQ = 1 时，表示储粮进行正常的有氧呼吸；当 RQ < 1 时，表示储粮进行强烈的有氧呼吸；当 RQ > 1 时，表示储粮进行微弱的缺氧呼吸；当 RQ→∝时，表示储粮进行完全无氧呼吸。

三、影响呼吸作用的因素

影响粮油呼吸作用的主要因素是水分、温度、气体成分、粮油本身状况和其他生物成分等。

（一）储粮含水量的影响

粮油含水量的大小，是决定呼吸强弱的重要因素。含水量愈大，呼吸强度愈大。这是因为水分是粮油呼吸过程中一切生化反应的介质。干燥粮油的呼吸作用非常微弱，用一般方法不易测定。而随着粮油含水量的增高，呼吸强度会缓慢上升，也就是粮粒中的呼吸酶的活性逐渐增强，促使物质分解。不同水分含量的小麦的呼吸强度见表 2-1。

表 2-1　小麦的呼吸强度

含水量（%）	$mlCO_2$/kg 粮食/24h
10.6	4.1
14.6	6.9
15.7	7.3
16.8	25.2
17.1	70.1
17.8	80.4

粮油呼吸强度一般随含水量的增加而增加，当水分增高到某一程度，粮油的生理活动趋向旺盛，呼吸强度呈直线上升（如图 2-1 所示），形成一个明显的转折点。这个转折点表明粮油中开始出现大量游离水，此时粮油的含水量就是临界水分。

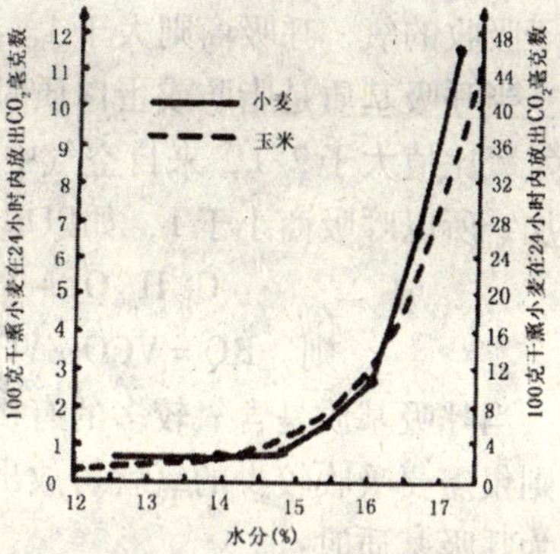

图 2-1　粮油含水量对呼吸强度的影响

粮油临界水分一般是指与接近 75% 的相对湿度相平衡时的粮油含水量。在常温下，粮油种类不同，临界水分也不同。

禾谷类粮食的临界水分一般为 14% ~ 15%，油料种子的临界水分较低，一般为 8% ~ 10%，但大豆的临界水分却仍为 14% 左右。表 2-2 归纳了在 75% 相对湿度下各种粮油的水分含量。

表 2-2　　75%相对温度下各种粮油的水分含量

粮　种	水分（%）	测量温度（%）	粮种	水分（%）	测量温度（%）
稻谷	14.4	25 ~ 28	玉米	14.3	25
稻谷	14.0	25	大麦	14.4	25 ~ 28
糙米	15.6	25 ~ 28	荞麦	15.0	25 ~ 28
小麦	14.7	27	花生果	10.5	25
小麦	15.0	21	花生米	8.8	25
小麦	14.7	27	燕麦	13.4	25
硬红冬麦	14.6	25 ~ 28	黑麦	14.9	25 ~ 28
硬红春麦	14.8	25 ~ 28	高粱	15.3	25 ~ 28
白麦	15.0	25 ~ 28	大豆	14.4	25
硬质麦	14.1	25 ~ 28	棉籽	11.4	25
软红冬麦	14.7	25 ~ 28	亚麻籽	10.3	25

实践证明：水分是引起粮油品质劣变的关键因素，保持粮油含水量在安全储藏的临界标准以内，才能保证安全储藏。在常温下，短期储藏的粮油最高安全水分相当与临界水分。长期储藏或高温过夏的粮油最高安全水分应低于临界水分值，水分降低到与约65%的相对湿度相平衡时，才能长期安全储藏。

水分不仅影响呼吸强度，还影响呼吸性质。当水分含量增加时，呼吸系数小于1，呈现强烈的有氧呼吸，而水分含量低时，呼吸系数大于1，呼吸微弱，呈缺氧呼吸。这是因为干燥粮油在储藏中，呼吸底物仅是最容易被氧化的可溶性糖，耗氧少，而且干燥粮油的毛细管收缩，在一定程度上阻止了氧的流入，故常表现为呼吸系数大于1，呈缺氧呼吸。在这种情况下发生的缺氧呼吸，由于酶处于吸附状态，水解作用微弱，产生的氧化不彻底产物少，不但影响粮油品质，而且对安全储藏不利。这就是干燥粮油能够长期密闭储藏的理论基础。

（二）环境温度的影响

储粮温度是影响呼吸强度的另一主要因素。储粮在一定温度范围内，呼吸强度随温度上升而增加，当温度上升到一定极限时，呼吸强度会随温度的上升而下降，如图 2-2 所示。这是因为温度对酶促反应有直接影响。作为生命基础的原生质对温度也很敏感。活体中原生质和各种酶类对温度有一定的适应范围，只有在适宜温度下才能正常呼吸。一般地说，粮油呼吸的温度范围为 0 ~ 50℃，在此范围内呼吸强度随温度上升而增强，大多数粮油在0℃以下呼吸受到强烈抑制，十分微弱，但呼吸不会停止，特别是干燥种子，最能忍耐低温。温度超过50℃时，呼吸迅速衰退。但不同粮种之间差别也很大，如小麦的呼吸最高温度为55℃，而大豆则为40℃。

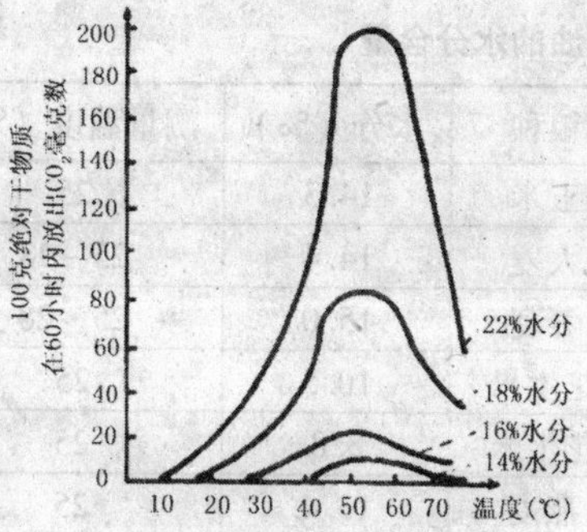

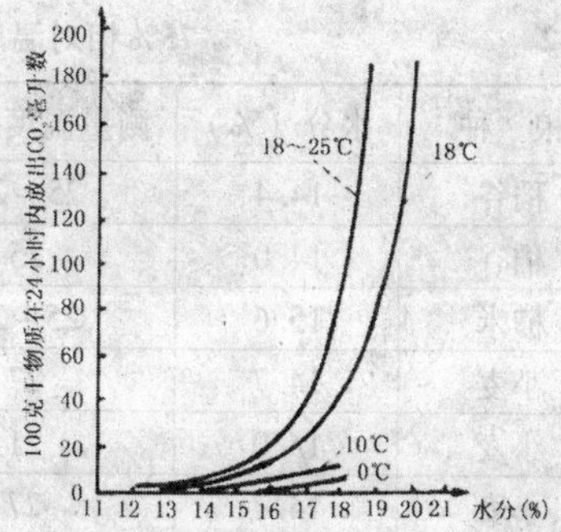

图2-2 温度对小麦呼吸强度的影响　图2-3 水分和温度对小麦呼吸强度的综合影响

（三）水分和温度的综合影响

粮油的含水量和温度对粮油呼吸的影响具有综合作用。二者既相互促进，又相互制约。水分大时，温度所引起的呼吸变化非常激烈；水分低时，温度对呼吸的影响并不明显，如图2-3所示。因此，储粮水分和温度对粮油呼吸综合影响的一般规律，对储粮实践的指导意义是：对于水分高的粮油，必须保管在较低的温度条件下；而对温度高的粮油必须控制其水分含量，才能安全储藏。如我国北方地区，冬季气温很低，含水量高的35%的粮食也能安全储藏。但入夏以后，温度升高，水分必须降到13%左右，才能安全储藏。显然，粮油储藏的稳定性受到温度和水分的综合影响。

（四）粮堆气体成分的影响

粮堆中的气体成分对粮油呼吸有影响的主要是氧气和二氧化碳。氧气是影响呼吸的主要因素。在氧含量较低时，呼吸随氧含量的增加而加强。但氧含量增至一定程度时，呼吸不再增强，这时的氧含量称为氧饱和点。在常温下，储粮的氧饱和点约为20%左右。在氧饱和点以下，储粮呼吸随氧含量的减少而减弱。氧气浓度降至5%～8%时，呼吸很微弱。氧气浓度降至1%时，呼吸甚微，此时，有氧呼吸与无氧呼吸往往都会发生。因此，低氧可抑制粮油的呼吸作用，这对保持粮油品质非常有利。

二氧化碳对呼吸也有明显影响。在高浓度的二氧化碳条件下，活细胞处于麻痹状态，酶的活性受到抑制，从而抑制粮油的呼吸作用。当粮堆中二氧化碳浓度增至14%～22.8%时，能明显抑制粮油呼吸。

氧气和二氧化碳对呼吸的影响是相互联系的，其作用不可分割。二氧化碳对呼吸的抑制作用，可因氧气浓度的增加而减轻，但仍有明显的抑制作用。在高二氧化碳和低氧气浓度条件下，对粮油呼吸的抑制作用最大。

氧气和二氧化碳对呼吸作用的影响与粮油含水量有关。干燥的粮油，在低氧和高二氧化碳条件下，虽以无氧呼吸占优势，但呼吸强度低，产生的乙醇等有害物质的量甚微，对种子生活力影响不显著。但在高水分情况下，密闭粮堆中供氧不足和高浓度二氧化碳的影响，无氧呼吸加强，产生大量的有毒中间代谢产物，如乙醇、乳酸等，使种子胚部受毒害死亡。水分愈高，死亡愈快。表2-3为不同含水量的小麦储藏8~9个月后的发芽率。

表2-3　小麦含水量和密闭储藏对发芽率的影响

储藏条件	非密闭储藏	在密闭容器中储藏			
含水量（%）	11.29	11.29	13.82	16.41	19.00
发芽率（%）	83	71	70	1	0

氧气和二氧化碳对呼吸强度的影响还与温度有关，在二氧化碳浓度增加和氧气供给不足的情况下，若温度升高，会引起大量氧化不完全产物的积累，从而阻绕细胞的正常生命活动，逐渐降到呼吸强度，甚至死亡。因此，在密闭储粮中，应保持低温。

（五）粮种及其生理状况

1. 籽粒状况

粮油籽粒状况不同，呼吸强度宜不同。凡未熟粒、冻伤粒、胚大的粮粒，含水量较高，可溶性物质含量含量多，呼吸强度较大。破碎粒、虫蚀粒，均易吸湿返潮和遭受有害生物侵袭，呼吸强度较正常粮粒大。受潮、发热或生过芽的粮粒，因酶已活化，虽重新晒干，其呼吸强度仍比正常粮油大得多。粮粒表面粗糙，内部组织外露并且带菌量高的粮油，比表面光滑带菌量低的粮油呼吸强度大。所以，粮油入仓前，应进行清理分级，在储藏时根据它们的不同特点，分别处理。

2. 其他生物体

除粮粒本身外，整个粮堆的呼吸作用，在较大程度上还受其他生物体呼吸作用的影响。

（1）微生物与储粮害虫

粮油在收获时就带有微生物和虫害。入仓后，经一段时间的储藏，微生物区系逐渐由储藏微生物代替了田间微生物，同时还会出现储粮害虫的繁殖。特别是在粮油水分较高、湿度适宜的情况下，微生物与害虫的繁殖更加迅速。试验证明，粮堆中的微生物和害虫的呼吸远比粮油强得多。如新加工的大米与生霉的陈大米比较，陈大米的呼吸强度比新加工的大米高53倍（见表2-4）。测试装过大米的麻袋，会发现有消耗相当量的氧和释放出二氧化碳的现象，这充分证明是微生物呼吸所致。

表2-4　　新、陈大米的呼吸强度

米质（新、陈）	霉变程度	水分（%）	温度（℃）	$mgCO_2$/kg 粮食/24h
新米	无	15.2	26～29	1.73
新米	无	14.4	33～37	1.96
陈米	市售米	15.4	33～37	9.10
陈米	轻	16.4	26～29	52.30
陈米	较重	16.3	33～37	91.20

（2）草籽和杂质

粮堆中的草籽和杂质也是改变粮堆内气体成分的因素之一。草籽一般颗粒小、含水量高、胚比率大，呼吸较强。而粮堆中的杂质，如植物的叶子、糠皮、土块等杂质，携带大量的微生物，也会引起粮油呼吸的增强。所以，粮油在入仓前要尽可能清除草籽和杂质，以提高粮油储藏的稳定性。

四、呼吸作用对储粮的影响

（一）有利影响

1. 促进新粮后熟，改善品质

呼吸作用可以促进粮油内部有机物质的合成，从而促进粮油后熟，提高粮油储藏的稳定性。

2. 保持生活力

呼吸是反映种子生命力保持状况的指标。储粮只有保持微弱的呼吸，才能维持其生活力，对防止微生物的生长繁殖具有一定的抵御能力，从而保持粮油的新鲜度。

（二）不利影响

1. 消耗营养物质

粮油呼吸作用要消耗营养物质，不论是有氧呼吸，还是无氧呼吸，都会引起干物质的损耗，使储粮重量损失。呼吸愈强，时间愈长，干物质的消耗愈多，损失就愈大。

2. 增加粮堆水分

粮油在呼吸过程中产生的水，增加了粮堆水分。如粮堆通风不良，呼吸产生的水散发不出去，会造成粮油水分增加或粮堆湿度增大，旺盛的呼吸会导致粮堆返潮和“出汗”，甚至“结顶”。

3. 增加粮堆温度，导致储粮发热及霉变

粮油在呼吸时所放出的能量，只有极少部分用来维持本身的生理活动，绝大部分能量以热量的形式散发出来。强烈的呼吸会使大量热量积聚于粮堆中，若不能及时散发，将使粮温升高，导致储粮发热，甚至霉变。

4. 改变粮堆气体成分

粮油呼吸时要消耗氧气，增加二氧化碳气体，因此，粮堆中氧气浓度不断下降，二氧化碳不断升高。特别是呼吸强度大的高水分粮，在不通风的条件下，氧气的消耗和二氧化碳的积累更为严重。在这种情况下，粮油将转向缺氧呼吸，逐渐积累乙醇，毒害活细胞，使生活力丧失。因此，对高水分粮应注意通风。

（三）在储粮中的控制

在气调储藏中，可利用粮油的呼吸作用，消耗粮堆中的氧气。对干燥粮油进行自然缺氧储藏，不仅可抑制粮油自身旺盛的呼吸作用，还可防止虫、霉危害，达到安全储藏的目的。许多综合储粮技术也是在此基础上建立的。

第二节　休眠与后熟

一、基本概念

（一）休眠

粮油的休眠是指收获后的种子由于受到内在因素或外界条件的影响，而使种子一时不能萌发或萌发困难的自然现象。休眠一般分为强迫休眠和后熟休眠两种。

1．强迫休眠

强迫休眠是指种子在生理上已完全后熟，具有萌发能力，但得不到适宜的萌发条件而不能萌发的现象。这种休眠一般是受人为造成的环境影响而强迫其不能萌发。如储粮的水分降到安全水分，或利用低温储粮技术把储粮温度降到其不能萌发的温度，或利用缺氧储藏使其得不到萌发所需要的氧浓度等。在储粮中，一般只要控制其中的一个条件，种子就不能萌发，一旦提供这些外界条件，种子就可以萌发。

2．后熟休眠

后熟休眠是指种子本身在生理上还没有完全后熟而引起的休眠，也称生理休眠。这种休眠是因为种子本身的内在因素达不到萌发要求所致，即使给予它适宜的水分、温度和氧气等条件，也不能萌发或发芽率很低。造成后熟休眠的主要原因是：胚没有发育成熟；内部的生理反应处于合成状态，储存的物质不能被胚直接利用；粮粒中存在有抑制萌发的化学物质，如氨、有机酸、氰化氢、植物碱等；种皮和细胞壁的透气和透水性较差，不能将水和氧等供给种子内部；缺少种子萌发的内源激素等。

（二）后熟

粮油从收获成熟到生理成熟的变化过程，称为后熟作用。完成后熟所经历的时间，称为后熟期。

粮油籽粒在植株上达到完熟后，即可收获，这时粮油只完成了收获成熟，在生理上并未达到成熟，其主要表现为：虽具有生活力，但因胚还未完全成熟，而不能发芽；粮粒内可溶性物质较多，如单糖等低分子物质，还需继续合成高分子物质；加工时成品率低，食用品质较差；呼吸强度高，耐藏性差。

粮油收获后，经一段时间的储藏，使其发芽率、食用品质、工艺品质等都达到了应用的水平时，才是粮油在生理上达到了完全成熟。粮油是否完全成熟，一般是以籽粒群体正常萌发率能达80%作为完成后熟的标准。后熟期的长短，随着粮种、品质、产地以及储藏条件的不同而有很大差异。有的无后熟期，有的则很明显。如一般籼稻没有明显的后熟期，在稻穗上即能发芽。粳米的后熟期7～30天。白皮小麦的后熟期最短的只需5天。红皮小麦可达30～90天以上。高粱20天左右，玉米为11～18天。

粮油在后熟期间会发生物理、化学和生理三个方面的变化。

物理变化：粮粒在完成后熟后，细胞内的高分子物质已充分合成，干物质含量达到最高水平。其物理性质也发生变化，主要表现为体积缩小，硬度增大，重度增加，散落性变大，种皮由紧密变为疏松，呈多孔状况，透气性得到改善，储粮稳定性也随之增强。

化学变化：粮油在后熟期间的化学变化主要以物质的合成作用为主，分解作用为次，即种子内部各种简单的低分子物质继续合成复杂的高分子物质，氨基酸、脂肪酸、可溶性糖含量逐渐下降，而蛋白质、脂肪、淀粉含量逐渐增加，并释放出水分。酶活性及呼吸作用也随着后熟作用的完成而减弱。

生理变化：粮油在后熟过程中，种胚逐渐成熟，种子发芽率逐渐增加。后熟的种子，完成胚发育，细胞内高分子化合物充分合成，一些种子萌发抑制物逐渐转化、消失，种子得到适宜的条件即可萌发。

二、影响后熟的因素

影响后熟的因素，主要是温度、湿度和气体成分等。

（一）温度

温度是影响粮油籽粒后熟的重要因素之一。各种粮油完成后熟时需要的温度并不相同，有的需要较高的温度才能完成，有的所需温度并不高。一般禾谷类粮食后熟所需要的温度在10℃～30℃的范围内。在完成后熟所需的温度基础上，适当的提高温度（一般最高不超过45℃），能促进后熟作用的完成。如将新收获的小麦储藏在室温条件下，经过三周，发芽率由原来的1.3%增加到13%；而在44℃条件下，一周增加到58.8%，三周则达98.5%。相反，低温可延缓后熟，如高粱在0℃左右的条件下，3年尚未完成后熟，而在20℃～30℃条件下，只需20～30天就可完成后熟，发芽率可达90%。提高温度促进后熟的原因是：较高的温度有利于粮油细胞内小分子营养物质的合成作用；有利于皮层透性的改善，促进空气进入组织体内，加速合成代谢；同时也有利于呼吸产生的二氧化碳和粮油本身含有的萌发抑制物质的排除。生产上采用日光曝晒、趁热入仓等措施，均可促进粮油籽粒的后熟。但在温度超过45℃，会影响胚部酶的活性，对后熟不利。

（二）湿度

在一般情况下，粮油储藏在潮湿的环境中，粮粒水分向外扩散受到抑制，不利于后熟。在干燥的环境中，则有利于粮粒散湿，有利于大分子营养物质的合成转化，能促进后熟。从图2-4中可看出，江门东和2905两个品种的小麦，收获后及时曝晒，储藏在室内，2个月发芽率达80%以上。同样是这两个品种，收获后不晒，储藏于恒温、恒湿箱内，70天还未后熟，发芽率仍在20%左右，同样，粮油含水量对后熟也有影响。某品种小麦水分为12%时，经42天，发芽率由0增加到100%。但在含水量为14%时，经过50天，发芽率由0增加到90%。所以，对新收获的粮油采用日光曝晒，不仅可加温促进后熟，而且还能起到降水促进后熟的作用。

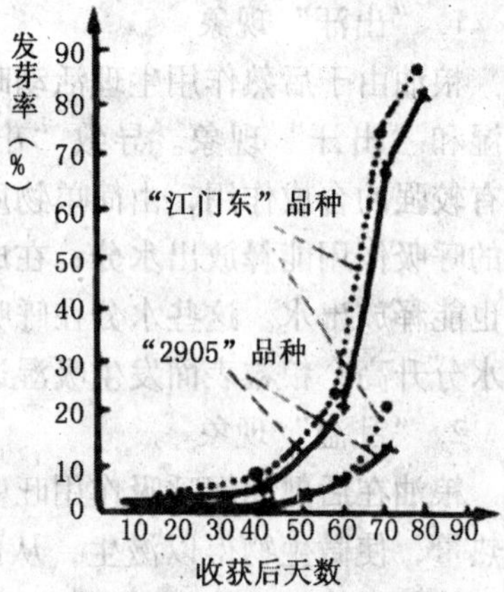

图2-4　温度对小麦后熟的影响

（三）气体成分

粮堆内气体成分对后熟也有一定的影响。氧浓度高，有利于促进后熟。而在缺氧和二氧化碳浓度高的情况下，都会起到延缓后熟的作用。特别是高浓度的二氧化碳，能抑制呼吸，延缓粮油后熟。许多粮油在二氧化碳浓度达到24%左右时，就可抑制萌发。所以，新粮在储藏初期要经常通风换气，对促进后熟有利，而密闭则会延缓后熟。

另外，应用电离辐射、超声波等新技术可缩短粮油的后熟期，并提高种子的发芽率。据资料表明，利用500~1000伦的伦琴射线照射粮粒，对各种作物种子的萌发都有促进作用。

三、后熟作用对储粮的影响

（一）有利方面

1. 有利于缺氧储藏

利用粮油后熟期间呼吸强度大的特点，对新收获的粮油采用密封储藏，依靠粮粒自身的呼吸作用消耗粮堆内的氧气，达到缺氧储粮的目的。如囤套囤密闭储藏。

2. 改善储粮品质

粮油经过后熟，品质得到良好的改善，发芽率提高。未完成后熟的粮油，加工后食用品质不如完成后熟的口感好。据试验，新收获的小麦，储藏三个月后再加工食用，面筋含量高，面粉吸水量增大，面包品质好。一般陈麦加工的面粉，无论工艺品质还是食用品质，都比新麦好。

（二）不利方面

1.“出汗”现象

粮油由于后熟作用生理活动旺盛，即使入仓水分不高，也会产生粮油表面潮湿和“出汗”现象。导致“出汗”的原因是：收获后进入后熟期的粮油，具有较强的合成作用，由简单物质合成为较复杂的物质而产生一定量的水；旺盛的呼吸作用能释放出水分；在成熟过程中籽粒内部由溶胶变成凝胶的胶体变化也能释放出水。这些水分在呼吸所放出的热量的作用下上升至粮面，致使粮面水分升高，粮粒表面发生吸湿返潮现象。

2.“乱温”现象

粮油在后熟期间呼吸作用旺盛，生理活性强，除释放水分外，还释放大量的热量，使微生物得以滋生，从而使粮堆温度升高和出现粮堆各部分温度不均，局部发热，俗称“乱温”。

“出汗”和“乱温”造成粮油的储藏稳定性下降，如果此时保管不善，将造成粮油的发热霉变，虫害也会滋生。因此，对新收获入仓的粮油应加强管理，经常翻动粮面，散发热量，及时消除“出汗”、“乱温”现象，防止虫、霉发展。

第三节　发芽生理

凡是具有生活力的粮油籽粒，在生理上完成了后熟休眠之后，只有供给足够的水分、适宜的温度和充足的氧气，就能发芽。

一、发芽的概念和机理

（一）基本概念

萌发作用是指幼胚萌动，恢复生长的一种生理学特性。在萌动作用下，粮油种子的幼胚恢复了生长，幼根幼芽突破种皮并向外生长的现象称为发芽。

粮油籽粒发芽要有一定的外部条件，即足够的水分、适宜的温度和充足的氧气。只有三者都具备的情况下，发芽才有可能。粮油籽粒在经过干燥转入储藏后很少产生发芽现象。但在储藏期间管理不善，呼吸作用产生的水分不能及时排除，造成粮堆结露、结顶，或粮堆底部吸湿返潮，或仓墙透潮、仓顶漏雨、露天堆漏雨、高水分粮处理不及时等，使粮籽含有足够的水分，一旦温度适宜，氧气供应充足，都可能引起粮堆局部发芽。粮油籽粒发芽后，呼吸作用更加强烈，会引起粮堆局部温度升高，水分增加，造成储粮发热、霉变，甚至霉烂。因此，在粮油储藏过程中，要严格控制水分、温度，加强管理，防止发芽。

（二）发芽机理

粮油种子的发芽过程主要包括吸胀、萌动和发芽三个阶段。每个阶段中，种子发芽的基本生理过程包括两个方面：其一为呼吸作用，其二为有机物质的转化。种子的发芽过程是植物体更新的过程。如不进行水解作用，则从母体所积累的营养物质就不能为胚利用；如不进行合成作用，则幼苗不能构成新的组织，生长发育必将陷入停滞状态。因此，种子在发芽期间是植物有机体表现生命活动最强烈的一个迅速发展时期。它们的代谢特点主要表现在以下三个方面：

1. 呼吸作用旺盛

种子萌发初期，主要表现是吸水膨胀，呼吸作用增强，持续的时间因品质不同而异。其呼吸基质在胚根生出前首先利用的主要是一些简单的可溶性糖类。到幼芽生长时，则利用自身储藏的淀粉、脂肪、蛋白质等大分子营养物质转化而来的养分。

2. 酶活性增强

种子萌发的过程是植物体破旧立新过程。在这个过程中，主要物质在水解酶类和合成酶类的强烈作用下，进行水解作用和合成作用。首先将母体储藏的营养物质进行水解，产生可以被胚直接利用的低分子物质。而后随之进行的合成作用，使幼根和幼芽迅速生长发育，形成新的幼苗组织。因此，细胞内部进行着一系列错综复杂的生物化学变化，其进行方向和成熟期间的生化变化相反，即以水解作用为主，同时进行氧化与合成作用。

3. 有机物质转化

在萌发时，禾谷类种子胚乳中的淀粉在淀粉酶的作用下，转化为糊精和麦芽糖，而后进一步水解为葡萄糖，供胚生长发育所有。油料种子在萌发时，脂肪首先水解为脂肪酸和甘油，再进一步转化为低糖，最终生成蔗糖，供胚吸收利用。种子发芽期间的蛋白质转化过程，目前研究的还不够清楚。据大麦发芽试验观察，胚乳中的蛋白质在吸水膨胀的头两天变化不大，以后迅速分解为各种氨基酸。这些氨基酸被子叶吸收后，合成幼芽和幼根原生质中的蛋白质，产生新细胞，使胚生长。

储粮出现发芽后，会造成品质劣变。其主要原因是营养成分转化，使其营养价值、食用品质和工艺品质以及加工品质率大幅度下降，严重时芽烂变质，完全丧失使用价值。所以，在粮油储藏期间，要采取措施，严格控制储粮发芽。

二、发芽的条件和控制

（一）发芽条件

粮油籽粒在完成后熟后，必须同时具备足够的水分、适宜的温度和充足的氧气条件才能发芽。这三个条件称为发芽的“三要素”，缺少任何一个要素都不能发芽。

1. 水分

水分是种子发芽的首要条件。种子发芽时，一般要吸收其自身重量的25%～50%或者更多的水分。这是因为干燥的种皮不易透过空气，也比较坚硬。种皮经水浸润后，结构变得松软，空气易于进入，为胚的活动创造了有利条件，也使胚根、胚芽容易突破种皮。另外，种子吸水膨胀后，细胞间歇中有游离水存在，各种生理活动可顺利进行，同时酶活性增大，为生化反应提供催化剂和水溶液等条件。粮粒中储存的淀粉、脂肪和蛋白质等营养物质被分解成可溶性物质，供细胞生理活动吸收利用。

各种粮油种子发芽的吸水量，因品种、营养物质含量不同而有明显的差别（见表2-5）。

表2-5　粮油种子萌发时所需的吸水量

种子名称	吸水量（占干重%）	种子名称	吸水量（占干重%）
稻谷	22～25	玉米	40～50
小麦	45～69	大豆	100～140
大麦	48～49	蚕豆	150～157
燕麦	60～73	豌豆	96～186
黑麦	57.7以上	菜籽	48～49
荞麦	47以上	棉籽	50.0以上

从表2-5中可以看出，凡是淀粉含量较高的种子在发芽时所需的吸水量较少，而蛋白质含量较多的种子，发芽所需水分较多。

2. 温度

温度是制约种子发芽的第二个重要条件。种子在发芽时所需多种酶进行催化，而酶活性又受一定的温度制约。各种粮油种子发芽所需温度见表2-6。

有些粮种在恒温下发芽不良，而在变温中发芽良好。这是因为在恒温中，种子体内的物质多用于呼吸作用，用于胚萌发的较少。而在温度较高时，体内物质大量转化为可溶性物质，在低温时，呼吸减弱，可溶性物质主要用于胚的生长发育。同时，变温能使皮层胀缩受伤，促进酶的活性和内外气体交换，因此，发芽良好。

表 2-6　**各种粮油种子萌发时温度的要求**

粮　种	最低萌发温度（℃）	最适萌发温度（℃）	最高萌发温度（℃）
稻谷	10~12	25~35	36~40
小麦	1~4	10~25	30~35
大麦	1~5	20	28~30
黑麦	1~2	25	30~50
燕麦	1~5	25	30
荞麦	0~8	25~30	37~44
玉米	8~10	30~35	40~44
高粱	8~10	30~35	40~44
大豆	6~12	24~30	40
蚕豆	3~4	25	30
豌豆	2~4	30	35
粟	6~7	30~33	40~45
黍	6~7	30~33	40~45
油菜籽	0~3	15~35	44
向日葵	5~7	30~31	37~40

3. 气体成分

氧气是制约种子发芽的第三个重要条件。因为粮油种子在发芽时，生理活性极其旺盛，表现在呼吸作用强烈，需要充足的氧气供应。如果供氧不足，正常的生理活动就会受到影响，胚就不能生长，缺氧严重还会使种子丧失生命。如将小麦、大豆、玉米、花生等种子完全浸于水中或播种时埋土过深，种子会因缺氧而不能发芽或发芽困难，甚至造成种子腐烂。稻谷浸没在水中，只长芽、不生根，生长不正常。另外，高浓度二氧化碳也能抑制发芽。

以上三要素对种子发芽的影响，都不是孤立的，而是相互联系的。如种子吸水过程需要外界提供适宜的温度，温度增加，吸水快，吸水总量大。在温度高或氧气含量高时，二氧化碳对发芽的抑制作用就会减弱。

（二）发芽控制

根据种子发芽过程中所需的三要素，可以采取措施，至少要控制其中的一个要素，使储粮处于休眠状态，即可防止发芽。虽然温度和氧气也是发芽的重要因素，但水分是决定储粮能否发芽的首要因素。所以，一般采用控制水分的方法控制发芽。对不能及时晾晒的高水分粮油籽粒，也可采取低温、低氧的方法进行保管，控制发芽，达到安全储藏的目的。控制储粮发芽，主要做好以下工作：对粮堆进行适时通风，防止湿热扩散引起结露；对粮仓地坪进行防水、防潮处理，防止底部大量吸湿；仓房房顶要经常检查，发现有漏雨现象及时修补；露天储粮要做好上苫下垫；高水分粮降水要及时，防止出现粮堆局部发芽等。

另外，还可用化学物质处理高水分粮油，抑制其生理代谢过程，达到控制发芽，安全储藏的目的。如在湿稻谷上喷洒高一定量的食盐水或食醋，或拌入一定量的漂白粉，可有效地抑制其发芽，进行短期储藏。但这种方法不适用于种子储藏，只限于一般商品粮。

三、种子发芽的指标

发芽力是种子发芽能力的重要指标。它是指粮油籽粒能够发出芽的能力，或者说是有生命力的种子在萌芽方面所表现出的能力。当粮油种子的萌发能力降到一定程度时，就不能作为种用。因此，发芽力的强弱是决定种子质量的重要标准。表示发芽力的具体指标是发芽率和发芽势。

（一）发芽率

发芽率是指在发芽试验终期（规定天数内）正常发芽种子数占供试验种子总数的百分率。

发芽率(%)＝发芽试验终期正常发芽种子数/供试验种子总数×100　(2-2)

发芽率是衡量种子发芽力的具体指标之一，发芽率高，表明具有生命的种子多，播种后出苗多。在农业生产上，可以根据种子发芽率的高低，确定该批种子是否可以作为种用，并确定播种用量。在粮油储藏上，也可以根据发芽率来判断粮油的新鲜度和食用品质好坏。

（二）发芽势

发芽势是指在发芽试验初期（规定的天数内）正常发芽种子数占供试验种子总数的百分率。

发芽势(%)＝发芽试验初期正常发芽种子数/供试验种子总数×100　(2-3)

发芽势也是衡量种子发芽力的具体指标之一。一般地说，发芽势高的种子，说明种子生活力强，播种后发芽快，出苗整齐而健壮，产量也高，可作为种用。发芽势低，说明种子生活力弱，播种后发芽慢，出苗不齐又不健壮，产量也低，一般不可作为种用。

测定各种粮油种子发芽率与发芽势的温度和时间规定见表2-7。

表 2-7 测定种子发芽率和发芽势的规定温度和时间

种子名称	温度条件（℃）	测定天数	
		发芽势	发芽率
小麦	20	3	7
大麦	20	3	7
水稻	2030	4	10
荞麦	2030	4	8
玉米	2030	3	7
高粱	2030	5	10
谷子	2030	3	7
豌豆	2030	3	7
蚕豆	20	4	10
绿豆	20	3	10
棉籽	35	3	9
芝麻	2030	3	10
花生	2030	4	10
菜籽	2030	3	7
大豆	20	3	7

四、种子的生活力和寿命

（一）种子生活力的概念

1. 生活力的概念

生活力是指种子萌发的潜在能力，或者是说种子内在的生命力。有生活力的种子，表示是活的种子。生活力强，表示新陈代谢能力强。具有发芽力的种子，就一定具有生活力。但具有生活力的种子，在具备发芽的条件下，不一定能发出芽来。这是由于这些种子处于种子休眠状态，虽具有潜在的萌发能力，但暂时不能发芽。

种子的生活力一般可用发芽试验来测定，但对处于休眠状态的种子，或在引种、调种过程中，用普通发芽试验在短期内不能测得种子发芽力的情况下，就必须用快速方法测定其生活力。假如播种之前测得种子发芽力低而生活力高，表面种子处于休眠状态，此时只有采用破除休眠的处理，就可播种。如果测得发芽力和生活力均低，表面种子已经衰老，不宜作为种用。

2. 种子生活力下降的原因

粮油籽粒生活力的下降是由于许多内外因素交互作用而引起的。内因是变化的根据，外因是变化的条件。外界因素包括：微生物、温度、水分、氧气、光及电离射线等。内因是种胚细胞内部的生理代谢作用受到紊乱或受到干扰抑制，因而引起一系列变化，如脂肪氧化使得一些高分子物质发生变性（如核酸变性、蛋白质变性等），种子本身有毒物质积累（如产生的生长抑制物质、诱变物质等），新陈代谢过程引起的物质消耗（如呼吸作用引起的物质消耗、维生素激素等物质的损失）。

与生活力下降的有关生化变化有：（1）代谢活力下降，如呼吸降低幼苗生长减弱，发芽率下降；（2）一些水解酶活性增强，如蛋白酶、植酸酶、磷酸化酶等；（3）另一些酶活性下降，主要是呼吸酶系，如过氧化物酶、过氧化氢酶、脱氢酶、细胞色素氧化酶以及谷氨酸脱氢酶；（4）膜透性增大，大量糖分、氨基酸、无机盐及脂肪酸等渗析出来。此外，细胞学上的劣变也会同时发生。

3. 保持种子生活力的意义

粮油籽粒是活的有机体，它和其他生物一样，同外界环境条件构成不可分割的统一体，粮粒脱离母体，从收获到入仓储藏后，每时每刻都受到外界环境条件的直接影响。粮油不论储藏在何种条件下，超过一定的储藏期限，都会引起胚细胞逐渐死亡，而导致生命的结束。

生活力大小标准着粮粒潜在的生命力大小和新鲜度。生活力强的粮油籽粒不仅可作为种用，而且还有良好的新鲜度，同时对环境的适应性强，能抵抗虫、霉的危害，耐储藏。因此，还可达到延缓陈化和保鲜的目的。

（二）种子寿命的概念

1. 基本概念

种子寿命是指种子在一定条件下保持生活力的期限。实际上每颗种子都有其一定的生存期限，但我们一般以种子群体取样来测定种子的存活率。当一个种子群体的生存率降低到50%左右时，从收获后到半数种子存活所经历的时间就作为种子群体的寿命，而称该时期为种子半活期。故种子寿命实际上是指整个种子群体的生活力已显著衰退而其中半数已完全丧失生命力所经历的时间。

2. 影响种子寿命的内在因素

种子寿命的长短取决于种子的遗传特征、休眠特征、籽粒大小、饱满度、生理状况、形态结构和化学成分等因素。

遗传特征包括：因植物种类和品种不同而造成的寿命差异；形成保护自己和抵抗不良环境的生理状况及形态特征。

实践证明：种子在储藏期间，不同饱满度和大小不一（指同品种作物而言）的籽粒，具有不同的呼吸强度。凡小粒、不饱满种子的呼吸强度，要比饱满、大粒的种子强得多。这是因为前者比后者具有较大的比面，其吸湿性和气体交换能力也较强，而且胚部在整个籽粒中所占的比例也较大，而胚部正是种子中呼吸作用最强的部分。当种子受到机械损失后（破碎种子或种皮受伤的种子），易受微生物的侵害，由于接触气体界面大和微生物的活动，呼吸作用大大加强。损伤的部位决定了呼吸强度增加的状况，胚部组织中含酶最多，因此胚部受到损伤的种子，其呼吸强度较距胚部远处受伤的种子为大。所以在储藏前，预先清除小粒、瘪粒和破损种子，以提高储藏的稳定性，对延长种子寿命是极其重要的。

未成熟的种子比充分成熟的种子呼吸强度显著增强，因为未成熟的种子水分较高，而且种子内含有较多易被氧化的单糖、非蛋白态氮和其他物质，这些物质对种子呼吸和微生物的活动特别有利，因此未充分成熟的种子寿命较短（见表2-8）。

表2-8　　水稻种子成熟与生活力的关系

品种	储藏年份	发芽率%				
		乳熟期	腊熟期	黄熟期	完熟期	枯熟期
南特号	第一年	15.3	42.4	84.3	95.8	97.4
	第二年	0.0	0.0	14.2	92.1	94.0
	第三年	0.0	0.0	0.0	69.4	73.6
胜利籼	第一年	12.7	42.2	78.3	93.2	93.5
	第二年	0.0	0.0	12.4	93.3	91.7
	第三年	0.0	0.0	0.0	71.7	79.5
黄毛粘	第一年	16.3	47.2	76.5	89.5	90.0
	第二年	0.0	0.0	10.2	91.5	59.8
	第三年	0.0	0.0	0.0	68.1	71.2

种子的化学成分和种子的耐藏性有密切关系。含油分较多的种子，其寿命往往比较短促，如花生、大豆、向日葵、桐油籽、油菜籽等，一般只能保存1~2年。这主要是因为这些种子中有的种皮比较脆弱，有的种皮（有时包括果皮）细胞壁部分木质化，缺少弹性，在搬运和储藏过程中，不断受到外界环境温湿度变化的影响，其组织时胀时缩，变成疏松或发生裂痕，促使有氧呼吸加强，加速种子内部（特别是胚部）脂肪的分解以及种子外部微生物的有害活动，可能积累有毒物质，影响种子正常生理机能，而使种子生活力很快丧失。

种皮（有时包括果皮）具有保护胚的功能，其细胞结构的疏松或紧密，对种子本身的新陈代谢作用，抵抗外界不良环境以及微生物的侵害，均有密切关系。

3. 影响种子寿命的外在原因

种子寿命虽然在一定程度上受到内因的制约，但外因对种子寿命也起着重要的作用，并且可通过人工控制和调节达到延长种子寿命的目的。在影响种子寿命的许多外界因素中，主要是水分和温度，其次是气体、光以及仓虫和微生物。

种子含有适宜的水分是保持其生活力的必要条件。就大多数农作物种子而言，当水分降到2%～4%甚至更低一些，对保持种子生活力仍然有利，如稻谷、小麦等。事实上，各种植物的种子都有其较适宜的水分含量，当种子水分过多或过少，都会影响种子寿命。据试验，稻谷水分从16%下降到6%，保持发芽力的期限增加，甚至降到1%以下，经5年后仍能保持发芽率92.5%（见表2-9）。小麦也有类似情况。据报导，水分只有0.7%的小麦储藏15年9个月后，仍能保持82%的发芽率。但是，种子水分是影响种子呼吸作用的重要因素，高水分种子呼吸旺盛，影响种子寿命。在收获或运输等过程中，受过潮的种子，即使把它们干燥到原来的水分，其呼吸强度仍比未受过潮的种子大。这是因为这些种子内部的可溶性物质增加、呼吸酶的活性增强。所以，严格控制种子水分在安全水分以下，是保持种子寿命的基础。

表2-9　稻谷种子寿命与水分的关系

水分	%逐年平均发芽率%						
	1975	1976	1977	1978	1979	1980	1981
6	96.6	92.6	82.0	67.5	51.5	33.9	7.4
8	95.3	82.1	67.9	49.2	43.1	14.9	5.0
10	93.8	81.7	65.1	37.7	25.9	11.8	3.3
12	83.9	77.5	32.0	5.3	4.8	4.8	
14	78.5	31.3	15.1	1.3	0.7	0.9	
16	72.1.	20.0	3.2	0.3	0.7	0.0	

储藏期间的温度对于种子的寿命有强烈影响。低温条件下，种子的呼吸作用微弱，物质与能量的消耗极少，因而胚部细胞能长期保持其生活力。但当低温伴随高水分时，种子容易受冻伤死亡。在外界气温不稳定经常发生急剧升降的条件下，种子很容易受变温的影响而使呼吸作用不稳定，并导致种子水分经常发生变化而缩短种子寿命。因此，建筑粮仓的地点，宜选择在常年气温无剧变的场所。

一般缺氧和高浓度的二氧化碳（含40%～45%）对休眠状态的干燥种子能延长储藏期，使生活力保持更久。当然，气体对种子寿命的影响，因种子种类不同而有差异，并且与温度、水等因素往往发生相互作用。

用化学物质处理种子，抑制其生理代谢过程，使种子在储藏期间能保持生活力，是一项很有前途的措施，特别是对含油分多的种子更有实践意义。种子经强烈而持久的光照后，由于种子受温过高和促进脂肪氧化，而使种子丧失生活力，甚至发生“爆腰”现象。

微生物的活动会促使种子呼吸作用加强和有害物质的积累，加速种子的质变过程，导致其生活力降低。仓虫的危害一方面破坏了种子的完整性，另一方面由于仓虫进行的强烈的生命活动所产生的热能和水分积累在种子堆中，进一步促使种子呼吸作用的加强，恶化种子的储藏环境，因而直接或间接地影响种子的寿命。

第四节 陈化作用

一、粮油陈化的概念

粮油的陈化是指完成生理成熟的粮油籽粒随着储藏时间的延长，酶活性和生活力逐渐减弱，呼吸强度逐渐下降，种用品质和食用品质逐渐降低的现象。

粮油籽粒陈化后，新鲜度和发芽率下降，食用品质和种用品质降低，商品的质量下降，价格也会降低。因此，为了保证粮油的品质，满足消费者的需要，对长期储藏的粮油籽粒，应有计划地推陈出新，尽可能创造低温、干燥的储粮环境条件，延缓陈化的进程。

粮油在储藏期间，无论是有生活力的种子还是无生活力的粮油籽粒，在储藏期间虽未发热、霉变，但随着储藏时间的延长，粮油籽粒的物理性质 、化学成分和生理特性都将发生一系列的变化，使储存粮油发生由新到陈、由旺盛到衰老的不可逆转的变化。研究粮油陈化，推陈出新，使储存的粮油籽粒始终保持良好的品质。

二、粮油陈化的表现和变化

陈化主要表现为粮油籽粒在储藏期间的物理变化、化学变化和生理变化三个方面。

（一）物理变化

粮油籽粒陈化时，物理性质变化很大，表现为：水分降低，粮粒收缩，千粒重降低，容重相对增大；粮粒组织硬化，柔韧性变脆；淀粉颗粒变硬，糊化能力降低，黏度下降；米粒破碎，口感变差，带有陈米气味；油料走油酸败，有辛辣味；面筋持水力下降，面粉发酵性能减弱，面包品质较差等。

（二）化学变化

粮油籽粒陈化时的化学成分变化，一般以脂肪变化较快，淀粉次之，蛋白质变化比较缓慢。

1. 脂肪的变化

脂肪的储藏稳定性很差，最易发生酸败变质，生成游离脂肪酸，进一步氧化成为醛、酮等挥发性物质，从而产生强烈苦涩味和特殊酸臭味。保管时间长的大米发生的“陈米”气味，面粉味道“变苦”，油料产生的“哈喇”味，油脂产生的“恶臭”味等，都是因为脂肪酸败造成的。

脂肪酸败后，粮油的脂肪酸值、硬度、酸价、过氧化值、皂化价等都会有不同程度的增加，使粮油陈化加深。

2. 淀粉的变化

新鲜粮油籽粒在储藏初期，因淀粉酶活性较强，淀粉水解为麦芽糖和糊精，使粮油黏性较强，食用味美。储藏时间较长，麦芽糖和糊精继续水解，还原糖增加，非还原糖显著减少，粘度下降，粮油开始陈化。随着时间延长，尤其在水分较大、温度适宜的情况下，还原糖将继续氧化，含量又可能减少，生成二氧化碳和水，或者醇解生成乙醇和乳酸，使粮油带酸味，品质劣变，陈化加深，严重时可失去食用价值。

3. 蛋白质的变化

陈化粮油中的蛋白质变化主要是水解和变性。粮油在储藏中，受外界物理、生物等因素的影响，会引起蛋白质的水解和变性。蛋白质水解后，游离氨基酸增加，酸度也增加。蛋白质变性后，肽键展延，空间结构松散，非极性基外露，亲水基内藏，蛋白质与脂肪乳化共存的晶体结构被破坏，蛋白质由溶胶变为凝胶，溶解度降低，粮油陈化，其种用、食用、工艺品质均会降低。

据资料显示，小麦在长期储藏中，尤其是在高水分和高温的条件下，胚部还原糖与氨基酸发生缩合反应，容易使胚部变褐。褐胚率的增加可综合反应小麦的发芽率和烘焙品质的劣变情况。

（三）生理变化

粮油陈化的生理变化，主要表现为酶活性和代谢水平的变化。粮油中酶的活性减弱或丧失，粮油的生活力随之降低或丧失，其生理作用也随之减弱或停止。如大米在储藏期内，过氧化氢酶的活性逐渐丧失，呼吸由强变弱，最后停止。对粮油品质影响较大的 α - 淀粉酶逐渐失去活性，淀粉液化程度降低，粘度下降，陈化逐渐加深，使得陈米煮饭不如新米口感好。

三、粮油陈化的影响因素和延缓陈化的途经

（一）粮油陈化的影响因素

影响粮油陈化的因素分为内在因素和外在因素两个方面。

1. 内在因素

影响粮油陈化的内在因素是由种子的遗传和本身质量决定的。不同粮种在正常储藏条件下，有的寿命长，有的寿命短。另外，充分成熟、籽粒饱满的完整粮粒生命力强，未成熟的小粒、瘪粒和破损粒陈化速度慢。

2. 外在因素

影响粮油陈化的外在因素主要是温度、湿度，其次是气体成分、光以及仓

虫和微生物。

在低温条件下，种子呼吸作用非常微弱，物质与能量消耗极少，因而胚部细胞能长期保持生活力。通常 -10℃和30%相对湿度，对主要农作物种子生活力的保持较为有利。比如小麦保存35年，仍有90%的发芽率。而高温会使种子内部物质分解过快或蛋白凝固而死亡，因此，种子储藏的最高温度不宜超过40℃。种子如储存在潮湿状态下，会很快丧失生活力。在干燥的状态下，就能延长陈化。高温、高湿的综合作用，对种子生活力影响更大，在储藏中，往往每经过一次高温、高湿季节，粮油就会明显陈化。

与呼吸作用关系密切的氧气和二氧化碳浓度对种子寿命也有一定程度的影响。干燥种子储存在缺氧或二氧化碳的环境中不但无害，而且比在空气中保持的寿命还要长，但高水分种子在缺氧条件下会很快丧失生活力。

种子经强烈而持久的日光照射后，由于种子受温过高和脂肪氧化，容易丧失生活力。

种子受仓虫、霉菌等危害，大多数是胚部先受侵害，致使生活力下降或丧失，继而使它陈化速度加快。

（二）延缓陈化的途经

粮油在储藏期间，随着时间的延长，陈化是不可避免的自然现象，但陈化的进度又与环境条件密切相关。所以，可通过改善储粮环境和采用储藏技术延缓粮油陈化，保持其新鲜度。根据影响粮油陈化的诸多因素分析，在粮油储藏中，要积极创造条件，改善仓房条件，造成低温、低湿的储粮环境。或者采用气调储藏、“双低”、“三低”储藏等储粮技术，抑制虫、霉危害。减少粮堆中杂质，提高净度，以控制粮油旺盛的代谢活动，这些均可延缓粮油陈化的速度。

思考练习题

1. 影响粮油呼吸作用的重要因素有哪些？呼吸作用与粮油储藏有什么关系？
2. 影响粮油后熟作用的主要因素有哪些？如何促进粮油后熟？
3. 粮油在后熟期间发生哪些变化？后熟作用与粮油储藏有什么关系？
4. 保持种子的生活力有什么意义？
5. 种子发芽的条件有哪些？如何防止和控制储藏期间的种子发芽？
6. 粮油陈化主要表现在哪些方面？如何延缓储藏期间的粮油陈化？
7. 如何根据粮油的储藏品质控制指标判定粮油品质？

第三章
粮堆生态系统

粮油在储藏过程中是以粮堆形式存在的，而粮堆并不是孤立的，是由生物和非生物组成的有机整体，存在着固有的物理和生物特性，粮油在储藏过程中所发生的一切变化都发源并受制于粮堆生物和非生物的相互作用。把粮堆作为一个生态系统来研究，有助于了解粮堆中各成分之间的关系，从而能更好的控制粮堆，为增进储粮安全，确定储粮技术提供理论依据。真正实现对储粮的综合及协调管理，把储粮的近期效益与长远效益兼顾起来，实现绿色储粮是储粮生态研究的最终目的。

第一节　生态学的基本知识

一、生态学的基本概念

（一）生态学的定义

生态学是研究生物群落与其周围环境之间相互关系的一门科学。众所周知，自然界的一切生物都生活在一定的环境中，因而生态学研究的范围相当广泛。其研究对象就是自然界中的一切生物和非生物构成的整体。

（二）生态学的任务

生态学的任务是研究生物与非生物之间相互作用的规律和机理。

二、生物群落和生态系统

（一）物种和生物种群

在自然界中，生物个体是无法长期单独生存的，个体生物只有形成群体，才能生存和发展。我们把具有一定的形态、生理和生态特征，以及一定的自然分布区，并能相互交配的生物类群称为一个物种；而生物种群是指占据一定空间的同种生物构成的自然生物类群。它是生物物种存在和进化的基本单位，也是生物群落的基本组成单位。种群具有空间特性，即一定的种群具有一定的空间分布区域；遗传特性，种群具有一定的遗传组成；数量特性，指种群数量随时间有一定的变动规律。生态学通常把种群作为一个基本单位来研究，主要了解种群分布的空间与时间特征、种群的发展与消亡、种群的变化规律和原因、以及对其他种群和周围环境的影响等。在粮堆生态系统中通过对生物种群的研究，掌握它们在空间和时间上的分布格局、遗传特点、数量的变动规律等，可以制定出更有效的防治有害生物的方法，为维护和建立人工的粮堆生态平衡提供重要依据。

（二）生物群落

在一定的生态环境中，生活着各种生物种群，它们之间既相互联系又相互作用，形成一种有规律的组合，这种在一定的区域内，各种生物通过各种方式彼此联系，共同生活在一起组成的“生物社会”称为生物群落。它占有一定的空间，具有相似的自然资源需求。生物群落可以表示各种生物种群的集合，它包括植物、动物和微生物等具有自然特征的各种生物种群。例如，一块农田、一个粮堆中的所有生物，都是一个生物群落。在粮堆生物群落中还可以分为仓虫群落、微生物群落等。通常进行的粮食微生物区系调查、储粮害虫普查和天敌资源调查等，实质上就是了解指定群落中的微生物、储粮害虫和天敌资源的组成，了解各种生物种群在生物群落中的空间分布和时间分布等。将这些调查结果进行量化处理，即可得到更多、更可靠的有关群落特征的信息，从而为粮堆生态的理论研究和储粮实践提供理论依据。

在生物群落中，各个种群的作用并不完全一样。在一定的生态条件下，常常有一个或几个种群的数量、出现率的大小和在食物链中的地位深刻地决定着群落的性质，这种种群称为优势种群。例如，在粮堆生态系统中，玉米象、拟谷盗、腐食酪螨等在储粮害虫群落中，是发生量最大、危害严重的优势种群。因此在制定和实施储粮技术方案时，应首先考虑对优势种群的控制。

（三）生态系统

在自然界中，生物与生物之间，以及生物与其生存的周围环境之间存在着密切的关系。生物在生存和发展的过程中，要不断地从环境中获取它们生存所必需的能量与物质，然后按照一定的形式在生物之间进行传递，并不断地把能量和物质释放到环境中去。这种在一定空间和时间内，生物群落与其周围的环境之间由复杂的相互关系所联系的，进行物质和能量交换的统一体称为生态系统。自然界中的任何一个生态系统，都包括生产者、消费者、分解者和非生物的环境因素四个组成部分。

生产者是指可以利用太阳能把无机物合成为有机物的绿色植物。由于有机物是生态系统中其他生物维持生命活动的食物能源，故把绿色植物称为生产者。

消费者是指直接或间接利用绿色植物所制造的有机物作为食物能源的异养

生物，主要指各种动物。根据食性可分为初级消费者（草食动物）、二级消费者（肉食动物）等。

分解者又称还原者，主要是指微生物，它们以动植物的残体和排泄物中的有机物作为维持生命活动的食物能源，并把复杂的有机物分解为简单的无机物，释放到环境中去，供生产者再次利用。

非生物环境是指围绕在生物周围的各种自然因素的总和，是生物群落赖以生存的条件。主要包括自然界的太阳光，空气、水分、土壤等。在生命活动的过程中，环境是不可缺少的重要条件。

生态系统中的四种要素之间的关系如图 3-1 所示。

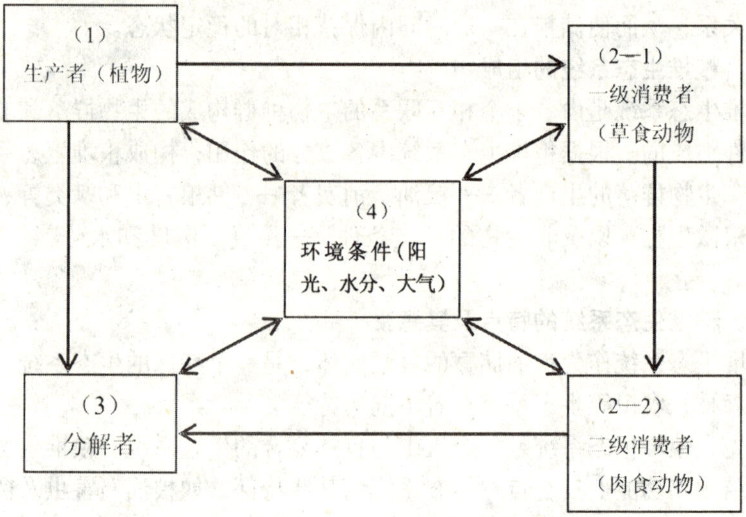

图 3-1　生态系统组成四要素及其相互关系

生态系统的基本功能是进行能量流动和物质循环，各成分之间通过能量流动和物质循环，组成一个相互联系、相互作用和不断变化的整体，并自动调节维护着生态系统的相对稳定和平衡，使自然界成为一个既不断变化有相对稳定的统一体。

生态系统按照其各成分的来源和结构的不同，可以分为不同的类型。按系统内各成分的来源分，有自然生态系统和人工生态系统；按结构分，有开放的生态系统和封闭的生态系统；有大的生态系统和小的生态系统等。

在生态系统中，如果各种生物种群之间，生物与环境之间通过能量流动和物质循环，能在较长时间内保持相对协调的稳定状态，则该系统处于平衡状态，通常称为生态平衡。同自然界的一切事物一样，生态系统也处在不断的运动和变化状态中，是一种动态的平衡。当系统内某个组成部分发生改变后，平衡被打破，但通过生态系统的自身调节又可进入新的平衡。这种由平衡到不平衡直至又建立新的平衡的反复过程，推动着生态系统的发展和生物的进化。

第二节 粮堆生态系统

一、粮堆生态系统的概念

粮堆生态系统是指粮堆内的生物群落与起其周围环境组成的具有自动调节能力，有能量流动和物质转化功能的统一整体。它是根据人类需要建成的特殊的人工生态系统。粮堆生态系统在组成和结构上具有自然生态系统的某些特征，但也具有许多自身的特点。了解这些特点有助于正确调节粮堆生物种群与环境的关系，从而使储粮在一定时间内保持相对的稳定状态。

二、粮堆生态系统的组成

粮堆生态系统是由若干个相互联系的生物种群构成的生物群落和非生物的环境条件组成的。根据粮堆生态系统中各成分的作用，构成粮堆生态系统的四要素是：生物群落的生产者——粮油、消费者——储粮害虫和螨类等、分解者——储粮微生物；以及非生物的环境条件——温度、湿度和水分、仓库结构、气体等。

三、粮堆生态系统的特点及其意义

粮堆生态系统作为粮油储藏的客观实体，是一个特殊的生态系统，与大自然中的森林、农田等生态系统有着不同的特征。

首先，粮堆生态系统是一个人工与自然复合的生态系统。粮堆生态系统在组成、结构和功能上具有自然生态系统的某些特征，如粮油、害虫及微生物等都是自然界的产物，具有一定的自然属性；同时，该系统还时刻受到外界生物和自然环境因素的影响。但在很大程度上受到人类活动的影响。人类将粮油储存在一定的仓房内，并采取各种储粮技术，调节非生物环境因子，控制各种生物体的生命活动，最大限度地将粮堆生态系统置于人类的控制之下。随着储粮技术的发展，今天人类已经能够对该系统实现有效控制，无论是生物群落及环境因子都是可控的。

其次，粮堆生态系统是一个不完整和不成熟的生态系统。与其他生态系统比较，粮堆生态系统的生物种类少，种群层次有限，食物链短，食物网简单；生产者无法利用环境资源进行再生产，只是物质和能量的储存者，同时又是系统内一切生物维持生命活动所需物质和能量的惟一来源。因而系统内的资源有限，自身调节能力差。从这个意义上讲，应加强人工调节，将系统内的生物代谢降低到最低程度。

第三，粮堆生态系统是一个开放与封闭复合的生态系统。粮堆生态系统的开放性是指系统与外界环境之间始终存在着物质和能量的交换。例如，粮堆生物的呼吸对氧的利用，二氧化碳的排出；温度的上升或下降；粮油对水分的吸附或解吸，都可以通过仓房与大气进行交换。这种开放性一方面会使粮堆受周围不良环境因素的影响，另一方面又为粮堆生态系统的人工控制提供了条件。粮堆生态系统的封闭性表现在粮堆总是处在粮仓内部，为粮仓所保护，受外界环境的影响较小，仓房结构对粮堆生态系统的稳定性影响很大，在一定程度上阻断或减少了系统与外界环境的物质和能量交换，是相对独立的系统。这在一定条件下有利于保持粮堆生态系统的相对稳定。例如低温储藏中的隔热与防潮，气调储藏中的密封结构，常规储藏中的常规密闭等。都体现并利用了粮堆的这一特性，使储粮保持稳定状态。

第四，粮堆生态系统是一个不稳定的生态系统。这主要体现在粮堆生态系统随着空间、时间和粮油品种的不同，系统内的生物种类、数量、分布和活动状态以及环境条件存在很大差异。例如，农户储粮中的仓虫群落，数量多、分布广、危害性大。在温度高、湿度大或粮质差的粮堆中，害虫就会大量发生，使粮油品质很快变劣。因此对粮堆生态系统的人工控制应根据粮情采取不同的控制条件和方法。只有在严格的调控下，避免或减少不良因素的影响，才能使粮堆生态系统成为较稳定的系统。

第三节　粮堆中各因子之间的生态关系

粮堆生态系统中各因子之间的关系包括生物与生物之间的关系和生物与非生物之间的关系。了解这些关系，有助于我们在粮油储藏过程中，利用这些关系有效控制粮堆中的有害生物，以增进储粮稳定。

一、生物之间的关系

粮堆生物之间的关系是建立在种内和种间的营养联系和信息联系的基础之上。了解生物之间的这种关系，可以为我们采用生物防治的方法控制储粮害虫提供一定的理论依据。

（一）粮堆各生物之间的营养联系

生物之间的营养联系是指各种生物为了获取维持生命活动所必需的营养物质和能量而形成的一种关系。它可以存在于同种生物的个体或类群之间，也可以存在于不同中生物之间。同种生物的种内关系较为简单；而不同生物之间的种间关系较复杂，如竞争关系、捕食关系、寄生关系等，这可以为生物防治和粮情预测提供一定的依据。比如可以利用储粮害虫与其天敌之间的关系进行防虫、杀虫。

（二）粮堆中各生物之间的信息联系

生物之间的信息联系是指同种生物的两性之间或两个有营养联系的种群之间依靠其含有或分泌的化学信息素而相互联系、相互作用。

在粮堆生态系统中的生物群落如粮食与虫、螨之间或虫、螨与虫、螨之间就存在这种信息联系。各种粮食具有不同的气味，这些挥发性物质作为虫、螨的气味源，给它们以嗅觉的刺激，招引它们来取食和产卵。日本本田 1982 年对禾谷类粮食稻谷、小麦、玉米进行了研究，发现一些对米象有引诱的物质，如稻谷中含有微量的 4—甲基戊酸、己酸和庚酸，小麦中含有少量的己酸和 3—异丙基—2—甲基酚等。另外发现，麦蛾和玉米象借助粮食气味可以对储粮造成危害，因为麦蛾和玉米象具有寻觅储粮的特殊行为机制。因此粮食气味是导致储粮昆虫危害的重要因子。

另外，生活在同一粮堆中的储粮昆虫和螨类，无论是害虫和天敌，或是同种内的不同个体之间，都存在着不同的信息联系。储粮中常见的天敌如膜翅目的寄生蜂，它与其寄主以及其他寄主之间就是靠不同的信息素发生联系的，天敌昆虫或天敌螨类可以利用其触角、眼、产卵器等对被食者产生灵敏的感觉，同时粮食的气味或其他刺激也可以被天敌用来寻觅到适宜的寄主或捕食对象。更为常见的是，一种寄生蜂发现并寄生了一个寄生卵的同时，分泌一种忌避物质，可以防止复寄生；若分泌物质对同种其他个体有忌避作用，可避免种内竞争。同种储粮虫、螨的异性个体之间靠性信息素发生联系而相遇、交配并繁衍后代。人们已经知道有数十种储粮昆虫能产生性信息素，如表 3-1。在储粮实践中，可利用这种信息联系，人工合成各种信息素进行诱杀害虫。

表 3-1　能产生信息素的储粮昆虫

科名	种名	科名	种名
皮蠹科	肾斑皮蠹 花斑皮蠹 黑斑皮蠹 谷斑皮蠹 家具皮蠹	象甲科	米象 玉米象
		锯谷盗科	锯谷盗 大眼锯谷盗
		姬蠊科	德国蜚蠊
窃蠹科	药材甲 烟草甲	螟蛾科	烟草螟 印度谷蛾 粉斑螟 地中海螟 麦蛾
长蠹科	谷蠹		
拟步甲科	赤拟谷盗 杂拟谷盗		

续表

豆象科	菜豆象		
扁甲科	锈赤扁谷盗 长角扁谷盗 土耳其扁谷盗		

二、生物与非生物之间的关系

粮堆生物与非生物之间的关系主要指粮堆生物群落与环境的温度、湿度和粮食水分、以及气体成分之间的关系。它们之间既相互影响、相互作用，又相互制约。粮堆生物的生命活动会放出热量、水分和二氧化碳，同时消耗氧气，引起储粮环境的温度、湿度和气体等发生变化；反之，储粮环境的温、湿度和气体的改变也会影响粮堆生物体的生命活动。一般来说，粮堆中各种生物对环境条件的反应是基本一致的，但由于生物种群的不同，其生态习性存在差异，因而使得各种生物对储粮环境的适应能力不同，即生态可塑性不同。因此，了解粮堆生物和非生物之间的生态关系，找出它们之间作用的基本规律，对制定粮油储藏的技术和方法具有重要意义。

（一）粮堆生物与湿度和水分的生态关系

粮油水分的含量与空气的相对湿度是粮堆生物活动的主要限制性因素。水分是决定储粮微生物生长发育的最敏感条件，储粮微生物对相对湿度和水分的要求具有一定的范围，当相对湿度低于70%或禾谷类粮食水分低于13%时，可以控制绝大部分储粮微生物的生长发育。

储粮螨类的生态习性是喜湿耐低温。螨类的消长与水分的关系密切，将谷类粮食水分控制在13%以下，基本上可以控制螨类的危害。

储粮害虫对粮油水分具有较强的适应性，主要表现在粮油含水量较低时也能生长发育。就大多数储粮害虫而言，需要将粮油水分控制在10%以下，才能取得有效的抑制效果。而对于禾谷类粮食在正常条件下水分为13%左右，过分降低粮食水分不仅会增加干燥费用，也会影响粮食的工艺品质。因此，在实践中很难通过降低粮食水分抑制储粮害虫的生长发育。但由于绝大部分储粮害虫喜潮湿环境，降低粮油水分对控制粮堆中的害虫种群及其防治仍具有重要作用。

粮油水分对粮油自身的生命活动也具有显著的影响。由于粮油籽粒是粮堆生态系统的主体，其含水量一旦超过临界水分，其呼吸作用产生的水分和热量就会使储粮朝着不利于储粮安全的方向发展。因此。储藏中应将粮油水分控制在临界水分以下，以降低粮食的呼吸强度，增强粮堆生态系统的稳定性。

（二）粮堆生物与环境温度之间的生态关系

温度是生物体生命活动中的另一个重要因素。粮堆中各种生物成分的代谢和发育都是在一定的温度范围内进行的，但不同的生物种群对温度的要求也有差异。

储粮微生物对温度的适应性主要表现为耐受范围较宽，粮堆温度从-10℃ ~70℃都是微生物的活动范围。但大多数储粮微生物是中温性微生物，它们生长发育的最适温度再20℃ ~40℃。将温度控制在10℃或15℃以下，可以抑制大部分储粮微生物的生长发育，但少数储粮微生物在适宜的水分下仍能够生长。因此防止微生物对储粮的危害需要同时控制储粮水分，才能取得理想的效果。

储粮螨类对温度的适应性主要表现为耐低温，不耐高温。多数螨类发育的最低温度在5℃左右，高于5℃，螨类就可能大量生长繁殖，尤其是在水分较高或水分较大的粮食中，螨类的生长速度很快。据资料报道，螨类生长发育与温度的相关系数仅为0.18①，相关性很小。所以控制螨类生长，低温不及低水分更有效，但螨类不耐高温，在42℃几乎难以生存。

温度是控制储粮害虫较敏感的因子。储粮害虫是变温动物，环境温度对储粮害虫的代谢速度有直接影响，需要达到一定的有效积温才能完成其生活周期。例如，玉米象在我国南方地区可以终年发生，但在北方一年只能繁殖1~2代。大多数储粮害虫最适生长温度范围在25℃ ~35℃最低生长温度为10℃ ~25℃。所以将温度控制在15℃以下，绝大多数害虫不能完成其生活周期，或受到显著抑制。因此低温控制储粮害虫是一种有效的手段。

储粮害虫对高温的耐受力也是有限的，温度超过35℃，对多数害虫不利；超过40℃，在一定时间内可起到致死作用。温度越高，持续时间越长，致死效果越明显。实践中可利用这一原理进行高温杀虫。

温度对储粮的生理活动和品质变化都有显著的影响，主要表现为在一顶的温度范围内，随温度的升高，储粮的呼吸作用加强，尤其是高水分粮更为明显。此时，种子生活力和营养品质很快下降。此外，在高温条件下，储粮的陈化速度加快，如酸度、脂肪酸值上升，粘度下降等。

（三）粮堆生物与气体成分的关系

氧气是一切生命活动中不可缺少的重要物质。在温、湿度相同的情况下，无氧条件对粮堆生物具有明显的抑制作用。在无氧条件下，储粮微生物的菌丝生长畸形，孢子不能萌发，少数兼性厌氧微生物在无氧条件下虽能够生存，但生长缓慢，发育不良。低氧对储粮害虫有明显抑制作用，当氧浓度降到程度时，害虫会很快死亡。氧气对粮油的生态作用为低氧可改变粮油的呼吸历程，降低粮油的呼吸强度。这有利于保持干燥粮油的生活力。但对高水分粮来说，由于粮油的无氧呼吸加强，产生酒精等会导致粮油丧失生活力。

二氧化碳也是粮堆的重要条件。在自然条件下组成的粮堆生态系统中，二氧化碳的含量很少，但通过人工调节可增大粮堆中二氧化碳的浓度。高浓度的二氧化碳可起到杀虫作用。同时对储粮微生物和粮油本身的呼吸作用也具有明显的抑制作用，并能有效防止霉菌产毒。

第四节　粮堆环境因素的变化规律

在粮堆生态系统中，环境因素的变化、主要是指围绕在储粮周围的环境温度、湿度、气体及储粮水分等的变化，了解和掌握它们的变化规律，对于及时掌握粮情变化和发展，采取积极、正确、有效的储藏措施，确保粮油安全储藏具有非常重要的意义。

一、粮堆温度的变化

（一）粮温变化的原因

在储藏过程中，引起粮温变化的原因主要来自两个方面：一是由粮堆生物的生命活动放热（内热）引起的粮温变化；二是由外热即外界环境的气温和仓温变化及粮油导热性所导致的。但在正常的储粮过程中，粮堆生物的生命活动是很微弱的，由此放出的热量也是很有限的。所以在正常的储粮中，粮温的变化主要是随着外温而变，即气温影响仓温，仓温影响粮温。

（二）“三温”的概念和变化规律

在粮堆生态系统中，“三温”（即气温、仓温和粮温）是影响储粮稳定的主要环境因素。气温的变化是由季节和气候的变化所决定的；近而影响到仓温的变化，仓温的变化又影响粮温。由于仓房具有一定的隔热性和密闭性，粮堆又是热的不良导体，因而仓温、粮温的升降速度与气温的变化并不完全一致。

1. 气温的变化

气温的变化有日变化和年变化。气温的日变化是指气温在一昼夜间的变化。正常情况下，气温在一昼夜间有最高温和最低温，其出现的时间分别在午后二时左右和日出前。其差值称为日变振幅。气温在一年十二个月内发生的变化称为年变化。一般年变化的最高温和最低温分别出现在七、八月份和一、二月份，沿海地区略迟一些。最高月份的平均气温与最低月份的平均气温之差称年变振幅。气温的高低和变化振幅的大小受地理位置、季节和气候的影响，各地均有不同。

春、秋季节冷热气流交替，是气温转换的季节，分别表现为气温上升和气温下降，气温的日变振幅最大，对储粮的影响也最大，是粮情最不稳定的季节，须特别注意粮情变化。

2. 仓温的变化

仓温的变化主要受气温的影响，也有日变化和年变化的规律。通常仓温日变化的最高温和最低出现的时间较气温迟后 1 ~2 小时；仓温的年变化则要迟后气温 1 ~2 个月。且仓温的日变振幅和年变振幅均小于气温。因此，在气温上升季节，仓温低于气温；气温下降季节，仓温高于气温。此外，仓温的变化也与仓房的结构、方位和大小等有关。隔热性和密闭性差的仓房受气温影响大，仓温变化与气温接近；大仓房受气温影响小；上方较下方受影响大；南面较北面受影响大。

3．粮温的变化

在正常储粮过程中，粮温的变化是随着气温和仓温的变化而变化的。但由于粮油的导热性差，使得粮温的变化远滞后于气温、仓温的变化，日变振幅和年变振幅也小于气温和仓温。

其变化的规律表现为：粮温的日变化较小，且仅存在于粮堆表层不超过 30cm 的部位；中、下层的粮温日变化不明显。如图 3-2 所示。

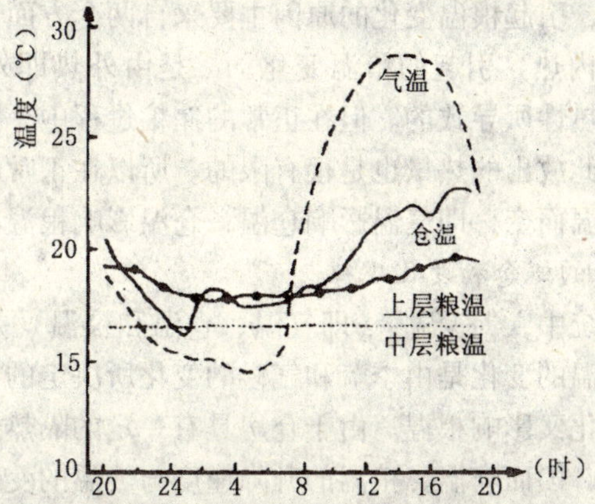

图 3-2 “三温”的日变化比较

粮温在一年中随仓温、气温变化的规律是：粮温最高和最低值出现分别在 8 ~10 月份和 2 ~3 月份，且在气温上升季节：粮温 < 仓温 < 气温，气温下降季节：粮温 > 仓温 > 气温。粮温分层变化的规律是：在房式仓和高大平房仓中，冬季粮堆上、中、下三层的粮温自上而下依次升高，夏季依次降低；春季：上层 > 下层 > 中层，秋季：上层 < 下层 < 中层。另外，粮温的变

化还受方位的影响，一般是南面较高，北面较低，依次为南 > 东 > 西 > 北，东南 > 西北。“三温”的年变化规律见图 3-3 所示。

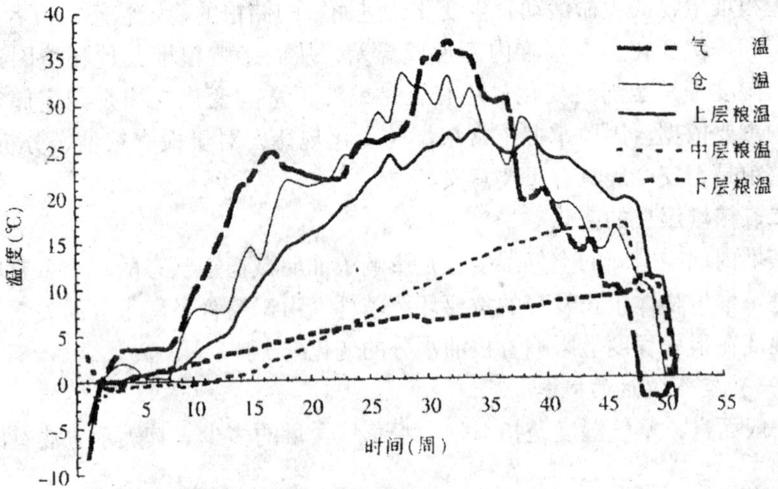

图 3-3　"三温"的年变化比较

(三) 影响粮温变化的因素

正常的粮温变化除主要受气温、仓温的影响外，还受仓房结构、粮油堆装形式、粮油所处方位、粮油入仓的原始温度以及粮油含水量等的影响。

1. 仓房结构：仓房的隔热性、密闭性和大小不同，粮温受外温的影响程度不同。仓房隔热性、密闭性越好、仓房越大，粮温受外温影响越小；反之就越大。如在夏季，大仓粮温要低于小仓；冬季，大仓粮温要高于小仓。

2. 粮油堆装形式：粮油堆装形式不同，对粮温变化的影响也不同。包装粮堆的空隙度比散装粮堆大，空气对流作用强，受外温影响大。试验表明，包装粮堆春、秋两季的粮温每旬可升降 4℃ ~5℃。散装粮堆由于空隙度较小，粮温变化较慢。

3. 粮油所处方位：粮油在仓内所处方位不同，其温度变化也不一样。一般规律是：向阳面的粮温要高于背阳面。

4. 粮油水分和粮堆生物体的生理活动：含水量不同的粮油，热容量不同，其温度变化不同。一般有：水分含量高的粮油，温度变化快；而粮堆生物体的生命活动放热也会促使粮温变化，但这不属于正常的粮温变化。

除此之外，粮油入库季节不同，入库粮温不同，粮温变化不同。如秋粮入库后的粮温要比夏粮低；烘干后未经冷却的粮油入仓后具有较高的粮温，而且温度变化不规则。

(四) 粮温变化对储粮的影响

粮堆环境的温度是粮堆生物体生存的重要环境条件之一。因此粮温的变化会引起粮堆生物的生命活动发生变化，进而影响储粮的稳定状态；再者，粮温的分层和方位变化会在粮堆内部形成温差，从而影响粮堆其他环境因素（如水分、湿度等）也随之变化；还有就是粮温正常的变化规律是判定储粮是否发热的重要依据。因此掌握正常粮温的变化规律，对于检查粮情、分析粮情、判定储粮是否安全等具有重要意义。

二、粮堆湿度的变化

粮堆内部空隙间的空气湿度也是影响粮油储藏稳定状态的一个重要环境因素，是粮堆生物体生长发育的重要环境条件。由于粮食平衡水分的关系，粮堆空气湿度在很大程度上影响着粮油水分的变化。

（一）空气湿度的概念

一般而言，空气湿度是指空气中水蒸气含量的多少。其表示方法有以下几种：

1. 绝对湿度：是指单位体积空气中实际含有的水蒸气量。单位是 g/m^3。它与环境温度和水分呈正相关；

2. 饱和湿度：又称饱和水汽量。是指在一定温度下，单位体积空气中所能容纳的最大水蒸气量。其单位和绝对湿度相同。空气中容纳水汽量的能力随温度的升高而增加。由于空气压力实际上是干空气和水汽的分压力之和。因此，空气中的水汽含量越多，水汽的分压力就越大，所以绝对湿度和饱和湿度也可以用水汽压力表示，常用单位是“Pa”。

不同温度下空气的饱和水汽量和饱和水汽压见表 3-2。

3. 相对湿度：是指单位体积空气实际含有的水汽量（即绝对湿度）与同温度下饱和水汽量（即饱和湿度）的百分比。通常用“RH”表示。

$$RH（\%）=\frac{绝对湿度}{饱和湿度}\times 100\% \qquad (3\text{-}1)$$

相对湿度反映了空气中实际含有的水汽量接近饱和的程度，可直接表示空气的干湿程度。相对湿度越大，表示空气越潮湿；反之则表示空气越干燥。通常所说的湿度即是指相对湿度。

相对湿度的大小与温度和空气的绝对湿度有关。在一定的温度下，空气的绝对湿度越大，相对湿度就越大，即相对湿度与绝对湿度成正比；在绝对湿度不变时，相对湿度与温度成反比。

（二）粮堆湿度变化的原因

引起粮堆湿度变化的原因有以下几方面：一是偶然因素，如地坪、墙壁的返潮和仓顶漏雨等；二是大气湿度变化和粮堆的吸湿性；三是粮温变化引起的。而在正常储粮中，粮堆湿度的变化主要是受大气湿度变化和粮食的吸湿和散湿的影响。

表 3-2 空气饱和水汽量和饱和水汽压表

温度 ℃	饱和水汽压 Pa	饱和水汽量	温度 ℃	饱和水汽压 Pa	饱和水汽量	温度 ℃	饱和水汽压 Pa	饱和水汽量
-20	104	1.078	3	757	5.922	26	3356	24.108
-19	113	1.170	4	813	6.330	27	3569	25.486
-18	127	1.269	5	872	6.761	28	3784	26.931
-17	139	1.375	6	935	7.219	29	4010	28.447
-16	152	1.489	7	1001	7.703	30	4248	30.036
-15	167	1.611	8	1073	8.215	31	4498	31.702
-14	183	1.882	9	1148	8.857	32	4760	33.446
-13	200	1.942	10	1228	9.329	33	5037	35.272
-12	219	2.032	11	1313	9.934	34	5326	37.183
-11	240	2.192	12	1403	10.574	35	5630	39.113
-10	261	2.363	13	1499	11.249	36	5949	41.274
-9	285	2.548	14	1599	11.961	37	5284	43.461
-8	312	2.741	15	1705	12.712	38	6634	45.746
-7	340	2.949	16	1819	13.504	39	7001	48.133
-6	371	3.171.	17	1939	14.338	40	7386	50.625
-5	403	3.407	18	2065	15.217	41	7778	53.80
-4	439	3.658	19	2198	16.143	42	8199	56.70
-3	477	3.926	20	2340	17.117	43	8639	59.30
-2	519	4.211	21	2474	18.142	44	9101	62.30
-1	563	4.513	22	2645	19.220	45	9583	65.40
0	611	4.835	23	2812	20.253	50	12334	83.20
1	656	5.176	24	2986	21.544	100	101325	597.40
2	705	5.538	25	3170	22.795			

(三)“三湿”的概念及其变化规律

“三湿”是指大气的相对湿度、仓内空气的相对湿度和粮堆空隙中空气的相对湿度，简称气湿、仓湿、粮湿为“三湿”。在正常的储粮过程中，气湿影响仓湿、仓湿影响粮湿，从而影响粮堆的稳定状态。

大气湿度的变化受空气温度变化的影响，也有日变化和年变化之分，但与气温的变化正相反。即：在日变化中，日出前气湿最高，午后二时左右气湿最低。气湿的日变振幅气候和季节有关。夏季的日变振幅大与冬季；晴天的日变振幅大于阴雨天。大气相对湿度的年变化一般是最热月份的湿度最低，最冷月份的湿度最高。但受地理位置的影响我国位于季风带内，夏季受海洋季风的影响很大，因此夏季的湿度反较冬季高夏季成为高温高湿的季节。这对储粮极为不利。而冬季由于受西北地区干冷空气的影响，是低温干燥的季节，为通风储藏创造了良好的条件。

仓内湿度一般是受空气湿度的影响，随气湿的变化而变化。但还受仓房隔热防潮条件及储粮水分等的影响，所以仓湿的变化并不是很有规律。

粮堆湿度的变化依粮堆部位而定。一般来说，粮堆表层的湿度随气湿、仓湿的变化而变化；粮堆内部的湿度变化，在粮堆空气静止时受粮温和粮油水分支配，在气流运动状态下则受空气对流和湿热扩散的影响。粮堆内部的湿度一般以低温部位、高水分部位的湿度较大，其变化规律与水分变化基本一致。

三、粮堆水分的变化

（一）粮油水分的类型及其特性

水分是一切生物体的重要组成成分，任何生物体的生命活动都离不开水分。粮油中的水分，根据其存在的状态、性质及其与干物质结合的程度可分为自由水和结合水。自由水又称游离水，存在于粮油籽粒的细胞间或细胞内，是一切生物体生化反应的介质，可被生物体利用；它与干物质的结合不牢固，也不稳定，可随着环境温湿度的变化而变化；对储粮的影响最大。结合水又叫束缚水，存在于粮油籽粒的细胞内，与干物质的结合较紧密；不参与粮粒内的生化反应；一般不发生变化，较稳定；对储粮的影响较小。但在储粮品质严重劣变的时候，结合水会转变为自由水。

通常所说的粮油水分是粮油籽粒中自由水和结合水的总量。干燥的粮油主要含有结合水，在储藏中较稳定。当粮油含有大量自由水时，其储藏稳定性就会明显下降。因此在粮油储藏过程中应严格控制自由水的含量。

粮油水分的含量可以用干基和湿基两种表示法表示。干基表示法是指粮油籽粒中水分的总量占干物质的百分比；湿基表示法是指粮油籽粒中水分的总量占粮油籽粒重量的百分比。在仓储业务上，常用的是湿基表示法。

（二）安全水分和水活度

一定的粮油品种，在一定的温度范围内能保持储粮安全稳定的水分，称为粮油的安全水分。粮油的安全水分与粮油品种和温度有关。同一品种，在不同的地区，由于温度不同，其安全水分标准也不同，所以又称相对安全水分。

在储粮实践中，安全水分可用来判定储粮的稳定状态。当粮油水分高于安全水分时，粮油的生命活动即显著趋于旺盛，粮油的储藏稳定性下降。因此，粮油的含水量只有控制在安全水分范围内，才可以安全储藏。根据粮油含水量、环境温度和粮油储藏的关系，储粮可分为安全粮、半安全粮和危险粮三个等级。安全粮是指在当地安全水分标准以内，在正常储藏条件下可安全过夏的粮油。半安全粮是指含水量略高于安全水分，只能在低温季节短期安全储藏的粮油。危险粮则是指含水量大大高于安全水分，极易发热霉变的粮油。

不同粮油品种的安全水分不同，一般油料的安全水分较低，且随着油料脂肪含量的增加而降低。

水活度是指在一定的温度下，由粮油水分产生的水汽压与同温度下的饱和水汽压之比。或者用“粮油水分的平衡相对湿度与同温度下的饱和湿度之比”表示。水活度的大小反映了粮油中自由水的含量多少，从而说明粮油水分可被生物体利用的程度，进一步反映了储粮的稳定状态。

（三）粮堆水分变化的原因

储粮水分的变化原因有以下几方面：一是粮堆生物体的代谢活动放出水分；二是由粮油本身的吸附或解吸特性引起的；三是由粮堆内部温差的存在所致。在正常的储粮过程中，由粮堆生物体代谢放出的水分是很有限的，由此引起的粮油水分变化也是很小的。所以在正常情况下，粮油水分的变化主要是后面两方面的原因。

（四）粮堆水分变化的方式和规律

1. 粮堆表层的吸湿和散湿

粮堆表层及外围水分的变化是由粮油的吸湿特性引起的，是随着气湿和仓湿的变化，以吸湿或散湿的方式使粮堆表层和外围水分发生变化，其变化规律与气湿和仓湿的变化规律基本一致。日变化仅限于粮堆表层 5cm 深处，随着气湿和仓湿的增加而吸湿增水，气湿和仓湿的下降而散湿减水，但总的变化不明显；年变化的范围相对较大，通常存在于粮堆表层 20～30cm 深处，因地区的不同，随气湿和仓湿的年变化呈现出一定的规律性。如北方秋冬季节气温低，湿度大，粮油吸湿增水；夏季气温高，湿度低则散湿降水。沿海地区夏季高温高湿，粮油吸湿；冬季低温干燥，粮油散湿降水。

在储粮实践中，根据粮堆表层水分的这一变化规律，在外界气湿大于粮堆水分的平衡湿度时，应防止吸湿，做好仓房的密闭工作；当外界气湿小于粮堆水分的平衡湿度时，可进行通风散湿，以降低粮油水分；对粮面已经吸湿和上层水分高的粮油，可通过翻动粮面的方法，加速散湿，降低水分。

2. 粮堆内部空气对流引起的水分转移

粮油在储藏过程中，若粮堆内各部位温度不均衡、存在温差时，粮油水分往往会随着冷热空气对流而发生转移，从而引起粮堆水分的分层现象。由于冷热空气的密度不同，粮堆内部高温部位的热空气密度小呈上升运动，携带水汽也随之上升，到达粮面遇冷而饱和凝结，使粮堆上层水分增加。这种情况通常发生在秋冬气温下降季节：粮堆上层温度低，中、下层温度高，粮堆内的水分向上层转移，引起水分分层。粮堆“结顶”即是由此产生和发展的结果。粮堆“结顶”会导致粮油散落性降低，甚至霉变。在储粮实践中，利用粮堆水分随空气对流而转移的这一规律，在秋冬季节经常翻动粮面，使粮堆内部水分向外散发，可降低储粮水分，对防止结露、“结顶”也有一定的作用。

3. 粮堆水分的湿热扩散

粮堆水分按照热传递的方向而移动的现象称湿热扩散。粮堆内温差的存在是湿热扩散的主要原因。湿热扩散的结果是造成粮堆内部水分转移和局部高水分。由于粮堆内部各部位温度是不均衡的，常常存在温差，粮温高的部位空气中的实际含水汽量大，水汽压力高，而低温部位的水汽分压较低。由此产生压力差，根据分子运动规律，水汽分压大的高温部位的水汽分子总是向水汽分压小的低温部位移动，结果导致低温部位的粮油水分增加，高温部位的水分减少，即湿热扩散。

在储粮实践中，水分的湿热扩散和由空气对流引起的水分转移往往同时发生，二者混在一起，不易区分。但就其发生的基本原因而言，湿热扩散是由于水汽压力的不同，后者是由于空气密度不同所致。就其发生的部位而言，湿热扩散造成的局部高水分常常发生在阴冷的墙边、柱石周围和粮堆底部以及仓房的背阳面等，而空气对流引起的水分分层多是在粮堆的上层。粮堆中冷、热部位的温差越大，持续时间越长，湿热扩散就越严重，甚至造成储粮发热、霉变等，严重影响储粮安全。试验表明，水分含量9.8%的小麦，在低温部位5℃和高温区25℃的粮堆中，经过两周，可使低温部位的水分增加到36.2%，最终引起发热、霉变，甚至发芽。

4. 粮堆水分的再分配

当含水量不同的粮油混合堆放时，粮油水分通过水汽的吸湿和散湿作用而移动，使粮油水分重新分布的现象称为水分的再分配。原来含水量高的粮油向外散湿降低水分，含水量低的粮油则吸湿增水，最终达到吸湿平衡。但由于吸附滞后作用，经过再分配的粮油水分只能达到相对平衡，而且是暂时的，不会绝对平衡，原来含水量高的粮油水分始终高于含水量低的粮油水分，结果造成粮油水分的不均衡，只是使它们的水分差异缩小了。这对储粮技术的采用是不利的。

水分再分配的速度和水分差异与环境温度有关。温度越高，水分再分配的速度越快，达到平衡时的水分差异越小。所以，在粮油入仓或堆放时，应尽量把干、湿粮分开堆放，防止混堆，以免影响储粮安全。

三、粮堆结露

粮油在储藏过程中，由于温湿度变化及水分转移，在粮堆内外常会出现“结露”。粮堆发生结露使得粮堆局部水分增高，进而导致发热霉变或发芽等不良后果。

（一）粮堆结露的概念

粮堆结露是指粮堆空隙和表层空气中的未饱和水汽在温度降到一定程度时，成为饱和水汽而凝结在粮油籽粒表面的现象。开始结露的温度叫露点温度，简称露点。

粮堆结露的原因主要是温差，当冷热空气相遇，达到露点就会结露。温差越大，结露越严重。此外，空气中水汽含量的增加也是一个重要因素。空气中实含水汽量愈多，湿度愈大，则露点与气温愈接近，愈容易结露。因而在气温转换季节或气温突变之时，以及梅雨季节或连阴雨天气，容易发生结露现象。粮油水分的高低对粮堆结露也有一定的影响，高水分粮在温差较小时也可能结露。

（二）粮堆结露的类型及其处理

根据粮堆结露发生的部位、原因和条件等可分为以下几种类型：

1．表层结露

粮堆表层结露多发生在季节转换时期，在秋冬气温下降季节，粮温高于气温，粮堆内部的热空气上升，遇到冷的粮面，形成温差，达到露点便会在粮堆上表层产生结露。结露的部位一般在粮面以下5～30cm范围内，其中又以5～15cm的粮层最为严重，并逐步从中心向四周扩散，如不及时处理，很快会发展为发热霉变。此外，低温粮进入高温季节，也会发生表层结露，多出现在春夏气温升高季节，故低温储藏的粮油进入高温季节之前，必须密闭压盖，以防结露。

表层结露轻者可采取深翻、勤翻粮面的方法，散发结露水；重者可移顶曝晒或烘干处理。

2．粮堆内部结露

粮堆内部结露主要是由于在粮堆内部不同部位出现较大温差而形成的，其原因一是由粮堆生物成分的生命活动、代谢放热使粮堆内部局部温度升高；二是外温的影响使粮堆出现严重的粮温分层现象；三是高、低温粮混堆。由于粮堆内存在温差，在空气对流或湿热扩散的作用下，粮堆水分向低温部位扩散，使得低温部位的湿度增大，产生结露。

内部结露的处理可利用机械通风降温散湿，或挖沟扒塘进行挖除等方法处理。

3．底层结露

底层结露又称热粮结露。热粮入仓如烘、晒的粮油或新加工出机的成品粮油，未经充分冷却而入仓，或夏粮直接入仓）遇到库内冷的地坪、墙壁或柱石等，因温差过大都可能造成结露。这种结露多发生在粮堆底部或墙壁、墙角四周等部位，并可能进一步引起发热、霉变。必须及时倒仓处理，或采用机械通风散湿降温，以免引起更大范围的发热霉变。

4．密封储藏的粮堆结露

应用塑料薄膜进行密封储粮时，在密封薄膜的内外有温差存在，并达到露点，便会结露。如薄膜内温度低，薄膜外温度高，内外温差达到露点时，则在温度较高的薄膜外表面结露，称外结露。这种情况多发生在春夏气温上升季节。出现这种结露，只要薄膜密封完好无裂缝，对储粮影响不大。而当薄膜内的温度高于薄膜外时，内外温差达到露点时，则在薄膜内表面结露，称内结露。这种结露多发生在秋冬气温下降季节，对储粮的影响较大。即便是粮堆已经缺氧，也可能导致靠近薄膜的储粮生霉。必须及时除水或拆除密封薄膜。

5．其他情况下的粮堆结露

粮堆结露除以上几种原因外，其他几种情况也可能会导致粮堆结露。如通风不合理，冷空气进入粮堆，不能及时扩散平衡，造成粮堆局部温差过大，达到露点时；在储粮水分较高的情况下；仓房密封性能差，日常管理不当，门窗不能及时开关，使外界湿热空气进入粮堆形成温差并达到露点时；通风管道周围等部位也常因内外温差较大可能结露；地下仓夏季粮温低，开仓时热空气大量进入仓内，遇到冷的粮面也可能引起结露。

影响粮堆结露的因素很多，但主要是温差、湿度及与其相平衡的水分。二者之间的综合作用与结露有密切关系。

（三）粮堆结露的预测预防

1．预测露点

露点温度是预测粮堆结露的主要依据。因为结露不仅要有温差，还必须达到露点，才能结露。所以粮堆结露的预测实际上就是测算粮堆露点温度，从而可采取措施有效预防粮堆结露的发生。

（1）应用粮堆露点近似值检查表

粮堆露点近似值检查表（见表3-3）适用于禾谷类粮食。其使用方法是根据储粮水分和粮温直接查表得到露点近似值。

例：某仓储粮水分为14%，粮温18℃，查表即可得到其露点近似值为12℃。也就是说水分为14%的粮食粮温由18℃降到12℃以下时，即温差为6℃以上，便会结露。

（2）应用空气饱和水汽量表估算露点

根据饱和水汽量的概念，在一定温度下，空气的饱和水汽量是一定值。当空气实含水汽量达到饱和时，便会结露。由此可测算露点。

例：某粮仓储粮温度为20℃，仓内（或粮堆）相对湿度为75%，求露点。

解：①首先查饱和水汽量表，得出20℃时的饱和水汽量为$17.117g/m^3$；

②计算20℃，相对湿度75%时的空气绝对湿度：=相对湿度×饱和湿度$=75\%\times17.117g/m^3\approx12.65g/m^3$；

③再反查饱和水汽量表，当饱和水汽量为$12.65g/m^3$时，相对应的温度接近15℃，即15℃为所求露点。该仓粮油温度由20℃降到15℃时便会结露。

表 3-3　　粮堆露点近似值检查表（℃）

水分（%） 粮温（℃）	10	11	12	13	14	15	16	17	18
0	−14	−11	−9	−7	−6	−4	−3	−2	−1
5	−9	−7	−5	−3	−1	0	1	3	4
10	−2	0	1	3	4	5	7	8	9
13	1	3	4	6	7	9	10	11	12
14	2	4	6	7	8	10	11	12	13
15	3	5	6	8	9	10	12	13	14
16	3	5	7	8	10	11	13	14	15
18	4	6	8	10	12	13	15	16	17
20	6	8	10	12	13	15	16	18	19
22	8	10	12	14	15	17	18	20	21
24	10	12	14	16	17	19	20	22	23
26	12	14	16	18	20	21	22	24	25
28	14	16	18	20	22	23	24	26	27
30	16	18	20	22	24	25	26	28	29
32	18	20	22	24	26	27	28	30	31
34	20	22	24	26	28	29	30	32	33
结露温差（℃）	12～14	10～12	8～10	7～8	6～7	4～5	3～4	2	1

2. 预防措施

粮堆结露以后，使粮堆局部水分增加，引起储粮酶活性增强，呼吸旺盛，虫、螨大量生长繁殖，影响储粮安全。因此必须有效预防粮堆结露的发生。根据粮堆结露的条件，可采取以下措施防止结露：首先应严格控制入仓粮油的水分，尽量做到干燥入库；其次防止粮温骤升、骤降，设法消除或减小粮堆温差：在秋冬气温下降季节，勤翻粮面，适时通风，散发湿热；春夏气温上升季节，对低温粮进行密闭压盖隔热；第三是做好仓房的防潮铺垫工作防止产生水分梯度：如用稻糠、麻袋等铺垫粮堆底部或侧面，可防潮并能吸收结露水；第四是避免热粮入仓，对烘、晒后的粮油或新加工出机的成品粮，应充分冷却后再入仓。

第五节　储粮发热与霉变

储粮发热霉变是在一定的生态条件下，粮堆生态系统中的各种成分相互作用的结果，也是粮油在储藏期间干物质损耗、品质劣变的重要原因之一。从生态学角度研究储粮的发热霉变，对于了解和掌握粮堆中各种因素变化的原因、结果和防治措施，加强人工调节，保证储粮安全，具有重要意义。

一、储粮发热

（一）储粮发热的概念

在正常条件下，粮油储藏期间的温度变化具有一定的规律。但是在粮油水分、湿度和温度等条件适宜的环境中，粮堆中生物成分的代谢活动加强，会释放出大量的热能，而粮堆又是热的不良导体，从而造成粮堆生态系统中的热量积累或粮堆内外的热量传递不平衡，使粮堆温度会违反正常的变化规律，出现不正常上升或该降不降的现象，称为储粮发热。

（二）储粮发热的原因

储粮发热的原因是多方面的，是粮堆生态系统中生物与非生物成分相互作用的结果。其中主要是粮堆生物的生理代谢放热积累的结果，特别是储粮微生物的活动是导致储粮发热的主导因素。虽然粮油籽粒是粮堆生态系统的主体成分，其代谢活动及品质对发热有一定的作用，但在储粮过程中的代谢是很微弱的，由此产生的热量在正常情况下不足以导致发热。而粮堆中有害生物的代谢活动是造成储粮发热的重要因素，尤其是储粮微生物的作用。这是因为在适宜条件下，特别是储粮水分较高或环境湿度较潮湿时，微生物的呼吸代谢要远大于粮油籽粒和储粮害虫，而微生物的呼吸代谢会放出大量的热能，其本身的利用率又很低（仅为20%），更多的热能（80%）都释放到粮堆中，使粮堆发热。如多数霉菌的呼吸强度比粮油自身的呼吸高上百倍甚至上万倍。且粮油水分越高或环境湿度越大，微生物的生命活动越强，储粮越容易发热。这就是高水分粮容易发热的主要原因。另外，虫、螨的代谢对储粮发热也有一定的促进作用，对于干燥的粮油，在适宜的温度下，也可成为发热的主要原因。

粮堆的物理性质对储粮的发热也有很大影响。由于粮堆导热性能差，导温速度慢，空隙度小等都不利于热量传递和散发；自动分级和湿热扩散的结果更易引起发热。

而粮堆中非生物的环境因素是储粮发热的重要条件，它决定粮堆生物成分的活动强度。因此，调节粮堆生态系统中的非生物环境因素，是控制粮堆生物，特别是控制储粮微生物的生长发育，防止储粮发热的根本途径。

（三）储粮发热的鉴别

粮油本身没有固定的温度，其发热的热量来源于气温、仓温和粮堆生物的代谢放热。因此，在储粮实践中，这是鉴别储粮发热的主要依据。判定储粮是否发热，可从以下几方面：

1. 将粮温与仓温、气温进行比较，若违反粮温随气温、仓温变化的规律，则可判定发热：如气温上升季节，粮温上升过快，超过日平均仓温3℃～5℃以上；气温下降季节，粮温不下降或反而上升。

2. 将粮温与粮温比较

同一粮层，不同部位的粮温不符合方位变化的规律：如背阳面粮温高于向阳面粮温，则背阳面发热。

同一部位，不同粮层的粮温不符合正常的粮温分层变化规律：如夏季时，下层粮温高于上层，则下层发热；冬季上层粮温高于下层，则上层可能发热。

同一粮层，同一部位的粮温与前次比较，有突出上升的现象。

同种粮油，入仓时间、保管条件相同，水分和质量基本相同的两个粮堆，若温差超过3℃～5℃以上，则视为发热。

另外，也可通过感官和理化指标判定储粮是否发热。如色、香、味等，散落性和脂肪酸值等。

而对于刚曝晒的粮油、或新加工出机的粮油在未充分冷却前；新收获的粮油在后熟期间的“乱温”现象，一般均不视为发热。

（四）储粮发热的过程

储粮发热是个连续渐进的过程，通常可分为三个阶段：即初发阶段→升温阶段→高温阶段。在不同的阶段表现出不同的特征，给储粮造成不同程度的危害。在高温继续发展时，如果供氧充足和有易燃物质生成时，还可出现自燃现象。

1．初发阶段

在储粮生态系统中，由于潮粮入仓、粮堆内水分转移或因温差过大而结露等的影响，使粮堆局部水分达到或超过临界水分时，储粮和灰绿曲霉等干生性微生物首先开始生长繁殖，放出大量的热使粮温升高，继而其他霉菌如局限曲霉、杂色曲霉、以及青霉等中温性微生物大量生长，使粮堆湿热积累，粮温开始出现不正常上升。这一阶段主要表现为粮油子粒表面湿润，有水汽凝结，硬度和散落性下降，子粒颜色初起鲜艳，继而变暗，大米出现起筋、脱糠，伴有轻微异味。带均量增加，酸度、脂肪酸值增加，非还原糖含量减少等。该阶段如能及时处理，对粮质影响不大。

2．升温阶段

随着储粮微生物的生长繁殖，粮温迅速上升，达到35℃～45℃时，储粮出现变色和异味，。当环境湿度达到75%以上时，在白曲霉等多种霉菌的作用下可使粮温生高到50℃～55℃，储粮品质显著劣变。随着微生物的代谢水分的积累，使发热区域进一步扩大，储粮微生物由中温性演替为高温性微生物继续危害。

3．高温阶段

当粮温继续升高到55℃以上时，湿度可达到90%以上，在高温、高湿的作用下，少数高温性微生物（如毛霉等）以及放线菌逐渐发展，使粮温升至60℃～65℃。这时由于高温蒸发，储粮湿度也可能有所降低，更由于多数中温性微生物停止活动，发热也可能停止而使粮温会因此而下降。但如果湿热散发缓慢，粮温还会进一步升高，使储粮品质严重劣变，丧失使用价值。甚至可能引起自燃现象。

(五) 储粮发热的类型及处理

储粮发热，按其在粮堆中发生的部位，大致可分为如下类型：

1. 上层发热

上层发热，通常发生在秋冬气温下降季节和连阴雨天气，粮温表层与气温、仓温或内部出现温差过大而产生结露，或因环境湿度过高而使表层吸湿，为微生物的生长繁殖创造条件。从而引起粮堆表层5～30cm处出现发热。这是一种较常见的发热，其处理方法可采用翻动粮面散发湿热，或用压入式通风以排除粮堆表层的热量。

2. 局部发热

局部发热又称“窝状”发热，通常发生在粮堆内部的局部区域。常见于粮堆内的局部高水分区、局部高杂质区和局部高温区及虫、螨集中区等。其原因主要是由仓顶漏雨、仓壁和地坪渗水返潮；干湿粮混堆；湿热扩散或自动分级以及入仓脚踩或垫板压实等所致。其处理的方法应根据发生的原因和部位而定。可分别采用取出晾干、通风散热、和过筛除杂等方法。

3. 下层发热

多是由于粮堆底部铺垫不善，地面潮湿，或是热粮入仓遇到冷的地坪而结露，以及气温转换季节粮堆下层与中上层之间产生温差，而引起湿热扩散和水分转移，形成下层发热。这种发热一般发生在多雨季节和春夏气温上升季节。其处理方法是采用倒仓晾晒或吸出式通风等。

4. 垂直发热

这种发热是指贴墙靠柱或围囤周围的垂直粮层出现发热。主要是由于垂直粮层与墙壁、或柱石之间温差过大，或墙壁周围渗水返潮等原因，如果仓房漏雨严重，对应的粮堆部位在出仓时，会出现“竖柱”现象均会造成垂直粮层发热。其处理应根据发热部位的大小而定：若部位很小，可采取开沟、扒塘等方法将发热粮取出干燥；若发热部位较大

5. 全仓发热

通常是由于上述几种发热处理不及时，任其发展扩大而造成的；劣质粮或“三高粮”（高温粮、高水分粮、高杂质粮）入库也易由点到面迅速造成全仓发热。处理方法是大规模通风或全仓熏蒸等。

二、储粮霉变

(一) 储粮霉变的概念

粮油在储藏期间，微生物大量生长繁殖，分解粮油的有机物质，使储粮品

质劣变的过程，称为储粮霉变。寄附在粮油子粒上的微生物是导致储粮霉变的先决条件之一，而储粮环境条件（主要是温度和水分）对微生物的影响，是决定储粮霉变与否的关键，总之，储粮霉变的实质是微生物分解和利用储粮中有机物质的生物化学过程，最终将引起粮粒变色、变味、霉烂甚至带毒。通常霉变和发热总是相伴发生，但若热量能及时散发，或储粮受低温性微生物的作用时，霉变的粮油则不一定发热。

（二）储粮霉变的过程

储粮霉变的过程一般分为三个阶段，即初期霉变、生霉阶段和霉烂阶段。通常以达到生霉阶段作为霉变事故发生的标志。

1. 初期霉变

初期霉变是大多数储粮微生物与储粮建立腐生关系的过程。储粮微生物在环境条件适宜时，即开始活动危害储粮，利用其自身分泌的酶类分解粮食有机物，破坏粮粒表面组织，并逐渐侵入籽粒内部，导致储粮品质下降。在这一阶段主要表现为：储粮变色，逐渐失去原有色泽，继而变灰变暗，如大米的“反白”、和“发灰”，小麦的“褐胚”等；储粮表面湿润，有“出汗”“返潮”现象，散落性降低，用手插入粮堆有涩滞感；储粮带有异味，如大米的糠臭、玉米的甜味和酒味等；粮粒变软，硬度下降，体积膨胀；稻米“起筋”、脱糠等；理化指标表现为脂肪酸值升高，非还原糖减少，带菌量增加。如能及时处理，对储粮品质影响不大。

2. 生霉阶段

储粮初期变质后，微生物大量生长繁殖，开始在形成菌落，籽粒霉变部位由白变灰绿、黄绿、蓝绿等，出现所谓的“生毛”、“点翠”等现象。储粮带有明显的霉味，籽粒发软，无光泽，发芽率显著降低或丧失，储粮品质严重劣变，还可能带有毒素，食用和营养品质大大降低，一般不宜食用，是霉变粮食处理的最后阶段。通常以检出的霉粮重量占被检样品重量的百分率（简称霉粮率）来表示储粮生霉的程度。

$$霉粮率（\%）=\frac{霉粮质量}{被检样品质量} \qquad (3\text{-}2)$$

3. 霉烂阶段

霉烂阶段是微生物使储粮严重腐解的过程。储粮丧失了抵御微生物的能力，有机物被严重分解，使储粮霉烂、腐败、变形、成团结块，粮粒伴有霉、酸、腐、臭等难闻的异味，完全丧失使用价值。

（三）储粮霉变的类型及原因

储粮霉变根据其形成的原因可分为以下几种类型：

1. 劣质霉变

即由于储粮品质差，易受微生物侵害而造成的霉变称为劣质霉变。其中，尤以“三高粮”更为如此。劣质霉变可分为全仓和局部两种，其中以局部点发性的为常见。点发的部位在储粮中是不固定的，通常以粮油入库时的自动分级形成的杂质聚集区为多。

2. 结露霉变

储粮因温差过大而结露引起的霉变称为结露霉变。常发生于粮堆局部，并常伴有发热现象。这类霉变在入秋转凉时容易发生，其部位大都在粮堆上部，即表层以下20~30cm的粮层，或在阴冷部位。机械通风时，若管道、风速、时机选择不当，也会在管道附近发生结露霉变。

3. 吸湿霉变

储粮因环境湿度大，使干粮吸湿而造成的霉变称吸湿霉变。多由于梅雨季节和连阴雨天气使环境湿度大，或房密闭防潮性能差所致。常发生于易于吸湿的表层、底层等局部区域。由于霉变迅速，开始往往不伴有发热。

4. 水浸霉变

储粮因直接浸在水中而造成的霉变。如在收获、运输或储藏过程中由于水浸、雨淋、或仓房漏雨以及结露滴水等原因，使储粮浸泡在水中，随浸水情况可在表层、底层或四周，甚至整个粮堆形成霉变区域。一般不伴有发热。

三、发热霉变对储粮的影响

储粮发热、霉变是相互关联，而不是孤立的过程，对储粮的危害也是多方面的。一方面可以造成储粮的数量损失，另一方面更中要的是造成储粮品质劣变，甚至可以使储粮变色、变味和带毒，严重影响储粮的食用品质和卫生。

（一）发热霉变对储粮品质的影响

由于微生物的作用，储粮的营养物质被分解消耗，使得各种营养物质含量下降，营养品质降低；储粮的出米、出粉率和出油率降低，小麦面筋质含量和质量下降，大米蒸煮品质下降，使储粮的工艺品质和食用品质变劣；

储粮发热霉变后，胚部被微生物感染，使储粮生活力下降、发芽率降低，种用品质降低，甚至失去种用价值；由于微生物的代谢分泌物使储粮变色、变味甚至带毒。

（二）发热霉变对粮油数量的影响

储粮发热霉变后，微生物大量分解其有机物质，使干物质减少，储粮损失严重。根据粮食呼吸即生物氧化作用，据推算，每千克干重粮油完全氧化所产生的热量有80%释放到粮堆中，其热量为12552kJ/kg。按照储粮发热的过程，粮油和微生物每消耗一千克水分为18%的粮食，约产生的热量为12552×（1－18%）＝10293kJ/kg。则水分为18%的禾谷类粮食发热时温度每升高1℃，其发热损耗率约为万分之二。故禾谷类粮食发热损耗量的计算公式为：

$$L=\frac{G\cdot C\cdot T}{12552\ (1-W\%)} \tag{3-3}$$

式中，G——发热粮油的质量（kg）；

C——粮食的比热（kJ/kg·℃）；

T——发热粮温度升高的度数（℃）；

W——粮油的含水量；

12552——粮油发热时，每分解一千克干物质所释放的热量（kJ/kg）。

四、发热霉变的预测预防

防止发热霉变必须以防为主，加强储粮安全检查和预测，发现问题及时处理，采取综合措施，切实保持储粮的稳定性。

（一）储粮发热霉变的预测

发热霉变的预测，通常可以根据粮堆中微生物区系的演替，粮堆的物理形状和生理变化等进行预测。粮油在储藏期间，如带菌量增加，特别是灰绿曲霉和局限曲霉的增加，白曲霉和黄曲霉的出现，以及内部带菌量显著增加等，都可预示储粮微生物的活动加强，储粮稳定性下降，会很快出现发热霉变。另外，储藏期间如出现散落性降低粮粒硬度下降，色泽变暗，原有气味消失，以及出现酒味、霉味等变化时均可作为储粮发热霉变的依据。

（二）发热霉变的预防

预防储粮发热霉变，首先要把好入库质量关，切实做到入库粮油的干、饱、净，严禁"三高粮"入库，增强储粮的抗温变能力，防止虫霉传播感染；严格控制储粮环境的温湿度和氧气等，保持储粮的低温、干燥；完善仓房结构，做好防潮、隔热，严防仓墙、地坪返潮，仓顶漏雨；适时通风密闭，定期检查粮温和水分变化，加强管理。

第六节　粮堆生态系统的应用

一、提供各种储粮方法的理论依据

根据粮堆生态系统的特点和粮堆生态系统中生物与非生物成分之间的关系，可以为制定各种储粮技术提供理论依据。储粮的品质劣变，是粮堆生态系统各种成分相互作用的结果。因而通过调节粮堆生态系统中的主要环境因素，打破有害生物的生态平衡，加强人工调节，是制定储粮措施、保证储粮安全的主要依据和关键。

（一）合理的粮仓结构

粮堆生态系统的范围为粮仓所决定，因此粮堆生态系统的稳定性受仓房结构的影响很大。粮油在储藏过程中的仓房设计，入库粮质要求和环境条件的控制，都是以限制有害生物的生长繁殖、维持储粮微弱的生命活动为准则的。因此，从安全储粮的目的出发，需要建立一个符合人类要求的粮堆生态平衡，既在一定的生态条件下，既能维持储粮本身微弱的生命活动，又能把有害生物的危害限制在最低程度。在结构合理的仓房中，粮堆生态系统受外界不良因素的影响和有害生物的侵袭很小，有利于保持储粮的相对稳定。所以，在储粮中需要有一个合理的仓房结构，仓房既要有较高的密闭、隔热和防潮性能。

（二）为干燥储粮提供理论依据

干燥是粮油安全储藏的基础，是各种储粮方法的重要前提条件。因为水分是粮堆生态系统中的主要环境因素，而粮堆生物体的水分主要来源与粮食，控制粮油水分能有效限制粮堆中各种生物的生命活动，降低能流和物流。因此降低储粮水分，保持储粮干燥，已广泛应用于储粮实践。

（三）为低温储藏提供理论依据

低温储藏是以控制温度作为限制性因子的储藏方法，是以粮堆中各种生物对低温的敏感性为基础。在低温的环境中，各种生物的生命活动均处于较低的水平，因而能有效抑制有害生物的生长发育，保持储粮的新鲜品质。

（四）为通风密闭储藏提供依据

通风密闭是以低温和干燥为基础的。在外界气候有利于储粮时，进行通风，可降温降水；在外界环境不利时，则将储粮与外界相对隔离而进行密闭，以保持储粮的低温和干燥。

（五）为气调储藏提供依据

气调储藏是以调节粮堆生态系统中的气体比例为基础的。通过调节密封粮堆中氧气、氮气和二氧化碳的气体比例，阻止粮堆生物对氧的利用，或根据二氧化碳具有毒害作用，抑制粮堆生物的生命活动，，把粮堆生态系统的能流和物流维持在较低水平，起到抑制有害生物，延缓储粮的品质陈化劣变的作用。

上述各种储粮技术在实践中均有广泛的应用，在选择和制定储粮技术措施时，应从实际情况出发，根据仓房结构、地理位置，季节以及粮种和粮质等具体条件，灵活运用粮堆生态系统的知识，以经济合理、安全有效为原则，将各种储粮方法有机结合应用，从而保证储粮安全。

（六）加强储粮管理

由于粮堆生态系统受人为的影响很大，因此，加强储粮的人工控制和管理，对保持粮堆生态系统的稳定和安全非常重要。如提高入库粮油的质量，合理堆放，加强粮情检测及制度管理等。所以制定和执行合理的仓储管理制度和方法，是使粮堆生态系统长期处于稳定状态的必要措施。

二、利用储粮生态资料预测粮情变化

粮堆生态系统的研究是发展粮油储藏理论和解决储粮实际问题的一项基础工作。它能从根本上阐明粮堆各因子之间的关系，找出影响储粮安全的关键因素，为制定储粮技术提供理论依据。

粮堆生态系统在不同的空间和时间上具有很大差异，每一个具体的粮堆，都存在一些特定的生态条件。因此应定期、定项目检测粮情。检测内容包括粮温、湿度、储粮水分和气体成分等。通过记录、整理和综合分析，可以判定储粮是否稳定。有条件的情况下，还应进行储粮害虫的种群分布和数量调查，微生物区系的变化和粮质检测等，以获得更多、更全面的粮堆生态资料。经过长期积累，形成技术资料，构成较完整的粮堆生态模型，进一步为粮油储藏提供经验和理论依据。

利用粮堆温度、相对湿度和粮油水分等，可以预测粮堆结露、储粮发热霉变、虫害感染及粮油质量的变化情况等。例如，根据粮温、水分或湿度，能预测露点；将粮温与历史同期温度比较，或与相同条件下的其他粮温比较，可判定储粮是否发热。通过对粮堆不同层点害虫种类、数量、温度和水分的定期测定，对比分析全粮堆的害虫年发生动态，，可以了解在不同时期内，害虫的聚集部位，从而能更有效地进行防治和控制。在温湿度与生物种群的作用关系中可以发现，相对湿度90%和温度在20℃～30℃的范围内，各种生物往往可以同时发生和相互作用，出现储粮害虫、微生物和螨类混生的现象。如皮蠹类与曲霉混生，黄粉虫和不完全菌类混生，粉螨类和放线菌、细菌混生等。这是储粮变质的原因之一，，也是科学储粮的重要资料。

由于粮堆生态系统受多种自然因素和人为因素的影响，各因素的稳定性较差，在研究多变量因子的变化和作用时，通常是在大量实验的基础上，利用数理统计的方法，建立数学模型，用电子计算机进行数据分析，将各因子之间的关系进行量化处理，最后进行综合分析，找出影响粮堆的最关键因素，并予以控制。

思考练习题

1. 什么叫粮堆生态系统？组成粮堆生态系统的四要素是什么？
2. 粮堆生态系统有哪些基本特征？各有什么意义？
3. 粮堆生态系统的营养联系和信息联系分别是指什么？在储粮实践中有什么应用？
4. 试述粮堆生态系统中温度和水分变化的规律。
5. 什么叫粮堆结露？其原因是什么？
6. 粮堆结露有哪些类型？怎样预防和处理粮堆结露？如何预测露点？

7. 什么是储粮发热和霉变？其主要原因是什么？

8. 如何鉴别储粮发热？

9. 储粮发热和霉变各有哪些类型？如何处理发热粮？

10. 发热霉变对储粮有哪些影响？

11. 怎样预测和预防储粮发热霉变？

第二篇

储粮技术

第四章 常规储藏技术

第一节　自然通风与常规密闭

一、储粮自然通风

（一）自然通风的概念

自然通风是指打开仓房门窗，利用空气自然对流，将外界干燥、低温的空气与粮堆内湿热空气进行交换，从而降低粮油水分和温度，达到安全储粮的目的。

自然通风不需要什么设备，是一种经济有效的保粮措施．虽然空气交换量少，而且受气候条件的影响较大，有一定的局限性，但操作简便，只要合理运用，抓住有利时机长期连续通风，仍可取得明显效果。

（二）影响自然通风效果的因素

自然通风的效果与温差、风压、仓房类型、堆装方式、粮堆大小、粮堆孔隙度、含杂量等因素有关。一般来说，温差越大（要注意结露），风压越大（要注意不能太大），空气交换量就越多，通风效果越好。仓房结构合理（如门窗对开的房式仓），通风效果好。包装比散装通风效果好。堆小的、孔隙度大的，通风效果好。杂质特别是泥灰等细小杂质含量少的通风效果好。

（三）自然通风的时机

选择通风，最好能达到既降粮温又降水分的目的。若两者不能同时兼顾，尽量争取在不增加粮温的前提下降水；或者在不增加水分的前提下降温。

自然通风是以空气温湿度低于粮温和粮堆的平衡相对湿度为前提的，在一年的季节变化中，春夏气温上升季节，对水分小，粮温低的储粮，应该密闭，对（新收获的）高水分粮，可进行通风。从深秋起气温明显下降，冬季和早春气候寒冷，我国各地的平均气温达到最低点，是自然通风的大好时机。但是，在一天之中或在一段时间内，能否通风，可根据下列原则灵活掌握。

1. 阴雨雪天气，除发热粮外，不宜通风。

2. 仓外温湿度低于粮堆温湿度时，一般可以通风。

3. 仓外温湿度高于粮堆温湿度时，一般不通风。

4. 仓外温度高于粮温，但相对湿度低于粮堆湿度时，除高水分粮外，一般不通风。

5. 仓外温度低于粮温，但相对湿度高于粮堆湿度时，能否通风？可通过以下方法进行判断：

比较仓内外绝对湿度：如果仓外绝对湿度小于粮堆空隙中空气的绝对湿度，可以通风，否则．不宜通风。

比较变化后的粮食相对湿度：由于仓外气体进入粮堆后，其温湿度受粮温的影响而发生变化，所以可应用变化后的湿度与粮食水分的平衡湿度比较，如果变化后的湿度大于粮食水分的平衡湿度时，不能通风，小于粮食水分的平衡湿度时，可以通风。

（四）自然通风的方法

自然通风的方法很多，通常采用的操作方法有：

1. 开启门窗通风

在气温下降季节，或在有利于降低粮温粮湿条件下，可将仓房门窗打开。如果温差过大，要注意防止粮堆结露，这时可采取由少到多的顺序逐渐打开门窗。

2. 利用烟囱效应通风

对于仓底有入风口或粮堆内埋有通风管的仓房，可打开入风口的盖板及上部的入粮口或窗户，利用储粮气流的烟囱效应进行通风。

3. 深翻粮面、开沟扒塘

在打开仓房门窗的同时经常松动、翻动粮面，开沟扒塘，一般每 10 ~ 15 天翻动粮面一次，如温差很大，可 5 天左右翻动一次，否则容易结露。

4. 改变堆型

如将包装粮大垛划分为小垛、实垛改为通风垛，就仓降温，或将包装粮移至仓外通风。

5. 挖心通风降温

在粮堆中央挖坑或放上用苇席等物料做成的直径 1m 左右的围圈，从围圈中把粮食挖出，围圈随之下沉，形成上口大下口小的空筒，利用此处进行通风。

6. 转仓通风降温

利用冬季寒流，使用输送机、溜筛等设备，结合除杂把粮食从一仓转到另一仓进行转仓降温。

7. 在粮堆中埋设通风管道

为了增加粮堆孔隙度，在粮堆中设置通风管或用袋装粮码成通风隧道，进行通风降温。

二、储粮常规密闭

（一）常规密闭及作用

常规密闭指关闭仓房的门窗或用物料压盖粮面，使粮堆内空气相对静止并与外界隔绝的一般性密闭措施，只要求起到保温隔湿防虫的作用，并不要求达到气密的程度。

1. 保温：减少外界温度对粮温的影响，保持一定时期的高温或低温状态，以提高储粮的稳定性。

2. 隔湿：在密闭条件下，减少或隔绝潮湿空气与储粮接触，避免粮食吸湿返潮，保持粮食干燥。

3. 防虫：压盖粮面密闭能减轻外界害虫感染，阻止粮堆内蛾类羽化后在粮面交尾产卵。高温或低温密闭，还具有防治害虫的作用。

（二）常规密闭的要求

1. 对粮油品质的要求

储粮的水分应在安全标准之内，基本无虫，含杂量少，粮堆各部位水分、温度基本一致，各层温差较小。

2. 对仓房的要求

要求仓房门窗结构严密，关闭时能符合密封的要求，仓顶不漏雨，有较好的隔热性能，地坪和仓墙完好并有防潮层以免外界湿空气侵入，使仓内湿度增高。仓房入粮前要进行清洁消毒。

（三）常规密闭的方法

1. 全仓密闭

全仓密闭是把全仓作为一个储粮整体进行密闭，因此，要求仓房具有较好的密闭性能。一般的方法是将仓房的门窗及透气的缝隙用木条、水泥、桐油石灰、塑料薄膜、防潮纸等密封。对于经常出入的门，要设置双层门，里边密闭门上再开一个小门，仅供检查人员出入，以减少湿热空气侵入。

2. 塑料薄膜密闭

对于密闭性能较差的仓房，可在粮面上覆盖塑料薄膜，能起到较好的防潮作用。将粮堆用塑料薄膜进行一面、五面或六面密封，以防储粮吸湿返潮。

3. 粮面压盖密闭

利用适当的压盖物料将粮堆表面覆盖起来，能防止粮粒内羽化出来的蛾类成虫在粮堆表面交尾产卵等活动，对其他害虫能有效地限制其入侵粮堆繁殖危害。对高温粮或低温粮压盖，能起到增强保温效果的作用。此外，还能有效地防止粮食吸湿，从而提高储藏稳定性。

（1）压盖物料：压盖物料本身要干燥、无虫，而且不能与粮食直接接触，以免混杂进入粮堆内，增加清理工作的困难。压盖物料的选择应本着因地制宜，就地取材，使用方便，费用节省的原则。稻壳、大糠、河沙、草包、芦席、干砖、生石灰、蛭石粉或膨胀珍珠岩粉等都是可用的材料。

（2）压盖时间的选择：为控制粮温升高的压盖一般在冬末春初粮温较低的情况下进行。为防止蛾类害虫繁殖危害的压盖应在第一代成虫羽化前进行。为高温密闭杀虫的压盖，应在热粮入仓结束后随即进行。

（3）操作方法：先平整粮面，如用散装物料压盖，要铺垫薄膜、芦席、麻袋片或其他隔离物，压盖厚度视压盖物而异。用包装物料压盖时，干沙用旧面袋，稻壳、麦糠用旧麻袋装，都装至半满至2/3，一般可压两层，互相错缝。用膨胀珍珠岩粉压盖时，要先在粮面铺一层薄膜，压盖厚度一般20cm左右。压盖时要做到平、紧、密、实，严防凹凸缝洞。

第二节　露天储藏

一、露天储粮的特点

由于露天储粮直接暴露在大气中，受外温外湿等环境条件的影响较大，存在许多不利于粮油安全的因素，容易漏雨、吸湿、结露、感染虫害及受鼠雀害，不利于防火、防潮、防霉（虫）、防鼠，粮食安全储藏难度较大，因此露天储粮不管从技术还是从管理上，都要比粮仓储粮难度大。

二、露天储粮的方法

（一）露天囤、垛

1．堆基

露天储粮的堆基，即露天储粮的地坪，是用于储存粮食的基础。堆基的好坏，直接影响露天储粮安全。

（1）堆基的性能：堆基应具备防积水、防潮、防鼠、防虫等性能。

（2）堆基的类型：堆基的大小和形状，随各地区使用情况不同而定。一般来说，圆形堆基和用于散装储粮的方形堆基宜小一些，用于包装储粮的方形堆基可大一些。

根据使用材料不同堆基可分为：

砖石堆基：将建堆基的场地平整整实，按所需尺寸，用砖石水泥砌筑，高度不低于40cm。铺设防潮层，做水泥面层。

砖围土心堆基：平整夯实场地，按所需尺寸，四周用砖和水泥砌筑围墙，墙高40cm以上，墙内空间填土或碎砖石夯实，铺设防潮层，做水泥面层。

移动堆基：建堆基时夯实平整场地，将长1m左右，高40cm的砼预制块拼接成围墙，用水泥砂浆抹缝，围墙内填土夯实。铺设防潮层，做水泥面层。也有用带脚砼板或枕木竹笆铺成垛基，上铺油毡和薄膜。

防鼠高底脚堆基：平整夯实场地，四周按所需尺寸用砖砌筑 80cm 高的围墙、砌筑砖石或填土夯实，铺设防潮层，做水泥面层。

包装散装两用堆基：先在选好的场地上按要求建造 40cm 高的长方形堆基，再在建好的堆基上按所需直径建若干个圆形堆基，高于平台 10cm，这种堆基平时用于做囤散装或包打围散装，调粮装包时可就地做包装粮堆基。

堆基风道设置：堆基风道应在建造堆基时一次完成。圆形堆基，按半径长度设置“一”字形通风地槽。方形堆基，按空气通过粮层的最长途径与最短途径之比在 1.5∶1 左右，单程长度不超过 20m，设置“一”字型、“二”字型、“井”字型、“Y”字型或“土”字型通风地槽。

2. 堆装

（1）做囤散装：堆装形状为圆形，主要用于圆形硬底堆基，一般堆高 7.5m 左右，其中地面至檐口高 4m 左右，为圆柱形。檐口至顶高 3.5m 左右，为圆锥形。根据使用材料不同分为：折囤（多采用“花盆式宝塔顶”的囤型）、草包囤、竹围囤、简便竹围囤、纤维板囤、聚丙烯露囤。见图 4-1。

（2）围包散装：用麻袋装粮围包一般宽度 4m，全高 5m，檐下 2.5m，起脊坡度不少于 50°，长度不限。见图 4-2。

（3）包装堆放：先做垫底，然后按实垛堆法进行堆垛，至一定高度后在垛两边的包各向内收半包，起脊坡度一般大于 45°。见图 4-3。

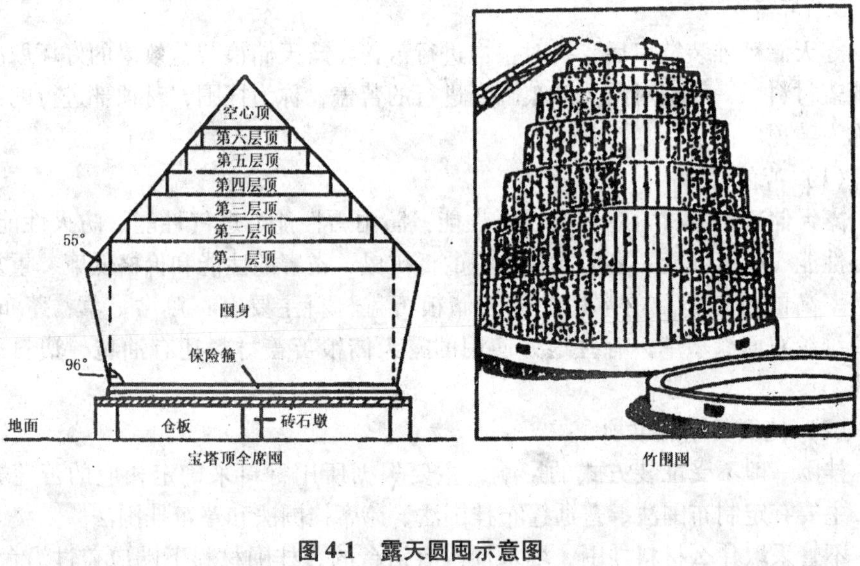

图 4-1　露天圆囤示意图

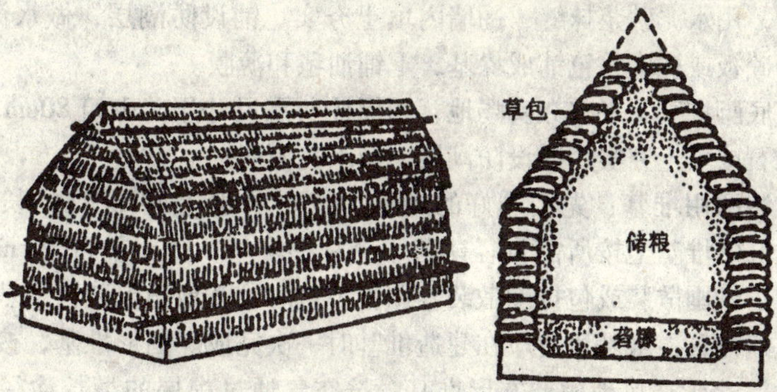

图 4-2 露天围包散装堆放示意图

图 4-3 露天包装通风垛示意图

3. 苫盖

露天储粮堆装结束后，要对粮堆进行苫盖。露天储粮苫盖效果的好坏取决于苫盖材料。一般把对露天储粮囤身进行的苫盖，称为挂围，对顶部进行的苫盖称为苫顶。

（1）苫盖材料

露天储粮苫盖材料应具有以下性能：防雨雪性能、透气性能、防火性能、隔温性能、防风性能、还应具备较好的抵抗鼠、雀害的性能和价格低廉、重复利用率高的特点。目前常用的露天储粮苫盖材料主要有：芦席、草、蓬布、PVC 维纶双面涂塑革，有些地方使用的露天储粮苫盖材料还有油毡、塑料薄膜等。

（2）挂围及注意事项

挂围一般不受堆装方式的影响，主要根据所用材料来确定相应的苫盖方法。主要有定制布围法、普通篷布挂围法、芦席挂围法和草帘挂围法。

不管采取什么材料挂围，堆基周围有沿台的，挂围材料下端应盖过沿台，堆基周围无沿台的，其下部须盖住堆基 10cm 左右，以防雨水进入堆基边缘。

挂围材料不宜挂得过低，如拖在地面，易于藏鼠，不利于清扫，也使地面湿气不能及时晾晒并浸入挂围材料内部。

芦席具有一定的伸缩能力，挂在粮堆上一段时间后会自然下垂。用芦席挂围时，下端席头应整齐。离地面可适当高一些，能盖过沿台或堆基即可。这样，当挂席下垂后，盖住堆基部分自然达到10cm左右，如下垂严重，拖向地面，要及时调整上提。

如遇连续阴雨，应在天气晴好，地面晒干后及时将堆围下部撑起进行晾晒，以散发堆体的湿气。

（3）苫顶及注意事项

露天储粮苫顶，可在粮面上直接进行，但有易结露、隔温性差、粮情检测不方便、不易熏蒸施药等弊端。可先把粮面架空然后进行苫盖，但有苫顶不方便、耗费材料多、增加费用等弊端。在实际应用中，应根据情况选用，见图4-4。

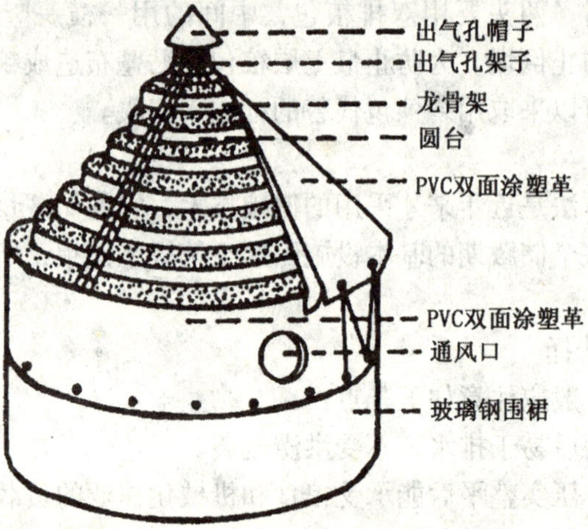

图4-4 露天围架空苫顶示意

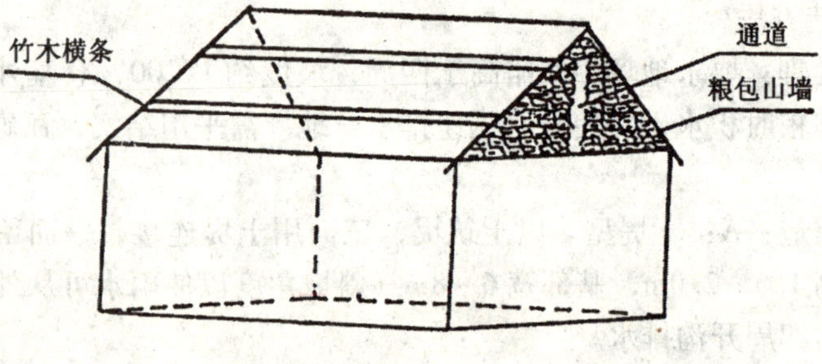

图4-5 粮包堆山墙架空示意图

在实际应用中，应根据情况选用。粮面苫顶主要有篷布苫顶法、芦苇苫顶法、草（散草、草帘）苫顶法。架空苫顶主要有房架型（方型垛基）苫顶法（见图4-5）、糠包（圆型垛基）苫顶法。

不论采用何种材料和何种方式苫顶，露天储粮堆顶端到檐口都必顶保持45°以上坡度。坡面应保持平整光滑，中间不得有凹陷处，檐口四周更不得上翘成翘檐，如苫顶时出现上述问题，应在相关部位填粮补齐或用物料撑起后再进行苫盖。

作防护层或架空使用的各种物料和砻糠，在使用前应晒干并进行消毒除虫，防止害虫感染粮堆。

用稻草苫盖时，堆顶用灰泥泥住的部分透气性能差，易形成结露。因此，在封顶时最好先在顶尖粮面铺一层砻糠后再苫草盖泥。

露天储粮苫顶系高空作业，操作中要注意人身安全，架空措施要安全牢固。用包码山墙时，两头要用双排粮包，中间的用一横一竖粮包相互骑缝堆码，压紧压实，防止倒塌。为防止最上层粮包紧贴蓬布造成粮食结露或受高温影响引起变质，可以采取用砻糠包代替的办法来解决。

（二）土堤仓

土堤仓储粮方法是近年来才采用的储粮技术，它的储藏量很大，建仓投资少，设施简便，整个储藏期的基本设施因用土筑堤来储粮，所以称为土堤仓。

1. 建造原则

（1）仓址的选择

仓址的选择一般应注意如下几点：

①地势高，雨后易于排水，不受洪涝侵袭。

②土质坚实，压实整平后能承受粮食和机械化作业的负载。

③交通便利，便于机械化作业，能正常运转，粮食集散方便。

④具备一定的防盗防火条件。

⑤具备熏蒸及其他杀虫技术的应用条件。

（2）建造方法

①地坪处理：要求地坪中间略高于四周，坡度约1∶200，仓基外围须挖排水沟，以防储粮时积水，并使雨后迅速排水，地坪需平坦结实，瓦砾垃圾清除干净。

②仓基建造：A：土堤型。以土筑堤，三面用土堤连接，一面留出便于装粮。土堤坡高1.5～2.0m，基部宽6～8m，斜坡角度以使雨水可从外侧流出为好。土堤外边四周开沟排水。

B：预制挡板型。将钢筋混凝土预制构件连接起来取代土堤。预制构件长3.5m，底座宽1.2m，挡板高0.8m，厚0.1～0.14m，挡板上部外侧有一凹槽，槽口下边有两个供固定防水蓬布用的螺栓孔，底座外侧有三个孔，用以安装地脚螺钉使挡板固定在地面上，也可用水泥挡板构件，见图4-6。预制挡板型土堤仓蓬布四周的压边方法见图4-7所示。

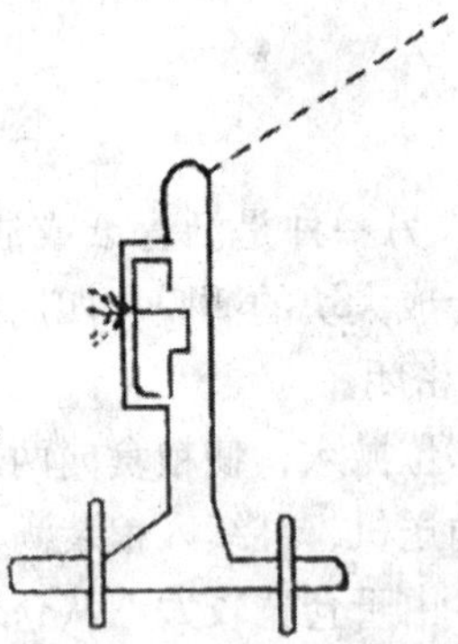

图4-6　水泥挡板的安装示意图

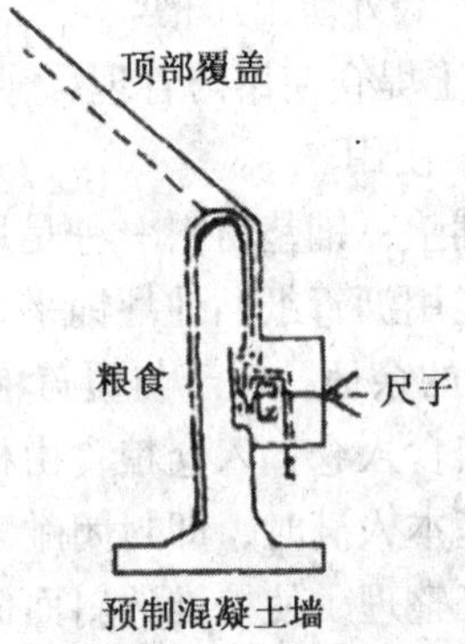

图4-7　预制挡板仓篷布的压边示意图

C：A字框架型。框架由三根槽钢或三块方木连接而成，用槽钢制造的A字框架，可将支柱随时放下，使斜边与底边合拢，便于不使用时搬运存放，见图4-8。使用时，将活动支架支起，使斜边与底边成40°夹角，再在框架的斜边上安装波纹钢板形成挡板，钢板厚0.5～1.0mm，长1.8m，宽0.9m，用密封材料封好接缝处，即可装粮。A字型框架仓篷布的压边见图4-9。

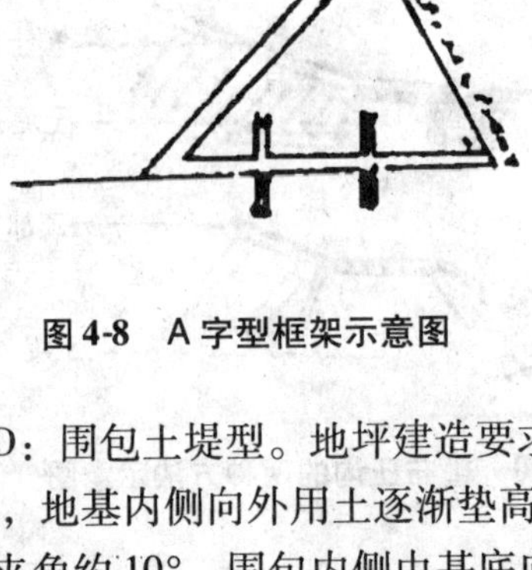

图4-8　A字型框架示意图

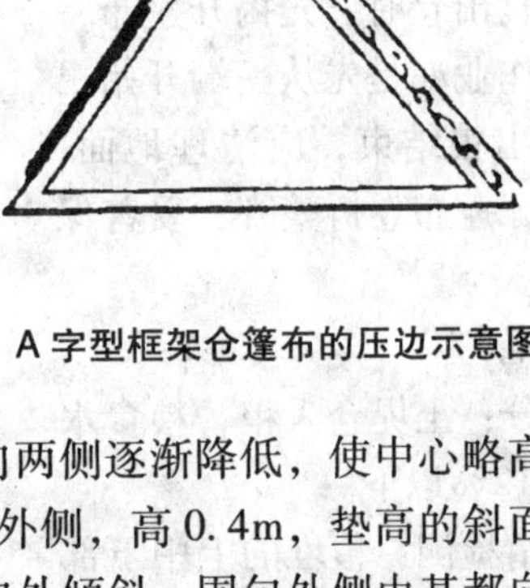

图4-9　A字型框架仓篷布的压边示意图

D：围包土堤型。地坪建造要求中间向两侧逐渐降低，使中心略高于两侧0.3m，地基内侧向外用土逐渐垫高至围包外侧，高0.4m，垫高的斜面与地面水平夹角约10°，围包内侧由基底向上略向外倾斜，围包外侧由基都向上略向内倾斜，两边倾斜度为25°~30°，围包地坪修筑成长方形，基础的宽度取决于围包的高度，如围包高为2m，其基础宽为3m，围堤顶部以23°角向上倾斜。

E：砖墙型。是在地坪上用砖砌墙，墙厚两砖能承受粮食侧压力，墙高≤80cm，墙外留出压槽。

2. 土堤仓使用与管理

（1）使用

①铺垫：铺垫材料一种是用聚氯乙烯塑料薄膜，另一种是沥青纸或油毡，亦可以先用沥青纸贴地坪铺平，再在上面铺预先热合成大块的薄膜，四周要留约1.5m的余地，便于与覆盖粮面的蓬布叠合并压沟密闭。

②粮食入仓：入仓粮食由机械从仓外向仓中心部位抛入，使粮食向两边散落，待基本入满时，即封闭敞开一端的土堤，后退输送机，继续入粮装满，最后经人工整理，使粮堆的斜面成平整的斜面。现在，由于仓宽较大，从仓外向仓中心部位抛入粮食，达不到入粮高度，需采用两台输送机联合作业，一台推至粮堆上，一台在仓内地坪上，运粮车也需进入仓内，对地坪的破坏较大，所以，入粮时对地坪要边入粮边平整边铺垫。

③苫盖：顶部覆盖采用尼龙双面涂塑防水蓬布，由喷涂紫外线防护层的聚氯乙烯、聚醋酸乙烯复合而成，厚度约0.5~1mm，可整幅成卷出厂，幅宽2m，长50~100m，事先按土堤仓长宽度设计与厂家订合同生产。这种覆盖材料防水，防风抗拉强度及防鼠性能良好。能达到密闭效果。

覆盖好粮堆是土堤仓储粮成败关键。覆盖时，先将蓬布一端向敞开的土堤一端逐渐拉开。盖好一块，衔接下一块，搭接处要折叠好，用手提式缝纫机缝牢，在缝针处用毛刷涂布一层聚氯乙烯塑胶或丙烯酸涂料，使缝纫机针孔密封，直至全部覆盖好，将粮面覆盖的防水蓬布边缘与衬底的塑料薄膜紧密重合，压入四周沟内，外边延伸到排水沟外，再在沟内压入长60cm直径15cm的塑料沙袋，紧固防水蓬布。见图4-10。

④粮食出仓时，先揭开蓬布一端，机械作业亦是先从一端开始出粮，每次出粮结束，应清理地面，扫净粮食，蓬布卷折整齐，妥善保管，备用。

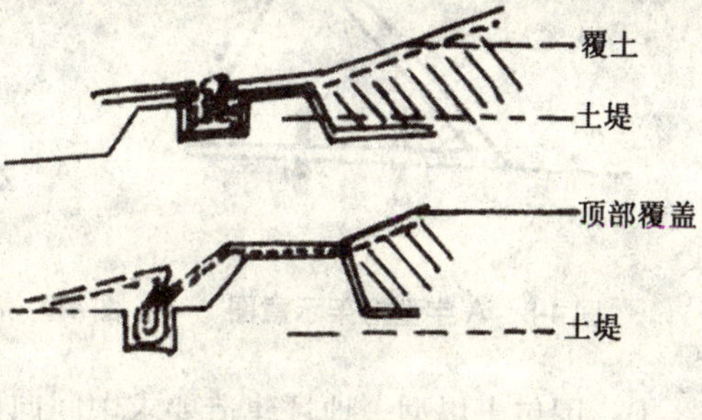

图4-10 篷布压沟的两种方法示意图

（2）管理

①水分：土堤仓入粮，粮食水分要求在12%以下。

②粮情检测：粮堆的上中下部布置测温测气点并设若干取样点，以定期测定粮食水分，测温导线集中仓外，

用微机遥测判断粮情，检测位置见图 4-11。

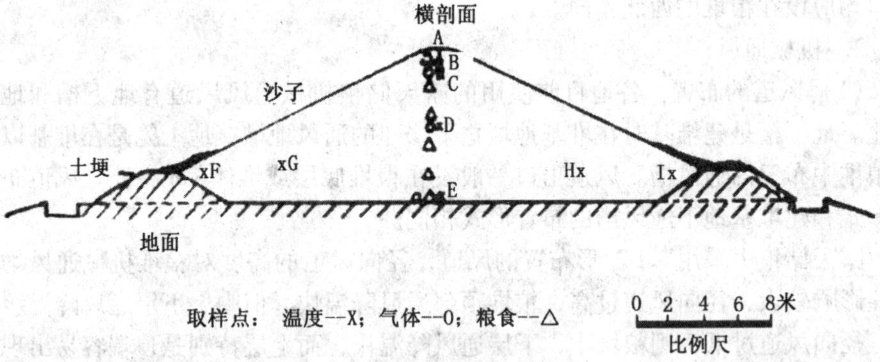

图 4-11　土堤仓检测位置示意图

③查结露：土堤仓内外温差很大，特别是秋冬之交，需要密切注意表层结露，一旦发现表层局部水分增加，即是局部结露。可揭开蓬布，进行散湿处理或翻动粮面或局部晾晒。当降至安全水分时即可覆盖蓬布。

④虫害处理：发现上层有虫，可在蓬布下纵向预埋几条牵引绳，用牵引法将药剂施人粮堆表层，如果是局部生虫，则采用蓬布开口，用探管局部熏蒸处理，以磷化铝用药量 $12g/m^3$ 剂量进行熏杀，效果可达 100%，应注意蓬布开口后，应及时补片粘补。

⑤鼠害防治：在土堤仓的四周用超声波驱鼠、电子扑鼠或磷化锌毒饵捕杀。用电子扑鼠时，通电时间以晚上为好。

三、露天储粮的通风与密闭

（一）露天储粮通风技术

1. 自然通风

（1）拆除粮堆上的所有苫盖物。通过拆顶，剥围，放裙，将苫顶挂围材料和防鼠裙全部拆去，深翻粮面，加速堆内空气交换，促使堆内粮温下降。

（2）在粮堆内设置通风道，在包装堆高到 1m 左右时，在粮堆上拉二条直线，间距 40 ~ 50cm，在直线两边用包堆码，高度 70cm 左右，上面横盖粮包做为过桥，包间缝隙用废袋堵塞以免散装粮食漏下堵塞通风道，风道在码成后继续进粮到所需高度为止。

在围包散装或做囤散装的粮堆中埋设直径 35cm 左右，每节长 2 米左右的竹笼。或用竹、木钉制成等腰三角形，边长 40cm 左右，每节长 2m 左右的三角架，上盖芦席片．草包片或废旧麻袋片。

通风道在粮堆中的设置形式，可随粮堆的形状和尺寸选定。方形粮垛一般按 3 ~ 4m 的距离设一道，横设纵设或设成“十”字形、“土”字形、“井”字形等均可。圆形粮囤按“十”字形设置，不论何种形式的风道，水平风道的出口均应设在粮堆的西北方向。

2. 机械通风

（1）风道的布置：各地目前使用的露天储粮机械通风风道有地下槽和地上笼。地下槽是建堆基时在堆基地坪之下修建的通风地槽。地上笼是在堆基以上粮堆中布置的通风槽。风道出口一般设在粮堆底层或堆体1m高处。风道布置形式和建堆基地下通风槽的布置形式相同。

露天储粮中采用”L”形布置的风道，径向风道的高度对粮堆机械通风均匀性影响较大，径向风道过高，粮堆顶部通风降温快，但中、下层通风降温缓慢；径向风道过低，则粮堆中、下层通风降温快，而上层特别是顶端容易出现死角，通过试验表明，径向风道的高度（当粮堆顶部到檐口坡度在45°~55°之间时）其通路比按小于1.5确定，整个粮堆机械通风降温均匀性较好（径向风道高度=粮堆高度-堆底半径）

（2）风机的选用：露天储粮进行机械通风，一般情况下，选用低压轴流风机就可满足需要。

（3）通风时机和通风方式的选择：露天储粮采用压入式和吸出式通风均可，对发热粮油的处理，只要粮温和气温的温差符合通风要求（一般在10℃以上），可随时通风。对过夏以后粮温偏高的储粮或早秋收储、原始粮温偏高的储粮，采取2~3次间歇通风。中、晚秋新收储的粮油，抓住寒冷天气，一次性开机将粮温降至5℃以下。

（二）露天储粮密闭应解决的问题

（1）防风防雨：露天密闭储粮首先要保证密封不漏雨，并有一定的防风能力使密封材料不会被风吹开。

（2）防鼠：露天密闭储粮绝对不能有鼠害，否则，会咬破密闭材料造成漏雨漏气。

（3）通风：露天储粮受气温直接影响，气温经常发生骤冷骤热变化，容易造成粮堆内外温差，出现这种情况，需要随时对粮堆温度进行短时间调节，在气温下降季节，密闭储藏的粮食也需要及时通风散温散湿以防粮堆结露。因此，不具备良好通风条件的一般也不宜密闭。

（4）隔温：主要作用是在气温突变时减少温差，防止结露，并减少夏季高温对储粮品质的影响。

（5）检查：露天密闭储藏要同时配套解决粮情检查措施，有关部位，要启封容易，检查方便。

（6）施药：在密闭粮堆的同时，要有合适的施药方法，在很短的时间内完成化学药剂的投放。为确保安全，化学药剂最好全部投放在粮堆里边。

四、露天储粮管理

露天储粮的技术关键是抓好“四防一管”，即防潮（风雨）、防火、防结露（霉变）、防鼠（虫），并加强管理，确保储粮安全。

（一）露天储粮的防火管理

露天储粮火灾具有突发性，扩展快，持续燃烧时间长及损失严重等特点。因此，对露天储粮要重点采取以下防范措施：

（1）严格控制明火。

（2）使用磷化铝熏蒸露天堆，要严格按照操作规程进行，不得随意扩大用药剂量，严防自燃起火。

（3）露天储粮要避开高压用电线路。

（4）久旱无雨天气，可定期用消防泵以雾状对露天储粮苫盖材料喷水，湿润表层，以增强防火性能。

（5）加强值班、巡查。

（6）露天储粮区域必须配备齐消防器材，配备足够的消防用水和用沙。

（二）露天储粮的防潮管理

为减少露天储粮受洪汛的危害，应采取以下预防和抢救措施：

（1）江河沿岸和行蓄洪区内汛点粮站的露天储粮，应在汛期到来之前，有计划地提前安排与转移。

（2）洪汛点的露天储粮场地要选择在站库院内地势较高的地方。采用高底脚堆基，使堆基外围墙裙距地面高度80cm以上。同时采用二油一毡提高堆基的防潮性能，墙裙内外及堆基表层全部用水泥搪抹，洪汛发生时，及时封闭风道口和漏水孔。

（3）露天储粮区域要开挖排水沟渠并保持畅通。

（4）遇紧急情况，其他方法一时难以奏效的，可采用熏蒸帐幕将粮堆罩上，帐幕底部嵌紧于堆基上的压膜槽内或是用土袋等压紧封闭，这样能有效地减轻水害，减少损失。

（5）大雪过后，要及时清除露天储粮囤、垛上及四周的积雪。

（三）防结露

防止露天储粮结露可采取以下措施：

（1）揭掀幕布通风，降低储粮内部温度。

（2）经常翻动粮面散发湿热。

（3）增强苫覆盖，防止粮食受潮和温度剧变，消除结露层。

（4）及时对露点温度预测。

（5）底层结露，应翻倒垛、囤或干燥、通风。一般情况下，水分愈高，露点温度愈高，发生结露温差愈小。

（四）防鼠、虫

1. 露天储粮防鼠的方法

（1）改变露天储粮的堆基，以减少老鼠栖身危害的条件。

（2）硬化露天储粮区地坪。

（3）增设防鼠墙或挡鼠板，亦可用捕鼠板，电猫。切实可行的是在垛囤基底部筑1m高的固定光滑面。

（4）其他防鼠方法，如堵塞鼠洞、断绝水源、搞好卫生。

2. 露天储粮害虫防治的方法

（1）检疫防治。

（2）习性防治；利用害虫的生活习性，采取相应的有效防治方法，诱杀储粮害虫。

（3）清洁卫生防治。

（4）温控防治，温控防治主要是以高温、低温，结合压盖等方法破坏害虫的生理机能和繁殖能力，以达到露天储粮杀虫的目的。

（5）机械除虫，机械除虫的原理是根据粮粒的物理性状、机械性能以及害虫的形态、生理和生物学特征等综合因素，利用各种机械运动，把粮食中的害虫、杂质等有效的分离出来。

（6）化学防治，用一定的杀虫药剂，采用各种方法，将药剂直接或间接地作用（接触）于害虫体躯，或散布在害虫的食物，栖息场所等，然后通过害虫取食及各种活动，使药剂进入虫体，从而造成害虫生理生化上的变化，导致害虫中毒死亡。

第三节 地下仓储藏

一、地下仓储粮的原理

（一）地下仓的低温效应

1. 地下低温效应

土壤为热的不良导体，导热系数约为0.138w/m.K，所以干土层也是一种隔热材料。由于土层的隔热作用，大气温度的变化将随地下仓入土深度的增加而骤减，即地层愈深，地温愈恒定。据测定，地层深度在16m深处的地温，年变化幅度仅0.1℃，称为地温不变层。地温不变层的实际温度称为当地的地下恒温值，地温不变层的温度不仅与地层深度有关，而且与所处地的纬度和土质有密切关系。

2. 地温与地理纬度有关

我国北方纬度高，地下恒温值低，南部纬度低，地下恒温值高，在我国，大致可以这样划分纬度温区：纬度 27 度以下为低纬度常温区，地下仓恒温值在 21℃以上；纬度 27 ~ 37 度为中纬度准低温区，地下仓恒温值在 16 ~ 20℃；纬度 37 度以上为高纬度低温区，地下恒温值在 15℃以下。

（二）地下仓低湿效应

在黄土高原地区所建造的土洞仓，由于地下水位低、气候干旱、土质干燥，施工时采用干石、干墙及防潮层，使仓体也保持干燥，仓内常年能保持 40% ~ 50% 的相对湿度，石洞仓常地处沿海或岛屿等潮湿地区，应采取有效的防潮与散湿措施，才能使仓内湿度常年稳定在 63% ~ 66%。

（三）密闭性能

地下仓只有一个入粮口和一个出粮口，温度湿度气体成分几乎不受外界的影响，形成了一个相对密封的小气候环境，密闭性能良好。

二、地下仓的类型

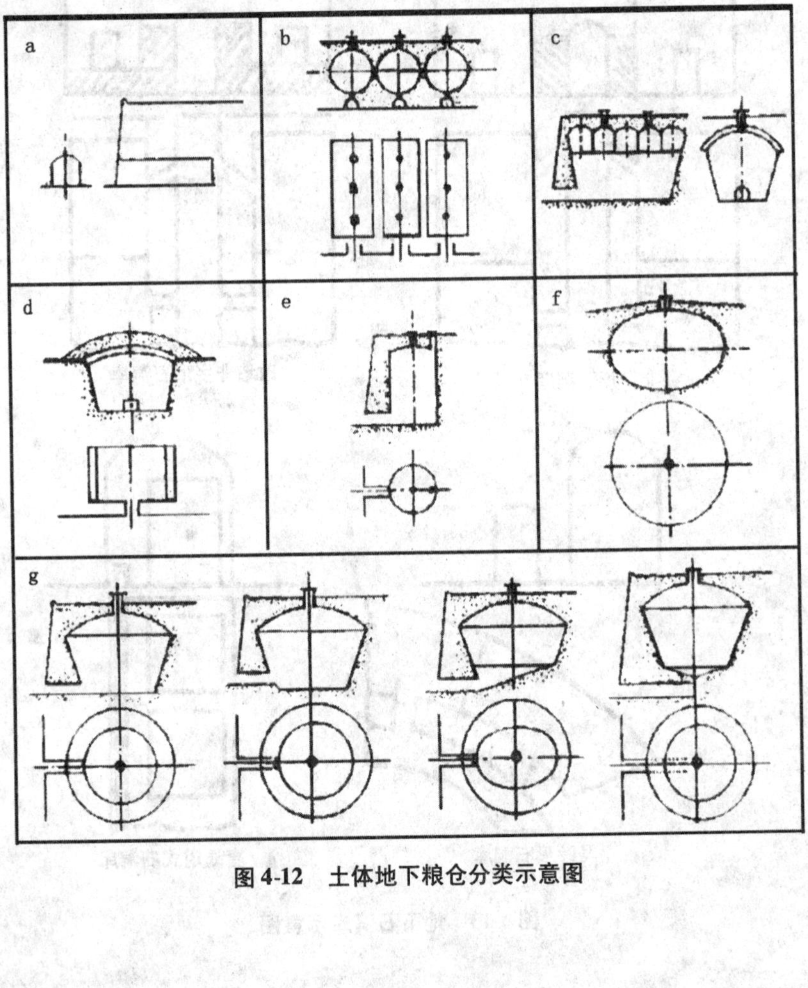

图 4-12　土体地下粮仓分类示意图

（一）土体地下仓

地下仓根据地域地质结构等差异，有多种类型，可概括为土体地下仓和岩体地下仓两大类。

土体地下仓又称为土洞仓，主要兴建在土层厚、土壤坚硬、地质结构稳定、地形有利和地下水位较低的地区，其布置形式可分为卧式和立式布置两种。图4-12a、b、c、d、e为卧式土体地下仓，图4-12f、g为立式土体地下仓。

（二）岩体地下仓

岩体地下仓又称岩洞或石洞仓，建造于山体宽厚、石质坚固、无裂缝、不渗水，交通便利的地区。根据岩体情况，石洞仓又分为直通道式、直通多室式（常称它为非字形或马蹄形）石洞仓，见图4-13。

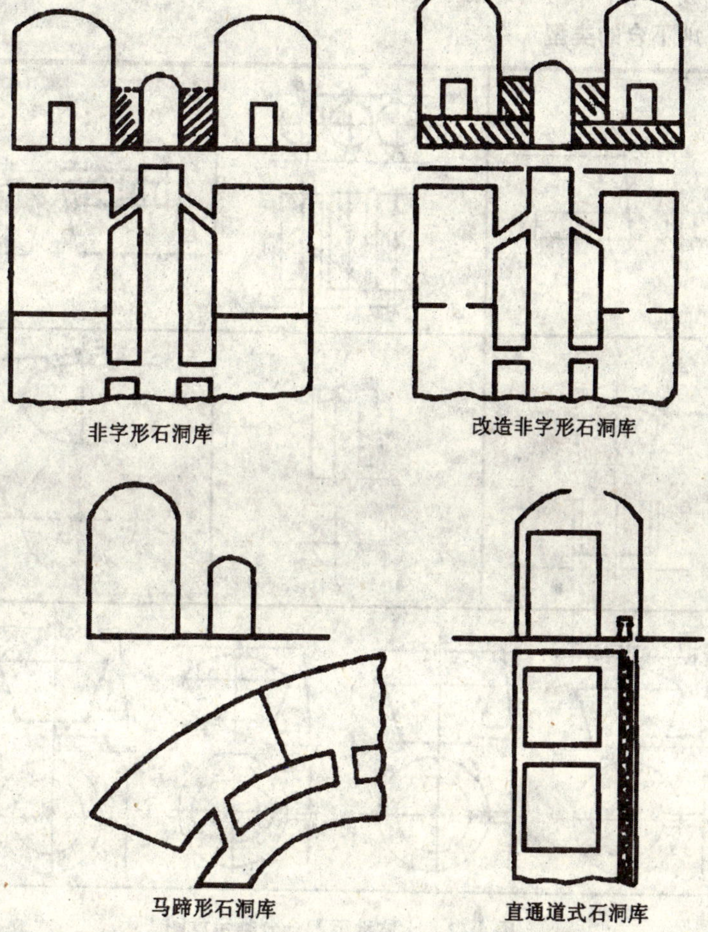

图4-13　地下石洞库示意图

三、地下仓的建造

（一）地下仓的库址选择应考虑的因素

（1）库址所在地要有充足的粮源，规模适当防止有仓无粮。

（2）车辆能直接到达仓库人粮地段，降低运输费用，减轻劳动强度，提高工作效率。

（3）土体地下仓适于选择在土层较厚的冲沟、丘陵、山地、缓坡平地等地形。

（4）岩体石洞仓一般选择山体宽厚、石质坚固均匀、无岩口破碎带的地点建仓。

（二）地下仓的建造要求

1. 土体地下仓

目前建造的土体地下仓以喇叭仓型为主，它的结构包括仓顶，环形基座、仓身和仓底四部分，见图4-14。

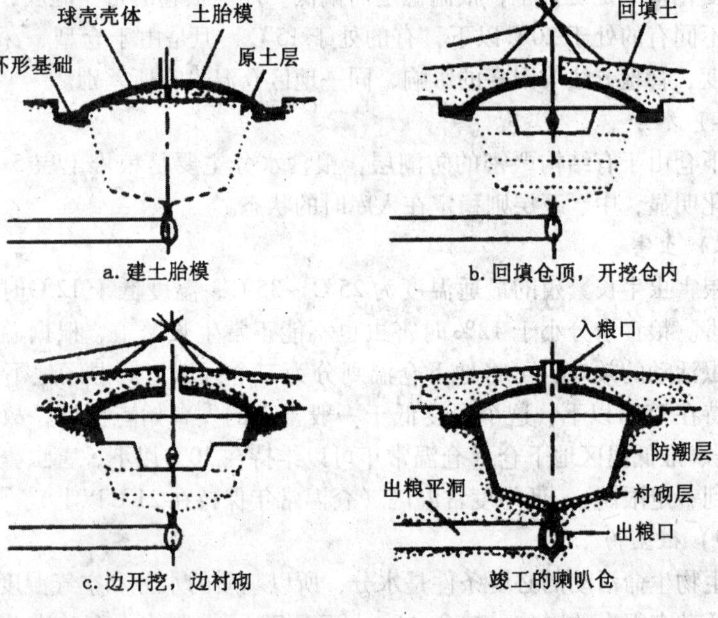

图4-14 喇叭形土体地下仓施工示意图

建造时先建仓顶，然后建仓身，最后建造地坪。喇叭仓在施工时，是使用土胎模法砌筑仓顶壳体，然后利用土体的自稳能力采用边开挖，边衬砌，由外向内、由上到下的施工方式。施工时，首先控制球壳壳体，在土胎模周围砌环形基础，再在球壳模内开挖土层回填仓顶，从仓顶入粮口处打一直井到仓底与底部出粮口打通，挖掉球壳里的土，对球壳进行修补，边整修，边砌仓壁，最后建造仓底。防潮处理是地下仓质量的关键，壳体防潮层是用于砖蘸热沥青后紧贴在砂浆球壳砌体上，仓身防潮层有直接用二油一毡或三油二毡贴仓壁。

2. 石洞库

岩体地下仓的施工，与一般隧道施工方法基本相似，平窖洞库是先在岩石上挖出一个隧道，然后从侧通道向两边分枝，通入两边的库区，当整体挖好之后，进行浇砌仓壁和仓顶，砌体与岩石往往留有一定的间隙，它的防潮处理采用的是外排外防形式。仓内所有与外界连通的孔道都必须设置密闭门，照明电器安装时须注意不能破坏防潮密闭性能，并防止外界空气进入造成温差引起仓壁与粮面的结露。

四，地下仓储粮的性能

（一）粮温

地下仓由于有顶部覆土层的保护，所以粮温变化幅度比房式仓小得多。地下粮温变化特点是变幅小，粮温稳定而偏低。地下粮仓的常年温度，根据各地区纬度不同有的处于20℃以下，有的处于15℃。但是由于仓型、深度、壳顶覆土厚度、管理方法等因素的影响，同一地区仓温也有所差别。

（二）水分

地下仓由于有结构严密的防潮层，粮食水分主要是粮堆上层5～30cm之间的变化明显，中、下层则稳定在入库时的状态。

（三）虫害

储粮害虫生长繁殖的最适温度为25℃～35℃，温度低于12℃时一般不能繁殖危害。粮食水分小于12%时害虫也不能正常生长繁殖，根据温度水分对储粮害虫活动的效应，可将地下仓温划分为三个区域：低温区地下仓（仓温常年维持在15℃以下，这个温度低于一般害虫的发育始点温度，故能有效抑制虫害）、准低温区地下仓（仓温常年可以维持在20℃以下，害虫繁殖和虫种范围受到一定限制）、低纬度常温区（仓温常年保持在21℃以上）。

（四）微生物

微生物生命活动的必要条件是水分，所以基质的水分和空气湿度对微生物的生命活动有很大的影响。粮食AW小于0.70可抑制绝大多数霉菌孢子的萌发。温度对微生物的生长繁殖及存活也有极重要的作用。各种微生物只能在一定的温度范围内生长，在适应的范围内可分为三个温度基点：即最低温度、最适温度和最高温度。粮堆温度从-10℃到70℃左右都是微生物生长范围，但温度在20℃～40℃之间是大多数微生物生长的适宜温度，我国中纬和高纬度地区的地下仓温一般保持在20℃以下，湿度常年可以维持在70%以下。不论从温度或是湿度，都不适宜大量霉菌的生长繁殖。

五、地下仓的储粮管理

（一）粮食入库

地下仓储粮是以低温密闭方式为主，要求入库粮食达到干、净、饱、无虫。从低温储粮角度出发，一般以冬季冷入库为好，也可采用夏季热入库到冬季通风降温的热入冷储的方式。

（二）隔热

土体地下仓温度的高低与仓顶覆土厚度有直接关系。一般要求，在球壳中心最薄处不少于1m，周围随球壳矢高和直径的变化而变化。球壳直径越大、覆土层越厚，仓内温度受外温影响就越小，对储粮越有利。

地下石洞库的仓顶有少则数十米，多则几十米至上百米的岩石，太阳的辐射热不能从仓顶传入库内，所以石洞库的隔热主要在于仓门，通常石洞库有两至三道仓门，最里面一道仓门用泡沫塑料或其他隔热材料制成，基本隔绝外界气温对仓温的影响。同时在隔热材料的外围，包上一层防水材料，隔绝外界湿度的影响，从而保证了地下石洞库的温度常年处于稳定的状态。

（三）通风与密闭

地下储粮以密闭为主，每年除12月至3月（因地因库制宜）可以选择低温干燥的大风天气通风以降低库内温湿度外，其他季节或平时均应密闭，特别是6~9月份，必须严格密闭。

石洞库储粮通风时应注意温差、风向和风力。温差过大通风可能造成结露。据一般经验，夏季温差超过7℃、冬季温差超过15℃就有结露的可能。通风时风向一般以西北风和北风为好，因为西北风比较干燥。石洞库储粮主要管理手段是防止粮堆温差过高时发生结露，在夏季用塑料薄膜密闭粮堆就是石洞库安全储粮的方法之一。

（四）粮情检查

地下仓粮情的检查时间，尽量选择在不增加温度湿度的情况下进行，特别是夏季要注意防止检查时气温影响仓温和粮温，造成温差过大而产生结露。检查时要尽量做到仓门随开随关，否则在夏季常会发现顶盖仓口开的时间过长，形成结露和增加水分。

为了减少进仓次数，降低劳动强度，目前，不少地下粮库都安装了测温测湿装置，定期测温测湿，全面掌握粮情，做到胸中有数，有时还需要测定气体成分。

检查部位一般以粮堆表层、仓壁边部、挡粮板周围、入粮口、拱角为重点，这些部位储粮水分易升高，也是仓虫易于生长繁殖的场所。如发现粮堆表层覆盖物交接处的粮食水分增大或有轻度霉变，可将其取出晾晒，有害虫发生时，可采用局部处理的办法抓紧进行.

思考练习题

1. 什么是自然通风？通风时机如何选择和判断？
2. 什么是常规密闭？密闭的方法有哪些？
3. 露天储粮有何特点？露天储粮有哪些形式？
4. 露天储粮如何管理？
5. 土堤仓储粮有哪些优点？
6. 地下储粮的原理是什么？
7. 如何做好地下储粮的管理工作？

第五章 粮食干燥技术

第一节　基础知识

一、粮油干燥的概念

粮油干燥是指粮油通过某种途径获得能量，使其内部多余的水分汽化蒸发，从而降低粮油水分的过程。

干燥是粮油储藏的重要手段，也是粮油安全储藏的基本条件和要求。

首先，粮油的水分含量对储粮自身的生理活动具有显著的影响。干燥的粮油籽粒呼吸微弱，代谢过程缓慢。随着水分的增高，粮油呼吸强度增大，尤其在粮油出现自由水分后，酶活性增强，呼吸强度急剧增加。在粮堆生态系统中，粮油呼吸作用产生的水分和热量还会影响着其他变量因子，朝着不利于粮油安全储藏的方向发展。因此，应控制粮油水分在安全水分以下，以有效抑制粮油的呼吸作用，减少干物质损耗，保持粮油品质。对新收获的粮油籽粒，及时进行干燥降水，还可促进粮油籽粒的后熟作用，提高发芽率，保证和完善品质，提高储藏稳定性。

其次，粮油的水分含量以及环境中的相对湿度是粮堆生态系统内各种生物活动的主要限制性因素。一方面，水分是一切生物体的重要组成部分，如微生物细胞含水80%～90%，害虫体内含水在46%～92%之间；另一方面，水分是一切生物生理活动不可缺少的介质，生物的生理代谢必需在水的参与下才能进行。一般地，控制粮油水分低于13%或相对湿度低于70%时，可以控制绝大部分储粮微生物的生长发育，基本上控制螨类的危害，并对控制粮堆中的害虫种群及其防治起到重要作用。

再者，粮油干燥后，不仅避免了调运过程中可能出现的发热霉变等造成的粮油损耗，而且由于干燥降水使粮油重量减轻，有利于提高运输能力，降低运输费用，相应地减少了人力、物力和财力损耗。

此外，高水分粮油在加工过程中，动力消耗大。加工高水分小麦，不但会加速磨辊的磨损，面粉出品率也低。高水分原粮加工后，成品粮含水量大，品质不好，耐储性差。因此，降低储粮水分，能改善储粮工艺品质及产品品质，增加出品率。

可见，控制储粮水分对粮油的安全储藏有着重要意义。粮油干燥的目的即是降低粮油水分，以抑制其生命活力，造成不利于微生物、储粮害虫生长繁殖的环境，从而确保粮油安全储藏。

二、粮油干燥的方法与分类

能达到粮油干燥降水目的的方法有很多。一般根据粮油干燥的速度及干燥中的温度，可将粮油干燥系统分为两大类：即低温慢速干燥和高温快速干燥。

低温慢速干燥又分为自然通风干燥以及机械通风干燥技术。它是指采用温度高于0℃的空气，或经辅助加热使空气升温5℃～10℃的气体作为干燥介质，在较长时间内，使粮油水分达到安全储粮范围的干燥方法。低温慢速干燥具有投资少、简便易行、干燥费用低、节省能源等特点，但干燥速度缓慢，除辅助加热通风干燥系统外，受气候条件限制。

高温快速干燥即热风干燥，是指利用高温快速干燥机械，通过高温气体加热粮油而使粮油快速干燥降水的干燥技术。在粮油干燥过程中，高水分粮（≥18%）在干燥机内，与高温介质进行湿热交换，使粮温升高，水分得以气化，在短时间内把粮油水分降低到安全储粮范围。高温快速干燥是粮食系统常用的一种干燥技术。它具有干燥速度快，时间短，不受气候条件限制，干燥能力大等特点，但设备成本和保养费用较高，需消耗燃料，还应注意防火，若热风温度较高，会影响干燥后粮油品质。

目前粮食部门所使用的高温快速干燥设备主要有：塔式干燥机、滚筒干燥机和流化床干燥机三大类型。

三、干燥介质的特性

在粮油干燥过程中，干燥介质起着载热和（或）载湿作用。当以带走粮油汽化、蒸发出来的水分为目的时，即为载湿介质；当以传热为目的时，即为载热介质。如广泛应用的对流干燥方法在干燥时，常采用炉气（即烟道气和空气的混合气体）或加热空气作为干燥介质，来完成干燥过程中的湿热交换，此时的干燥介质既是载热介质，又是载湿介质。但无论干燥介质所起的作用如何，一般都以自然的空气作为干燥介质。

自然界存在的空气都是干空气和水蒸气的混合物，绝对的干空气在自然界中是不存在的。炉气和加热空气，虽然各自具有不同的化学组分，但在干燥中，都可认为是干空气和水蒸气的混合气体，即湿空气。

干燥介质的特性，不仅与它的组成成分有关，而且与它所处的状态有关。湿空气的状态特征可用一些物理量来表示，这些物理量称为湿空气的状态参数。湿空气的主要状态参数有温度（t）、相对湿度（φ）、湿含量（d）和热含量（I）等（见表5-1）。

表5-1　　不同温度下空气的主要参数

温度（℃）	干空气密度（kg/m^3）	饱和空气密度（kg/m^3）	饱和空气水汽压（kPa）	饱和水汽量（g/kg）	饱和空气热含量（kJ/kg 干空气）
40	1.128	1.097	7.375	48.8	165.7
39	1.132	1.102	7.349	46.0	157.3
38	1.135	1.107	6.625	43.5	149.4
37	1.139	1.111	6.275	41.1	142.2
36	1.142	1.116	5.594	38.8	135.6
35	1.146	1.121	5.624	36.6	128.9
34	1.150	1.126	5.320	34.4	122.6
33	1.154	1.131	5.030	32.5	115.9
32	1.157	1.136	4.754	30.6	110.0
31	1.161	1.141	4.493	28.8	104.6
30	1.165	1.146	4.242	27.2	99.6
29	1.169	1.151	4.005	25.6	94.1
28	1.173	1.156	3.780	24.0	89.1
27	1.177	1.161	3.565	22.6	84.5
26	1.181	1.166	3.361	21.4	80.3
25	1.185	1.171	3.168	20.0	75.7
24	1.189	1.176	2.984	18.8	72.0
23	1.193	1.181	2.809	17.7	67.8
22	1.197	1.185	2.644	16.6	64.0
21	1.201	1.190	2.486	15.6	61.1
20	1.205	1.195	2.337	14.7	57.7
19	1.209	1.200	2.197	13.8	54.0
18	1.213	1.204	2.064	12.9	50.6
17	1.217	1.208	1.937	12.1	47.7
16	1.222	1.214	1.817	11.4	44.8
15	1.226	1.218	1.705	10.1	41.5
14	1.230	1.223	1.599	9.97	39.2
13	1.234	1.228	1.450	9.35	36.6
12	1.238	1.232	1.403	8.75	34.1
11	1.242	1.237	1.312	8.15	31.5
10	1.247	1.242	1.228	7.63	29.2
9	1.252	1.247	1.148	7.13	26.9
8	1.256	1.251	1.073	6.65	24.7
7	1.261	1.256	1.001	6.21	22.6

续表

6	1.265	1.261	0.935	5.79	20.5
5	1.27	1.266	0.872	5.40	18.5
4	1.275	1.271	0.813	5.03	16.6
3	1.279	1.275	0.759	4.70	14.7
2	1.284	1.281	0.705	4.37	12.9
1	1.288	1.285	0.657	4.07	11.1
0	1.293	1.290	0.611	3.78	9.4
-1	1.298	1.296	0.563	3.50	7.7
-2	1.303	1.301	0.517	3.19	5.9
-3	1.3078	1.305	0.476	2.94	4.3
-4	1.312	1.310	0.437	2.69	2.7
-5	1.317	1.315	0.401	2.48	1.0
-6	1.322	1.320	0.368	2.27	-0.4
-7	1.327	1.326	0.337	2.08	-1.5
-8	1.332	1.331	0.309	1.91	-3.3
-9	1.337	1.336	0.283	1.75	-4.7
-10	1.342	1.341	0.260	1.66	-6.1
-11	1.348	1.344	0.237	1.46	-7.4
-12	1.353	1.350	0.224	1.33	-8.7
-13	1.358	1.355	0.199	1.22	-9.9
-14	1.363	1.361	0.179	1.11	-11.3
-15	1.368	1.367	0.165	1.01	-12.6
-16	1.374	1.372	0.151	0.92	-13.8
-17	1.379	1.378	0.137	0.84	-15.1
-18	1.385	1.384	0.125	0.76	-16.3
-19	1.390	1.389	0.113	0.69	-17.4
-20	1.396	1.395	0.103	0.63	-19.8

（一）湿空气的湿含量

所谓湿空气的湿含量是指包含 1kg 干空气的湿空气中，所含水蒸气的数量，单位为 g 水蒸气/kg 干空气，用符号 d 表示；或 kg 水蒸气/kg 干空气，用符号 × 表示。即：

d = 1000 ×（g 水蒸气/kg 干空气）

在干燥过程中，干燥介质中水蒸气的量是随着干燥的进程不断变化的，但干燥介质中干空气的质量是不变的。因此，可将 1kg 干空气中水蒸气的变化量用来作为计算基准。lkg 干气体不同于 1kg 湿气体。它是把水蒸气的重量计算在干气体之外的，即（l + d/1000）kg 的湿气体中含有 dg 或 d/1000kg 水蒸气。

湿空气的湿含量是与大气压力和水蒸气分压力有关的参数，其关系式为：

$$d = 622\frac{V_{水}}{p - p_{水}} \tag{5-1}$$

式中：P—大气压力，Pa；

$P_{水}$—水蒸气分压力，Pa；

d—湿含量，g/kg 干空气。

由上式可知，在一定的大气压力下，空气的湿含量 d 与水蒸气分压力 $P_{水}$ 有关，水蒸气分压力愈大，湿含量就愈大。

（二）湿空气的热含量（焓）

湿空气的热含量（焓）是表示湿空气能量状态的一个重要参数。在常压下，将含有 1kg 干空气的湿空气，从 0℃加热到 t℃时所需要的热量，为这种湿空气在 t℃时的热含量，用符号 I 表示，单位为 kJ/kg 干空气。

湿空气中包含干空气和水蒸气，它的热含量就是这两部分热含量之和。因此，湿空气的热含量 I 是 1kg 干空气的热含量与 d/1000kg 水蒸气的热含量之和。即：

$$I = I_{干} + \frac{d}{1000}I_{水} \quad (\text{kJ/kg 干空气}) \tag{5-2}$$

式中：I—含有 1kg 干空气的湿空气的热含量，kJ/kg 干空气；

$I_{干}$—1kg 干空气的热含量，kJ/kg 干空气；

$I_{水}$—1kg 水蒸气的热含量，kJ/kg 干空气。

由热力学得知，水蒸气是在 0℃由水吸收汽化潜热转变为气态，再从 0℃被加热到 t℃。水在 0℃时的汽化潜热为 2500kJ，而水蒸气的比热为 1.859kJ/kg·℃。因此，1kgt℃水蒸气的热含量为：

$$I_{水} = 1.859t + 2500 \quad (\text{kJ/kg 干空气}) \tag{5-3}$$

干空气的定压比热值通常取 1.005kJ/kg·℃，则 1kgt℃干空气的热含量为：

$I_{干} = 1.005t$　（kJ/kg 干空气）

那么，含有 1kg 干空气的湿空气在 t℃时的热含量为：

$$I = 1.005t + (1.859t + 2500)\frac{d}{1000} \quad (\text{kJ/kg 干空气}) \tag{5-4}$$

由式（5-4）可以看出，当 t=0℃，d=0 时，湿空气的热含量 I=0，工程上常以 0℃的热含量为计算基准。

四、粮油的干燥特性

粮油的干燥过程是其内部水分向外扩散、蒸发继而排除的过程。从整个粮粒的结构来看，粮油籽粒为毛细管多孔胶体物料。粮油籽粒的表面有许多直径

为 10^{-3}cm ~ 10^{-4}cm 的粗毛细管。粮粒内部还有许多微毛细管，其直径为 10^{-7} cm，最可能为 2.5×10^{-7}cm，当籽粒内的淀粉颗粒较大时，微毛细管直径可达 30Å（30nm）。这些微毛细管，就是粮粒内部淀粉颗粒间的细小裂纹，我们可以借助电子显微镜观测到。由于粮粒内、外粗毛细管、微毛细管的存在，直接影响着粮油籽粒的失水和吸湿过程。

就粮油籽粒的结构特性来看，有两种不同类型。一类粮油籽粒是由颖壳、皮层（果皮和种皮）、糊粉层、胚和胚乳构成，如稻谷等。其外被的颖壳不利于内部水分的外移，对干燥进程起着阻碍作用；另一类粮油籽粒由皮层（果皮和种皮）、糊粉层、胚和胚乳组成，如小麦、玉米等。其籽粒的果皮上有许多毛细管微孔，内部水分可以通过这些毛细管向粮粒表面转移，干燥中可有效地利用这种结构特性，加速干燥进程。但种皮及糊粉层透过水蒸气和气体的能力较差，如果干燥条件不正确，这两层细胞组织会变得紧密起来，使粮粒内部的水蒸气难以向外散发，从而产生粮粒的“硬化”现象。严重的则水蒸气聚集在胚乳内，由于压力升高，引起粮粒表皮破裂，俗称“爆腰”。在干燥过程中，应根据粮油籽粒的结构特点及粮油内部水分的传导特性，合理设计干燥工艺，避免粮粒出现爆腰。

第二节　粮油干燥机理和干燥过程

一、粮油干燥机理

在粮油干燥过程中，粮油籽粒可看作为粮油干物质与水的结合体，粮油水分不仅以液态存在于粮粒细胞壁和细胞内含物中，也以气态存在于细胞的间隙中，而粮油水分只能以气态从粮粒表面排出。因此，干燥中是通过蒸发作用去除粮粒中多余水分的。

粮粒内部存在着水蒸气压力，环境空气中同样存在着水蒸气压力，粮油能否干燥，决定于上述二者蒸汽压的压差。当环境空气中的水蒸气压力小于粮粒内部水蒸气压力时，水分便从粮粒内蒸发出来；如果干燥粮粒内的水蒸气压力与该条件下环境空气的水蒸气压力逐渐达到平衡，粮油内部水分的蒸发作用就会逐渐停止，水分不再减少也不会增加，这时的粮油水分即为平衡水分。反之，环境空气中的水蒸气压力大于粮油内部水蒸气压力时，粮油反而会从空气中吸收水汽，使含水量增加。可以说，粮油的干燥过程就是降低环境空气水蒸气压力，使粮粒内部水分不断向外散发的过程。我们将能容纳水蒸气并将它带走的物质称为干燥介质。

显然，干燥介质的水汽压是粮油能否烘干降水的关键。干燥介质的水汽压必须小于粮粒内部的水汽压，粮油才能烘干降水。而且，粮油干燥进程主要取决于它们之间的差值。它们之间水汽压差值大，粮粒内部水分汽化愈迅速，降水愈快。流动的干燥介质，不断带走粮粒散发出来的水蒸气，有利于粮油水分的蒸发。而且，适当增加干燥介质流动速度，被带走的水分越多，干燥效果越好。

去除粮油内部多余的水分，即是使粮油吸附的水分解吸，需要吸收热量。一定温度的干燥介质，能提高粮油的温度，促使粮粒内部及表层水分的散发，增大粮粒表层水汽压。因此，适当提高干燥介质的温度，可加速干燥降水。

在粮油干燥过程中，粮油籽粒可利用干、湿空气所含水气压力的差异，用干燥空气将粮堆内湿空气置换出来，从而缓慢地降低粮油水分。也可通过传导、对流和辐射等形式获得热量，使粮油水分汽化，而由粮粒内部扩散、蒸发出来；粮油干燥所需的能量还可利用高频电场能、微波能等，粮油获得热量，蒸发出来的水分被空气带走，从而降低粮油水分。

粮油干燥过程，尤其是粮油高温快速干燥过程中，还伴随有粮油本身生物化学品质的变化。因此，必须合理选择干燥介质的状态参数和干燥工艺，不仅要去除储粮中多余的水分，还要保证烘后储粮的种用品质、食用品质和工艺品质。

粮油干燥包含着复杂的传热、传湿过程，涉及到储藏、生化、热工基础、通风除尘等多门学科。

（一）传热

传热是热量在空间发生位移时一切现象的总称。凡有温度差的地方就有热量转移现象发生，热量总是由高温物体（部位）传到低温物体（部位）。根据传热过程的不同，传热现象又可分为三种基本方式，即传导传热（简称导热）、对流传热和辐射传热。

1. 导热

导热是指静止介质中的传热，物体各部分没有相对位移，只是通过各部分的直接接触而发生的能量传递现象。从微观角度看，导热是依靠物体中分子、原子及自由电子等微小粒子的不断碰撞而引起的。单纯的导热只能发生在密实的固体中。

2. 对流

对流传热是发生在流动介质中的传热，是依靠流体质点的移动与混合，把热量由一处传递到另一处的传热现象。对流换热总是伴随有导热现象的。粮油干燥技术中，主要是利用对流换热方式使粮油获得热量从而汽化多余水分的。

3. 辐射

物体由带电粒子组成，当带电粒子振动时能辐射出电磁波向空间传播。物体（固体、液体和气体）不靠任何传递介质由其表面向外放射可见的或不可见的电磁波，在空间传递能量的现象，称为辐射。

导热与对流传热的推动力是温度差，辐射传热取决于物体的绝对温度。一切物体不论温度高低都在不停地辐射电磁波。两个物体温度不同时，高温物体辐射给低温物体的能量，大于低温物体辐射给高温物体的能量，总的效果是高温物体将能量传给低温物体。

辐射与导热和对流传热有本质的不同，它不仅产生热量的转移，还产生能量形式的转化，从热能到辐射能，在被另一物体吸收后又转为热能。

（二）粮粒内部水分传导的途径

干燥过程中，只有在粮粒内部及其表面水蒸气压力大于外界环境水蒸气压力时，才能使粮粒内部水分不断向外传导。在此基础上，粮油水分的向外传导包括两个基本过程，即粮粒内部的水分以气态或液态的形式沿毛细管扩散（转移）到粮粒表面，再由表面蒸发到干燥介质中去。

1. 粮粒表面水分的气化

粮油在干燥过程中，首先是附着在粮粒表面上的水分气化，即粮粒表面的水分因受热而形成蒸气状态，然后脱离粮粒表面扩散到环境中去。这部分水分处于游离状态，最易去除。

2. 粮油内部水分的扩散

在粮粒表面水分气化的同时，粮粒内部水分也以液态和气态两种形式沿毛细管向粮粒表面移动，并散发到周围环境中去。这一过程中，先是粗毛细管水分吸热变为水蒸气向外扩散，形成粗毛细管与微毛细管的水蒸气压力差，继而微毛细管的水分子向外转移，紧接着是细胞内水分的外渗。随着粮粒内部水分不断向外扩散、蒸发，粮油逐渐得到干燥。

3. 粮油水分气化的速度

当粮粒含水量高时，由于毛细管作用的连续性，水分极易从粮粒内部向表层转移。粮油含水量越高，所含机械结合水越多，在干燥过程中越便于利用毛细管作用的连续性使水分从粮粒内部向表面转移。随着粮油干燥过程的深入，部分毛细管逐渐失去水分，引起孔径收缩或完全消失，这样粮粒内部残留的水分只能沿着迂回曲折的途径向外转移，使水分从粮粒内部向外移动气化的速度逐渐减慢。

一般来说，粮油水分的内部扩散与外部蒸发是同时发生的，但两者的速度并非相同。当外部的蒸发速度小于内部扩散的速度时，粮油干燥的进程主要取决于外部蒸发速度的快慢；当外部的蒸发速度大于内部扩散的速度时，内部水分就不能及时向粮粒外扩散，造成表面首先干燥，水分则由干燥区向粮粒内转移，使干操过程呈现出复杂的湿热交换，这时粮油干燥的进程主要取决于内部水分扩散速度的快慢。

干燥过程中，应该合理安排干燥工艺，使粮粒内部的扩散速度等于或接近于粮粒外部的蒸发速度。小粒粮的内部扩散速度一般大于外部的蒸发速度，此时，干燥的进程主要取决于外部蒸发速度的快慢。设法提高外部的蒸发速度，才能提高干燥速度。大粒粮内部扩散速度一般小于外部蒸发速度，在含水量较低时尤为明显，为保证干燥速度，应设法提高粮粒内部的扩散速度。如果此时继续提高外部的蒸发速度，会严重阻碍内部水分向外扩散，引起粮粒内部水汽积聚而导致粮粒爆裂、变形。为使内部扩散速度与外部蒸发速度相协调，应适当减小外部蒸发速度，可采用较缓和的干燥条件，降低干燥介质的温度或减小干燥介质的流速等措施。

4. 粮油水分汽化的潜热

粮油水分汽化的潜热，是指粮油水分汽化所需要的热量。粮油水分汽化的潜热与其水分和水分汽化时的温度成函数关系，即温度相同时，粮油水分增加，汽化潜热降低；粮油水分相同时，温度降低，汽化潜热增大（见表5-2）。

表5-2　几种粮食在不同温度和水分（干基）时的气化潜热　（kJ/kg）

粮种	干基水分（%）	温度（℃）				
		0	10	21.1	37.8	65.6
小麦	10	2861	2833	2808	2759	2682
	15	2731	2705	2680	2635	2561
	20	2561	2538	2514	2470	2400
玉米	10	3219	3189	3161	3105	3020
	15	3033	3005	2977	2926	2845
	20	2796	2770	2744	2968	2621
高粱	10	2852	2824	2798	2749	2672
	15	2710	2684	2661	2614	2542
	20	2571	2552	2528	2484	2415
水		2501	2477	2454	2412	2345

二、粮油的干燥过程

（一）粮油干燥曲线

在一定的干燥条件下，粮油水分与时间之间的关系曲线称为干燥曲线。粮油干基水分随干燥时间的变化，呈函数关系：

$$wg = f(\tau) \quad (5\text{-}5)$$

在干燥介质的温度、相对湿度及流动速度都不变的情况下得到的干燥曲线如图5-1所示。显然，不同的干燥条件下，不同的粮油有着不同的干燥曲线。一般粮油干燥曲线横坐标表示时间，纵坐标表示粮油干基水分百分率和干燥过程中粮油温度的变化。

单位时间内粮油水分的变化，称为干燥速度（%/h），即：

$$V=-\frac{dw_g}{D\tau}=f'(\tau) \tag{5-6}$$

式中，负号表示水分含量随着时间的推移而降低。

（二）粮油干燥过程分析

粮油干燥过程可以分为以下几个干燥阶段，可以用图5-1干燥曲线来分析说明：

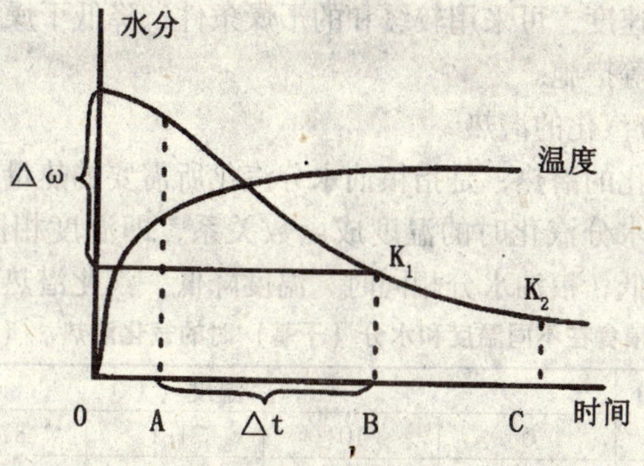

图5-1 干燥曲线

1. 预热干燥阶段

从图5-1中可以看出，在时间OA段中，粮油水分降低很慢，同时粮油温度急剧上升，这是粮油预热阶段。干燥介质供给的热量主要用于提高粮油的温度，也有部分热量用于气化水分。

2. 等速干燥阶段

在时间AB段中，干燥曲线基本上是一条直线，为等速干燥阶段。在此阶段内，干燥介质传递给粮油的热量，全部用来蒸发水分，粮油温度基本不变。

3. 降速干燥阶段

在时间BC段中，干燥过程在很大程度上取决于粮油内部水分向蒸发表面转移的速度和水分与粮油的结合形式。由 K_1 点开始，干燥速度逐渐降低，当达到粮油的平衡水分点 K_2 时，干燥速度降为零，称为降速干燥阶段。但随着水分气化的深入，粮油温度会不断增加。粮油温度上升愈快，其水分就降低愈少。

4. 冷却干燥阶段

一般经过干燥处理后，粮油的温度较高，必需经冷却将温度降至适宜储藏的温度。在此阶段，利用粮油自身存在的显热，仍可以降低一部分粮油水分，一般可降低0.5%～1.5%，同时粮油的温度逐渐下降，此阶段被称为冷却干燥阶段。

第三节　粮油干燥条件

粮油干燥条件是指影响粮油干燥过程的各种主要参数的组合。合理选择粮油的干燥条件，才能在保证粮油品质的前提下，有效、经济地降低粮油水分。

影响干燥过程的主要参数有：干燥介质的温度、相对湿度以及干燥介质穿过粮层的速度、粮层厚度等。而粮油在干燥过程中允许的最高加热温度，与粮油品质密切相关，是粮油干燥条件的决定因素。

一、粮油受热允许温度

粮油干燥过程是一定温、湿度条件的干燥介质与高水分粮相互作用的过程。若适当提高干燥介质的温度，可在短时间内使粮油水分迅速汽化，完成干燥作业，缩短干燥时间，提高干燥设备的生产能力。但经过高温干燥介质作用一定时间后，粮油品质将受到很大影响。要保证粮油烘干降水，品质又不发生劣变，就必须选择合理的干燥条件，严格控制粮油受热允许温度。

粮油受热允许温度可采用普齐金推荐的经验公式：

$$t=\frac{2350}{0.37\ (100-w)\ +w}+20-10lg\tau \qquad (5\text{-}7)$$

式中：t—粮油的受热允许温度（℃）；

w—粮油的含水率（%）；

τ—粮油的干燥时间（min）。

可见，粮油受热允许温度不仅与粮油水分、干燥时间有关，还要综合考虑粮油品种和用途等多个因素。在干燥过程中，粮油的干燥时间越长，原始含水率越高，粮油受热允许温度就应越低。一般粮油的受热允许温度为50℃~60℃。

二、干燥过程对粮油品质的影响

干燥过程中，粮油品质的变化主要取决于粮油的最高加热温度，即取决于粮油中各种生物成分的耐温性。若将粮油最高加热温度控制在粮油受热允许温度限以内，就可基本保证粮油品质。

粮油籽粒的生物成分体现出的热稳定性不同，其中易受温度影响而发生变化的主要是碳水化合物、蛋白质和酶。

（一）碳水化合物

粮油中含有大量的碳水化合物，其中最主要的是淀粉。淀粉在低温的水中不溶解，但能吸水膨胀。一般生淀粉都是以一点为中心整齐地排列形成“胶束”，这种淀粉称为β淀粉。随着温度的升高，分子运动加剧，淀粉分子将向各个方向扩散。温度在60℃以内，变化不显著，当温度超过60℃之后，原来整齐排列的“胶束”，将散乱成一个网状，若让它吸水膨胀，就会形成糊状物，此时称为α淀粉。粮油中的淀粉发生这样的变化，将会导致发芽率的降低和色泽的改变。若让这种淀粉慢慢地冷却下来，处于散乱状态的相邻分子又会集合起来，组成散乱的“胶束”，这种淀粉称为γ淀粉，是陈化淀粉。此时它的粘性大大降低，食用品质恶化。

在干燥过程中，粮油的原始水分越高，加热温度越高，干燥时间越长，这种影响就越显著。

（二）蛋白质

粮油受热易发生蛋白质变性，使其吸水和膨胀能力减小，酶活性降低，发芽力下降。如，小麦面筋蛋白质变性后，面筋会丧失原有的弹力和拉力，食用品质、工艺品质变劣；稻谷中的蛋白质变性后，加工出的大米煮饭松散，失去原有的风味和品味。

蛋白质热变性速率及程度，与加热温度和时间有关。粮油加热起点温度越高，蛋白质变性的起点温度越低。加热时间越长，变性程度就越大。一般粮油温度超过53℃，蛋白质即开始发生变性。

粮油加热温度每升高10℃，蛋白质变性速度加快1～3倍。在相同温度下，水分含量每增高3%～4%，变性速度也会增加1～3倍。粮油水分含量越高，蛋白质变性起点温度就越低。实验表明，粮油水分在20%左右时，蛋白质热变性的起点温度为50℃～55℃；而当水分为12%左右时，相应的蛋白质热变性起点温度可达70℃左右。

（三）脂肪

脂肪为疏水胶体，热稳定性强于淀粉和蛋白质。在高温下，脂肪易被氧化而发生酸败。当加热温度达70℃以上时，脂肪可被分解，使粮油酸度增加。

（四）酶

酶的生物催化能力，即酶的活性，存在一个最适温度范围，一般为35℃～50℃，超过这一温度范围，酶的活性就会减弱。在80℃～100℃的高温作用下，酶易发生变性而部分或全部丧失活性。

粮油中酶的活性与温度、水分都有着密切关系。粮油含水量愈高，酶的活性就愈强，对热就愈敏感，这就是粮油耐温性随其水分含量的增高而降低的一个因素。

（五）维生素

粮油中所含的维生素主要是维生素E、维生素B和可转化为维生素A的胡萝卜素，它们对热的稳定性不同。一般采用高温快速干燥以减少维生素的损失。

粮油在干燥过程中，各种生物成分的热稳定状况，受加热温度、加热时间以及粮油水分含量几个方面的综合作用，必须全面加以考虑，才能确保烘后粮食品质。

三、粮油干燥过程的影响因素

（一）粮油品种及物理性状

不同品种的粮油具有不同的组织结构，对干燥过程有着不同的影响。如，玉米的果皮结构紧密，对其内部水分的散发有很大阻力；稻壳可明显阻碍其内部水分的蒸发；小麦籽粒皮层具有大量微孔和粗毛细管，对蒸发降水十分有利。

粮油籽粒的形状及大小，也影响着干燥过程。小粒粮水分蒸发总面积高于大粒粮，因而，小粒粮较大粒粮易于干燥降水；粒形长的较粒形短的粮油，水分蒸发面积大，还具有较大的粮堆空隙度，利于内部水分散发和干燥介质的流动，干燥速度快。如腹沟深而粒形长的小麦，其干燥速度大于腹沟浅而粒形短的小麦。

硬质粮油其内部胚乳结构紧密，蛋白质含量较高，对粮粒内部水分向外蒸发有阻碍作用，因而，在相同条件下，硬质粮油比软质粮油干燥速度慢。

（二）粮油干燥前的水分含量

粮油含水量大，自由水分含量多，易于蒸发去水，干燥速度快。而粮油含水量小时，干燥过程所蒸发的水分，大部分是微毛细管水分和吸附水，去除同量水分，需要消耗较多能量，干燥速度就慢。此外，当水分含量高时，粮粒处于润湿状态，水分极易沿毛细管向外移动，利于水分散发。而粮粒水分含量低时，其毛细管的连续作用减弱，粮粒内部水分向外扩散途径迂回曲折，减慢了水分向外散发的速度。例如，一定干燥条件下，小麦含水率由31%降至20%时，需干燥14分钟，而继续使含水率从20%降至13%，需干燥26分钟。

（三）干燥介质的状态参数

干燥介质的温度、湿度以及穿过粮层的速度等状态参数与粮油的干燥过程紧密关联。

当干燥介质的温度增高时，可传递给粮油更多的热量，使粮粒表面水分的汽化能力增强，同时，粮粒内部水分向外转移的速度加快。但干燥介质的温度应有一个限度，否则，会使粮温过高而影响粮油品质。

当干燥介质的相对湿度较低时，有利于增加干燥介质与粮粒表层的水蒸气压力差值，可加速粮粒水分的汽化，使干燥过程加快。但在相同温度条件下，干燥介质的相对湿度过低，会造成粮粒表面失水过快，因内部水分来不及转移至表面，而导致粮粒表皮的“硬化”，阻隔了内部水分向外扩散，使干燥过程延缓，甚至降低粮油品质。

适当增大干燥介质穿过粮层的速度，能加速粮油干燥进程。但随着干燥介质流速的过度增大，会造成粮粒表面脱水过快而出现硬化，不仅影响粮油品质，延缓干燥过程，还可能使粮粒随干燥后的废气一起被带出，并造成热能、电能的浪费。

（四）粮层厚度

适当的粮层厚度，可以使干燥介质以合理的流速穿过粮层，加快干燥速度，保证粮油品质。粮层过薄，受高温、低湿干燥介质的作用强度大，易使粮粒表面出现硬化，影响粮油品质，延缓干燥过程，造成热源浪费。加厚粮层，可适当提高干燥生产率，提高能源利用率。但粮层过厚，因阻力增大，干燥过程延缓，生产率降低，同时还会造成上、下粮层的降水存在差异，使出机粮油水分不均匀度增高。

此外，粮油与干燥介质的接触情况也影响着干燥过程。若粮层处于紧密的固定状态，就需要较长时间才能完成干燥介质与粮粒间的传热、传湿过程；若粮层为松散、翻动状态，干燥过程的湿热交换就快，干燥时间就短。

四、几种主要粮油的干燥条件和工艺

粮油的机械干燥条件一般是指干燥介质的温度和相对湿度、粮食受热允许温度以及干燥时间等。选择粮食干燥条件应根据粮食品种、成熟度、原始水分、烘后用途，以及烘干机的性能和烘干工艺过程等全面考虑。原始水分大的粮油热稳定性差，即耐温性差；不完全成熟的粮粒耐温性比成熟的粮粒差；新收获的高水分的粮油，由于粮粒的成熟度及含水率都不均匀，粮粒表层还未充分硬化，应采用较低温度的干燥介质，若采用高温干燥介质，反而损伤粮粒，造成粮粒表面硬结而不利于干燥过程的进行。

（一）稻谷

从稻谷的结构上看，稻谷籽粒由谷壳和米粒组成，在干燥时其外壳将阻碍籽粒内部水分向外表面的转移，使稻谷难于干燥。实际上，稻壳、稻米和米糠的干燥特性是不同的，其平衡含水率也各不相同，因此，不能把稻谷看成是均匀体，而应看作是一种复合体。

稻谷是一种热敏性作物，若干燥速度过快或参数选择不当容易产生稻谷“爆腰”，即在米粒表面产生微观裂纹，造成稻谷加工时的碎米率增加，从而影响稻谷的出米率。我国粮食干燥标准规定：稻谷干燥后爆腰率的增值不超过3%。

稻谷在干燥过程中，产生爆腰的原因，通常认为是稻谷在急剧干燥情况下，谷壳和米粒表层水分的汽化速度高于其内部水分外移的速度，随着干燥过程的进行，米粒由内层至表层失水程度的差异逐渐增大。由于米粒表层失水多，干燥快，比失水较少的内层收缩大，导致米粒表皮产生硬化，阻碍了其内部水分向表层的转移，使内部水汽积聚。这样，由于米粒内、外层收缩程度不同，以及内部水汽压力的作用，造成米粒表面产生裂纹，形成爆腰粒。烘干后，若高温稻谷突然受到低温气流的冷却，同样会造成米粒表层的迅速收缩，而使米粒胀裂，出现爆腰。

试验表明，稻谷干燥时的整米率不仅和介质温度有关，而且与空气的相对湿度也有一定关系。热风温度增加，则整米率降低，相对湿度增加，则整米率增加。一般采用以下措施保证稻谷的烘后品质：

（1）采用较低的热风温度；

（2）采用“干燥—缓苏”工艺；

（3）限制稻谷的干燥速率；

（4）适当增加干燥介质的湿度。

我国烘干稻谷一般使用流化烘干机和滚筒烘干机。在烘干过程中，控制干燥介质温度以及一次降水幅度，采用“烘干—缓苏—冷却”干燥工艺，都能获得较好的烘干效果，不增加稻谷的爆腰率。对流化烘干机，控制干燥介质温度在160℃左右，烘后粮温不超过55℃，一次降水幅度为2%～3%。稻谷干燥后，经缓苏3～4小时，再进行通风冷却，至粮温比气温不高于5℃。这样，可有效利用粮温余热进一步降低水分，保证稻谷品质。

（二）玉米

玉米是一种较难干燥的粮食。它的特点是含水量较高（玉米的原始水分一般为20%～25%左右，有时甚至可达35%以上）；籽粒较大，单位比表面积小，同批玉米在籽粒大小及成熟度上都存在差异；玉米籽粒的果皮结构紧密，对内部水分的向外蒸发有很大阻力，特别是在高温干燥介质作用下，由于内部水分急剧汽化，粮粒表皮之下的水分不能及时转移出来时，造成压力升高，导致表皮胀裂，产生裂纹；在高温作用下，玉米籽粒还易发生变色，出现焦黄粒，使烘后玉米粉失去粘性，制作食品时，不易成团，降低了玉米的食用及工艺品质。

我国玉米干燥，一直沿用塔式干燥机，使用塔式干燥机干燥玉米的工艺条件是：干燥介质温度100℃，玉米从干燥段进入冷却段时的粮温不能超过50℃（最高不超过56℃）。如果提高干燥介质的温度为120℃～130℃，可增加干燥设备的生产能力，但是，超过这个范围，将显著影响玉米的品质，使玉米裂纹率增加，还会出现焦糊粒。

烘干中，根据玉米水分含量，可采用较低温度进行多级干燥，或采用间歇干燥，间歇干燥的时间间隔一般不小于4h，每次的降水幅度应控制在5%～7%以内，可得到较好的烘干效果，保证玉米烘后品质。

（三）小麦

小麦籽粒表皮松软，毛细孔较大，利于粮粒内部水分向外蒸发，干燥降水较快。小麦蛋白质含量丰富，如何保证小麦面筋蛋白质品质不被损坏，是小麦热力烘干中的主要问题。品质好的小麦，湿面筋的含量大约是30%～35%，具有良好的弹性及延伸性，工艺品质和烘焙品质优良。在烘干中小麦面筋品质的变化，主要取决于小麦的加热温度和加热时间。加热温度高，作用时间长，将使小麦面筋的含量下降或全部丧失，未被损坏的面筋，也失去了原有的色泽和弹性，品质明显变坏。小麦面筋含量的下降和品质变坏的程度，还与小麦面筋原始品质及小麦含水量有关。对面筋品质较弱的小麦，若干燥温度较高，品质也不会出现较大变化；而对面筋品质正常的小麦，加热温度不应超过53℃，否则，面筋品质将受到很大影响。小麦面筋的耐温性随其含水量的增高而下降，因此，在小麦干燥过程中，高水分小麦适合选用低温干燥介质，随着小麦水分的降低，可以适当提高小麦的加热温度，以保证小麦烘后品质。因而，在小麦热力干燥中可采用先低温、后高温的阶段干燥条件，不但可保证面筋品质，防止麦粒表层因高温急剧汽化而出现的硬化现象，还可提高干燥能力。

新收获的小麦热敏感性强，当含水率低于22%时，单级干燥的介质温度不宜超过90℃，二级干燥时，介质温度不超过100℃，小麦的温度不应超过45℃，一次降水不超过5%～6%。当小麦含水率超过25%时，应采用二级干燥，采用的干燥介质温度应低于110℃，一次降水不超过7%，小麦的温度应控制在50℃以下，这样才能不影响小麦烘后品质。

（四）大豆

大豆含有大量的蛋白质（35%～45%）及脂肪（19%～22%），种皮栅状细胞排列紧密，细胞壁也特别坚硬，对其内部水分向外散发具有很大阻力。在高温干燥介质作用下，豆粒表层因失水过快而收缩，粮粒内水分不能顺利转移时，造成内部水汽压积聚，表皮易产生裂纹，干燥过度时，大豆粒可裂成两半，降低了大豆的耐储性，而且，在高温下易使大豆蛋白质变性。

干燥大豆时应采用较为和缓的干燥条件。一般干燥介质温度为60℃～70℃，干燥时间为40～45min，大豆加热温度不超过35℃。如利用塔式烘干机，第一阶段干燥介质温度为90℃，大豆加热温度为25℃。第二阶段干燥介质温度为80℃，粮温不超过35℃。烘干后，大豆爆腰率低于0.5%，基本可保证大豆烘后品质。

大豆干燥时，一次干燥的降水幅度为3%～6%，降水速率大约为3%/h。

（五）油菜籽

油菜籽含有大量脂肪（40%）和蛋白质（27%），吸湿性强，储藏稳定性差，含水率需降至8%～9%以下，环境温度降至15℃左右才能安全储藏。油菜籽呈细小球形颗粒，空隙度小，对气流的阻力比其他粮食要大一倍以上，因此，干燥油菜籽时粮层不可太厚，机械通风干燥油菜籽时最大的粮层厚度为

1.2m。

油菜籽干燥时，由于籽粒太小，一般塔式干燥机不适合，顺流干燥机粮层太厚，横流干燥机筛板容易堵塞，只有小角状盒的混流式干燥机勉强可用。我国曾使用喷动床和流化床干燥机干燥油菜籽。当油菜籽含水率高时，需多次通过干燥机进行干燥。若使油菜籽的含水率降至8%，热风的相对湿度很主要。还应注意，烘后油菜籽必须立即通风冷却，以免高温油菜籽胚芽部分的油脂外溢，不利冷却降水，降低出油率。

（六）种子粮

干燥种子粮时应种子的胚部对热非常敏感，很容易受热损伤。因而，需采用比较和缓的干燥条件，用较低的热风温度，降低种子粮的受热温度，以保证粮食的发芽率和发芽势。

干燥种子粮时必须掌握以下几个原则：

（1）必须严格控制出机种温。水分17%以下的水稻种子，出机温度应掌握在42℃～43℃，否则会影响种子的发芽率。小麦种子出机温度不宜超过45℃。美国对于种子粮的干燥，有比较明确的规定，在仓内干燥时，种子粮的受热允许温度为43℃，其最大粮层厚度为45～50cm。

（2）一次降水不宜过大。对于高水分稻谷，应采用多次间歇干燥法，不可使种子受热时间过长，温度过高。

（3）种子经机械干燥后，须冷却才可入仓，防止局部发生结露现象。

各种烘干机烘干几种主要粮食的温度，见表5-3。

表5-3　各种烘干机烘干粮食的温度参考表

粮种	出口粮温（℃）			食原始水分（%）	干燥介质温度（℃）		
	滚筒	流化槽	塔式		滚筒	流化槽	塔式
小麦	50	50	45	<18 18～20 >21	140 125 110	160 150 140	130 120 110
稻谷	50～60	50～60	45	<18 18～20 >21	150 140 140	170 160 150	90 80 70
玉米	55～60	55～60	50	<18 >18	180 160	180 160	150 125
大豆	35	35	30	<18 >18	140 120	150 130	70 60

第四节　主要粮油干燥技术

根据粮油干燥速度及干燥介质的温度，可将粮油干燥技术分为两大类：即低温慢速干燥技术和高温快速干燥技术。

一、低温慢速干燥技术

（一）日光晾晒干燥

日光晾晒是一种利用太阳光和自然风力降低粮油水分的干燥方法。方法简便，费用低廉，不需任何机械设备及动力来源，不易造成粮粒爆腰、脱皮等品质变化，不仅具有较好的降水、杀虫、灭菌效果，还能促进粮油后熟，提高粮油品质和种子发芽率。但耗费劳力多，常受气候条件、场地不足等的限制，晾晒能力有限。

1. 日光晾晒干燥原理

在日光晾晒过程中，是将湿粮摊晾在适宜的环境下，由于湿粮内部的水汽压力大于外界干燥环境的水汽压力，其内部水分子将不断向粮粒表面扩散，并蒸发于干燥空气中。一方面，湿粮利用太阳光的辐射获取热量，加速其水汽的蒸发过程；另一方面，自然风力不断将蒸发出来的水汽带走，保持湿粮内部与外界的水汽压差，从而达到降低储粮水分的目的。

2. 日光晾晒干燥技术

（1）制定晾晒方案

根据晾晒潮粮数量及水分含量情况，以安全、经济为前提，按晾晒方案，作好库内挖潜，预先准备好晒场、人力及设备。大型设备和小型工具要提前维修和购置备妥；苫、垫资材首先要从废旧资材中修补解决，不足部分再行选购。应建立晾晒工作岗位责任制，严密组织，加强管理，确保晾晒任务的顺利完成。

（2）晾晒技术措施

①选择适宜天气。一般高温、低湿、有风天气有利于晾晒降水。夏季气温高，阳光强烈，储粮曝晒后，不易散热降温，将影响储粮品质。通常春、秋两季，气温适中，空气干燥，对高水分储粮降水十分有利。

秋晒一般在 10 ~ 11 月进行，春晒的适宜时机是 3 ~ 4 月（寒冷地区为 3 ~ 5 月）。大豆易爆裂、怕水浸，一般应在 4 月 10 日前晒完，且粮面辐射温度最高不应超过 15℃；小麦应尽力在秋季晒完。

②合理选择晒场。一般晒场有土晒场、砖晒场和水泥晒场。由于各种晒场建材的性能不同，使晒粮效果有所差异。如，水泥晒场较土晒场平均降水效果要高一倍，选用水泥晒场可得到良好的晾晒效果。沥青场地含水量少，吸热

快，降水效果最好，但沥青中的强致癌物质—3，4 苯并芘会对粮油造成品质污染，因而不宜选用。

晾晒场地应于作业前整理好，收粮时就近摆布潮粮型态，留出晒场，并提前嵌平裂缝，确保按时铺晒。

③排开粮种场次。一般先晒大粒粮，后晒小粒粮；先晒水分高的，后晒水分低的；先晒露天的，后晒仓内的。对高水分粮还可根据情况分两步晾晒，即先将高水分粮降至半安全水分后入仓，然后再适机晾晒至安全水分。

④适时出晒。选择晴朗天气，一般在上午 9 时左右，待场地晒热后，再摊粮层，以避免造成粮层底部结露和上、下层水分不均匀现象发生。

⑤厚度适当。粮层厚度要根据人力、物力、场地情况及粮油品质合理考虑。一般粮层薄，利于水分蒸发，晾晒效果好。粮油水分大，粮粒小，孔隙度小，粮层应尽量摊薄些。粮层过厚或局部成堆，上、下粮层获取热量差异大，易出现湿热扩散，使水分被热流带入底层，造成粮油水分分层。粮堆水分不一致，将使入仓后储粮进一步湿热扩散而引起结露，甚至发生霉变。因而，粮层要均匀薄摊。另外，当时的气温条件也是需要考虑的因素，若晾晒温度低、风速小则不宜过厚；晾晒温度高、风速大则可适当加厚。

一般大粒粮（玉米、豆类）最大粮层厚度以 15cm 为宜；中粒粮（稻谷、小麦）粮层厚度不宜超过 10cm；而小粒粮的粮层厚度，不宜超过 5cm。

⑥翻趟得法。为提高潮粮降水速度，并使潮粮降水均匀一致，铺晒的潮粮一般每天要彻底翻动 4 ~5 次，中午阳光强时，更要勤翻。晒小粒粮趟翻的次数应比大粒粮次数多些。

可利用增加湿粮表层面积来加速干燥过程，具体做法是充分利用太阳光和自然风力，在光照强、风力小时向阳起垄，避免出现背光面；在风力大、光照差时顺风划沟，以利散湿。注意每次翻动应交替改变垄沟的位置，以使降水均匀。

（3）注意事项

①除水泥晒场外，晾晒场地要用编织片或其他铺垫资材铺地，晒场周围应做到无土粮、无垃圾、无零散资材。晒场摊粮应做到粮趟直、四边齐、厚度均匀。

②在晒场周围距晒粮 2m 处，应喷布药液，设防虫线，避免晒粮内部和晒场环境之间害虫的交叉侵染。

③应根据具体情况合理控制粮油降水幅度，防止晒过头，避免劳力的浪费及粮油品质的变劣。过干的小麦表皮易碎，麸皮落入面粉而影响面粉质量；过干的稻谷，加工时碎米率高；降水过多，会造成大豆裂皮、脱皮而易吸湿霉变。

④一般储粮降水结束后，应待粮温降低后，适时入仓。小麦、豌豆等利用高温杀虫的粮种，需趁热入仓储藏。

⑤成品粮不宜采用日光晾晒法降水，可采用仓内摊晾、拆包、站包、码通风垛等方法降低水分。

⑥花生最好是带壳曝晒，如果直接爆晒花生仁，则以在日平均气温不超过10℃、直射温度不超过25℃为宜、厚度可4～5cm，翻动时要用长柄竹耙，禁止人在花生仁上走动，以防破碎。如果在阳光较强、温度较高的情况下，直接爆晒花生仁，容易产生种皮变色和破裂，在储藏期间容易发生走油、酸败及哈变等劣变现象。

⑦为了防止大豆裂皮，皱纹，保持种皮的色泽和光泽，大豆最好是带荚曝晒，如直接曝晒大豆种子时，豆温不宜超过45℃，否则，会导致裂纹、脱皮、破碎、光泽减退，子叶色泽变深，发芽率降低，脂肪酸值增高等现象的发生。

（二）径向通风干燥仓

如图5-8所示，径向通风干燥仓由两个圆筒组成，内筒壁用冲孔板做成，外筒壁可由冲孔板、竹帘或穿连的竹片制成。内筒为空气分配室，外筒壁为排潮面，内外筒之间装填高水分粮，粮层厚度一般小于1.5m。工作时由内风筒出来的气流，径向穿过粮层，同时加热湿粮，气化水分，然后携带着水汽的废气从多孔的外仓壁排到大气中。应注意，在操作中由于干燥中玉米收缩会使粮层不断下降，需要向干燥仓中补充玉米，以防气体从内筒上部排出而造成气流短路；也可用在内筒安装一个活塞的方法，调整内筒高度，当干燥中粮食下沉或最后一批粮食无法装满仓时使用。另外，由于粮层较厚，内外层干燥后水分差值较大，若干燥中期进行一次倒仓，会加快干燥进程，改善粮食干燥后水分的均匀性。

径向通风仓的特点：

（1）在内风筒内安装一个可调节的活塞，以调节内风筒高度或起密闭作用，用于半仓粮通风或作储备仓使用。

（2）采用流化出仓形式，可解决平底仓出仓难的问题。

（3）在仓内设置一个排粮梯，卸粮时混合不同水分的粮食，提高干燥后粮食的水分均匀性，同时可以在偏心卸粮时减弱对仓壁形成的冲击载荷。

径向通风干燥仓可以干燥除小粒粮外的多种原粮和油料，在温度15℃～25℃，湿度20%～50%的气流条件下，对径向粮层厚度为0.75～1.5m的通风仓，采用80～280m^3的单位风量对水分<26%的潮粮进行通风干燥，并适时采取倒仓混合等，-般可在20～50h内将潮粮干燥到安全储藏水分，其干燥费用比晾晒节省30%～50%，燃料消耗只占火力干燥的1/10左右，粮食保持了原有的种用与食用品质。

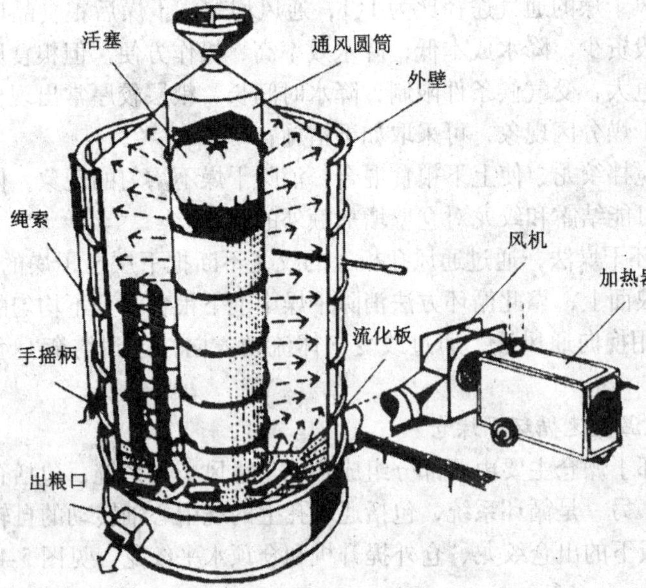

图 5-2　径向通风干燥仓

（二）垂直通风干燥仓

如图 5-9 所示，垂直通风干燥仓是由仓体、通风孔板和风机组成。当大气相对湿度较低时，开动风机将空气送入通风孔板下面的空气分配室，让其均匀穿过孔板和粮堆，带走水分从仓顶排出，使粮食得到干燥。当大气相对湿度较大时，可采用补充加热的方法，使潮湿空气升温 5℃ ~8℃进行干燥。

通风仓孔板用 1. 5mm 左右厚的钢板冲（钻）孔制成，开孔率 30%。圆孔孔眼尺寸为 φ2 ~2. 5mm，长方孔孔眼尺寸为 2. 5 ×20mm。

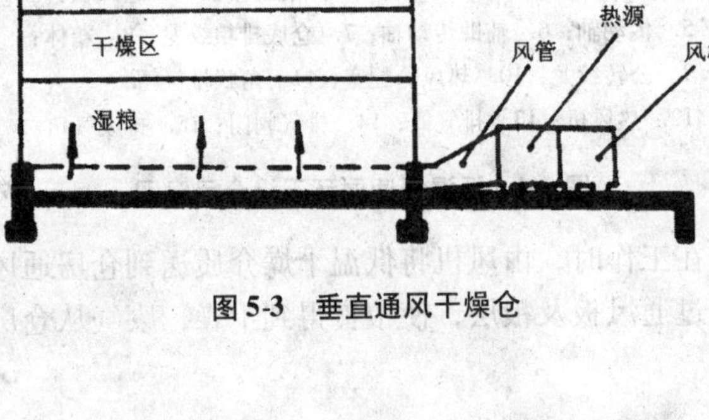

图 5-3　垂直通风干燥仓

垂直通风干燥的通气途径比为1∶1，通风均匀，干燥后粮食品质优良，可就仓储藏，投资少，降水成本低，降水效率高，操作方便。但粮食原始水分不宜太高，耗电大，受气候条件限制，降水时间长，粮层较厚常出现干燥分区现象。为消除干燥分区现象，可采取如下措施：

(1) 加搅拌绞龙，使上下粮食混合，消除干燥不均匀的现象，但要注意靠仓壁的粮食可能结露和绞龙对仓壁增加额外的载荷。

(2) 循环干燥法，通过通风孔板上的绞龙不断把下层已干燥的粮食取出，再加到上层粮面上，靠此循环方法消除干燥中上下粮食水分不均匀的现象。

(3) 可用换向通风法，通过改变气体流动方向，达到均衡上下层粮食水分的目的。

（三）低温慢速循环干燥仓

低温循环干燥仓主要由两部分组成：一是通风干燥系统，包括仓体、通风孔板和风机。另一是循环系统，包括通风孔上的绕中心轴转动的自转—公转绞龙、通风孔板下的出仓绞龙、仓外提升机和仓顶水平绞龙，见图5-4。

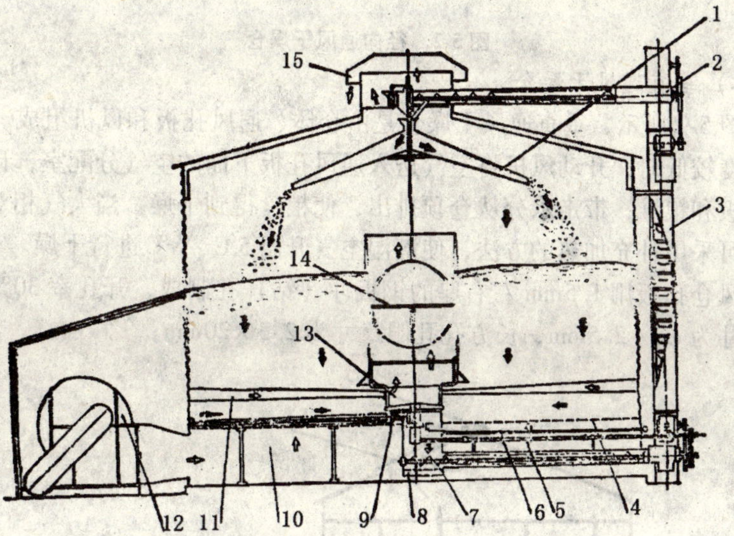

1. 均分器；2. 进粮绞龙；3. 斗式提升机；4. 通风板；
5. 传动轴；6. 辅助传动轴；7. 仓底排粮绞龙；8. 箱体；
9. 公转绞龙；10. 热风分配室；11. 角状排气槽；
12. 热风机；13. 排气筒；14. 排气阀门；15. 排废气口

图5-4 低温慢速循环干燥仓示意图

循环干燥仓在工作时，由风机将低温干燥介质送到仓房通风板下部的热风分配室，然后穿过通风板及粮层，使粮食得到干燥，废气从仓房上部的出气孔排至仓外。同时，通风孔上的绕中心轴转动的自转一公转绞龙不断将仓内粮堆底部先得到干燥的粮食送至仓内中心卸粮口，下落到通风板下的仓底出仓绞龙中，粮食经仓外提升机、仓顶水平绞龙从仓房顶部的入粮口落到仓内粮堆上。随着公转、自转绞龙的不断工作，粮堆上部的粮食逐渐下移，实现循环干燥。

低温循环干燥仓可使用较高温度的干燥介质，干燥时间短，提高了干燥能力。而粮食处于不断移动状态，通过多次输送、混合，使粮食干燥后的水分趋向均匀。

（四）低温慢速烘干机

低温慢速烘干机是一种采用低温气体加热粮食，缓慢将粮食水分降至安全范围的干燥设备。图 5-5 是一种干燥时间较长、分批式烘干的小型低温慢速烘干机。烘干机上部为缓苏段，下部为横流干燥段，干燥过程中多次循环，在干燥过程中可自动检测稻谷水分，达到安全水分即自动停机卸粮。

图 5-5 低温慢速烘干机

烘干机采用低温大风量、薄层多风道、干燥加缓苏的干燥工艺，热风温度一般不超过40℃ ~60℃。干燥加热时间 6 ~ 11min，缓苏时间 60min，风量为每 100kg 稻谷 0.5 ~ 0.7m^3/s，降水量 0.6%/h，生产率为 160 ~ 1000kg/h。

目前台湾三久的烘干机有普通小型循环烘干机和远红外线循环烘干机两种形式，并开发出使用柴油、天然气、稻壳为燃料的配套燃烧炉。前者主要由缓苏室、烘干室、排粮装置、粮食提升、燃烧炉及供油系统、通风系统、电气自控系统等部分组成；后者增加了远红外线放射源。湿粮在缓慢流经烘干室的同时被热风加热，水分汽化；在烘稻谷时，热风温度不大于65℃，最高粮温不超过35℃，烘干机降水速率一般不超过1%/h，缓苏与烘干时间比不低于5:1；远红外加热的热风温度不大于45℃，最高粮温不超过35℃，烘干机降水速率一般不超过1.5%/h。它具有烘粮品质好，烘粮水分均匀，爆腰率增值≤3%，破碎率增值≤0.3%，烘粮品种多，操作简单，自动化水平高，批次作业有利于处理不同水分的粮食，较受大米加工厂及粮库的欢迎；但单机产量小，时间长，无法适应国储库大规模收粮的需要。

以10t/批普通低温慢速循环烘干机为例，进粮70min，稻谷水分18%降至15%需240min，出粮70min，整个烘干过程需380min，吨粮耗油4.8L；以7t/批远红外线循环烘干机为例，进粮50min，稻谷水分18%降至15%需140min，出粮50min，整个烘干过程需240min，吨粮耗油3.67L。4～6台设备组合使用可提高产量26%。

（五）利用储粮机械通风系统就仓干燥

所谓的“就仓干燥”也称“在储干燥”，是指将高水分粮堆放在配有通风系统的仓房内，工作时把外界空气或加热空气通过风机送入粮堆，空气在流经粮堆的同时，带走粮食的水分，干燥后的粮食直接放在仓内储存。我国多数地区的粮库在处理高水分粮所采用的机械通风降水，实际上就是就仓干燥。由于机械通风降水的费用只有烘干的1/3，比晾晒节省30%，还减少了粮食搬倒费用。

机械通风降水系统的设施结构与机械通风降温系统基本相同，不同之处在于机械通风降水系统风道布置的途径比较小，一般在1:1.2～1.5左右，粮层厚度不超过3m，适用于具有通风系统的仓房。

由于就仓干燥采用常温空气作为干燥介质，空气温度较低，载湿能力弱，降水速率小，干燥时间长，再加上粮堆较厚，风道布置的通风途径比较大，很可能会在通风期间或之后出现降水不均匀或粮食霉变等现象，影响储粮安全。因此，在通风操作中应注意下列问题：

（1）粮食水分含量与储粮温度之间存在着相关关系，对不同水分的谷物在不同储粮温度条件下有一个安全储存时间，即高水分粮在变质之前能够安全存放的天数。高水分粮必须在安全储存时间内完成干燥工作。

（2）由于常温空气本身携带的热量有限，决定了通风干燥方式降水慢且处理时间长的特性，决定了这种通风方式不能用于较高水分粮的降水作业。在《机械通风操作规程》中给出了常温下粮食通风降水的最大水分值（表5-4）。

表5-4　通风降水时的粮食最大水分值

粮种	早稻谷	晚稻谷	玉米	小麦	大豆	油菜籽
水分（%）	16（15）	18	20（16）	16	18	10

注：括号内数据为亚热带地区通风降水的最大水分值。

（3）具有漫长低温、干燥季节地区的粮库在冬季收购时，可适当提高粮食通风干燥的水分上限值。

在低温季节，粮库收购的16%～18%偏高水分的粮食，可在冬季冷却通风过程中，先去除粮食部分水分，然后到春季气温回升时的干燥季节，再将粮食水分降至安全范围。只要设施选配得当，型态设置合理，时机选择适宜，操作运行得法，通过冬春干燥季节的通风均能取得预期的干燥效果。

（4）原有仓房中的风道布置是为通风降温设计的，若用于通风降水则需增加风道数量，降低粮层厚度，通风降水应采用气流分布较为均匀、通风阻力较小的地上笼风道，其通风降水效果好于地槽等风道。

低温慢速干燥有利于保持粮食品质；不加热或少加热，干燥能耗低；利用现有设施，维护费用低；就仓存放，减少周转费用；但干燥均匀性还需提高，存在着干燥效果受气候条件限制，高水分粮堆高受限制等不足之处。

（5）当气温较低干燥效果差、水分高干燥时间较长或气湿较高不能通风时，需采用辅助加热方式，加快干燥进程，缩短干燥时间。当粮食水分含量较高时，应采用高温快速干燥设备或低温干燥设备。

（6）对于15%左右水分的粮食要严格控制杂质含量。入仓后应首先进行平衡通风，均衡仓内粮食的水分与温度，稳定粮情；其次抓紧时机通风降温散湿，降低粮食水分，提高储粮稳定性；第三是视粮堆内虫霉发生情况，决定是否采取高浓度熏蒸，抑制虫霉生长，为通风降水赢得时间；第四再选择低温时节通风，降低粮堆温度，确保粮食安全。

（7）“分仓储存”不同水分的粮食，并根据各库的特长，采取“因粮施救”的保管措施。

（8）厚粮层通风只能用于降低稍高水分粮的少量水分，否则通风后粮堆的上下层水分差较大，下层过分干燥，而上层水分则变化不大。

二、高温快速干燥技术

粮食部门常使用的高温快速烘干设备主要有：塔式干燥机、转筒干燥机和流化床干燥机。它们采用高温气体加热粮食，使粮温升高，水分气化的热力干燥机械设备。其干燥过程不受气候条件限制，干燥时间短，一般只有几小时或一天，干燥能力较大。在干燥过程中，常采用“预热→多次干燥→多次缓苏→冷却”的干燥工艺，降低了烘后粮食的裂纹率、爆腰率，烘后粮食水分均匀，有效保证了烘后粮食品质。但干燥设备成本和保养费用较高，需消耗燃料，要有专人管理，以调节好干燥参数并注意防火。

（一）塔式干燥机

1．概述

塔式干燥机（简称烘干塔）可广泛应用于干燥玉米、小麦、稻谷、大豆等多种粮食。其主要优点是：生产量大，是我国东北地区处理高水分粮的主要干燥机机型；降水幅度大，玉米经过一次干燥过程，可降水5%以上，甚至达10%左右；占地面积小，结构简单，易于操作；可连续生产几个月；配有清理、输送、提升、检斤等设备，并装有必要的粮位、介质温度、危险报警等自动控制手段，机械化程度较高；使用寿命长。但塔式干燥机一次性投资费用、干燥费用高，能耗较大；干燥粮食不够均匀；若采用炉气作为干燥介质，对粮食有污染。

2. 一般结构和工作过程

塔式烘干机形式多样。有内部有一个粮柱的单塔、内部有两个粮柱的双塔，以及将几个单塔或几个双塔串联使用的“串儿塔”；塔体高度由几米至几十米，产量由几吨至百吨或数百吨；塔体内部结构有百叶窗式、筛网柱式和角状气槽式；塔体壁可采用砖、钢板、钢筋混凝土预制板等材料。

如图5-6所示，角状管式塔式烘干机由上至下，可分为储粮段、烘干段、冷却段、隔风段、排粮段、集粮斗。干燥中，一般由斗式提升机将潮粮输送至塔体内部，粮食在重力作. 用下，自储粮段缓慢向下移动，其速度由塔体下部排粮机构控制。在塔体的烘干段，干燥介质由热风机输入，以不同方式穿过粮层，将热量以对流的方式传给粮食，并带走粮食汽化出来的水汽，使粮食在不断向下移动的过程中，逐渐得到干燥。到达冷却段后，由冷风机输入的冷空气，通过不同方式与粮食接触，使粮食降温冷却，同时进一步降水。冷空气吸收热量并携带水汽排出。粮食冷却后由排粮机构排出。

塔体的内部结构应能保证粮食靠重力作用顺利移动，粮层厚度适宜（一般为150～250mm），粮食受热均匀，排出废气速度以保证排气量而不带走粮粒为宜（一般不超过6m/s）。通常采用多层交错排列的五角形气槽结构（图5-7）。每个五角形气槽底部和一端敞开，另一端封闭，顶面的两个斜面和水平面之间的夹角一般为53℃～55℃，以保证粮食的自由下落。一般按一层为进气槽，一层为排气槽，相互交错排列。干燥时，粮食靠重力自上而下沿气槽间的间隙移动，干燥介质由气槽底部流出，穿过粮层，与粮食进行湿热交换后，由相邻的上、下两层排气槽排出。通常每层设置8～14个气槽。气槽数目过多，干燥介质不能分布均匀。在塔体内壁每隔一层要安装半个气槽，以使靠墙部位粮食受热均匀。为减少粮层对干燥介质的阻力，使粮食受热更为均匀，可左右相间布置进、排气槽，还可采用两个垂直侧壁带有百叶窗孔眼的五角形气槽。

如果将单塔或双塔串联使用，粮食经过多次提升和进粮翻倒，受热更为均匀，加之干燥介质温度的降低，烘干时间的延长，可提高干燥效果。“串儿塔”大多是“三热一冷”形式。一般采用150℃～110℃的干燥介质。第一个烘干塔烘后粮温为30℃左右，降水4%～6%；第二个烘干塔烘后粮温为35℃左右，降水3%～5%；第三个烘干塔烘后粮温控制在40℃左右，降水率2%～3%。冷却塔将粮温降至高于大气温度5℃左右。

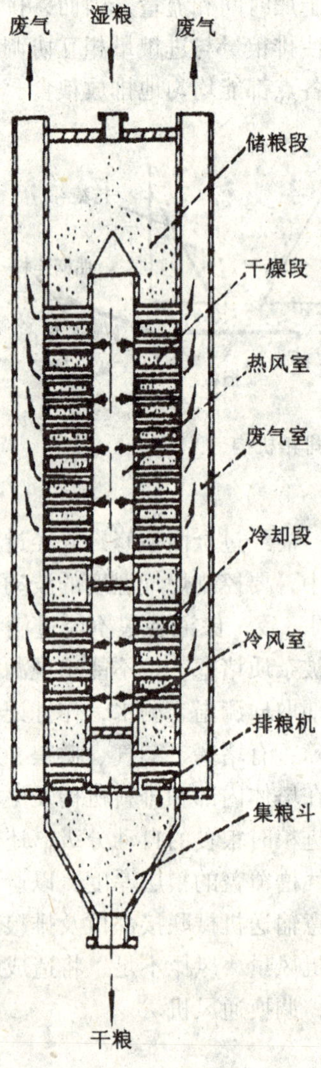

图5-6 角状管式双塔烘干机

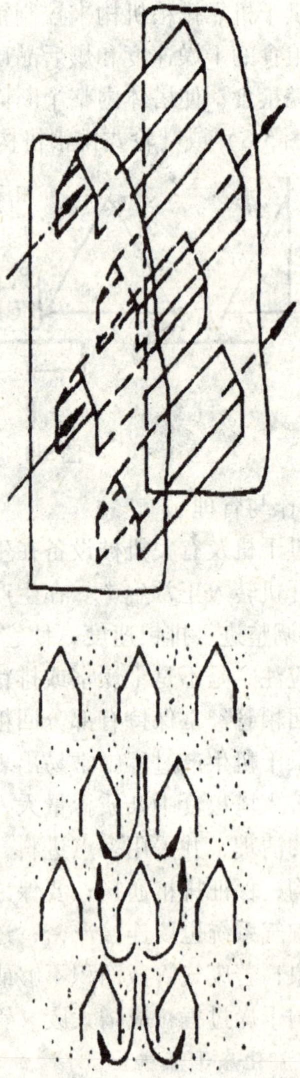

图5-7 五角形气槽的结构

塔式干燥机为连续性烘干设备，应不断供给烘干段一定数量的粮食，并使粮食均匀地充满整个塔体；而且，所有的气槽都应被一定厚度（不少于0.5米）的粮食覆盖，以防止干燥介质由上层漏泄。为此，塔体上部应保证足够高度的储粮段。

塔式烘干机的进料系统常用斗式提升机提升粮食，必要时，配备刮板输送机或绞龙使粮食分布均匀，多余的粮食由回粮管再返回斗式提升机的进料斗中。

塔式烘干机靠排粮机构来控制粮食的干燥时间和流量，因而，排粮机构直接关系到粮食的干燥速度和烘后品质。应使排粮量与进粮量相互协调，保证塔内始终充满粮食，使塔体内整个断面上，各点都能均匀地排放粮食。一般采用栅板式（图 5-8）或叶轮式排粮机构。

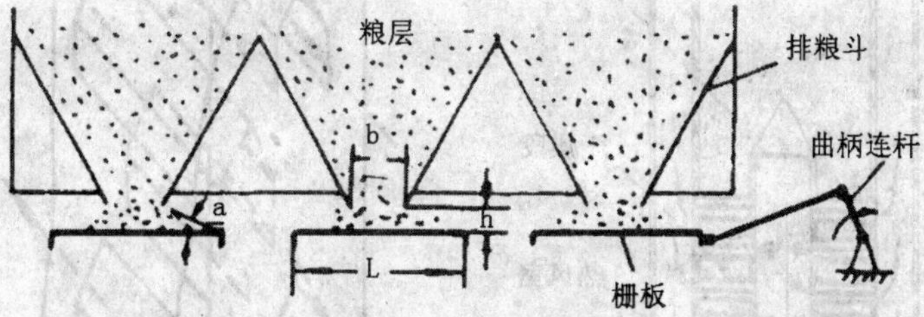

图 5-8 栅板式排粮机构

3. 操作与管理

塔式烘干机及有关机械设备在生产前，需经过全面检修，并经过空载试转后，才能开机转入正常生产。在生产过程中，要控制炉气温度的波动范围不超过 ±5℃；调整进、排粮速度，使它们协调一致，保证装粮不能过满，若装粮过满，还应注意是不是干燥室或排粮机构被杂质堵塞；也不能出现漏空不满现象，应使回粮管经常保持有部分回粮；定期取样测温、测水，作好记录。

塔式烘干机生产过程中常易出现的故障，有堵塞、漏气、撒粮、废气排泄不畅等。若入塔粮食中杂质含量大，则易在塔体内部和排料机构发生堵塞，应加强粮食的清理，并采用多点进料，减少进粮时粮食的自动分级，还应定期疏通排粮机构，保证排粮通畅；要保证上层气槽覆盖的粮层厚度，以避免出现漏气，输送炉气系统也要连接严密；还应注意输送机械联接部位及排粮部位是否有撒粮现象；若废气管截面积不够或通风机风量、风压不足，将造成废气排泄不畅，影响干燥过程，应增大废气管直径，调换通风机。

（二）流化床干燥机

1. 概述

流化床干燥机是根据固体物料流态化原理设计的高温快速粮食干燥设备，是我国目前烘干机数量最多、分布最广的机型之一，主要用来烘干稻谷，以及小麦、玉米、油菜籽等多种粮食。其特点是干燥时间短，粮食烘后品质好，结构简单，易于制造，造价低，热耗低，操作维修方便等许多优点，但一次降水幅度小（1%～1.5%），机身密闭性能要求高。

2. 工作原理

流化床烘干是使粮食在流化状态下，得以烘干降水的干燥方法。

如果将粮食置于容器中多孔板上，使气流自下而上通过多孔板穿过粮层。当气流速度较低时，气流从粮层的空隙中穿过，粮粒静止不动，粮层高度不变，即为固定床干燥中的粮层状态。随着气流速度的增大，气流作用于粮粒的向上压力，使粮粒间的内摩擦力逐渐消失，粮层松动，粮粒由开始出现振动直至在床面上作不规则的相对运动，粮层总阻力达到最大值。此时的气流速度称为临界速度，即气流对粮粒的向上压力正好等于粮粒的重力。当气流速度继续增加，粮粒相对运动加大，粮层将处于均匀状态，具有明显的流体性质，能象流体那样沿倾斜孔板由高处向低处运动，即为流化床，这一过程称为流态化。如果再增大气流速度，粮层内粮粒将开始剧烈跳动，上下翻滚，有的会跳出粮面，如水沸腾一样，常称为沸腾或湍动流化。由干燥过程中粮层的状态，而分别称为流化床烘干和沸腾床烘干。若继续增大穿过多孔板的干燥介质速度，粮粒将向上喷起，然后向四周落下，即为喷动床烘干。

3. 一般结构和工作过程

流化烘干机机体有钢制和砖砌两种，内部多孔板可采用单层、双层和三层；可用炉气或加热空气，在正压或负压下进行工作；就其生产能力可分为10t/h以上、5~10t/h和5t/h以下的大、中、小型设备。

流化烘干机主要由炉气分配槽、流化孔板、干燥室和进、出粮装置等组成，还应配备炉灶、热风系统、冷却装置、灰房及必要的输送设备（图5-9）。

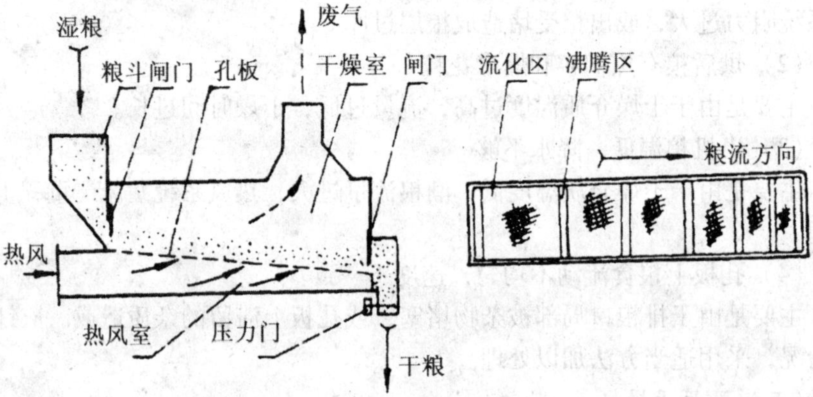

图5-9　流化床干燥机

工作中，热风系统将炉灶产生的烟道气和通过冷空气调节门进入的外界空气，按一定比例混合成适于烘干的炉气，吸入或压入炉气分配槽内，以一定的速度穿过孔板，通过粮层，使粮层流态化。一般在孔板上设有5~7条喷带区，粮食在这里沸腾翻滚，以保证受热均匀。

粮食由进粮斗进入干燥室，在流化和沸腾状态下，均匀受热，内部水分汽化、蒸发，并不断向出粮口流动。炉气穿过粮层带着水蒸气变成废气进入灰房，将尘杂沉降后排出。由出粮口排出的粮食需提升和输送至冷却设备，静置缓苏后，再以冷风机进行冷却。

孔板一般由 2~3mm 厚的薄钢板制成。干燥中，它既要承载粮食，又要使炉气按要求穿过粮层，对粮食的流化状态和烘干效果有着直接影响。一般孔板流化区的开孔率为 10%~15%；沸腾区开孔率为 20%~30%。孔板多采用圆形和长方形孔，其大小以不漏粮粒和炉气通过时阻力较小为原则。一般圆形孔直径为 3~7mm，长方形孔为 2×10~2×20mm。孔板的长度与宽度之比为筛板长宽比，一般为 6∶1~10∶1。孔板与水平面呈 3°~5°夹角。

废气排出口应设在靠近排粮一端的顶部，以消除停机时正对排粮口下方孔板上积存粮食的现象。一般废气排出速度不超过 5m/s，以防粮粒被气流带走。

流化烘干机选配的风机，其压力应能克服炉灶、风道、孔板、粮层等产生的阻力；风量应能维持粮层的充分流化状态，以满足烘干作业的需要。一般单位孔板面积所需风量为 $6500m^3/h \cdot m^2$。

4．常见故障

流化烘干机生产过程中的常见故障有：

（1）粮层流化状态不好，或出现“死床”现象

主要是由于热风量不足或系统漏风现象严重；孔板开孔率不够，孔眼堵塞或系统阻力过大，或出粮受堵造成粮层过厚等。

（2）烘后粮有焦糊粒和爆米花粒

主要是由于干燥介质温度过高，流量过低，干燥时间过长。

（3）出机粮温低，降水不够

主要是由于干燥介质温度低，潮粮流量过大，热风系统漏风严重，干燥时间短。

（4）孔板上粮食流动不均匀，速度不一致

主要是由于排粮口局部被杂物堵塞，或孔板上滞留的杂质造成。应针对具体情况，采用适当方法加以处理。

（三）滚筒干燥机

1．概述

滚筒干燥机可用来烘干稻谷、小麦、玉米等多种粮食，我国主要用于烘干稻谷。滚筒干燥机具有烘粮温度和降水比较均匀，烘后粮食品质较好，操作简单等优点。但一次降水幅度小，占地面积较大。

2．一般结构和工作过程

滚筒干燥机主要由滚筒、进料斗、炉灶和传动系统组成（图5-10）。采用外齿轮传动的滚筒烘干机，在滚筒外配有两个滚圈和一个齿轮圈。每个滚圈在2~4个支承托轮上滚动，以承载滚筒重量。电机由皮带传动，使齿轮圈转动，带动滚筒旋转，转速为15~25转/分钟。一般筒体由进粮端向出粮端倾斜3°~5°。

滚筒烘干机在工作中，粮食进入不断旋转的滚筒内部，被抄板携带至一定高度后，抛撒下来，与顺（或逆）流的干燥介质充分接触，进行湿热交换，同时，还以传导的方式由筒壁和抄板表面受热。由于滚筒的倾斜及抄板的带动，粮食将以不连续的螺旋线路径向出口端运动，而废气带着水汽排出滚筒。由出口处排出的粮食，经缓苏后，进行冷却。

滚筒干燥有对流式、传导式、双热式三大类型。对流式是通过粮食与干燥介质在筒内的直接接触，以对流换热方式传热；传导式是粮食与加热筒壁直接接触，以热传导加热筒内的粮食；双热式的滚筒烘干机有三分之二的筒体包在气道里，热风先在气道里加热筒壁，然后由进粮端进入筒内与粮食直接接触，以传导和对流两种方式加热粮食。我国南方滚筒烘干机多采用双热式，干燥效果好。滚筒烘干机有长度分别为8m以上、5~7m及5m以下的大、中、小型；可以磨擦轮传动、外齿轮传动或中心轴传动；有糠灶、煤灶、气灶和油灶多种供热设备。

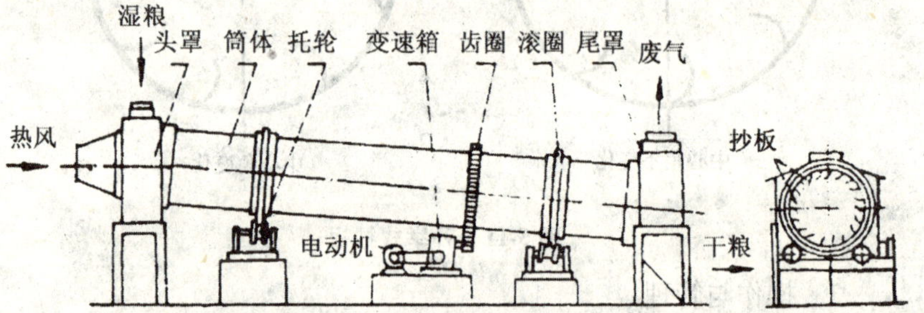

图5-10　滚筒烘干机

滚筒烘干机在工作中，粮食进入不断旋转的滚筒内部，被抄板携带至一定高度后，抛撒下来，与顺（或逆）流的干燥介质充分接触，进行湿热交换，同时，还以传导的方式由筒壁和抄板表面受热。由于滚筒的倾斜及抄板的带动，粮食将以不连续的螺旋线路径向出口端运动，而废气带着水汽排出滚筒。由出口处排出的粮食，经缓苏后，进行冷却。

滚筒干燥有对流式、传导式、双热式三大类型。对流式是通过粮食与干燥介质在筒内的直接接触，以对流换热方式传热；传导式是粮食与加热筒壁直接接触，以热传导加热筒内的粮食；双热式的滚筒烘干机有三分之二的筒体包在气道里，热风先在气道里加热筒壁，然后由进粮端进入筒内与粮食直接接触，以传导和对流两种方式加热粮食。我国南方滚筒烘干机多采用双热式，干燥效果好。滚筒烘干机有长度分别为8m以上、5~7m及5m以下的大、中、小型；可以磨擦轮传动、外齿轮传动或中心轴传动；有糠灶、煤灶、气灶和油灶多种供热设备。

滚筒一般是用厚度为2.5mm的钢板卷焊而成。筒内实际容纳粮食的体积与其容积之比，即填充系数（β），一般为0.15~0.25之间。筒内壁用铆接或焊接方法固定多组抄板。筒体前后两端有头罩和尾罩，在筒体与罩之间装有滑动密封装置，以保证筒体顺利转动，又不发生漏气。

粮食在筒内的撒落程度和均匀性，主要与抄板的结构有关。要使粮食在筒内整个截面撒落均匀，并延长其撒落过程，以充分利用热量，提高干燥效果，就必须合理选择抄板的结构形式（图5-11），我国粮食烘干中多采用升举式抄板。

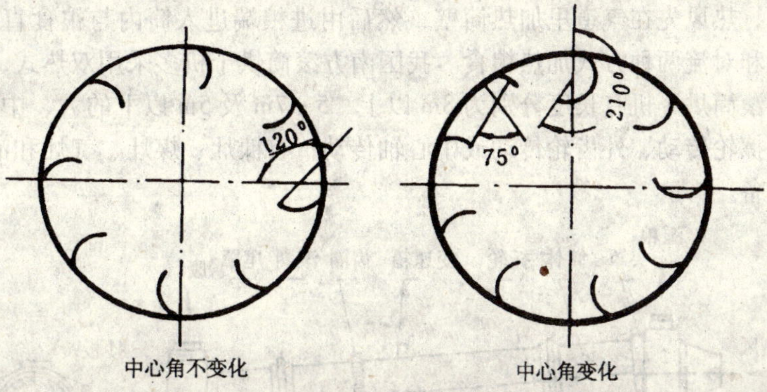

图5-11 升举式抄板

3. 操作与管理

首先点燃炉灶，待火焰稍大，打开热风机控制闸门，随着火焰的增大，风机闸门由小到大逐渐开启，待炉膛内引火材料大部分燃烧后，立即加燃料，当废气管道上的温度表温度达到100℃时，立即开动干燥机，使筒体转动起来，并开动进粮和排粮用斗式提升机及清理机械，随后打开提升机进粮闸门，向进粮斗进粮。当进粮斗内粮层超过500mm以后，打开其控制闸门，使粮食进入筒体内，并调节其流量的大小，使其符合干燥产量的要求。

干燥过程中，如出现设备故障需中途停机或遇有特殊情况突然停机时，必须先关闭进粮闸门，再停热风机，然后打开炉门、烟囱闸门及头罩盖、卸粮斗观察盖。如停机时间较长，筒体内存有粮食时，除完成上述操作程序外，还须采用手动的方法，使筒内的粮食迅速排出，以避免损坏粮食。

滚筒烘干机在生产过程中常见的故障有：

（1）干燥后粮食降水率和出机粮温过低

其原因是热风机有故障，风量不足，应查出原因加以排除；进粮管料封漏气，应适当增加进粮斗的料封高度，避免热空气短路；干燥机密封圈或卸粮溜管压力门漏气，应检修密封圈和压力门，使它们有良好的密封效果；也可能是流量过大，介质量过少，温度过低而引起，应适当降低流量，提高介质温度，增加介质数量。

（2）中途突然停机

其原因可能是电器故障，应找出原因，加以排除；流量过大或出口堵塞引起电机过载而停电，应调好进粮流量并保证出粮通畅；也可能是出粮提升机发生堵塞，应迅速查出原因，加以排除。

思考练习题

1. 在一定的干燥条件下，粮油干燥过程分为哪几个干燥阶段？
2. 影响粮食热力干燥过程的因素有哪些？
3. 干燥过程对粮油品质有何影响？
4. 稻谷、小麦、玉米、大豆的热力干燥条件是什么？
5. 如何进行日光晾晒干燥？
6. 什么是就仓干燥？有何特点？
7. 试述塔式烘干机、滚筒烘干机和流化槽烘干机的主要结构和工作原理。

第六章 机械通风储粮技术

第一节　储粮机械通风概述

一、储粮机械通风的概念和作用

（一）储粮机械通风的概念

储粮机械通风是利用通风机产生的压力，将外界适宜空气强制地通入粮堆，促使粮堆内、外气体进行湿热交换，从而改变粮堆内气体状态，形成有利于储粮品质和储粮安全所需要的生态环境的储粮技术。可以说，为改善储粮状态而向粮堆压入或抽出经过选择或温度调节的空气的操作都称为机械通风。

实践证明，对水分高于安全水分1%～2%的粮食，采用机械通风方法及时处理，可有效降低粮食水分，抑制储粮发热，增加耐储性，保证储粮品质，同时还可减轻烘干作业量，减少费用、节约劳力。对夏收或过夏的粮食，采用机械通风及时降低粮温，可避免储粮进入秋冬季节后，夏季高温不退而发生粮堆结露、霉变、生虫等现象。机械通风储粮技术简便适用，经济有效，在国内外应用广泛，是安全储粮的重要手段。

机械通风储粮技术适用于各类散装的原粮（包括豆类和油料）、薯干、棉籽及非粉类成品粮，对于袋装的粉类成品粮，必要时也可以进行通风。

（二）储粮机械通风的作用

1．降低储粮温度

对粮堆进行合理通风，可有效降低粮堆温度，防止或制止储粮发热。利用低温季节的有利条件对粮堆进行通风，使粮堆长期保持低温状态，不仅利于保证储粮品质，还可有效防虫抑菌，减少熏蒸次数与用药量，改善储粮性能。

2．降低储粮水分

采用机械通风的方法，降低粮食水分，可缓解烘晒压力，减少搬倒费用，延缓霉菌生长，保持储粮新鲜品质。机械通风降水率可达1.5%～2%左右。

3．均衡粮温

粮堆内部温差的存在是粮堆内部水分发生转移，造成粮堆结露、发热霉变的主要原因。特别是在昼夜温差较大或季节性温度波动较大的地区，尤为严重。利用机械通风可均衡粮堆各部位间的温差，可有效防止水分转移，抑制虫、霉滋生。

4．进行粮堆环流熏蒸

利用机械通风系统进行环流熏蒸，毒气穿透力好，药剂分布均匀，用药量低，熏蒸杀虫效果好。

5．排除粮堆异味

机械通风可排除粮堆内部由于不良储藏条件形成的异味或熏蒸残留毒气。

6．增湿调质

利用机械通风进行储粮增湿调质，可以改善储粮加工品质和出品率，提高经济效益。

二、储粮机械通风的原理

在储藏过程中，粮堆作为一个人工复合的特殊的生态系统，受其内部非生物环境因子的影响十分显著。储粮通风就是用外界适宜空气置换粮堆内部空气，以形成利于储粮品质的生态环境的过程。

（一）粮堆空隙度、导热性和吸湿性为实现机械通风提供了基础

粮堆是一种散粒的聚集体，粮油籽粒间存在着一定的空隙，空气可在粮堆空隙中流动。在这一过程中，粮堆通过传导和空隙中空气的对流作用，使流动空气作为一种热量载体，把粮堆中多余的热量携带出去。由于粮油籽粒本身是一种多孔毛细管状胶体物质，有很大的吸附表面，具有明显的吸湿性，根据吸湿平衡的原理，在不同温、湿度的条件下，粮油的含水量将不断发生着变化，可以通过合理选择通风时机，达到散湿或增湿的目的。

（二）通风机械和合理摆布的通风管道是完成机械通风的必需和保证

储粮机械通风是在粮堆具有空隙度的基础上，利用通风设备（通风机）产生的压力，强制粮堆内湿热空气与外界干冷空气进行交换以改变粮堆内的空气状态，最终达到降低粮食的温度和水分，或增湿调质的目的。由于通风机做功，外界空气可以较好地克服阻力，将粮堆内部气体置换出来，达到通风效果和实现通风效益。而合理摆布通风管道，避免通风死角，才能保证均匀降温、均匀降水以及均匀调质，提高储粮安全和品质。

（三）正确选择通风时机和完善的管理是有效地进行通风的关键

只有正确选择通风时机，加强通风过程的管理，避免粮堆出现不合理通风的现象，防止粮堆发生结露，才能做到经济、有效、合理地通风。

三、储粮机械通风的发展概况

储粮机械通风技术作为实现低温储粮和降低储粮水分的有效手段，发展于

20世纪30年代。第二次世界大战后，随着近代工程技术的发展，储粮通风在美国、英国、法国、荷兰、澳大利亚以及前苏联等国都进行了大量的试验研究，有的技术和方法已申请专利。到60年代中期，机械通风理论得到初步确立。随之，储粮机械通风技术在全世界得到广泛应用。在美、澳、法国的大小筒仓都配有机械通风设施，主要靠机械通风控制储粮的安全。美国在粮食储藏及管理技术中规定，凡是仓容超过15万斤的仓房，都应配备机械通风装置。在玉米的通风干燥仓中，常配有多向蛟龙用于翻动粮食，粮食可在不搬动的情况下被上下左右翻动，以保证通风干燥的粮食水分均匀。在澳大利亚，小麦收购季节的气温高达30℃～40℃，一般水分在11%左右，需选择低温时机，通风以降低小麦温度。对于新收水稻，水分较高，应用机械通风降温与降水相结合的方法保持水稻品质，储藏水稻的仓房几乎全部配有机械通风装置。对于水分在18%以上的水稻，入仓后选择时机，采取连续通风24小时的方式，3～5天时间内将水分降至16%左右。然后，再选择间歇通风方式，降到安全水分。在国外发达国家机械通风储粮技术已达到标准化和规范化，形成一系列的标准装置和完善的管理规程。

我国对储粮机械通风的认识开始于20世纪50年代，在学习前苏联经验的基础上，进行过地板仓通风降温、降水的试验。50年代后，江苏出现了单管通风，60年代出现了多管通风，应用于粮食降温。70年代浙江地区开展了稻谷机械通风降水、调质和大豆的通风降水研究，并把机械通风储粮技术与低温、低氧、低药量储粮技术相结合。80年代我国储粮通风技术进入了迅速发展的阶段，机械通风储粮技术的应用越来越广泛，基本上形成了适合我国国情的一系列通风系统形式。1984年江苏通风储藏的仓容已达25亿kg，1991年全国每年应用机械通风技术处理的粮食达500多亿kg。经过"六五"、"七五"、"八五"攻关项目对储粮通风系统的研究，《机械通风储粮技术规程》的制定，机械通风配套设备的研制，推动了通风储粮技术在全国30个省、市、自治区范围的推广和应用。目前，机械通风在我国粮食储藏领域已成为一项主要的技术措施，走上了科学化管理的道路。

第二节　储粮机械通风系统

一、储粮机械通风系统的组成

储粮机械通风系统通常由风机、供风管道、通风槽、粮堆以及通风控制器组成，如图6-1所示。

（一）通风管道

通风管道即通风道，是指安装在粮堆内部或粮仓底部带有孔板或筛网的管道。通风管道的作用就是组织与分配气流，即将通过粮堆内部的气体，按需求以一定的气流形式和均匀程度进行组织与分配，应尽可能地使通风管道布置合理，最大程度地使通风基本均匀。

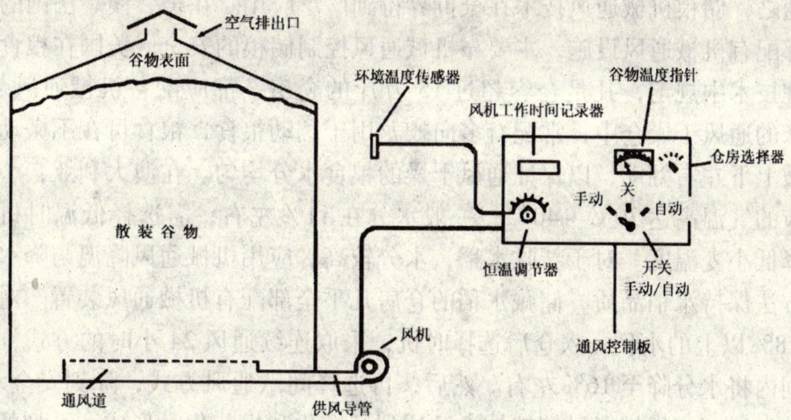

图 6-1　粮堆机械通风系统组成

（二）供风管道

供风管道由管壁密封的管道构成，它的作用是连接风机与粮仓内通风管道。要求供风管道应密封、光滑、气流阻力小。

（三）通风机

通风机是机械通风系统的重要设备，它作为压力源，为粮堆通风提供足够的风量和风压，促使气体克服通风系统阻力，在粮堆内流动，以实现通风作业的目的。

（四）通风控制器

通风控制器的作用是对机械通风系统的运行实施控制。储粮通风微机控制仪能帮助自动选择通风时机，实现系统自动开机和关机等的操作。

二、储粮机械通风系统的分类

储粮机械通风系统的形式很多，以不同的方法可将它们作如下分类：

（一）按通风的范围分类

1. 整体通风

指对独立的储粮单元、堆垛或货位进行整体通风的系统，又称全面通风系统。

2. 局部通风

指对独立的储粮单元、堆垛或货位的局部进行通风的系统。如对粮仓某一局部发热点进行的通风处理。

（二）按通风道的类型分类

1. 地槽通风

在独立的储粮单元、堆垛或货位地坪之下建有固定的通风管道（即地槽），槽上铺设筛孔板或分设若干个空气分配器的通风系统，称为地槽通风系统。地槽通风的通风槽为固定式通风槽（见图6-2）。

2. 地上笼通风

在独立的储粮单元、堆垛或货位地坪之上装配通风管道的移动式通风系统，称为地上笼通风系统（见图6-3）。

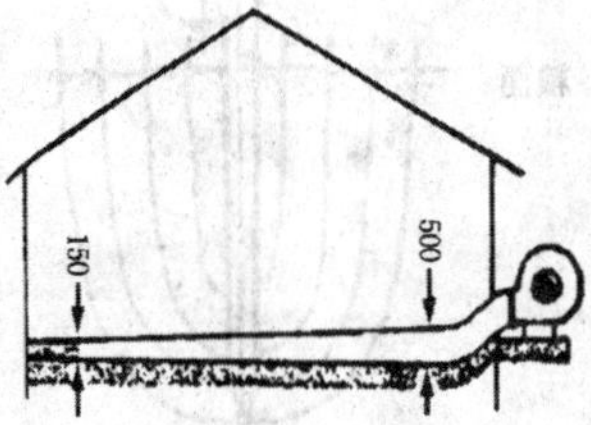

图6-2　地槽通风示意图

图6-3　地上笼通风槽

3. 单管、多管通风

单管、多管通风是指一台风机与一根或多根风管组成的移动式通风系统。

单管通风的通风管（图6-4）是用厚度为2mm薄钢板卷制焊接而成，或用壁厚不小于2mm的钢管制成。通常分上、下两段，一般上段长1.5～2m，下段长2m，管径以80～90mm左右为宜，为便于管子插入粮堆，在下端焊接一150～200mm长的锥形头。管子末端500～1000mm长度范围内冲有气孔。孔眼大小以不漏入粮粒为原则，一般孔眼直径为2～3mm，孔距约为6mm。单管通风设备的通风机，风量为500～1000m^3/h，全压力约为750～1600Pa，电动机一般不超过0.75kW。通风管插入粮堆可用压管机或吸风埋管器，以后者更轻便。从粮堆内拔出风管，一般用人工即可。

单管通风机通常用于处理粮堆内局部发热，操作时将8～10根风管组成一组，按等边三角形或梅花形排列，间距2～3m，交错采用吸出式或压入式通风方式，如图6-5所示。

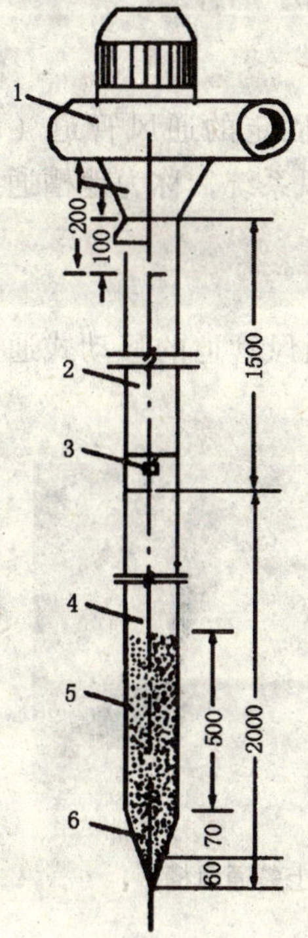

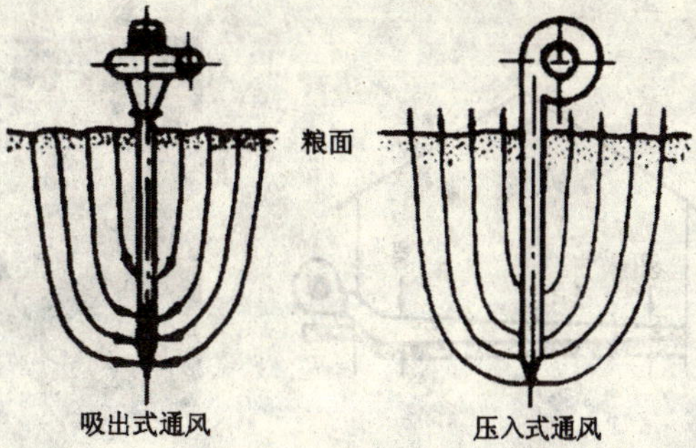

图 6-4　单管通风机结构　　　**图 6-5　单管通风送风方式**

1. 通风机　2. 上段风管　3. 接头 4. 下段风管　5. 通风孔　6. 锥形头

多管通风机是指一台风机与多根风管组成的移动式通风系统，如图 6-6 所示。通风机通过蛇形管与风管相接，风管直径 110mm，圆孔直径 2.5mm，一般使用 4－72－4.5A 风机，功率 7.5kW，风量 5730～10580m^3/h，全压 1670～2530Pa。多管通风主要用于高温粮降温及在低温季节利用外界冷空气进行通风降温。

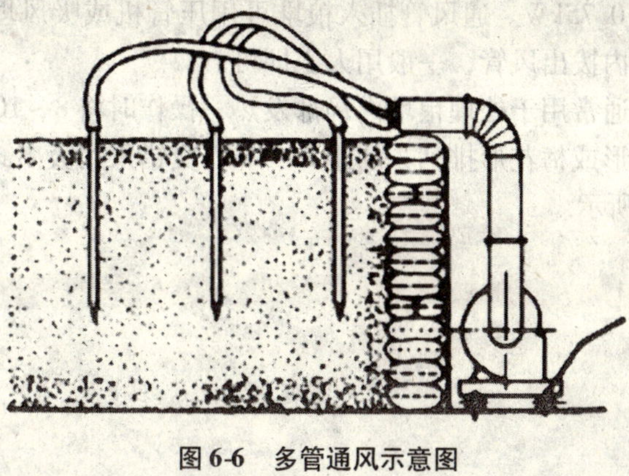

图 6-6　多管通风示意图

4. 箱式通风

箱式通风俗称存气箱通风，是一种在粮堆内预埋箱型空气分配器的吸出式降温通风系统。箱式风道结构简单，造价低，用材少，制造安装方便，适用于小型房式仓的整仓或局部降温通风。但箱式通风系统的通风途径比较大，降温均匀性较差，特别是底层粮温偏高，需加设辅助风管或开风洞以达到通风目的；由于负压通风粮层阻力大，单位电耗高，每降1℃粮温比其他通风形式要多耗电20%，运行费用较高；通风时粮面需覆盖薄膜并采用分段揭膜法通风，劳动强度大。

5. 径向通风

径向通风是指将筒状通风道垂直安置于粮堆中央，顶端封闭，使通风机送来的气流沿径向流动穿过粮层来达到通风目的的通风系统。径向通风的粮层厚度比垂直通风粮层厚度小，通风降温、降水效果好。仓内中心安置的通风道直径为450～1000mm，可用金属孔板制成。外仓壁有冲孔木板镶嵌的孔板或金属筛网，内壁是透气的双层仓壁。通风过程中，空气从底部送入通风道，沿径向穿过粮层并从透气仓壁流出，或从粮堆顶部流出，如图6-7所示。径向通风适用于径向通风干燥仓以及露天囤通风。

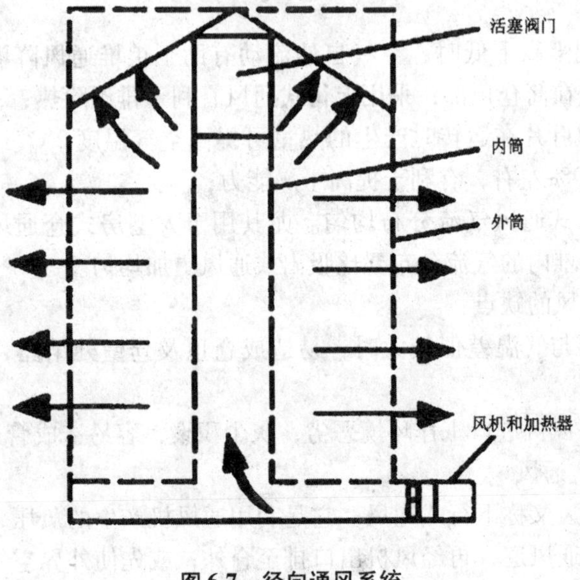

图6-7　径向通风系统

6. 夹底通风

夹底通风是指粮仓底部全部（或部分）设开孔底板的通风系统。该通风系统是利用冲孔金属板等制成通风地板，气流在通风板下面进行分配，然后均匀穿过冲孔板进入粮堆，是垂直通风的一种形式。全地板通风系统是压力损失最小、气流分布最均匀、通风效果最好的一种通风形式，便于进出粮操作。

但这种通风形式造价较高，较少用于大容量仓房，适用于钢板筒仓或小型通风干燥仓中粮食的慢速干燥及干燥后的冷却。

（三）按通风机的送风方式分类

就通风机的工作状态来分，储粮机械通风的送风形式分为压入式和吸出式两种。实际通风作业在中，可根据需要，将压入与吸出方式结合起来灵活运用。

1. 压入式通风

压入式通风（或称上行式通风）是利用通风机产生的压力，将外界空气经风道送入粮堆，穿过粮面后，废气从排气口或门窗排至仓外，整个通风系统处于正压工作状态，如图6-8所示。压入式通风系统适用于整仓粮食降温和降水通风，尤其适用于粮堆中、上层粮温高时的通风，是目前使用较多的一种通风方式。

压入式通风的优点：

（1）易于检测通风效果，调控通风进程。在通风过程中，干冷空气自下而上穿过粮堆，最后处理的是粮堆表层，其降温、降水效果由粮堆表层检测，十分方便；

（2）粮温上高下低时，空气自然流动有助于粮堆通风降温。此外，湿热空气大多聚集在筒仓顶部，采用上行式通风有利于排湿除热；

（3）风机叶片在运转时产生的热量可提高空气温度2℃～3℃，同时可降低气体湿度10%左右，有利于提高干燥能力；

（4）压入式通风气流分布均匀。尤其用于大型房式仓通风时，压入式通风沿长管道粮堆内的气流分布要比吸出式通风更加均匀。

压入式通风的缺点：

（1）粮温与气温差值较大时，易造成仓顶及仓壁处结露，增大粮食表层的水分；

（2）如果风机进口工作环境恶劣，灰尘积聚，容易造成管道堵塞。

2. 吸出式通风

吸出式通风又称下行式通风。它是利用通风机产生的负压，使外界空气穿过粮堆后吸入通风道，再经风机出口排至仓外；或先使外界空气经通风道进入并穿过粮堆，最后经通风机排至仓外，如图6-9所示。吸出式通风适用于整仓粮食的通风降温、通风干燥、通风调质和排除仓内异味及通风散气等功能，尤其适用于粮堆中、下层温度高时的通风。

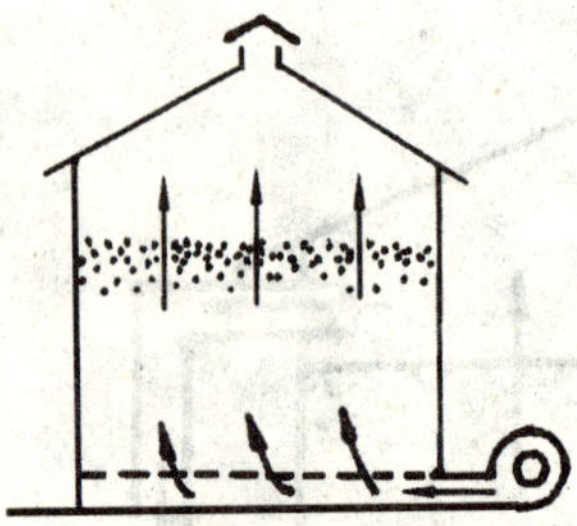

图 6-8 压入式通风示意图

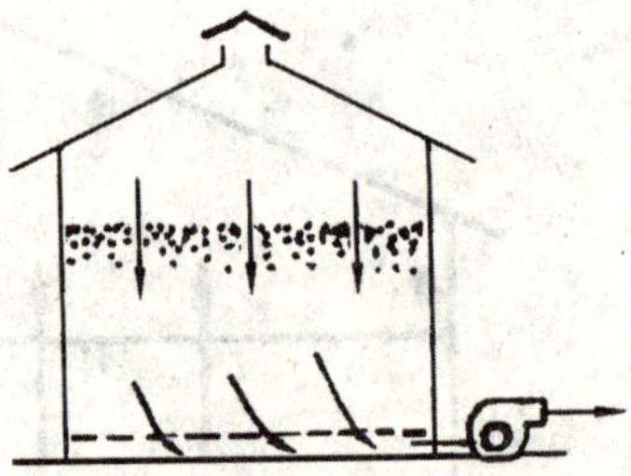

图 6-9 吸出式通风示意图

吸出式通风的优点：

（1）冷空气直接与粮堆接触，不受风机工作热量的影响，充分利用了空气的冷却能力，对粮堆降温更为有利；

（2）冷却区自上而下运行，湿热废气直接从风道内排出，可避免粮层冷表面的结露；

（3）可灵活地利用薄膜覆盖，采用揭膜通风的方式，将气流直接输送到粮堆局部。

吸出式通风的缺点：

（1）通风处理的最后区域是粮堆底部，而粮堆底部的通风效果通常比较难于检测，不利于做出结束通风的正确判断；

（2）粮堆中、上部发热时若采用下行式通风，会使底部冷粮层返热，并引起水分转移；

（3）采取吸出式通风不能有效地利用通风机产生的工作热量降低环境的湿度，对环境空气湿度较高的地区，可能会丧失通风时机。

3. 压入与吸出相结合式通风

筒仓通风时，由于粮层阻力较大，可使用两台风机，采用压入与吸出相结合的混合式通风方式。对粮层较厚的房式仓通风，采用压入与吸出的交替通风，有利于整个粮堆温度与水分的均衡分布。

4. 环流通风

通风机的空气输入端和输出端分别与粮堆风网的空气输出端和输入端相连接的循环通风系统（图 6-10），多适用于环流熏蒸。为了提高谷物冷却机的冷却效率，有时也采用环流通风形式。

（四）按通风机械设备的类型分类

1. 离心式通风机通风

离心式通风机通风系统降温、降水强度大，速度快，常用于风网阻力较大的大型粮仓的通风及发热粮的应急处理。

2. 轴流式通风机通风

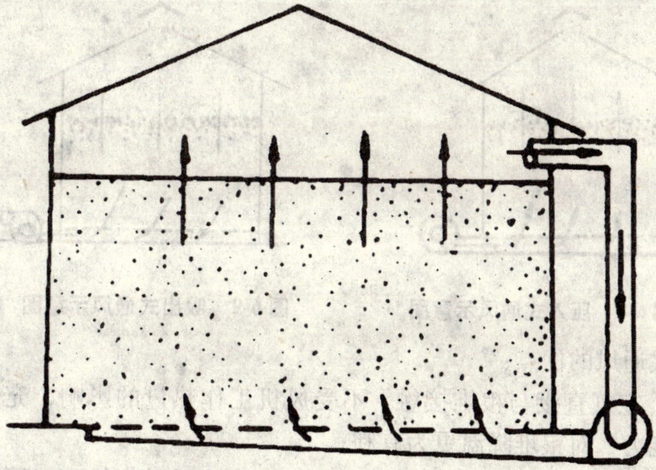

图 6-10 环流熏蒸示意图

轴流式通风机通风系统虽然降温较慢，但能耗低，经济适用。对于冬季低温条件充足，且粮情稳定，粮食水分在安全水分内，粮层阻力不大时适宜采用。

3. 混流式通风机通风

适用于中型粮仓的通风，风压高于轴流式通风机，经济性优于离心式通风机。

4. 谷物冷却机通风

适用于环境温湿度较高时的冷却、调质通风。尤在夏季处理问题粮时效果好，但投资大。

三、通风机

储粮机械通风的过程是适宜空气按一定的方向和速度流动的过程。空气流动的原因正如水的流动一样，和压力密切相关，空气将从压力高的地方流向压力低的地方。在机械通风中，这种压力差是靠通风机做功产生的。

在储粮机械通风中，常用的通风机有离心式通风机和轴流式通风机两大类。混流式风机近年来也在储粮机械通风中得到应用。

（一）离心式通风机

1. 离心式通风机的构造与工作过程

离心式通风机（如图 6-11）主要由叶轮、叶片、轮毂、螺旋形机壳、进风口、出风口和机座等组成。

通风机工作时，叶轮在机壳内旋转，在离心力的作用下，叶片间流槽中的空气沿着流槽向叶轮周边流动，逐渐向螺旋形机壳中集中。同时，气体体积受

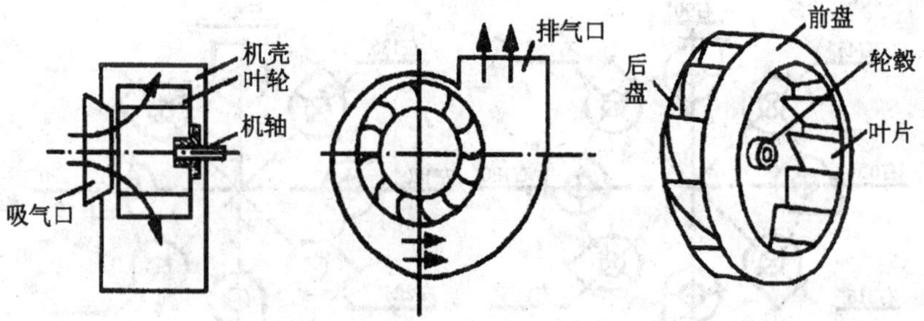

图 6-11　离心式通风机结构原理图

到压缩，形成高于大气压力的压力（称为正压力），空气在压力差的作用下，由机壳出口流出。而此时，叶轮中间部位由于空气稀薄，形成低于大气压力的压力（称为负压力）。空气在压力差的作用下，又由进气口进入叶轮中间部位，再流入叶片之间流槽中，以补充被压出的空气。这样，随着通风机叶轮的旋转，使其机械能转变为空气的动能和势能。在通风机的吸气口产生的压力比大气压力低，出气口产生的压力比大气压力高。由于正负压力差的作用，外界空气经进气口被吸进机壳内，再从出气口排出。通风机叶轮不断旋转，空气就这样不断地发生流动。

2．离心式通风机的特点及分类

离心式通风机具有风量大，风压高，所需功率也比较大等特点。由于产生的风压高，克服气流阻力的能力强，能使气流穿过较厚的粮层，通风降温速度快，效果好，适合储粮机械通风系统阻力大、需风量较大的场合使用。

离心式通风机按其产生风压的大小可分为三种类型：

（1）低压离心式通风机：风压 < 1000Pa，在储粮机械通风系统中，经常选用；

（2）中压离心式通风机：风压为 1000Pa ~ 3000Pa，用于管路较长、系统阻力较大的风网，在机械通风降水或包装粮通风时，可选用这种风机；

（3）高压离心式通风机：3000Pa < 风压 < 15000Pa，可用于立筒仓通风系统。

3．离心式通风机叶轮旋转方向和出风口位置

离心式通风机叶轮旋转方向分右旋和左旋两种。从通风机电动机一侧看，通风机工作时叶轮为顺时针方向旋转的称右旋离心式通风机，叶轮为反时针方向旋转的称左旋离心式通风机，出风口位置可以有不同角度，见图 6-12。在实际应用时，可以根据安装位置来选择不同旋转和出风口位置的离心式通风机。

离心式通风机电动机传动方式通常有 A、B、C、D、E、F 型六种。A 型为电动机直联传动；B、C、E 型为皮带轮传动；D、F 型为联轴器传动，见图

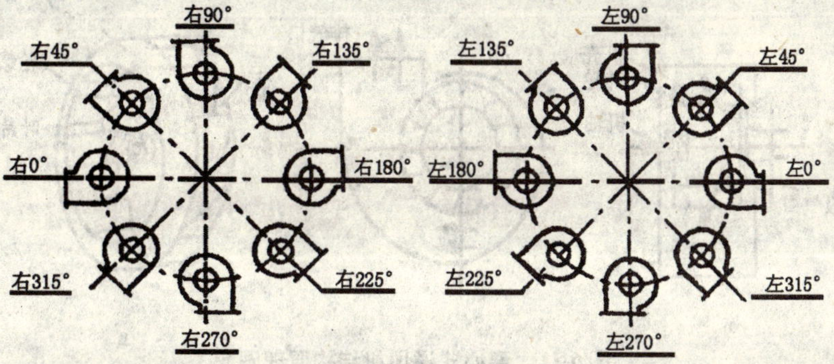

图 6-12 风机出口位置

6-13。

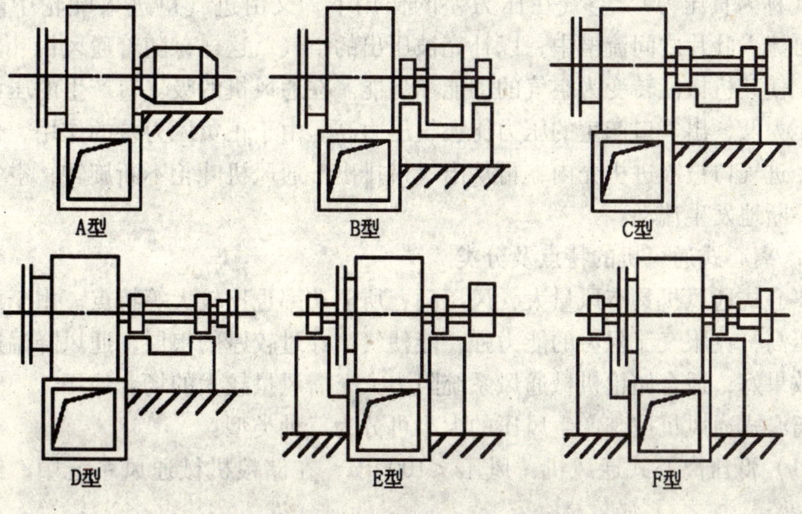

图 6-13 离心式通风机电动机传动方式

4. 离心式通风机的型号

一台离心式通风机的全称包括名称、型号、机号、传动方式、叶轮旋转方向和出风口位置。以“离心式通风机 4—72—11№7C 右 90°”型为例：

（1）离心式通风机—名称；

（2）4—全压系数值乘 10 化整；

（3）72—比转数；

（4）1—进风口吸入形式；

（5）1—设计顺序号；

（6）№7—机号，叶轮直径为 7 分米；

（7）C—电动机传动方式为 C 型传动；

（8）右—叶轮旋转方向为右旋；

（9）90°—出风口位置为90°。

5．离心式通风机主要性能参数

离心式通风机的性能参数主要有风量、风压、功率、效率及转速等。

（1）风量（Q）

通风机的风量是指单位时间内流过通风机的气体体积，单位通常为 m^3/h。风机的结构不同，转速不同，流量也不相同。

（2）风压（H）

通风机的风压即是空气在通风机内压力的升高值，单位通常为 Pa 或 kPa。它等于风机出口全压与进口全压之代数和（或绝对值之和）。即：

$$H = |H_{全进}| + |H_{全出}|$$

（3）功率（N）

在单位时间内通风机传递给空气的能量称为通风机的有效功率，单位为 kW，可用下式表达：

$$Ny = \frac{HQ}{3600000}$$

式中：Ny—通风机的有效功率（kW）；

H—风机的风压（Pa）；

Q—风机产生的风量（m^3/h）。

当通风机运转时，消耗了外部供给的能量，而使空气从风机获得了能量。由于风机运行中轴承的摩擦损失，以及空气在风机内的碰撞和流动损失，实际消耗于风机轴上的功率 N 要大于有效功率 Ny。轴功率 N 与有效功率 Ny 之间的关系为：

$$N = \frac{Ny}{\eta}$$

式中：η—通风机的效率,%。

（4）效率（η）

通风机的效率就是通风机的有效功率与轴功率的比值。即：

$$\eta（\%）= \frac{Ny}{\eta} \times 100$$

离心式通风机的效率一般在60%～90%之间。通风机的效率高，说明其能量损失少，经济适用。通风作业中，选用风机的实际运转效率不应低于 $0.9\eta_{max}$。

通常将风压与风量（H—Q）、功率与风量（N—Q），效率与风量（η—Q）三条曲线，按照同一比例画在一张图上，即构成通风机的性能曲线图。它可以更好地反映出风机的全压、功率、效率、转速与风量的关系。如图 6-14 是 4－72№5 离心式通风机在转速为 2900 转/分时的特性曲线。

从图上可以看出，只要已知风量、风压、轴功率、效率四个参数中的一个，就可查出其余的三个参数。图中 $Q_1 \sim Q_2$ 区间为风量适用范围，称为风机的经济使用范围。

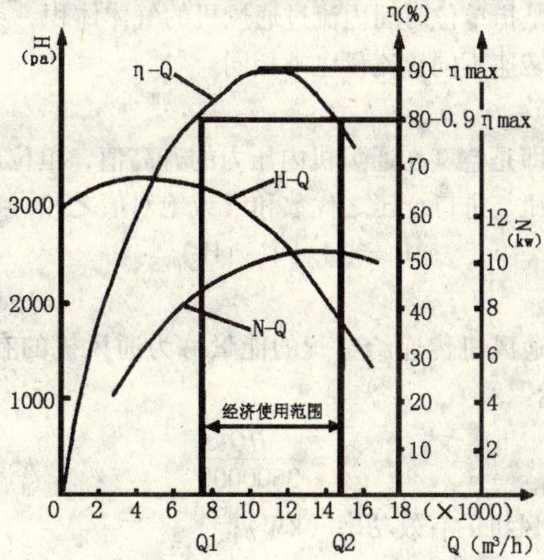

图 6-14　4－72№5 风机特性曲线

6. 离心式通风机的选用

4－72 型离心风机运行平稳，噪音低，效率达 91%，可用于储粮机械通风的降水和降温通风。表 6-1 列出了常用的几种离心式通风机的性能范围。

表 6-1　常用离心风机的性能范围

型号	名称	机号（№）	风压范围（Pa）	风量范围（m^3/h）	输送介质最高温度（℃）	功率范围（kW）	主要用途
4-72-11	离心式通风机	2.8～20	200～3240	991～227500	80	1.1～210	一般通风换气
C4-73-11	排尘离心式通风机	-	590～7040	15900～683000	80	7.5～1220	输送含尘气体
B4-72-11	防爆离心式通风机	2.8～12	200～3240	991～227500	50～30	1.1～210	有爆炸危险的除尘系统
F4-62-11	防腐离心式通风机	-	200～4000	500～13500	-	1～210	输送腐蚀性气体
Y4-73-11	锅炉引风机	8～20	370～3770	15900～326000	200	5.5～380	锅炉引风

4－72－11 型离心风机主要性能参数见表6-2。

表 6-2　　**4－72－11 型风机性能表**

风机型号	转数（r/min）	序号	全压（Pa）	风量（m^3/h）	轴功率（kW）	电机功率（kW）
4—72—11 №4A	2900	1	1999	4020	2.62	5.5
		2	1960	4510	2.80	
		3	1901	4990	3.00	
		4	1813	5480	3.15	
		5	1705	5970	3.30	
		6	1597	6450	3.40	
		7	1450	6940	3.45	
		8	1313	7420	3.45	
	1450	1	499	2010	0.33	1.1
		2	490	2250	0.35	
		3	480	2500	0.38	
		4	460	2740	0.39	
		5	431	2980	0.41	
		6	401	3220	0.42	
		7	372	3470	0.43	
		8	333	3710	0.43	
4-72-11 №4.5A	2900	1	2528	5730	4.65	7.5
		2	2489	6420	5.00	
		3	2410	7120	5.30	
		4	2312	7810	5.60	
		5	2175	8500	5.80	
		6	2028	9200	6.10	
		7	1852	9890	6.20	
		8	1666	10580	6.20	
	1450	1	637	2860	0.58	1.1
		2	627	3210	0.63	
		3	607	3550	0.66	
		4	578	3900	0.70	
		5	548	4240	0.73	
		6	509	4590	0.76	
		7	460	4940	0.77	
		8	421	5280	0.78	

续表

4-72-11 №5A	2900	1	3175	7950	8.52	13
		2	3126	8910	8.90	
		3	2969	9880	9.42	
		4	2842	10850	9.90	
		5	2626	11830	10.30	
		6	2680	12780	10.50	
		7	2410	13750	10.70	
		8	2195	14720	10.90	
	1450	1	793	3970	1.06	2.2
		2	774	4460	1.11	
		3	764	4940	1.18	
		4	744	5420	1.23	
		5	705	5900	1.29	
		6	646	6390	1.31	
		7	597	6870	1.34	
		8	548	7350	1.36	
4-72-11 №6A	1450	1	1139	6677	2.71	4
		2	1124	7650	2.91	
		3	1099	8578	3.08	
		4	1059	9551	3.26	
		5	999	10478	3.36	
		6	919	11452	3.44	
		7	836	12379	3.49	
		8	724	13353	3.45	
	960	1	498	4520	0.79	1.5
		2	492	5070	0.84	
		3	481	5620	0.89	
		4	463	6170	0.94	
		5	437	6720	0.98	
		6	402	7270	1.00	
		7	366	7820	1.01	
		8	317	8370	1.00	

7. 选用风机的具体步骤

（1）计算通风系统的总阻力和总风量；

（2）计算通风机的风量和风压。为了使风机运行可靠，选用风机的风量和风压应大于通风系统的计算风量和风压。

通风机的风量用下式计算：

$$Q_{机} = (1.1 \sim 1.16)\ Q_{计}$$

式中：$Q_{机}$—选用风机风量，m^3/h；

1.1～1.16—风量附加安全系数，即风量系数；

$Q_{计}$—系统计算所得总风量，m^3/h。

通风机的风压计算式为：

$$H_{机} = (1.1 \sim 1.2)\ H_{计}$$

式中：$H_{机}$—选用风机的风压，Pa；

1.1~1.2—风压附加安全系数，即风压系数；

$H_{计}$-系统计算的总阻力，Pa。

（3）根据 $Q_{机}$ 和 $H_{机}$，在风机产品样本上选定风机的类型，确定风机机号、转速和电动机的功率。选择合适的风机出口位置及传动方式，以利于风机的安装和使用。风机的工作点应在经济使用范围内。

（二）轴流式通风机

1．轴流式通风机的构造和工作原理

轴流式通风机构造如图 6-15 所示。

轴流式通风机的叶轮安装在圆形风筒内，叶轮上的叶片是扭曲的，进风口设计成圆弧形，以避免进气的突然收缩。电动机的机轴直接与叶轮联接，当电动机带动叶轮旋转后，空气由进风口吸入，经过叶片，获得能量，这时部分动能转为静压，再经扩散筒排出，送入风网。由于空气在风机中始终是沿叶轮轴向流动的，因而称为轴流通风机。

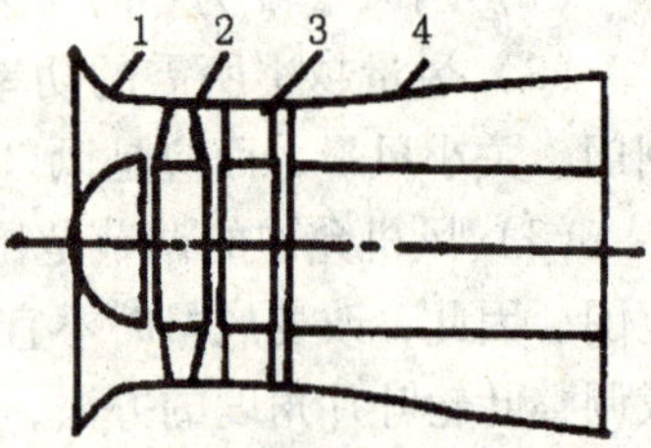

1.集风器 2.叶轮 3.导叶 4.扩压筒

图 6-15　轴流式通风机结构

2．轴流式通风机的特点及分类

轴流式通风机具有产生的能耗小、风压低、体积小的特点，适合储粮机械通风系统阻力小以及缓速降温通风的场合使用。储粮通风作业中，广泛采用的风扇式轴流风机具有结构简单，价格低廉，使用方便的特点；但降温速率小，产生的风压也低，效率一般为60%左右。

轴流式通风机按压力区分，可分为低压轴流风机（$H < 500Pa$）和高压轴流风机（$H > 500Pa$）；按结构型式区分，可分为筒式、简易筒式和风扇式轴流风机。如图 6-16 所示。

3．轴流式通风机主要性能参数

轴流式通风机特性曲线如图 6-17 所示。

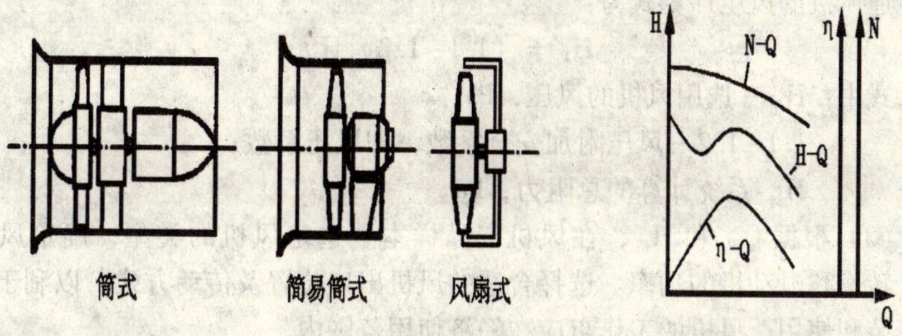

图 6-17 轴流风机特性曲线

从特征曲线图中可以看出，轴流式通风机的性能特点有：

（1）当风量 Q 为零时，风压 H 的值最大；

（2）风量越小所需的功率越大，因此，轴流式通风机在启动时，不应设闸门、关小风量，而应是风口全部打开，以免造成电机过载；

（3）风机允许的调节范围很小，工作状态点变化时，容易超出经济使用范围。因此，改变风量时不宜用闸门来调节风量，最好采用改变电动机的转速或调整叶轮叶片角度的方法，才能保证风机经济运转。

4. 轴流式通风机的选用

储粮机械通风系统中常用的轴流式通风机有 T35－11 型和 T40-11 型，

T40 型轴流风机系列产品，按叶轮直径不同分№2.5、3、3.5、4、5、6、7、8、9、10 等 10 种，每种机号叶片又安装成 15°、20°、25°、30°、35°等五种角度，均采用叶轮直接安装在电机轴上的直联结构。部分风机的性能见表 6-3。

表 6-3 T40 型部分风机性能

机号	叶轮直径（mm）	主轴转数（r/min）	叶片数 4				
			叶片角度	风量（m^3/h）	全压（Pa）	效率（%）	轴功率（kW）
4	400	2900	15	4630	327	78	0.526
			20	5920	362	81	0.714
			25	7640	366	84	0.903
			30	8240	390	83	1.043
			35	9310	483	80	1.507
		1450	15	2320	82	78	0.0658
			20	2960	90	81	0.0893
			25	3820	92	84	0.1129
			30	4120	97	83	0.1304
			35	4660	121	80	0.1884

（续表）

5	500	1450	15	4520	128	78	0.201
			20	5780	141	81	0.273
			25	7450	143	84	0.344
			30	8050	152	83	0.398
			35	9090	188	80	0.576
		960	15	2990	55	78	0.582
			20	3830	62	81	0.0790
			25	4940	63	84	0.0999
			30	5330	67	83	0.1153
			35	6020	83	80	0.167

上海生产的HLT型轴流风机在储粮机械通风系统中应用的比较多，该机的风压比T40型高，适合储粮降温通风（见表6-4）。

表6-4　HLT型风机性能

型号	风量（m^3/h）	全压（Pa）	转数（r/min）	电机容量（kW）
$HLT_4 1/2G$-2	9050	696	2800	3.00
$HLT_4 G$-2	7600	510	2800	1.50
$HLT_3 1/2G$-2	5000	294	2800	0.75

四、机械通风管道的类型及排列布置

（一）机械通风管道的类型

房式仓通风管道主要有地槽和地上笼两种类型。

1. 地槽

地槽是在仓房地坪上开槽并在槽面上铺设空气分配器的通风道。地槽横截面有变截面和等截面两种形式，见图6-18。

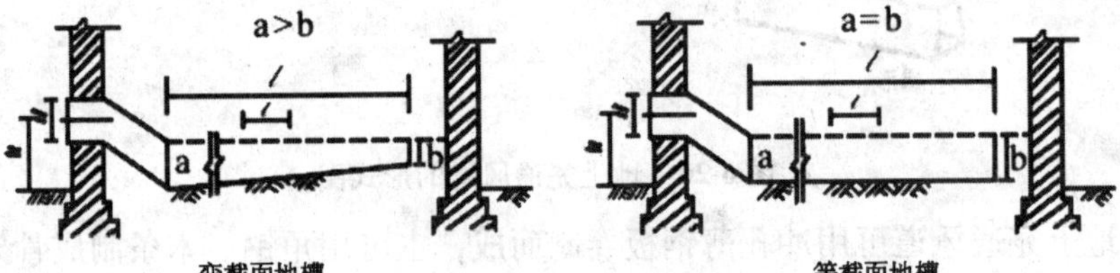

图6-18　地槽形式图

变截面地槽常配套等面积、等距空气分配器。变截面地槽虽制作麻烦，但通风均匀性较好，采用上行式压入法通风或下行式吸出法通风都可获得较好的通风效果。

等截面地槽的使用应考虑通风方式的选择。空气分配器面积从首端至末端依次减小的等截面地槽，只能采用上行式压入法通风，通过调节空气分配器之间的距离来实现等风速或等静压通风；空气分配器面积从首端至末端依次增大的等截面地槽，只能采用下行式吸出法通风，通过调节空气分配器之间的距离来实现等风速或等静压通风。

在机械通风过程中为使空气从空气分配器流出后呈网状发散流动，减少地槽通风死角，提高通风的均匀性，可采用空气分配罩进一步发散空气。空气分配罩有三角形、半圆形、梯形、矩形等多种，见图6-19。

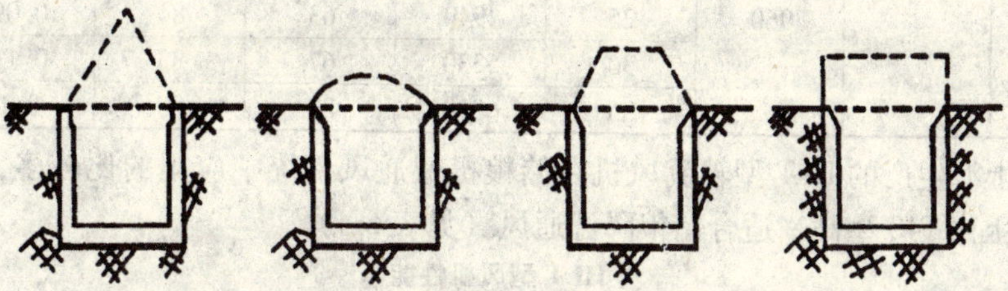

图6-19　空气分配罩示意图

2. 地上笼

地上笼是放置在仓房地坪上可以移动的通风道，形式有多种多样，其截面形状有三角形、矩形、半圆形、圆形、倒“U”形、梯形等。见图6-20。

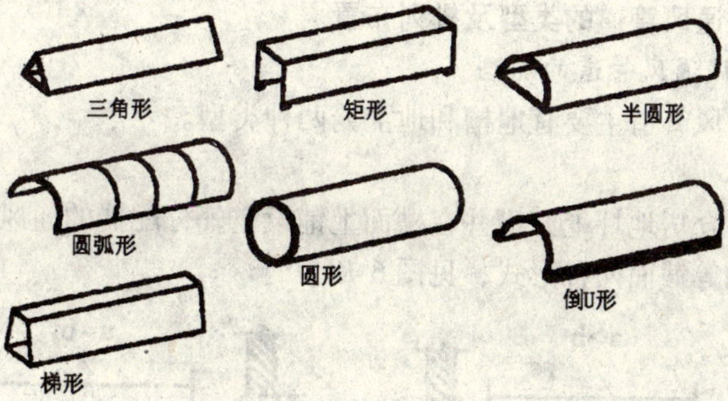

图6-20　地上笼通风道的形式图

地上笼通风道可用冲孔薄钢板卷制而成，也可用角钢、木条制成骨架外铺钢丝网或其他孔板制成，甚至可用已装粮的麻袋堆砌（外铺麻袋或草片以防漏粮）。

（二）通风道的排列布置

通风道在粮仓中的布置形式可根据仓房类型和仓房尺寸来定，在实际应用中，通风道布置形式既要简单又要能够满足储粮通风均匀性的要求。通风道在房式仓和圆仓中的布置形式见图6-22和图6-22。

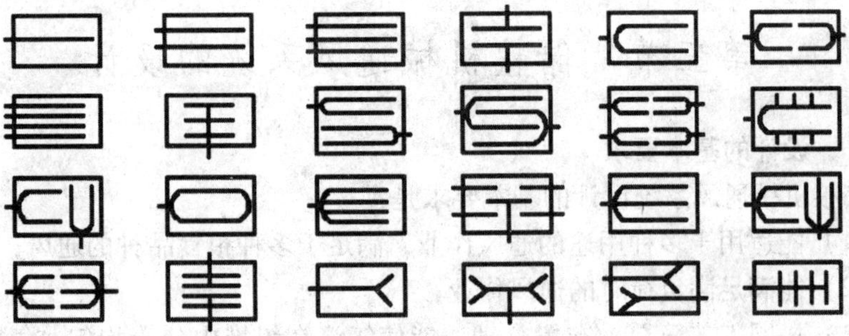

图 6-21　通风道在房式仓中的布置形式形式

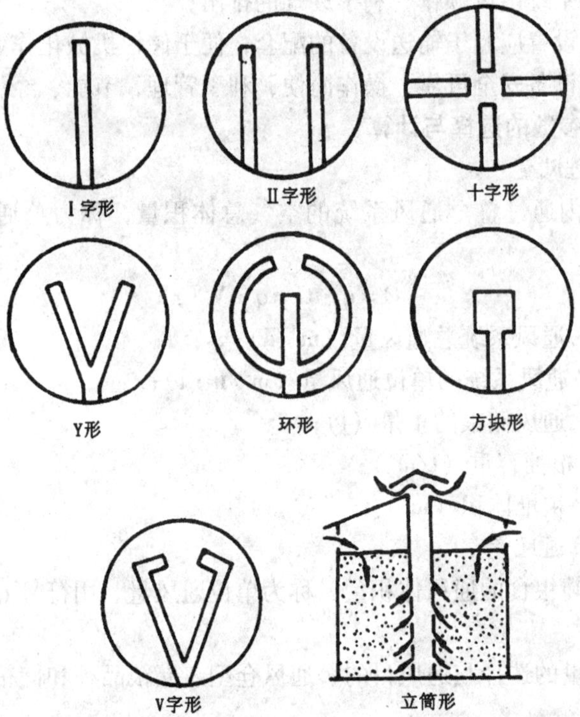

图 6-22　通风道在圆仓中的布置形式形式

（三）房式仓通风道布置要求

（1）通风道单程长度不宜超过 25m。

（2）相邻通风道的距离应不大于粮层高度。

（3）通风道与侧墙的距离不宜大于两相邻通风道间距的 1/2。

（4）每个通风道的首端及尾部与相应仓墙壁的距离可取两通风道间距的 1/4 或 l/8。

第三节　储粮机械通风系统的设计

一、设计的基本要求

储粮机械通风系统设计的基本要求是：

（1）能适用于多种用途的通风作业，满足于多种粮食品种的通风；

（2）能满足满负荷时的通风作业；

（3）风网工艺简单，布置合理，能使气流在粮堆中分布均匀，气流阻力小，并能保证足够的通风量；

（4）风网系统出风顺畅，利于废气的排出；

（5）系统设置应利于输送设备的配套，便于储粮机械化作业；

（6）通风设备安全可靠，操作简便，利于管理，节能、经济、有效。

二、基本参数的选择与计算

（一）总通风量

单位时间内通过整个通风系统的空气总体积量，称为总通风量。其公式为：

$$Q = q \cdot G = q \cdot V \cdot r$$

式中：Q—通风系统总通风量（m^3/h）；

q—通风系统的单位通风量（$m^3/h \cdot t$）；

G—通风储粮的重量（t）；

r—粮油容重（t/m^3）；

V—粮堆体积（m^3）。

（二）单位通风量

每小时每吨粮食的通风体积量，称为单位通风量，用符号 q 表示，单位为 $m^3/h \cdot t$。

单位通风量的选择与通风目的、通风仓型、储粮品种和储粮含水量等因素有关。

通风降水所选择单位通风量与粮食所含水分有关，水分越高所选风量应越大。单位通风量越大，降水效果越显著，但单位耗电量大。若水分≥20%，则应采用高温快速干燥更为经济。而且，为保证储粮降水效果，粮层厚度不应超过 3m。储粮进行机械通风降水时的单位通风量见表 6-5。

表 6-5 不同粮种通风干燥时所需单位通风量

粮种	水分（%）	最大深度（m）	最低风量（$m^3/h \cdot t$）	粮种	水分（%）	最大深度（m）	最低风量（$m^3/h \cdot t$）
小麦	20	1.3	200	大麦	20	1.3	200
	18	1.8	130		18	1.8	130
	16	2.4	65		16	2.4	65
玉米	30	1.3	400	大豆	25	1.3	330
	25	1.5	330		20	1.8	260
	20	1.8	200		18	2.4	200
	18	2.4	130		16	3.1	130
	16	4.8	65				
玉米穗	30	4.5	330	稻谷	25	1.3	260
	25	6.1	330		20	1.8	200
	20	6.1	200		18	2.4	130
					16	3.1	65
燕麦	25	1.3	260	高粱	25	1.3	330
	20	1.8	130		20	1.3	260
	16	2.4	100		18	1.8	200
花生	40～50	1.8	200		16	2.4	130

以降温为主要目的通风，推荐选用以下单位通风量：

房式仓或较矮圆仓通风系统，应选 $q<20m^3/h \cdot t$。其中，低风压缓速降温通风，可选用排风扇通风系统，应选 $q<8m^3/h \cdot t$；

浅圆仓通风系统，$q<12m^3/(h \cdot t)$；

立筒仓一般用离心式通风机通风系统，应选 $q<10m^3/h \cdot t$；

环流熏蒸通风推荐选用单位通风量为 $q<3m^3/(h \cdot t)$。

实际通风作业中，南方地区或气温较高地区可适当增大单位通风量，北方地区或气温较低地区，可适当减小单位通风量。

（三）换气次数

换气次数是指每昼夜或每小时通入粮堆的空气体积与粮堆内空隙所占体积的比值，用 n 值表示，它可由下式计算：

$$n = \frac{Q}{F \cdot h \cdot S}$$

式中：n—换气次数（次/h）；

Q—粮堆通风的总风量（m^3/h）；

F—与气流方向垂直的粮面面积（m^2）；

h—气流穿过的粮堆厚度即堆高（m）；

S—粮堆的空隙度（%）。

不同水分储粮的 q、n 值见表6-6，生产中所要求计算的 n 值不能低于表6-

6 中所列最低换气次数。如经初选 q 值后，验证 n 值较小，则应重新选择单位通风量。

表 6-6　不同水分粮食的 q、n 值

储粮水分（%）	最低单位通风量（$m^3/h \cdot t$）	最低换气次数（次/h）	最大粮堆高度（m）	
			小麦、稻谷、玉米	粟
16 以下	30	45	3.5	2
18	40	60	2.5	2
20	60	70	2.0	1.8
22	80	120	2.0	1.6
22 以上	120 ~ 160	180 ~ 240	2.0	1.5

（四）风速

1. 主风道风速与通风机直接连接的主风道内气流的速度，称主风道风速，用 $V_{主}$ 表示。按下式计算：

$$V_{主} = \frac{Q}{3600F}$$

式中：$V_{主}$—主风道风速（m/s）；

Q—通过主风道的风量（m^3/h）；

F—主风道的横截面积（m^2）。

主风道风速应控制在 12m/s 以下，最大不超过 15m/s。

2. 支风道风速

分支风道内气流的速度，称支风道风速。用下式计算：

$$V_{支} = \frac{Q_{支}}{3600F_{支}}$$

式中：$V_{支}$—支风道内风速（m/s）；

$Q_{支}$—通过支风道的风量（m^3/h）；

$F_{支}$—支风道的横截面积（m^2）。

支风道风速应控制在 6m/s 以下，最大不超过 9m/s。

3. 分配器表观风速

在通风过程中，气流穿过空气分配器通风孔板表面进入粮堆的风速，称分配器表观风速。用下式计算：

$$V_{分} = \frac{Q_{分}}{3600F_{分}}$$

式中：$V_{分}$—气流穿过分配器的风速（m/s）；

$Q_{分}$—通过分配器的风量（m^3/h）；

$F_{分}$—分配器开孔板的表面积（m^2）。

分配器的表观风速应控制在为 0.1 ~ 0.15m/s 范围内，最大不超过 0.3m/s。

对地槽式通风采用全程开孔式分配器表面积的计算，应为地槽宽乘以地槽的长度。如分配器是圆形地上笼，则其分配器表面积为整个圆形风道表面积的80%。

空气分配器即是指铺设在通风管道上的透气孔板，通常由钢板、竹、木等材料制成，也有用强塑料板制成的。孔板上的孔眼有圆形、长方形、鱼鳞板形以及编织的不规则形。为了减少通风系统的阻力，应尽量增大透气孔板的开孔率，以不漏粮为宜，还应保证孔板有足够的强度，一般风道的开孔率为25%~50%；若地槽分配器加罩可增大分配器表面的出风面积，降低分配器阻力，改善地槽通风中气流的分布状态，在相同条件下通风，加罩的降温速率要比无罩的高一倍。

（五）通风途径比

通风途径比亦称通路比，是指气流从空气分配器穿过粮层到达粮面的最长路径与最短路径之比，用K表示，如图6-23所示，若粮层高度为h，相邻两通风管道间的距离为L，则K值为：

$$K = \frac{A}{B} = \frac{h + L/2}{h} = 1 + \frac{L}{2h}$$

那么，仓内相邻两通风管道间的距离为L用下式计算：

$$L = 2h（K-1）$$

式中：L—相邻两条风道间的距离（m）；

h—粮层高度（m）；

K—通风途径比。

通风系统中，通风途径比的大小直接关系到气流在粮堆中分布的均匀程度，在选取K值时不仅要考虑通风途径比对粮堆降温、降水效果及通风均匀性的影响，还要综合考虑投资成本。我国储粮机械通风技术规程中规定：

对于降温通风系统：K = 1.5 ~ 1.8；

对于降水通风系统：K = 1.2 ~ 1.5。

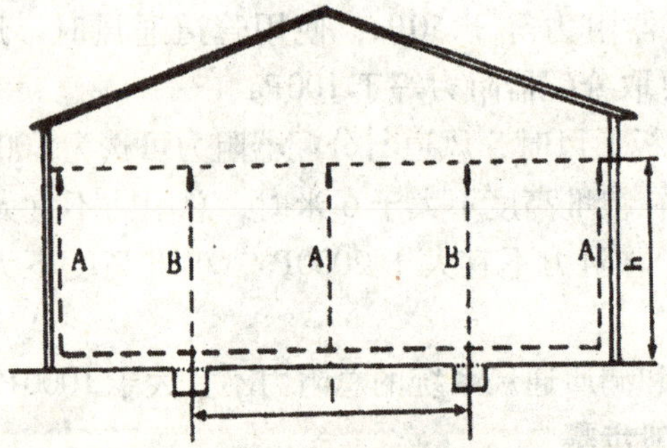

图6-23　通风途径比示意图

（六）通风系统总阻力

通风过程中，气流通过通风系统所产生的总压力损失，称通风系统总阻力。通风系统总阻力主要包括风道阻力、分配器阻力和粮层阻力三部分。

$$H_{总} = H_{风道} + H_{分配器} + H_{粮层}$$

式中：$H_{总}$—通风系统总阻力（Pa）；

$H_{风道}$—气流通过风道的阻力（Pa）；

$H_{分配器}$—气流通过分配器的阻力（Pa）；

$H_{粮层}$—气流穿过粮层的阻力（Pa）。

气流穿过粮层的阻力大小与储粮的品种，储粮含水率、粮层厚度以及粮面表观风速有关。可用下列经验公式计算：

$$H_{粮层} = 9.8ah\,(V_{粮面})^{b}$$

式中，$H_{粮层}$—气流穿过粮层的阻力（Pa）；

h—粮层厚度（m）；

$V_{粮面}$—粮面表观风速，宜在 0.01～0.1（m/s）之间；

a，b—粮油品种系数，见表 6-7。

表 6-7 粮油品种系数表

粮种	a	b	标准差
小麦	681.40	1.321	2.306
玉米	414.04	1.484	0.66
稻谷	484.17	1.334	2.105
大米	1014.13	1.269	3.219
大豆	287.51	1.384	1.24
大麦	534.71	1.273	2.776
花生	280.41	1.481	0.546

对于较简单的通风系统，在工程上为简化阻力计算，常按下列经验数据选值：

（1）在推荐的分配器表观风速的范围内，分配器的阻力不宜大于 50Pa，计算时，可取分配器阻力等于 50Pa；使用管道通风时，风道阻力不宜大于 100Pa。计算时，可取分配器阻力等于 100Pa

（2）使用全地板通风时，风道与分配器阻力可选为 100Pa。

降温通风系统在粮堆高度不大于 6 米时，总阻力不宜大于 750Pa；粮堆高度不大于 15 米时，总阻力不宜大于 2000Pa；粮堆高度不大于 20 米时，总阻力不宜大于 2400Pa。

降水通风系统和调质通风系统的总阻力不宜大于 1000Pa。

三、设计的一般步骤

（1）确定仓房尺寸、储粮品种、数量、堆高；

（2）明确通风目的，确定单位通风量；

（3）计算总通风量；

（4）根据通气途径比，确定通风形式、风道间距及风道摆布形式；

（5）确定风道截面形状和尺寸；

（6）计算通风系统总阻力；

（7）确定风机型号，配置电机。

第四节 几种仓型的储粮机械通风系统

一、房式仓机械通风系统

房式仓机械通风系统常用的有全地板通风、地槽通风、地上笼通风和箱式通风系统。

（一）全地板通风系统

全地板通风系统也称夹底通风系统，是利用冲孔金属板制做成通风地板，用支撑物将通风地板架空在地坪上，气流在通风板下面进行分配，然后均匀穿过冲孔板进入粮堆，如图6-24所示。这类通风是一种压力损耗小、气流分布均匀、通风量较大的一种通风形式。由于这种通风形式造价较高，且均匀性好，多采用此种形式作为通风干燥仓来处理较高水分的粮食。

（二）地槽和地上笼通风系统

地槽和地上笼通风系统是我国储藏领域应用最多的一种房式仓通风形式，地槽通风系统见图（6-24）、地上笼通风系统见图（6-25）。

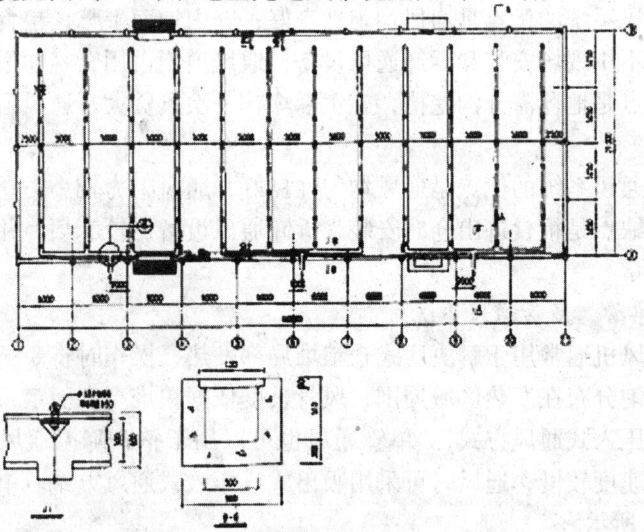

图6-24 房式仓地槽通风平面布置图

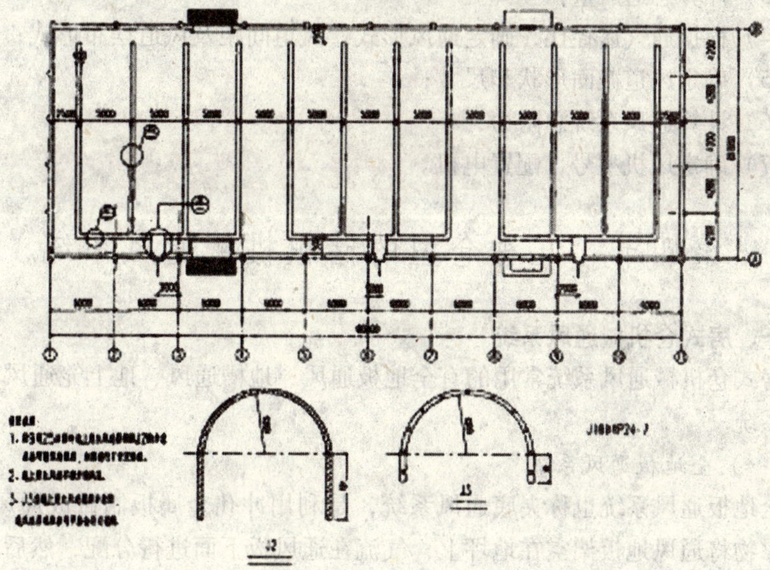

图 6-25　房式仓地上笼通风系统平面布置图

地槽一般是预先按设计图纸在粮仓内部地坪上挖沟、打地基，采用砖砌或用混凝土灌注，表面再用水泥沙浆抹平。要求内表面要光滑、平整，地槽底面及两侧面需与仓房地坪的防潮层做成一体，以防储粮返潮。地槽上盖透气孔板应使气流能均匀穿过粮堆。

地槽通风系统的优点是通风均匀性良好；仓内地面平整，粮食进出仓机械作业方便；不用现场安装和拆卸通风设备，通风道不占用仓容并不需要器材库存放放。缺点是地坪需开沟挖槽，施工麻烦，一次投资大；通风阻力比地上笼大。

地上笼通风系统的优点是通风均匀性良好，通风阻力较小；仓内地坪不需开沟挖槽。缺点是粮食进出仓时安装、拆卸通风设备比较麻烦，并不便机械作业。

（三）单管、多管通风系统

单管通风机通常用于解决房式仓粮堆局部发热，操作时将 8 ~ 10 根风管组成一组，均匀分布在发热区域周围，风管长度依据粮堆高度而定，通风时可采用吸出式或压入式通风方式，。单管通风也可以用于整仓降温通风，但劳动强度大，降温速度较慢，通风时可采用吸出式或压入式通风方式。单管通风机实物如图 6-26 所示。

图 6-26　单管通风机

多管通风机是通过蛇形软管或 PVC 软管与主管相接，适用于处理房仓粮堆局部发热或上层粮食发热、表层结露，见图 6-6。

单、多管通风系统移动性强、布点灵活，但布、压、拔管劳动强度大，电耗高。

（四）箱式通风系统

箱式通风的箱形空气分配器如图 6-27 所示，有方形、六角形、圆弧形和圆筒形等形状，箱体框架可用竹木、金属等材料制成，体积约为 $0.6 \sim 0.8m^3$，与粮食接触的三个侧面铺盖 10 目筛网，顶面覆盖铁板，留一靠墙的直面。

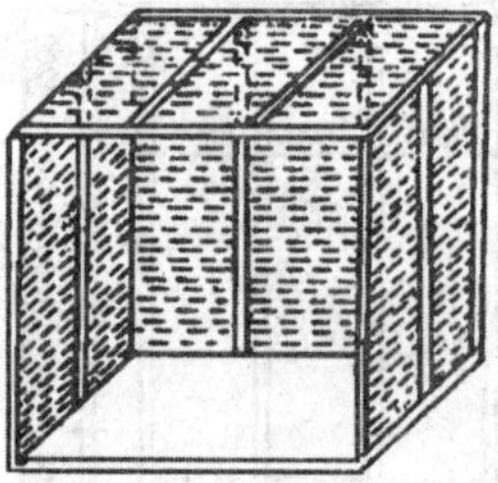

图 6-27　风箱图

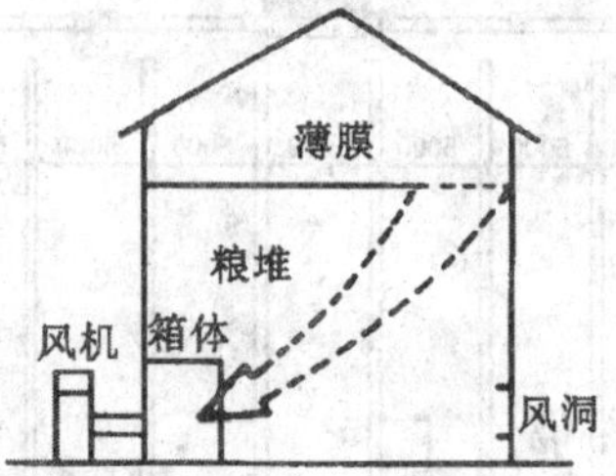

图 6-28　房式仓箱式通风示意图

房式仓箱式通风如图 6-28 所示。先在仓墙上做好风洞，直径 350 ~ 400mm，仓内壁周围用水泥做成截面为 40 × 20mm 的凹槽，把箱体安放在凹槽内，周边用水泥抹平，以免漏粮。供风导管通过墙壁与箱体连接。安放箱体的数量，可根据设计要求而定，如选用4—72—11№5A 通风机，一般每 250 吨粮食安放 1 ~ 2 个。为了减少通风死角，可在箱体对面墙壁上开一个圆形风洞，并放置同等大小的箱式风槽，在进行下部吸风时，只须将风洞打开即可。

箱式通风操作时需配合薄膜覆盖粮面，使风量强制集中地、阶段地经过局部粮堆，带走湿热，实现分段、分时降低粮堆温度。箱式通风进行过程中，其通风始终是局部性的，而且粮层阻力较大，要求具有较高风压的通风机。

箱式通风揭膜操作应遵循先远后近、先边后中、从小到大、分段分时揭膜的原则。揭膜幅度应考虑风机与揭膜点的远近，揭膜点距风机越远，揭膜幅度应越小，反之，可适当加大。第一次揭膜宽度掌握在 0.3 ~ 0.5m，第二次为 0.8 ~ 1.0m，以后依次按 1m 左右揭膜，而将其他部分覆盖。至吸风口墙面 2m 处，可停止揭膜。

每次揭膜以平均粮温降为（气温十初始粮温）/2 为标准，一旦吸风停止，应迅速揭开所有薄膜，借助粮堆内新形成的温度梯度，使粮堆内的湿、热向粮面转移。一般每隔 12 ~ 16h 吸风一次，每次吸风时间以 8h 为宜。

采用箱式通风系统降温的粮仓，在通风期间必须加强检查，掌握降温不均匀的分布情况，并予以及时处理。降温结束后，必须普查粮温，找到高温点。以后在保管期更应密切注意这些高温点粮情变化，严防局部粮食发热霉变。

二、高大平房仓机械通风

高大平房仓是指跨度在 21m 以上，堆粮高度达 6m 以上的平房仓。

高大平房仓与一般平房仓相比，仓房的跨度大，大多为 21m、24m、27m、30m、33m、36m，单间仓房长为 60m，装粮高度为 6m（最高为 8m），单仓容量大。高大平房仓全面配备了粮情检测系统、环流熏蒸系统、机械通风装置和谷物冷却机。

高大平房仓的机械通风系统如图 6-29 所示，一般采用地上笼通风形式。

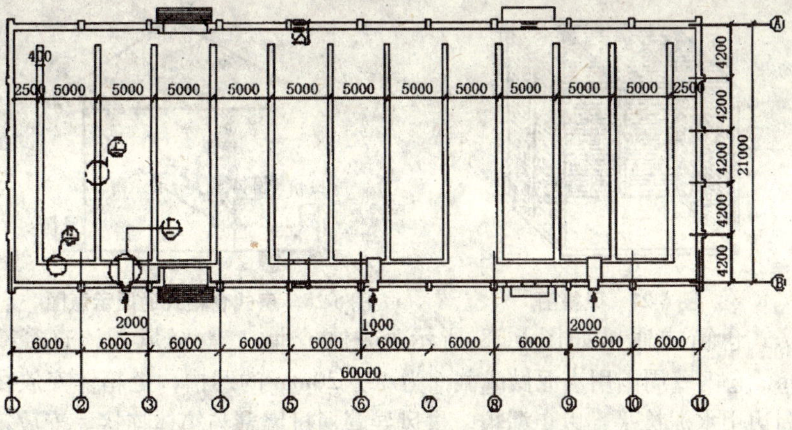

图 6-29 高大平房仓机械通风系统

对于跨度为21m、24m、27m，长度为60m的标准仓，设计为“一机四风道”。高大平房仓每仓配有3台移动式离心式风机，其单位通风量为$10m^3/h \cdot t \sim 12m^3/h \cdot t$和$13m^3/h \cdot t \sim 15m^3/h \cdot t$，可根据实际情况选用。高大平房仓每仓还配置4台轴流风机，用于排除夏季仓顶积热和在秋冬来临之际缓慢通风降低粮温。

高大平房仓的机械通风系统还可采用地槽式通风系统，但为了增加通风的均匀性，每个地槽上的出风口应采用立体形空气分配器。

高大平房仓的机械通风系统在装粮前应先将风道的风速调匀。地槽的风道调好后，不得随意变动阀门的位置。地上笼风道调好后，应在各有关部位都做好标记，每个风道都应编号。装粮时，根据装粮进度顺序逐组布置风道。每次装粮时，必须对通风系统进行一次调试，然后才能使用。在通风降温时，应打开窗户。移动式通风机与仓壁的通风口由软管连接并应设有锁定装置以免位移。风机应有减震装置，以利风机平稳工作。

第一次通风时，应测定粮面的风速，检查通风系统的通风均匀性。在通风过程中，如果发现某处阻力偏大，风量小，应采用埋入圆形或半圆形风管以及其他办法，改善局部气流状态。应特别注意四周墙角的风量是否偏小，避免通风死角。粮食出仓后，应对地槽进行检查与维护；收好地上笼，做好维护保养工作。

三、立筒仓机械通风

立筒仓机械通风装置有垂直通风管道、径向通风管道以及多功能通风管道三种形式。

（一）垂直通风管道

垂直通风管道装置，如图6-30所示。其特点是将通风管道布置在筒仓底部，气流由底部管道进入，穿过整个粮堆的高度，然后由仓顶排出。如图示为上行式通风系统，其机械通风的气流方向与筒仓内粮食自然通风的气流方向一致，可节省电能消耗，提高通风降温的效果，也有利于环流熏蒸。在应急通风时，可选用风量大、风压大的高压离心风机，采用正压通风，但电能消耗增大。

（二）径向通风管道

径向通风管道装置，如图6-31所示。径向通风是在仓内安装一个垂直通风管，由风机送来的空气沿径向穿过粮层，达到降低粮温的效果。由于径向通风的粮层比垂直通风的粮层薄的多，通风降温、降水效果都好。

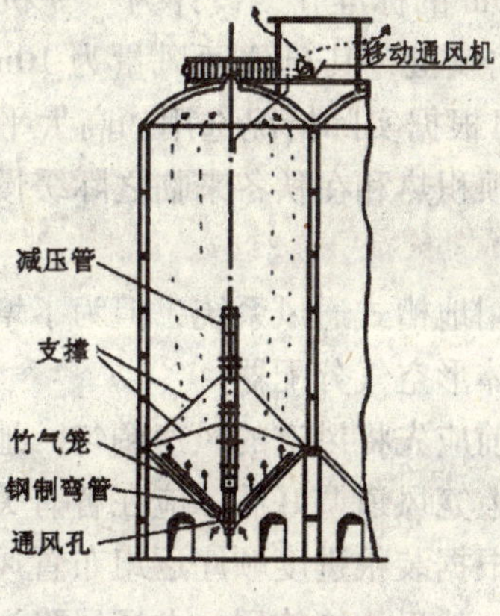

图 6-30 垂直通风管道装置

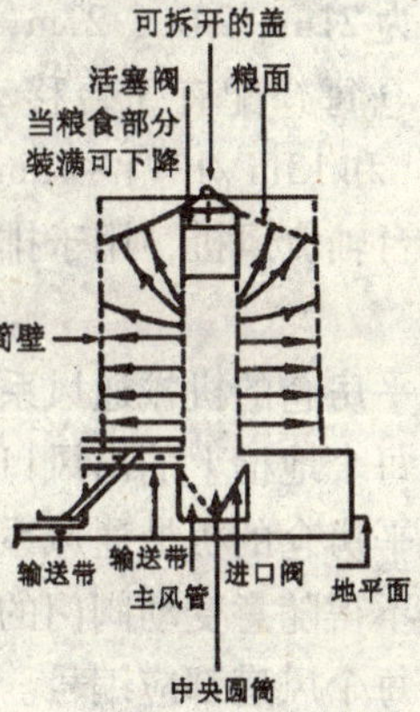

图 6-31 径向通风管道装置

（三）多功能通风管道

如图 6-32 所示，是具有通风、熏蒸、减压多种功能于一体的新型立筒仓通风装置。

进行常规通风降温时，只打开阀门 F4，启动与之相连接的轴流风机或低压离心风机，打开仓底的进风口 D，空气就穿过管道下部的风管，均匀进入粮堆，然后气流垂直向上，穿过粮层后，由吸风罩 B 汇集后由风机吸出。

在应急通风时，在筒仓的底部 D 处，联结一个或两个高压离心风机，采取压入式通风，空气强制通过粮层后，由阀门 F_1 及 FM_4 排入大气。

在熏蒸时，可以在筒仓顶部应用熏蒸小车，低剂量药物由阀门 F_2 进入多功能通风管，再进到管底部的空气分配器，药剂穿过分配器进入粮堆，然后垂直上升。穿过粮层后，经吸气罩 B，经过阀门 F_1，与熏蒸机相连，实现环流熏蒸。

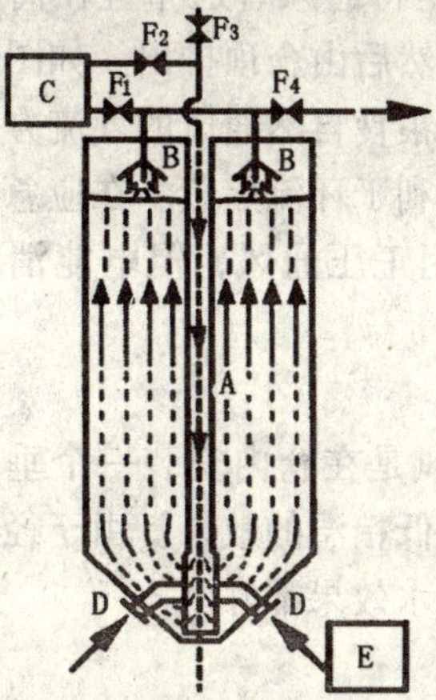

图 6-32 多功能通风管道装置

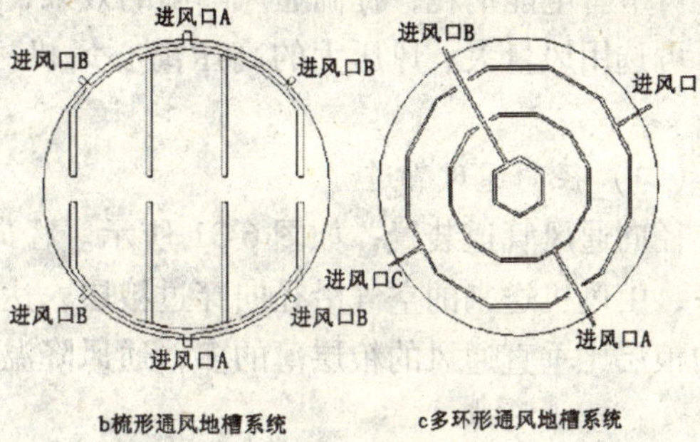

图 6-33 浅圆仓风道平面图

多功能通风管的另一个重要作用是减轻或消除筒仓内粮食出仓流动时所产生的动态压力，从而减少筒仓壁开裂及表面磨损，延长筒仓使用寿命。

四、浅圆仓机械通风

浅圆仓是指仓壁高度与仓内径之比小于1.5的筒式粮仓。我国新建浅圆仓的直径为20～40m，其中以25m和30m居多。装粮高度为12～15m，单仓仓容量为600～10000t。

浅圆仓的机械通风采用地槽式通风系统。地槽形式可分为梳形和同心圆形。

梳形和同心圆形地槽式通风系统如图6-33所示。为了配合熏蒸杀虫及谷物冷却，浅圆仓有两个主风口A，各配一台4－72－8D风机；4个进风口B，配备4台小号风机为4－72－6C型，功率为7.5kW。在机械通风时，可使用B风口，则A风口封闭。在应用谷物冷却机和环流熏蒸时，应使用A风口，同时封闭B风口。

通风槽的通风盖板为框架结构，分段制造，每段长1m，框架由角钢，槽钢和扁钢制成，通风槽的通风盖板为框架结构，分段制造，每段长1m，框架由角钢，槽钢和扁钢制成，上面再联接孔板，孔板的开孔率为25%～35%。

浅圆仓机械通风的主要参数：单位通风量 $q \geqslant 6m^3/h \cdot t$；通风途径比 $K < 1.3$；风道风速为7m/s～12m/s；孔板的表观风速为0.2m/s～0.5m/s；其风网的阻力，应包括粮层阻力、管道阻力、分配器阻力及仓顶排风口的阻力。

浅圆仓的顶部应设自然通风口及安装轴流通风机。自然通风口为机械通风时的排风口，也是轴流风机排除仓顶部积热的进风口。在进行机械通风时，仓顶的自然排风口应人工或自动打开，同时关闭仓顶的轴流风机。如果开启轴流风机则自然通风口应关闭。

当使用大号风机进行通风时（电机功率大于15kW），应配置降压起动装置和减震装置。移动式通风机座下面应有锁定装置，防止出现位移。

为应急需要，浅圆仓还应配置移动式通风装置（单管通风机组）。

第五节　机械通风操作条件

一、确定通风条件的原则

储粮机械通风是在吸湿平衡理论的基础上，运用通风机械，抓住有利通风时机，降低储粮温度、湿度和改善储粮环境条件的过程。因而，实施机械通风作业，必须在符合储粮通风基本功能的前提下，综合考虑通风效果及经济效益，将通风的目的、时机、效益有机地结合起来。确定通风条件应遵循以下几条原则：

（一）通风时的大气条件应与通风目的相协调

一种特定的大气条件不可能同时满足所有通风目的的要求，因此必须根据通风的目的来选择不同的通风条件。如，降水通风要求大气湿度较低，而调质通风则要求大气湿度较高，二者的要求正好相反。

（二）确定通风大气条件时应兼顾通风的效率和效益

如，对降温通风来说，气温低于粮温的温差越大，通风的冷却效果越好，即通风的效率越高。但是，如果要求的温差太大，就使得自然气候中满足这种温差条件的机会大大减少，甚至丧失通风的机会。因此，确定合理的通风温差、湿差，就必须兼顾通风效率和通风机会两个方面。

（三）必须确保储粮的安全

如，一般要求在降温通风时粮食的水分不应增加；在降水通风或调质通风时，粮食的温度不应超过安全保管的临界温度等等。这就要求通风大气条件中的温度、湿度条件组合要恰当、合理。在通风过程中，要严格防止粮堆出现结露等危及储粮安全的现象发生。

二、储粮机械通风的操作条件

（一）允许通风的条件

1. 允许通风的温度条件

《机械通风储粮技术规程》中规定，除我国亚热带地区以外，开始降温通风时的气温低于粮温的温差不小于8℃，通风进行时的温差要大于4℃；考虑到亚热带地区四季温差较小，为保证有足够通风机会，规定开始通风的温差为6℃、通风进行中的温差为3℃。

对降水通风和调质通风，通风后的粮温不能超过该批粮食的安全储存温度。粮食安全储存温度可按表6-8估算。

表6-8　粮食最高安全储存温度

粮食水分（%）	12	13	14	15	16
最高安全储存温度（℃）	30	25	20	15	10

2. 允许通风的湿度条件

对降水机械通风的湿度条件，《机械通风储粮技术规程》规定：

$Ps_{21} > P_{s1}$；

Ps_1—大气绝对湿度压力值，mmHg；

Ps_{21}—粮食水分减一个百分点，且粮食温度等于大气温度时粮食的平衡绝对湿度压力值，mmHg。

对调质机械通风的湿度条件，《机械通风储粮技术规程》规定：

$Ps_{22} < P_{s1}$；

Ps_{22}—粮食水分增加 2.5 个百分点，且粮食温度等于大气温度时粮食的平衡绝对湿度压力值，mmHg。

以上所使用的平衡绝对湿度压力曲线是解吸曲线，而同一湿度下对应的吸附曲线平衡水分值一般比解吸曲线高出 2～2.5 个百分点，因此将粮食水分加 2.5 个百分点作为湿差，就是为了补偿两种曲线之差，确保调质通风中能够有效地增湿。

对降温通风，一般仅要求通风中不增湿，并且可以不考虑干燥前沿滞后的问题，因此通风的湿度条件很简单：

$P_{s1} < Ps_2$；

P_{s1}—当前粮温下的粮食平衡绝对湿度压力值，mmHg。

3. 允许通风的露点条件

粮堆的结露有两种类型，即所谓的“内结露”和“外结露”。

当气温低于粮温，且低于粮堆露点温度时，粮堆内部水汽在与外界冷空气相遇时发生的结露，俗称“内结露”。“内结露”的水汽来源于粮堆内部，在机械通风中，随着通风送入粮堆大量的低湿空气将粮堆内的高湿空气带走，结露会很快停止。因此，除自然通风以外，这类结露可以不作为通风控制条件。

当粮温低于气温，且低于大气露点温度时，空气中的水汽凝结在冷粮上而引起的结露，俗称“外结露”。“外结露”的水汽来源于不断引入粮堆的空气，对储粮安全影响严重，应全力避免。“外结露”在地下粮库等低温型粮库的误通风中屡见不鲜。为防止“外结露”的发生，应避免在粮温低于大气露点时进行通风。

允许降水通风和调质通风的露点条件：

$t_2 > tl_1$；

t_2 一粮堆平均温度，℃；

tl_1 一大气露点温度，℃。

（二）结束通风的条件

结束通风的条件，是指通风的目的已经基本达到，粮堆的温度、水分梯度已基本平衡，可以结束通风作业的条件。

1. 结束降温机械通风的条件

（1）气温低于粮温的温差小于 4℃，即 $t_2-t_1 \leq 4$℃（亚热带地区 $t_2-t_1 \leq 3$℃）。

（2）粮堆温度梯度≤1℃/m（粮层厚度）；粮堆上下层粮温差，房式仓≤3℃；浅圆仓≤10℃。

（3）粮堆水分梯度≤0.3%/m 粮层厚度；粮堆上下层水分差≤1.5%/m（粮层厚度）。

2. 结束降水机械通风的条件

（1）干燥前沿移出粮面（底层压入式通风时），或移出粮堆底面（底层吸出式通风时）；

（2）粮堆水分梯度≤0.5%/m 粮层厚度；

（3）粮堆温度梯度≤1℃/m 粮层厚度。

3. 结束调质通风的条件

（1）粮堆水分达到预期值，但不超过安全储存水分；

（2）粮堆水分和温度梯度同降水通风的梯度要求。

在通风目的基本达到且符合结束通风的条件时，一般还应适当延长通风时间，使得粮堆内的温度、水分趋于均匀，有利于安全储藏。在粮层厚度较大，温度、水分不易均匀的场合，有时还需要采用如变换压入式、吸入式通风的办法来促使加速均匀。

4. 其他附加条件

《机械通风储粮技术规程》规定的附加条件主要有两条：

(1) 降水机械通风，要求粮食水分含量不超过以下值：

早稻 16%，晚稻 18%，小麦 16%，玉米 20%，大豆 18%，油菜籽 10%。

在粮食水分超过上述标准时，应尽量采用烘干、晾晒等方法，或采用辅助加热通风的方法降水。

（2）调质通风只允许在粮食加工前进行，正常保管期间不得采用。

三、储粮机械通风时机的确定

在生产实际中，必须根据通风目的，将粮食温度、粮食水分、粮食平衡相对湿度与当时的大气温度、湿度条件相比较，来选择合适的通风时机，以求取得较好的通风效果。

（一）比较仓内外绝对湿度

进行降温通风操作时，应保证不增加粮堆湿度。如果仓外绝对湿度小于粮堆空隙中的绝对湿度，可以通风，否则，不宜通风。

例：大气温度为 25℃，大气湿度为 60%，粮温为 16℃，与储粮水分相平衡的湿度为 70%，问能否通风？

解：查表，已知 16℃时的饱和水汽量为 13.504g/m3，25℃时的饱和水汽量为 22.795g/m^3，则

$$仓内绝对湿度 = \frac{饱和水汽量 \times 相对湿度}{100} = \frac{13.504 \times 70}{100} = 9.4528\ (g/m^3)$$

$$仓外绝对湿度 = \frac{饱和水汽量 \times 相对湿度}{100} = \frac{22.795 \times 60}{100} = 13.677\ (g/m^3)$$

可见，虽然当时大气与粮堆温差为 25℃-16℃ = 9℃，在 8℃以上，但仓外

绝对湿度大于仓内绝对湿度，所以不宜通风。

（二）比较变化后的粮湿

当仓外气体进入粮堆后，其温度和湿度都要发生变化。在接近粮堆温度的条件下，若气温变化后的湿度小于储粮水分的平衡湿度，则可以通风。反之，则不能通风。

变化后的湿度可按下式计算：

$$变化后的湿度（\%）=\frac{仓外温度下空气的饱和水汽量\times仓外相对湿度}{粮堆温度下的饱和水汽量}$$

例：某仓玉米，粮温为10℃，水分为17%（约与85%湿度平衡），当时大气温度为12℃，湿度为60%。问能否通风？

解：查表得，10℃时的饱和水汽量为9.329g/m^3，12℃的饱和水汽量为10.574g/m^3，那么，

仓外空气进入粮堆后，湿度变为：

$$变化后的湿度（\%）=\frac{10.574\times60}{9.329}=68$$

在大气温度下，将储粮水分减去1个百分点后的储粮平衡湿度为：

$$储粮水分减去1个百分点后的储粮平衡湿度（\%）=\frac{9.329\times80}{10.574}=71$$

可见，变化后的湿度小于大气温度下储粮水分减去1个百分点后的储粮平衡湿度，可以通风。外温高于粮温，有利于通风降水，而且，通风后的粮食温度不超过粮食的最高安全储存温度。

（三）通风测定板法

根据已知粮温、水分、干球温度、湿球温度，可运用通风测定板法判断能否通风。

通风测定板由五条直线组成，自左至右分别表示大气干球温度、湿球温度、大气绝对湿度、储粮温度和储粮平衡水分。通风测定板分零上温度适用和零下温度适用两种（见图6-34、图6-35）。

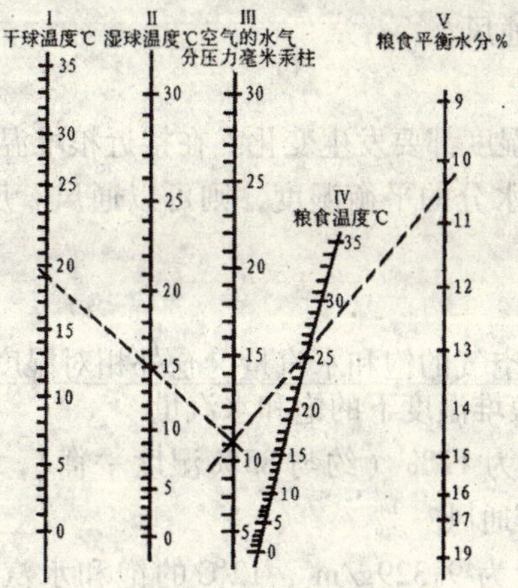

图 6-34 储粮通风测定板
（用于气温 0℃以上）

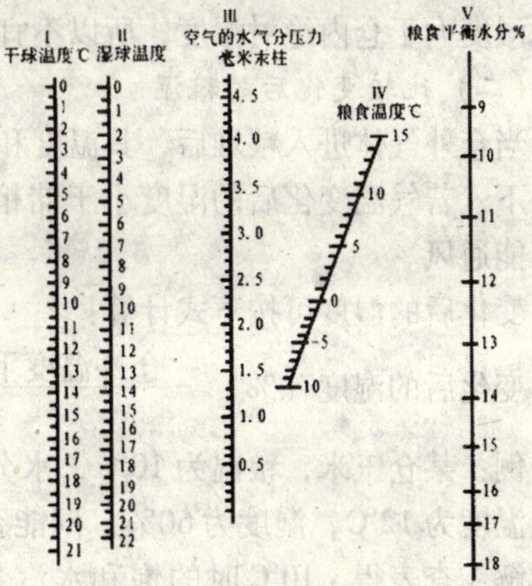

图 6-34 储粮通风测定板
（用于气温 0℃以下）

使用时由大气干球温度和湿球温度求得当时大气绝对湿度，再由大气绝对湿度与储粮温度求得储粮平衡水分，将求得的平衡水分与储粮含水量比较，判断能否通风。若储粮水分大于求得的平衡水分，则可以通风，否则，不能通风。

例如：储粮温度 10℃，水分为 15%，仓外干球温度为 18℃，湿球温度为 14℃，问能否通风？

解：由大气干球温度 18℃和湿球温度 14℃两点连接成直线，延长这条直线至第三条标线交于一点，即为大气的绝对湿度。再把此点与粮温点（10℃）连接，延长交于第五条标线，求得通风后储粮的平衡水分在 10 ~ 11% 之间，而现有储粮水分为 15%，故可以通风。

如果仓外干湿计上的干球温度在 0℃以下，则查零下通风测定板，使用方法同上。

由于通风测定板是根据小麦的平衡水分和温湿度的关系制做的，用于其他粮油时应加以校正（见表 6-9）。如玉米水分 15.4%，应校正为 15.0%。

表 6-9　粮油平衡水分比较数值对照表

粮种	平衡水分（%）									
小麦	9.0	10.0	11.0	12.0	13.0	14.0	15.0	16.0	17.0	19.0
黑麦	9.2	10.2	11.2	12.2	13.3	14.5	15.8	17.2	18.0	19.8
大麦	9.2	10.2	11.4	12.3	13.3	14.6	16.0	17.3	18.0	19.6
燕麦	7.9	8.8	9.8	11.0	12.2	13.8	15.3	16.3	17.2	19.0
稻谷	8.7	9.8	10.7	11.7	12.6	13.5	14.3	15.3	16.1	18.3
大米	9.2	10.3	11.2	12.1	13.0	14.0	15.1	16.2	16.6	18.3

续表

高粱	8.9	10.0	11.1	11.8	12.7	14.0	16.0	15.9	16.4	18.0
玉米	9.2	10.1	11.1	12.1	13.1	14.4	15.4	16.6	17.0	18.0
谷子	8.7	9.8	10.7	11.7	12.6	13.5	14.3	15.3	16.1	17.3
黍米	8.9	10.0	11.1	11.8	12.7	14.0	15.0	15.9	16.4	18.0
平均	8.9	9.9	10.9	11.9	12.9	14.1	15.2	16.3	17.0	18.6
大豆	6.0	6.5	7.2	8.0	9.5	11.0	12.4	14.7	16.4	19.2

（四）湿球温度计算盘查对法

湿球温度计算盘如图 6-36 所示，使用简便，但准确性稍差。湿球温度计算盘是用两个同心圆盘制成，圆盘可随意转动。大圆盘刻度表示粮温，小圆盘刻度分别为储粮水分和仓外湿球温度。使用时，将大圆盘上的箭头对准粮油水分刻度，这时与大圆盘粮温相对应的小圆盘上的仓外湿球温度即为能否通风的界限。

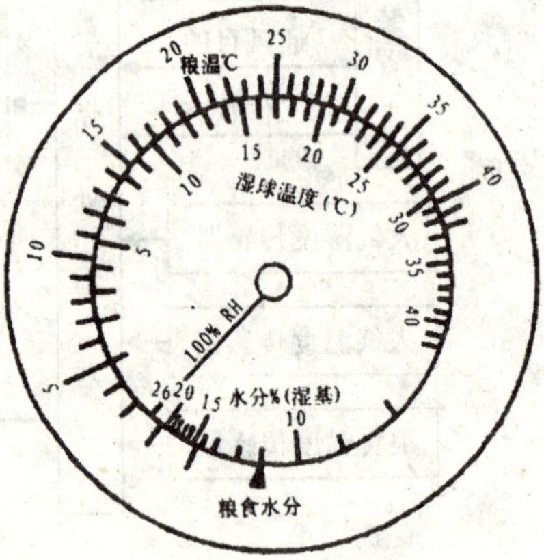

图 6-36　湿球温度计算盘

图中储粮水分为 11%，粮温为 25℃时，与之相对应的仓外湿球温度为 17℃，若仓外实际湿球温度小于 17℃，则可以通风，否则不宜通风。

四、储粮机械通风智能化控制

储粮机械通风智能化控制系统，一般是根据粮堆状态参数设定可以通风的大气的温、湿度条件，将温、湿度综合起来调节，以保证通风作业在适宜的气候条件下进行，防止外界高温、高湿侵入粮堆，并取得良好的通风效果。人工智能型的微机自控仪具有温、湿度传感器和必要的内部存储，能连续自动采集粮堆和大气的状态参数，可自动确定合理的通风温度、湿度条件，并按通风目的，自动判断是否适宜通风，还可以比较自动采集的粮堆、大气的状态参数，随时修正通风条件的上限、下限，保证通风全过程的经济性、安全性、有效性。见图 6-37。

储粮机械通风智能化控制系统使用方便，只需由键盘输入通风目的、粮种、水分等基本参数，即可自动控制通风过程，还能对通风过程可能出现的结露现象进行预警，保证通风安全。储粮机械通风智能化控制系统一般可较人工控制通风提高通风效率 20%～30%。

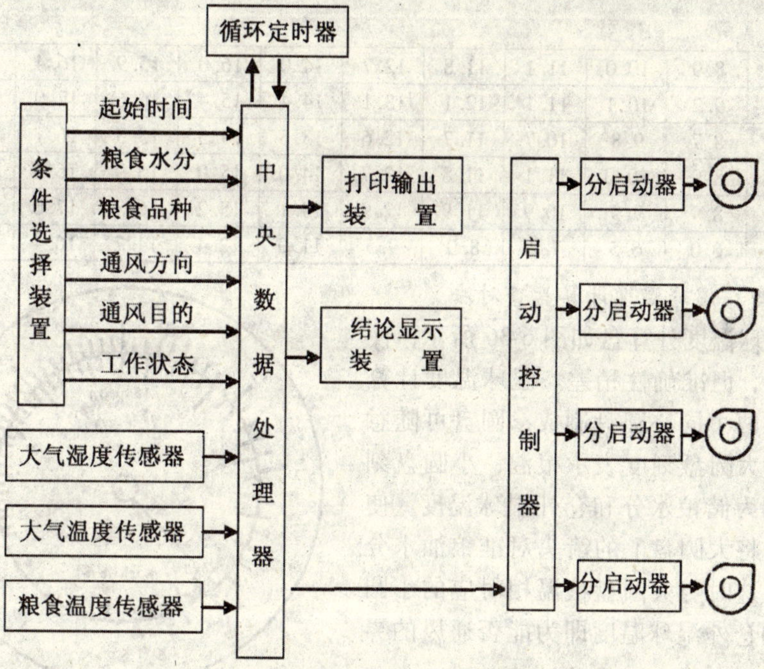

图 6-37 机械通风微机自控仪原理示意图

第六节 机械通风系统的操作与管理

一、通风前的操作与管理

（一）粮食入仓前的检查

粮食入仓前必须全面检查、调试通风系统。检查的项目有：

（1）通风道是否畅通，不得有积水和异物。

（2）通风管道衔接部位是否牢固，尤其是吸出式通风系统，要确保风道内不会漏粮。

（3）通风机和防护网固定是否牢固，与风道连接处密封应良好。采用吸出式通风的风机出风口必须避开人行通道和易损建筑、物品。

（4）检查电机运转是否正常，风机的转向是否正确。浅圆仓仓顶的 4 个轴流风机，应是从仓内吸风向外排风。不要出现有的吸风，有的吹风，以免造成空气在仓内形成短路。浅圆仓仓底的进风口与离心风机的联结要牢固，不得漏风。平房仓粮面上的轴流风机转向必需一致，通风管道与轴流风机（或离心风机）的联结应牢固、密封。

（二）粮食入仓中的注意事项

（1）粮食入仓过程中要随时检查风网状况，如果发生损坏，应立即停止入粮，及时修复。

（2）采用机械输送设备入粮时，应通过经常变换入粮点位置，或使用散粮器等方法减轻粮食的自动分级现象，以保证通风均匀。

（3）浅圆仓粮食入仓时，应注意预先固定测温电缆，防止发生偏移。

（4）入粮后要平整粮面，以使粮堆各处阻力均匀。采用揭膜法调节风量的，要在通风前将薄膜覆盖在粮面上。

（5）通风前要检查设备的接地线是否可靠，电动机和控制电路接线是否正确，防止通风机反转。对功率在5.5kW以上的通风机，要求装备自动空气开关或者其他具有自动继电保护功能的控制器，而且要求启动器与电动机装在一起。具有多台通风机的通风系统，各通风机的启动器之间可增设延时装置以错开启动时间，或由人工控制分别启动，避免过大的启动电流冲击电网。严格禁止将通风机直接串联或并联运行，以免造成其中一台通风机过载，甚至导致电动机烧毁。

二、通风过程中的操作与管理

（一）通风过程中的注意事项

（1）通风过程中，必须经常检查风机运转情况，设备自动停机时，应先查清原因，待故障排除后再重新启动；电机升温过高或设备振动剧烈时应立即停机检修；不允许在运转中对通风机及配电设备进行检修。

（2）多台通风机同时使用时，要严禁几台风机同时启动，应逐台单独启动，待运转正常后再启动另一台。

（二）通风过程中的检查

（1）在通风开始时和每个阶段通风结束后应按照《粮油储藏技术规范》的要求，对粮堆的温度、水分等粮情参数进行分区、分层检测。在通风过程中，每检测一次粮温或水分，都应按照通风的判断条件重新确定是否允许继续通风。

（2）在通风进行中，可以采用定点抽样检测的方法检测粮温和水分，通过定点数据的比较，判断是否需要继续通风。通风开始以后，在初始测定的平均粮温处，以及降水通风的平均水分处，粮堆的局部发热部位或局部水分偏高部位等处都应设测定点。

（3）检测时间。降温通风中，至少每4h测定一次温度，在通风开始时和每个阶段通风结束时分别测定一次水分。

通风降水中，至少每8h测定一次温度和水分。

调质通风中，每4h测定一次温度。水分的测定时间间隔，根据需要增水量的大小确定。增水量小的，每2h测定一次；增水量大的，最大间隔为8h一次，要注意增水不要过度。

三、通风后的操作与管理

机械通风降温作业后，应采取密闭为主的管理措施，保持储粮低温状态。一般在秋冬季适时通风降温，使储粮温度冷却至0℃左右，随着春季粮温逐渐回升，如上层粮温达到17℃以上，可对粮堆进行低剂量磷化氢熏蒸处理，同时在粮面用隔热材料进行覆盖。高温季节应利用夜间低温，适时开启排风扇，排除仓内积热。

机械通风降水后，水分达到安全储藏标准的粮食，可转入常规储存或调出。对调质通风后的粮食应立即调出加工。

完成机械通风作业后，应立即密封通风口，并进行隔热处理，避免底层粮温上升或在通风口附近出现结露现象。

每次通风作业必须及时统计整理有关数据资料，认真填写储粮机械通风作业记录卡（表6-10）。

四、储粮机械通风系统的效益评估

（一）降温通风的单位能耗

在整个降温通风过程中，将每吨粮油温度降低1℃所耗用的电能，称降温通风的单位能耗。可用下式计算：

$$E_t = \frac{\sum W_t}{(t_1 - t_2)\,G}$$

式中：E_t—降温通风的单位能耗，（kW·h/℃·t）；

$\sum W_t$--降温通风累计电耗，（kW·h）；

t_1—通风前粮堆平均温度，（℃）；

t_2—通风结束24小时后粮堆平均温度，（℃）；

G—被通风的储粮重量，（t）。

降温通风的单位能耗值是评价降温通风系统通风经济性的重要指标之一，其值越小，通风效率越高。降温通风的单位能耗要求规定如下：

（1）地槽通风系统：$E_t \leqslant 0.075$kW·h/℃·t；

（2）地上笼通风系统：$E_t \leqslant 0.04$kW·h/℃·t；

（3）单管、多管通风系统：EVt≤0.10kW·h/℃·t；

（4）箱式通风系统：$E_t \leqslant 0.08$kW·h/℃·t；

（5）低压缓速降温系统：$E_t \leqslant 0.02$kW·h/℃·t；

（6）冷却通风：$E_t \leqslant 0.8$kW·h/℃·t。

（二）降水通风的单位能耗

在整个通风过程中，将每吨粮油水分降低1%所耗用的电能，称降水通风的单位能耗。可用下式计算：

表 6-10　　储粮机械通风作业记录卡

省（市）　县（市）　库（站）　仓（货位）号

<table>
<tr><td colspan="2">仓型</td><td colspan="2"></td><td colspan="2">尺寸</td><td></td></tr>
<tr><td colspan="2">粮食种类</td><td colspan="2"></td><td colspan="2">数量/t</td><td></td></tr>
<tr><td colspan="2">通风目的</td><td colspan="2"></td><td colspan="2">实际装粮高度/m</td><td></td></tr>
<tr><td colspan="2">风机类型及型号</td><td colspan="2"></td><td colspan="2">送风方式（吸/压）</td><td></td></tr>
<tr><td colspan="2">风网总阻力/Pa</td><td colspan="2"></td><td colspan="2">气流（上行/下行）</td><td></td></tr>
<tr><td colspan="2">总风量/（m³/h）</td><td colspan="2"></td><td colspan="2" rowspan="2">单位通风量/
[m³/（h·t）]</td><td rowspan="2"></td></tr>
<tr><td colspan="2">风机功率/kw</td><td colspan="2"></td></tr>
<tr><td colspan="2" rowspan="2">粮面表观风速/（m/s）</td><td colspan="2" rowspan="2"></td><td colspan="2">理论值：</td><td></td></tr>
<tr><td colspan="2">测试值：</td><td></td></tr>
<tr><td rowspan="4">风网布置</td><td>地槽或地上笼</td><td colspan="2"></td><td colspan="2">开始通风时间</td><td></td></tr>
<tr><td>地槽或地上笼尺寸</td><td colspan="2"></td><td colspan="2">停机时间</td><td></td></tr>
<tr><td>空气途径比</td><td colspan="2"></td><td colspan="2">结束通风时间</td><td></td></tr>
<tr><td>孔板开孔率</td><td colspan="2"></td><td colspan="2">累计通风时间/h</td><td></td></tr>
<tr><td colspan="2">通风时参数</td><td>最高值</td><td colspan="2">最低值</td><td>平均值</td><td>粮温和水分最大梯度/</td></tr>
<tr><td colspan="2">大气温度/℃</td><td></td><td colspan="2"></td><td></td><td rowspan="2">[℃/m（粮层厚度）和%/m（粮层厚度）]</td></tr>
<tr><td colspan="2">大气相对湿度/RH%</td><td></td><td colspan="2"></td><td></td></tr>
<tr><td rowspan="2">粮食温度
℃</td><td>通风前</td><td colspan="2"></td><td colspan="2"></td><td></td></tr>
<tr><td>通风后</td><td colspan="2"></td><td colspan="2"></td><td></td></tr>
<tr><td rowspan="2">粮食水分
%</td><td>通风前</td><td colspan="2"></td><td colspan="2"></td><td></td></tr>
<tr><td>通风后</td><td colspan="2"></td><td colspan="2"></td><td></td></tr>
<tr><td colspan="2">总耗耗/KW. h</td><td></td><td colspan="3">单位能耗/[KW·h/℃·t]</td><td></td></tr>
<tr><td colspan="2">操作人（签章）</td><td></td><td colspan="3">负责人（签章）</td><td></td></tr>
<tr><td colspan="2">备　注</td><td colspan="5"></td></tr>
</table>

$$E_m = \frac{\sum W_m}{(m_1 - m_2)\ G}$$

式中：E_m—降低粮油水分的单位能耗，（kW·h/1%·t）；

$\sum W_m$—降水通风累计电耗，（kW·h）；

m_1—通风前粮堆的平均水分，（%）；

m_2—通风结束后 48 小时粮堆平均水分，%。

降水通风的单位能耗值是评价降水通风系统经济性的重要指标之一，其值越小，通风效率越高。降水通风的单位能耗要求规定如下：

（1）玉米降水通风：$E_m \leqslant 2.0$kW·h/1%（水分）·t；

（2）稻谷降水通风：$E_m \leqslant 2.5$kW·h/1%（水分）·t；

(3) 大豆降水通风：$E_m \leq 2.5kW \cdot h/1\%$（水分）·t。

(三) 调质通风的单位能耗

调质通风的单位能耗是指每吨粮油每增加1%水分所耗用的电能。可用下式计算：

$$E_W = \frac{\sum W_W}{(W_1 - W_2)\ G}$$

式中：E_W—调质增加粮油水分的单位能耗，kW·h/1%·t；

$\sum W_W$—调质通风累计电耗，kW·h；

W_1—通风前粮堆的平均水分,%；

W_2—通风结束后48小时粮堆平均水分,%。

思考练习题

1. 储粮机械通风有那些作用?
2. 储粮机械通风系统形式分那些类别?
3. 确定通风时机的原则有哪些?
4. 储粮机械通风系统设计的基本要求有那些?
5. 机械通风降水和降温的可行性条件有哪些?
6. 对堆高为2.5m的玉米堆进行机械降水通风，体积单位通风量为$100m^3/h \cdot m^3$，求粮层阻力。
7. 储粮机械通风系统设计的一般步骤有哪些?
8. 某粮库拟对粮温为25℃、水分为13.0%的小麦降温通风。此时大气温度为14℃，湿球温度为12℃。试用通风测定板法判断能否通风?
9. 某仓粮食重1000t，通风前平均粮温为20℃，通风结束24小时后，粮温为10℃，耗电量400kW.h，试求单位能耗。
10. 储粮机械通风过程中有何检查要求?

第七章
低温储粮技术

低温储藏是现代储藏技术中较常用的一种，它是通过控制温度这一环境因素，以低温作为储粮的主要环境条件，进行安全储藏的一种技术。它依靠仓房的隔热性能，采取一定的冷却降温措施，使储粮处于一定的低温状态，在维持储粮正常生命活动的前提下，抑制粮堆中有害生物的生长繁殖，控制储粮品质的陈化劣变速度，以达到安全储粮的目的。

第一节　概　述

一、低温储粮的基本概念

（一）低温储藏的概念

低温储藏是在保证储粮品质的前提下，将仓房、粮堆里的空气进行各种冷却处理，并采取一定的隔热保冷措施，使储粮较长时间地处于低温状态的一种储粮技术。

（二）低温储藏的作用和特点

低温储藏与其他储粮技术相比，具有显著的优越性：一是可以有效地抑制粮油本身的呼吸代谢，延缓粮食陈化，有利于保持储粮的新鲜品质；二是能有效抑地制虫霉等有害生物对储粮的危害，，减少储粮损失，对储藏干燥粮油具有良好的效果；三是有利于成品粮油和不耐高温粮的安全过夏，对于保持成品粮的色、香、味更有其不可比拟的优越性；四是对防止高水分粮的发热霉变具有特殊的意义，可使高水分粮在短期内不发热霉变，作为高水分粮的应急措施具有独到的作用；五是不用或少用化学药剂，避免或减少污染，有利于保持储粮的，是一种绿色、环保的储藏技术。

但低温储藏特别是机械制冷低温储藏，投资大，费用高，对仓房围护结构的隔热和防潮等性能要求较高，这就限制了低温储藏的推广使用。

（三）低温储粮的发展

低温储粮技术的历史非常悠久。历史上主要是利用自然低温储粮，除少数采用地上自然低温外，大多数为地下低温储粮。近几十年来，随着科技的发展以及新型粮仓的推广，特别是近几年绿色储粮的呼声越来越高，低温储粮得到很大发展。从地下低温发展到地上低温，从利用自然通风降温发展到机械通风降温，一直到现在正在推广使用利用机械制冷的谷物冷却机低温储粮。低温储藏现已能用于水分偏高粮油的储藏，很多国家认为比烘干更经济。机械制冷低温储粮技术约有 40~50 年的历史，最早在日本使用，1951 年日本建成了第一座低温粮库，主要用于储藏糙米。我国的机械制冷低温储粮是在 20 世纪 70 年代以后发展起来的。在我国机械制冷低温储藏主要用于解决大米、面粉等成品粮的度夏问题。由于空调机易于安装、运行管理简单，所以 20 世纪 80 年代以后，空调低温储粮在我国迅速发展。但其所达到的温度多在 20℃左右，属于准低温的范围。1999 年以后，谷物冷却机低温储粮在我国大中型粮库开始推广使用，取得了良好的效果。

随着我国经济的高速发展和国民生活水平的提高，人们对粮油、食品的品质日益重视，低温储藏必将成为一种具有发展前途的储粮技术。

二、低温储粮原理和低温效应

（一）低温储藏的生物学原理

低温储藏是以粮堆生态系统中温度对粮堆生物的影响为依据的。低温对一切生物体的生命活动具有明显的抑制作用，特别是对粮堆生物体的呼吸影响更为显著。但不同的生物对低温的适应能力不同，而且低温对粮堆生物的影响也不是孤立的，它还受到水分的制约。也就是说，低温对储粮的生物学效应是多因子的综合效应。所以在储粮实践中，应根据粮油不同的含水量，采用不同的低温。如图 7-1。

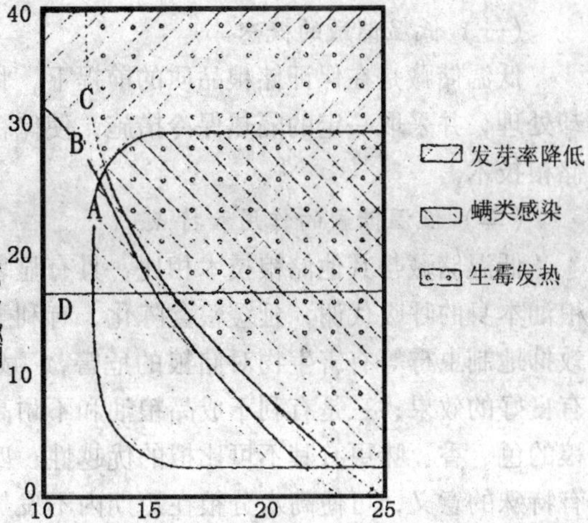

发芽率下降（在35周储藏后降到96%，B线以下），生霉发热（C线右）和螨类感染（A线以内）的关系

图 7-1　储藏温度和粮食含水量

因此，低温储粮的生物学基础，就是根据粮堆中各种生物的生态特点和对低温的适应性，控制储粮环境的温度，以达到控制粮堆有害生物的生长、繁育，抑制储粮本身的呼吸，延缓储粮品质陈化劣变的目的。

（二）低温效应和低温指标

根据低温储粮的生物学效应，由于粮堆中各种生物成分对低温的忍耐力不同，储粮水分不同，其主要危害生物亦不同，因而对于不同水分的粮油采用低温储藏时的低温指标也不同。

1．干粮冷藏的低温指标

对于水分在安全水分以内的粮油，由于水分较低，已经有效限制了微生物的危害，因而其主要危害是储粮害虫和螨类，即低温所控制的主要对象是储粮虫螨。针对害虫的生态特性，大多数储粮害虫在温度15℃～17℃以下均不能完成其生活史从而得到有效控制，而控制螨类所需的最低温度要在至少5℃以下。

2．湿粮冷藏的低温指标

湿粮冷藏是指含水量超过安全水分标准的粮油采用低温储藏，由于水分因子失去作为虫霉控制条件的可能性，因而只能以温度作为控制因子。根据虫霉的生态习性，在水分较高的环境中，危害储粮的主要有害生物是霉菌，而微生物对温度的适应能力较强，其耐受范围大致在0～50℃。因而控制微生物的低温指标应根据储粮水分来定，水分越高，采用低温储藏的低温指标应越低。如我国对水分17%的大米采用低温储藏，其温度控制在10℃～15℃可安全过夏；而对水分不超过21%的高水分粮在5℃～8℃的低温下可安全储藏6个月。英国湿粮冷藏的温度依储粮水分而定：水分在16%～17%时，储藏温度为12℃～16℃；水分在20%～21%时，储藏温度为5℃～8℃；而对水分在29%的粮食，其储藏温度要在-6℃以下。

（三）低温储藏的期限

根据低温储藏的原理和生物学效应，储粮水分越低，储藏温度越低，粮油可以安全储藏的时间越长。对于用途不同的粮食，由于其储藏品质要求不同，所以低温储藏的期限也不同。通常种用粮要比食用粮的储藏期短，而饲用粮的储藏期则较长。

三、低温储粮的方法

低温储藏的关键在于获得较低的仓温、粮温，而这一过程的实现依赖于获得低温的方法和保持低温的效果。根据获得低温的方法不同和低温库温度指标等的不同，低温储藏可分为以下几种。

（一）按获得低温方法的不同分类

1．自然低温储藏

在储藏期间单纯利用自然条件降低和维持储粮温度，并配以密闭或隔热措施保持低温的储藏方法。自然低温按获得低温的途径不同，又可分为地上自然低温储藏、地下低温储藏和水下低温储藏。自然低温由于完全利用自然条件，因此受地理位置、气候条件及季节的限制，且降温有限。但操作简单，费用低。

2. 机械通风低温储藏

利用通风机等机械设备将自然界的冷空气强制引入粮堆，使粮温降低的方法。该法仍属于自然冷源的范畴，同样受气候条件和季节的影响。但机械通风由于实行了强制通风、强制冷却，因而冷却效果优于自然通风。当然费用也相对较高。

3. 机械制冷低温储藏

利用机械制冷设备使粮温、仓温降低，并维持这一低温的方法。它包括制冷机低温储藏、空调机准低温储藏和谷物冷却机低温储藏。该法是利用人工冷源降低粮温，因此不受气候、季节的限制，即使在炎热的夏季也能达到理想的低温状态。因而机械制冷低温储藏是一种比较先进、科学的储粮手段。但对仓房的要求较高，设备价格较贵，投资费用较高。

（二）按低温库的温度指标不同分类

1. 低温储藏

经过长期的实践和研究，认为15℃是粮油低温储藏的理想温度。所以粮油在15℃及以下的库温中储藏为低温储藏。

2. 准低温储藏

粮油在不超过20℃的温度下储藏称为准低温储藏。此时能达到一定的低温储藏效果，同时还可以减少低温储藏的运行费用。

在我国常将保持库温在15℃以下的粮仓称低温库；库温在20℃以下的粮仓称准低温库；而库温在25℃以下的粮仓称标准常温库。

另外，低温储藏按储粮含水量的不同，还可分为“干粮冷藏””和“湿粮冷藏”等类型。

第二节　自然低温储粮

一、自然低温储粮的基本概念

（一）自然低温储粮的概念

自然低温储粮是指充分利用冬季干冷空气作为冷源，将粮温冷却降至5℃甚至0℃以下，并采用密闭隔热保冷措施，尽量减少储粮受外温的影响，以使储粮较长时间处于相对低温状态的低温储粮技术。

自然低温储藏主要是地上自然低温，其过程一般包括先将粮温降低冷却，然后密闭仓库、压盖粮面隔热，利用粮堆的不良导热性，使粮温长期处于低温状态。

（二）自然低温储粮的特点和要求

自然低温储藏技术实现的前提条件是要求该地区有足够长的低温期，以及同时期的低湿条件。我国一般在北纬30度以北的地区，冬季寒冷干燥，气温低于5℃或0℃的时间很长，因此自然低温在北方地区有足够的冷源，是一种经济、简易和有效的低温储粮技术，在北方有广阔的发展前景。

但自然低温储藏受气候、季节的限制较大，只能将粮温降到接近于气温，而不能低于气温，且降温不可调节，因而仅限于北方寒冷的地区。

二、自然低温储粮的降温方法

自然低温储藏的效果关键取决于两个方面：一是降温的方法；二是保持低温的方法。而其中首先是降低粮温。自然低温利用冷空气降低粮温的方法有以下三种：

（一）仓内自然冷却法

即将储粮在仓内就仓冷却。它适于包装粮和散装粮。这种冷却方法是在冬季寒冷干燥的天气，将仓房门窗打开形成气流通道，使外界干冷空气自然流经粮堆，逐层冷却粮食。这种降温方法由于粮食本身的不良导热性，粮温降低较慢，降温不够均匀，通常上层降温效果好，下层降温差。特别是水分大，粮堆高的粮堆，冷却效果不很显著。为提高冷却效果，散装粮可辅以间歇循环式“开塘挖沟”、翻动粮面，以增大粮堆与干冷空气的接触面积，提高降温速度和降温的均匀性。

（二）转仓冷却法

转仓冷却法就是在冬季干冷天气，将粮食相继通过仓外的皮带输送机等设备，由一个仓房转入另一个仓房，或仍转入原仓房，使储粮在转运的过程中与干冷空气充分接触而得到冷却的方法，仅适于散装粮。这种冷却方法由于粮食在输送机上呈薄层状分布，降温比较均匀。但受输送线长度的限制，冷却时间有限，降温幅度不是很大。为提高冷却效果，有条件的地方可采用输送联运法，以增加转运线长度。

（三）出仓冷却法

该法是在冬季干冷天气，在下午5时左右，将粮食用人力或机械设备移至仓外的晒场上摊晾，冷冻过夜，次日入仓以降低粮温的方法。为提高冷却效果，散装粮可采用与晒粮作业相类似的方法，薄摊勤翻，对于含杂较多的有虫粮，还可结合过筛处理，以除杂除虫；包装粮可堆成通风垛，并顺风而堆垛，可提高冷却效果。该法冷却降温的速度和均匀性较好，但受场地的限制，夜间需注意防止露湿，应加苫盖。

（四）机械通风冷却法

在低温季节对储粮进行机械通风降低粮温，同时采取隔热处理可以实现低温储粮。

1. 操作步骤

（1）通风前首先要确定通风方式，正确选用通风时机。

（2）将风机与通风仓房对接，设备安装后要检查设备接地线是否接地检查风机防护网固定是否牢固。

（3）启动风机前要打开门窗，启动风机前检查风机转向是否正确。

（4）实施降温通风过程中可以一次降温到位，也可以分两次、三次进行。

2. 通风的要点

（1）在秋末及冬季的低温季节，尽可能将粮温降至当地粮食安全过夏的适宜温度，然后密封粮面、仓底出粮口、通风口及仓顶的各个风口。

（2）在夏季高温季节，可采用缓慢通风办法，利用粮堆内部冷空气平衡粮层表面过高温度。

（3）为应急需要，库内应配置移动式通风装置（单管通风机组）。

（4）大风量的离心式风机，主要用于在较短时间内达到通风降温的目的；轴流风机不仅可用来排除夏季仓顶的积热，还可用来作仓房缓慢通风降温。

（5）在通风降温时，应打开窗户；移动式通风机与仓壁的通风口由软管连接并设有锁定装置以免位移；风机应有减震装置，以利风机平稳工作。

（6）通风机的工作应与检测系统联网，以便在通风季节能自动控制风机的启停。

（7）夏季气候炎热，应在夜晚及时排除仓顶内的积热。

（8）第一次通风降温时，应检查通风系统的通风均匀性。在通风过程中，应采用有效措施避免通风死角。

3. 注意事项

（1）采用大号风机时（电机功率大于15Kw），应配置降压起动装置和减震装置。

（2）移动式通风机应有位移的锁定装置。

（3）通风机出口与仓壁上的进风口之间应采用软管连接。

（4）避免通风条件选择不当，导致通风降温引起的负作用现象发生。

三、自然低温储粮的保冷方法

自然低温的保冷方法可以通过对粮堆界面的包围压盖和密闭形成，也可以通过仓房的改造实现。

（一）粮堆的包围压盖

这是在仓房全仓密闭的基础上，分别在粮堆的四周侧表面和上表面采取的隔热保冷措施。

1. 包围粮堆：即在仓内四周沿仓墙用大糠包码成厚度不小于20cm的的

一层内墙，其内侧衬席，即可散装粮食（如图 7-2）；也可用低水分异种粮或同种粮包装码垛作内墙，墙间填充稻壳等隔热材料，其厚度不小于 50cm。

2. 压盖粮面：即是在粮堆表面附设隔热层的方法。除常规压盖粮面外，还可采用双层塑料薄膜压盖（如图 7-3）。这种方法因两层薄膜间有一层空气隔热层，隔热效果较好，但操作较复杂。

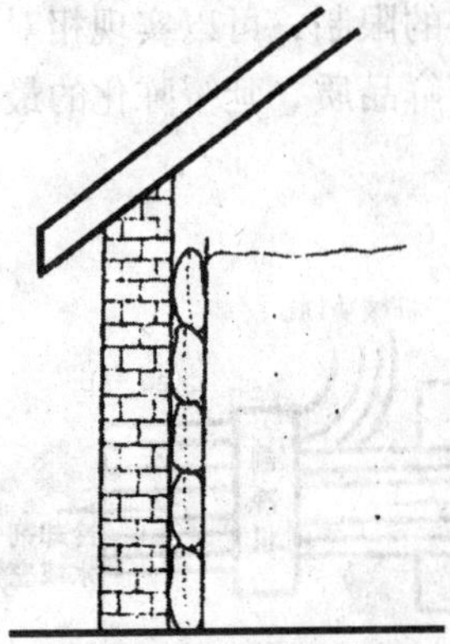

图 7-2 包围粮堆示意图

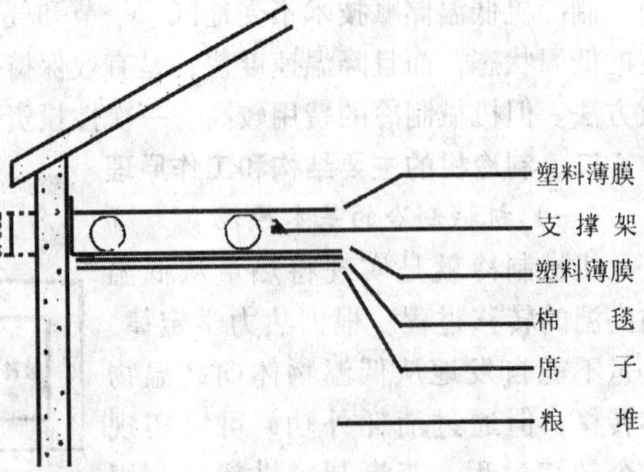

图 7-3 双层塑料薄膜压盖示意图

（二）改造仓房

房式仓在我国目前承担大部分粮油的储藏任务。对普通房式仓的仓墙和仓顶进行适当的隔热改造，增加隔热层和防潮层，如屋顶刷白、加隔热顶棚、附设隔热墙等，则隔热保冷的效果会更佳。

第三节 机械制冷低温储粮

一、基本概念

（一）机械制冷的概念

机械制冷就是利用制冷机等机械设备使自然界的某物体或某空间达到低于周围环境的温度，并维持这一温度的过程。其实质是不断地将被冷却物体或空间的热量取出并向外转移，即实现热量从低温部位向高温部位的传递过程。

机械制冷作为人工制冷技术，其制冷的方法有多种。按物理过程不同有：液体汽化法、气体膨胀法、热电法等。不同的制冷方法适于获取不同的低温。根据制冷温度的不同，制冷技术可分为三类：

普通制冷：简称普冷，制冷温度在 153K 以上；

深度制冷：简称深冷，制冷温度在 153K ~20K 之间；

低温和超低温：制冷温度在 20K 以下。

低温储粮中的制冷技术属于普通制冷范围，主要采用液体汽化法制冷，其中包括蒸汽压缩式制冷、蒸汽喷射式和吸收式制冷。在低温粮库中主要是采用蒸汽压缩式制冷，这种制冷设备称为压缩式制冷机。

（二）机械制冷低温储粮的概念

机械制冷低温储粮是指利用制冷机的制冷作用降低粮温，并采用隔热保冷措施保持粮堆的低温状态，以达到安全储粮目的的低温储藏技术。

制冷机低温储藏技术不受地区、季节和气候条件的限制，可以实现相对恒定的低温状态，而且降温速度快，是有效保持储粮新鲜品质、延缓陈化的最有效方法。但机械制冷的费用较高，一次性投资较大。

二、制冷机的主要结构和工作原理

（一）机械制冷的基本原理

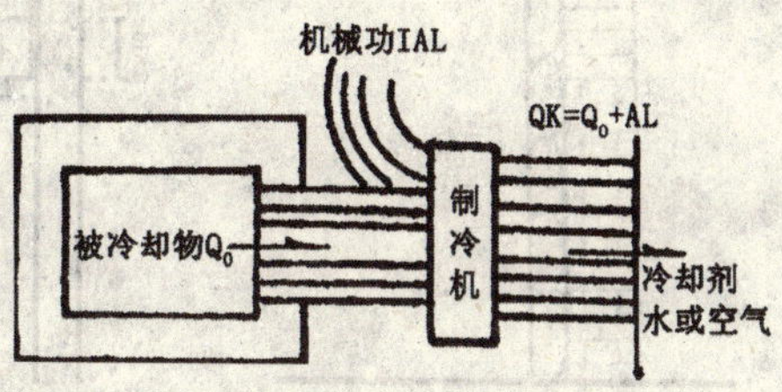

图 7-4 制冷机的工作原理图

机械制冷就是实现将热量从低温向高温的转移过程。根据热力学定律，热量不能自发地从低温物体向高温物体转移，但通过消耗外功，可以实现这个转移过程。蒸汽制冷机就是利用液体汽化吸热，把热量从被冷却物体（低温物体）中取出，在通过压缩做功补偿，将取出的热量散发转移至外界环境（高温物体）中，从而实现把热量从低温物体或空间转向高温物体或空间的过程，以达到制冷降温的目的（如图7-4）。

（二）制冷机的结构组成

低温储粮中使用的制冷机主要是蒸汽压缩式制冷机。由制冷设备和制冷剂两大部分组成。

1. 制冷设备

蒸汽压缩式制冷机的制冷设备包括蒸发器、压缩机、冷凝器和膨胀阀四大主要设备和一些辅助设备。如图7-5。这些设备之间用密封管道依次连接形成一个封闭的循环系统，其中蒸发器的作用是在低温仓中利用液体汽化吸收粮仓内的热量，使仓温、粮温降低；压缩机的作用是通过消耗机械能做功，把来自蒸发器的气体吸入并压缩至一定的压力，排入冷凝器。其目的是为热量散发创造条件。冷凝器的作用是把压缩机排出的高温高压气体予以冷凝成为液体，同时散出热量由冷却介质带走。膨胀阀的作用是节流降压，使高温高压的液体变成低温低压的液体，同时调节进入蒸发器的液体流量。其目的是为了重新吸热，实现热量的连续转移。

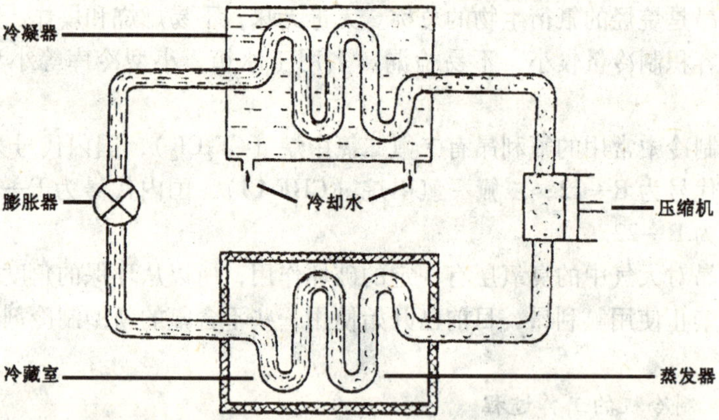

图 7-5 制冷系统的工作过程图

这四大设备在整个制冷装置中起着主要、决定的作用，缺一不可，所以有制冷机的四大件之称。而其他部件如分油器、过滤器和电磁阀等是为了确保四大件的正常工作，提高制冷效果及其工作时的经济性和可靠性而设置的，它们在制冷系统中处于次要的、辅助地位，所以称辅助设备。

2. 制冷剂

制冷剂是在制冷系统中，循环流动、周期性变化、传递热量的介质，又称制冷工质。在制冷系统中，无论制冷设备多么完善，没有制冷剂是不可能达到制冷目的的。所以人们常把制冷剂形象地比喻为制冷系统的“血液”，是制冷系统中不可缺少的组成部分。

作为制冷剂应满足以下条件：

（1）在蒸发器的低温状态下，制冷剂的压力不要低于大气压，以防止空气渗漏进入系统；

（2）相应于冷凝器的温度下，制冷剂的压力不要太高，一般不要超过 $1.2\times10^6 \sim 1.5\times10^6$ Pa，以防止制冷剂向外渗漏；

（3）制冷剂的单位容积制冷量要大，这样可减少制冷剂的循环量，单位容积制冷量是指单位体积制冷剂在蒸发器中吸收的热量；

（4）无毒、无嗅，不易燃烧和爆炸，对金属无腐蚀；

（5）不易泄漏，粘性小，导热性好等。

用作制冷剂的物质有 30 多种，目前在低温粮库中常用的制冷剂主要是氟利昂，也有用氨作为制冷剂的。

氨（NH_3）是一种中温制冷剂，有刺激性气味，对人体有毒，无色，能燃烧，易溶于水，含水的氨对金属管道和设备有腐蚀作用。但氨比较容易获得，制冷量较大，价格便宜，易于检漏。多用于冷冻厂或其他大型制冷装置。

氟利昂是烷烃的氟衍生物的总称。无毒无味，不易燃烧和爆炸，但价格较高，单位容积制冷量较小，不易检漏。多用于冰箱、小型冷库等小型制冷装置。

机械制冷中常用的氟利昂有二氟二氯甲烷（CF_2Cl_2），国内代号为F—12，国际通用代号为R—12；二氟一氯甲烷（CHF_2Cl），国内代号为F—22，国际通用代号为R—22。

氟利昂对大气中的臭氧层有一定的破坏作用，所以从环保的角度出发，国际上已经禁止使用氟利昂，目前已开始使用一些不含氟的新型制冷剂，如溴化锂等。

（三）制冷机的工作过程

由制冷剂在制冷设备中的循环流动形成了制冷机的制冷过程。即制冷剂在蒸发器中吸收被冷却物体或空间的热量，使被冷却物（或空间）的温度降低，然后经过压缩机压缩消耗机械能，再进入冷凝器散热，散出的热量由冷却介质转移出去，最后通过膨胀阀节流降压，重新回到蒸发器中吸热蒸发制冷。如此循环往复，制冷剂在制冷系统中周期性的不断吸热、放热、传递热量，从而实现制冷降温的目的，见图7-5。

（四）制冷机的性能参数

制冷机的性能和制冷效果可由制冷工况、制冷量和制冷系数等指标来反映。

1. 制冷工况

即制冷机的工作状况。通常由蒸发温度和冷凝温度来决定。其中蒸发温度是指制冷剂在蒸发器中蒸发汽化时的温度。在低温储粮中一般比低温库的低温指标低8℃～12℃，可以通过调节膨胀阀来设定。冷凝温度是指制冷剂在冷凝器中液化时的温度，可以可以通过调节冷却介质的流量来设定。

制冷机的制冷工况通常有两类：一类是制冷设备名牌上标定的额定工况，它能说明制冷机的性能和制冷能力，包括“标准工况”和“空调工况”两种。另一类是制冷机在具体使用时为满足特定的低温工艺要求而确定的工况——使用工况。

2. 制冷量

制冷机的制冷量是指制冷机在单位时间从被冷却物体（或空间）中取出的热量，用Q表示。其单位是千瓦（kW）或瓦（W）。它随制冷工况的不同而不同。一般在不同的工况下，蒸发温度越高，冷凝温度越低，制冷量越大。制冷量的大小直接影响低温粮库的降温冷却速度。

通常制冷机的名牌注制冷量为额定工况下的制冷量，实际工况下的制冷量须根据根据额定工况下的制冷量进行换算。换算公式为：

$$Q = K \cdot Q_0 \quad kW \tag{7-1}$$

式中：Q—实际工况下的制冷量，kW；

Q_0—额定工况下的制冷量，kW；

K—制冷量在使用工况下的换算系数，可根据使用工况下的蒸发温度和冷凝温度及制冷剂种类查制冷手册得到。

3．制冷系数 ε

制冷系数是指制冷机制取一定的制冷量与所消耗功的比值。其大小反映了制冷机的性能和制冷效果。

三、低温粮库的要求与设计

（一）低温粮库的性能要求

机械制冷低温储粮的关键取决于两个方面：一是制冷降温冷却，二是隔热保冷，二者缺一不可。因此低温粮库在制冷降温后，为了能保持较长时间的稳定低温状态，以确保低温储粮的效果，低温库的围护结构必须具备以下性能要求：

1．隔热保冷

这是低温库能否达到隔热要求的关键因素。围护结构的隔热保冷性能在很大程度上决定制冷设备的运行时间、开机次数和制冷费用。一般低温粮库的隔热保冷是采用多层材料组成的隔热围护结构，以减少外界向低温库的传热量。

2．防潮隔汽

为了防止外界湿空气和雨水等侵入墙体、屋顶，使隔热材料受潮，降低隔热结构的隔热性能，破坏隔热保冷效果，要求低温库的围护结构应具有良好的防潮性能。

3．结构坚固

低温库的围护结构由多层材料组成，为防止由于仓内外温差过大而产生结构变形，要求低温库的整体结构要坚固。

4．经济合理

对低温库所用材料的选择均应因地制宜，就地取材，充分考虑建库的经济性，提高低温储藏的经济效益。

（二）隔热材料

通常把导热系数小于 0.502KJ/m·h·℃，容重小于 1000kg/m^3 的建筑材料为隔热材料或保温材料。低温库所用的隔热材料，应具有以下性能：

1．导热系数要小

这是选择隔热材料首先要考虑的。一般低温库的隔热材料导热系数应在 0.088～0.502KJ/m·h·℃之间。

2．容重要小

因为容重小的材料内部空隙多，空隙中充满空气，因而其导热系数小，隔热性能好。所以隔热材料的容重在一定程度上可说明其隔热性能。

3．不易燃烧或可自熄

隔热材料要具有较好的耐火性、安全性或可自熄，不产生有毒气体。

4．其他性能

隔热材料的机械强度要高，不易霉烂、吸湿性小、经久耐用，价格低廉，取材容易，施工方便。

目前低温库常用的隔热材料有稻壳、膨胀蛭石、膨胀珍珠岩、可发性聚苯乙烯泡沫塑料等。其性能见表 7-1。

表 7-1　几种隔热材料的特性

材料名称 / 性能	稻壳（砻糠）	膨胀珍珠岩	聚苯乙烯泡沫塑料	矿渣棉	膨胀蛭石
导热系数(KJ/m·h·℃)	0.75～0.30	0.167～0.42	0.167～0.21	0.25	0.25
容重(kg/m³)	155～250	90～300	30～50	150	120
防火性能	易燃		能燃、有的能自熄	不燃	
吸湿性	吸湿性大	吸湿性大	吸水性小	吸湿性大	
防霉烂、虫蛀、鼠咬性能	不好	好		好	好
价格(元/立方米)	4～6	40～50	190～230	120 元/吨	30～45

（三）隔热结构

低温库的隔热结构是保证低温库温度指标的基础，是限制和减少由围护结构而传入热量的关键。目前低温库采用的隔热结构可分为静态隔热和动态隔热。

1．静态隔热结构

是低温库中常用的隔热结构。是由多层固体材料组成的围护结构。它包括仓墙、仓顶和地坪等的隔热。主要由基本结构和隔热层、防潮层组成。适用于普通房式仓和高大平方仓的隔热。

（1）墙体：目前我国低温库的隔热墙体结构，一般是由内外墙和隔热层及防潮层组成的夹心墙，并且防潮层应设置在隔热层的高温侧，如图 7-6。

防潮材料主要有沥青和油毡组成的两油一毡、三油两毡等，也有使用塑料薄膜作防潮材料，但在墙体中应用较少。

1. 内表层 2. 内墙 3. 隔热层 4. 防潮层 5. 外墙 6. 外表层

图 7-6　仓墙隔热结构示意图

（2）仓顶：低温库的仓顶隔热结构最常见的

有两种形式，一种是直贴式。另一种为隔热顶棚。

直贴式是在原有仓顶的基础上直接将防潮层和隔热层粘贴或连接固定上去。因通常仓顶均具有防潮层，所以一般只将隔热材料固定在仓顶内表面即可，如图7-7。

隔热顶棚是在仓房的齐檐处安装隔热顶棚，将仓房与屋顶隔开，中间留有空气隔热层形成阁楼。这样使辐射热消耗在隔棚和空气层的加热上，进一步提高了隔热效果，是目前低温库普遍采用的一种隔热结构，如图7-8。

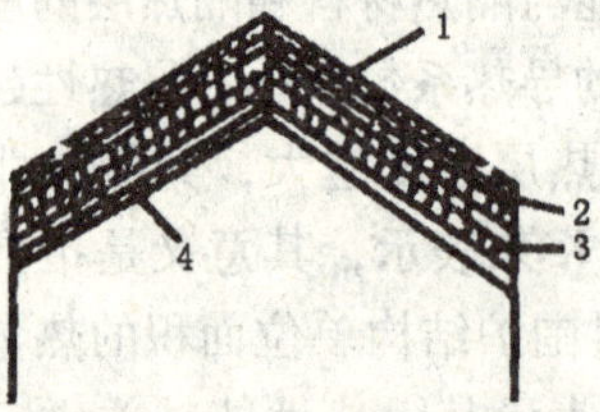

1. 原屋顶　2. 防潮层
3. 隔热层　4. 内修饰面

图7-7　直贴式

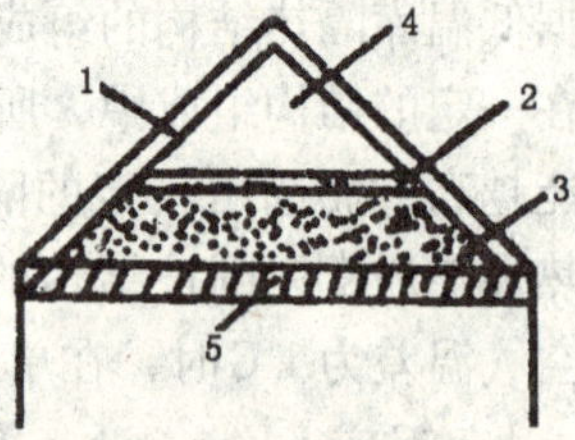

1. 原屋顶　2. 防潮层
3. 隔热层　4. 内修饰面

图7-8　隔热顶棚

(3) 地坪：通常低温粮库的地坪一般无须隔热层，而以防潮为主，主要是防止地下水因毛细管的虹吸作用而引起地坪返潮。一般用两油一毡作防潮层即可，并且此防潮层应于墙体的防潮层连接，不可留有缝隙。有时为了提高地坪的隔热性，也可采用炉渣作地坪的隔热层，沿外墙周边填以厚0.5m、宽0.5m的隔热保温带，以防止“冷桥”的作用。

(4) 门、窗的隔热：低温库以密闭为主，一般只留有一个门供储粮检查进出使用，此门采用双层隔热门，一般选用铝合金或白铁皮按门的尺寸大小做成具有一定厚度的壳子，中间填充隔热材料如超细玻璃棉、聚苯乙烯泡沫塑料、或硬质聚胺酯泡沫塑料、膨胀珍珠岩等，并在门的边缘用密封条封闭门缝。其余的门窗全部在内侧用隔热材料堵塞封死。

另外需要注意的是隔热层及防潮层的连续性和隔热层固定在围护结构上的牢固性。所谓连续性是指四周墙体的隔热层、防潮层与仓顶、地坪的隔热层、防潮层应连成一体，不留间隙。否则通过间隙会导致冷量损失及仓内温度的增加。另外还应注意隔热层应牢固的固定在围护结构上，以免使用期间产生脱落、沉陷，破坏其隔热性。

2. 动态隔热

动态隔热是目前国外设计的一种隔热结构，主要适于立筒仓隔热。这种隔热结构是使用空气隔热材料，将整个仓房完全封闭在循环流动的夹层空气中。而夹层中的循环空气则通过一定的手段保持低温，这样可保持库内精确、稳定的低温状态。如图 7-10。

这种隔热结构可以避免粮面结露。因为在这种结构中，夹层循环流动的冷空气并不与储粮接触。

（四）围护结构的隔热性能及其设计计算

围护结构的隔热性能能否满足低温库的隔热要求是低温库能否达到低温储粮效果的关键。那么，低温库围护结构的隔热性能与哪些因素有关？如何判定低温库围护结构的隔热性能呢？

根据低温库隔热结构的组成，其隔热性能与隔热材料和隔热层的厚度密切相关。在一定的结构组成中，所用隔热材料的导热系数越小、隔热性越好，则隔热性能越高；而选用一定的隔热材料，隔热层厚度越大，其隔热性能亦越高。隔热性能通常用围护结构的总传热系数 K 来表示，其意义是指当围护结构两侧空气温差为 1℃时，在单位时间内通过围护结构单位面积的热量，单位是 $J/m^2 \cdot h \cdot ℃$ 或 $KJ/m^2 \cdot h \cdot ℃$。K 越大，表示其隔热性能越差。它是低温库重要的技术、经济指标之一。其大小可用下式计算和选定。

1. K 值的计算公式

$$K = \frac{1}{R_{总}} = \frac{1}{\frac{1}{\alpha_{内}} + \sum_{i=1}^{n}\frac{\delta_i}{\lambda_i} + \frac{1}{\alpha_{外}}} \tag{7-2}$$

式中：K—围护结构的总传热系数，$J/m^2 \cdot h \cdot ℃$；

$R_{总}$—围护结构的总热阻，$m^2 \cdot h \cdot ℃/J$；

$\alpha_{外}$—围护结构外表面的对流换热系数，$\alpha_{外} = 8.36 \times 10^4 J/m^2 \cdot h \cdot ℃$；

$\alpha_{内}$—围护结构内表面的对流换热系数，$\alpha_{内} = 3.14 \times 10^4 J/m^2 \cdot h \cdot ℃$；

δ_i—维护结构中第 i 层材料的厚度，m；

λ_i—维护结构中第 i 层材料的导热系数，$J/m \cdot h \cdot ℃$。

另外，考虑到隔热材料受潮和施工工艺的不完善，实际的 K 值应比计算值增加 10%。

从以上 K 值的计算公式看到，只有当围护结构各层的材料和厚度确定后，才能计算出 K 值。在设计建造低温库时，通常是根据低温库的隔热要求，先选定 K 值，再确定围护结构的构造，并选择合理的隔热材料，最后根据选定的 K 值、隔热材料种类及构造和由此计算出的隔热层厚度等进行施工。

2. K 值的选定和隔热层厚度的计算

K 值的选定应以能满足低温库的隔热要求，保证低温库的低温指标为原则。因此，对一定的低温库来说，库内外的温差不同，应选择不同的 K 值。

一般库内外温差越大，选择 K 值应越小。我国根据低温库内外的温差选定 K 值的范围最大不超过 2.51KJ/m² · h · ℃。参见表 7-2。

表 7-2　　围护结构的传热系数 K 值

库内外温差（℃）	K 值（KJ/m² · h · ℃）	库内外温差（℃）	K 值（KJ/m² · h · ℃）
65 ~ 50	0.84 ~ 1.05	25 ~ 20	1.68 ~ 1.88
50 ~ 35	1.05 ~ 1.25	20 ~ 15	1.88 ~ 2.09
35 ~ 30	1.25 ~ 1.46	15 ~ 10	2.09 ~ 2.51
30 ~ 25	1.46 ~ 1.68		

四、机械制冷低温储粮工艺

机械制冷低温储粮工艺包括低温库总耗冷量的计算、制冷设备的选择、气流组织和送风系统的设计以及温湿度控制等。

（一）低温库总耗冷量的计算

为了保持低温粮库一定的低温指标，每小时需从粮仓中转移出去的热量，称为低温库的总耗冷量或热负荷。选择制冷机的制冷量就是根据低温库工作时的最大热负荷来确定的。低温库的总耗冷量来自以下几方面：

1. 围护结构传热引起的耗冷量 Q_1

$$Q_1 = q_q + q_d + q_f \qquad (KJ/h) \qquad (7\text{-}3)$$

式中：q_q—仓墙、仓顶传热引起的耗冷量（KJ/h）；

q_d—地坪传热引起的耗冷量（KJ/h）；

q_f—由太阳辐射引起的耗冷量（KJ/h）。

2. 降低粮温引起的耗冷量 Q_2

$$Q_2 = G \cdot C \cdot \frac{\Delta t}{Z} \qquad (KJ/h) \qquad (7\text{-}4)$$

式中：G—仓内储存粮油的数量，（kg）；

C—粮油的热容量，　　（KJ/kg · ℃）；

Δ_t—降温前后的粮温温差，（℃）；

Z—降温时间，（h）。

3. 储粮呼吸引起的耗冷量 Q_3

$$Q_3 = G \cdot q \qquad (KJ/h) \qquad (7\text{-}5)$$

式中：G—储粮总量，（t）；

q—单位质量粮油的呼吸热；（KJ/t · h）。

4. 降低库内空气温度引起的耗冷量 Q_4

$$Q_4 = C_A \cdot V \cdot \frac{\Delta t}{Z} \qquad (KJ/h) \qquad (7\text{-}6)$$

式中：C_A—空气的体积热容量，$(kJ/m^3 \cdot ℃)$，一般取 $1.42kJ/m^3 \cdot ℃$；

V—库内空气的体积，(m^3)；

Z—降温时间，(h)；

$\triangle_t$—降温前后的库内空气温差，(℃)。

5. 粮库内通风换气引起的耗冷量 Q_5

$$Q_5 = 3 \cdot V \cdot \gamma \cdot (i_w - i_n) / m, \quad (KJ/h) \qquad (7\text{-}7)$$

式中：i_w、i_n—分别为库内外空气的焓值，(KJ/h)；

V—库内空气的体积，(m^3)；

γ—空气的重度，（一般取 $1.2\ kg/m^3$）；

m—通风机每昼夜运行的时间，(h)；

3—每昼夜更换新鲜空气的次数，(次)。

6. 风机运行产生的耗冷量 Q_6

$$Q_6 = 3600 \cdot N \cdot \eta \qquad (7\text{-}8)$$

式中：3600—单位换算系数；

N—风机上配备的电机功率，(KW)；

η—风机上配备的电机效率，（一般为 0.75）。

7. 操作管理产生的耗冷量 Q_7

$$Q_7 = Q_Z + Q_K \qquad (7\text{-}9)$$

式中：Q_Z—由库内照明产生的耗冷量，(KJ/h)；

Q_K—由仓库开门产生的耗冷量，(KJ/h)。

低温粮库的总耗冷量 $Q_总 = Q_1 + Q_2 + Q_3 + Q_4 + Q_5 + Q_6 + Q_7$

实际工作中，为了确保冷却效果，通常将理论计算的总耗冷量乘以一个安全系数，一般取 1.1～1.3。即：$Q_实 = (1.1 \sim 1.3) \cdot Q_总$

（二）制冷机的选择

低温库的总耗冷量确定后，以此作为实际工况下的制冷量，换算成标准工况下的制冷量，由此选择相应的制冷机组。

（三）送风系统和气流组织

在机械制冷低温储粮工艺中，蒸发器周围的冷空气由通风口送入仓内，与仓内空气进行热交换后，经排风口排出，造成仓内空气流动，达到降温目的。而仓内空气的流动状态不同，会影响低温库的降温效果及储粮品质，还会引起储粮结露。气流组织的任务就是采用合理的送风形式，使库内储粮处在比较均匀、稳定的温湿度和气流速度的空气运动范围内。

我国低温库的送风形式有：上送下回、上送上回、下送方式和集中送风四种。在低温粮库中，为了避免冷风直接进入储粮区，而造成粮面结露，常采用上送下回的送回风形式。而回风口可设在送风口的同侧，也可在对侧，如图

7-9。

但是回风口设在送风口同侧时，储粮所处区域的冷风温度和速度比在对侧的稳定性和均匀性都要高，而且冷空气的利用率也较高。因此这种送回风形式冷却效果较好。

在工程中为了避免仓内冷空气出风口的气流中途下落，可采用导管送风，送风口应尽量贴近顶棚或设置向上倾斜的导片，并要求冷空气射流在送风口对侧距墙 0.5m 处才允许下落，然后从粮库的中、下部回风口排出，以保证冷空气在储粮区分布的均匀性，减少区域温差。当仓房宽度大于 9m 时，要采用双向导风管，送风导管的长度为仓房的二分之一或稍大于二分之一，如图 7-10。

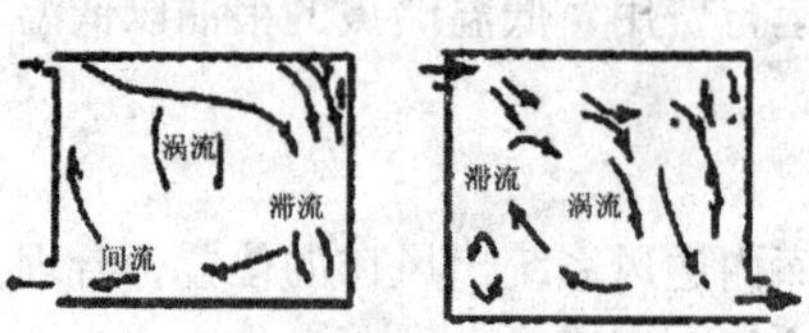

图 7-9　侧送风气流流型

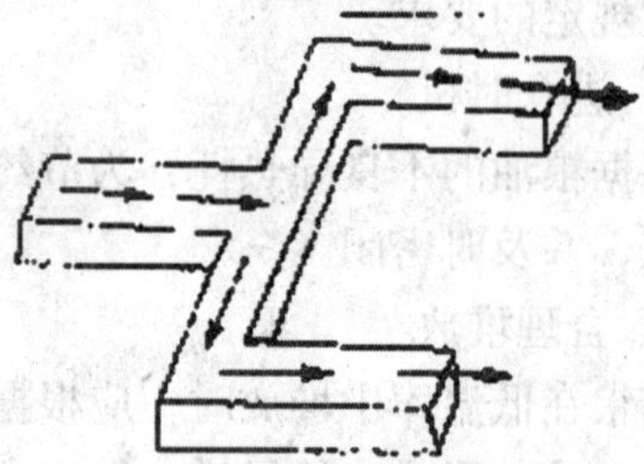

图 7-10　送风导管

五、制冷机低温储粮的管理

制冷机低温储粮的管理，除了需要常规的储粮管理以外，还有其管理的特殊要求。

（一）制冷设备的安装检查

制冷设备要按技术设计要求正确安装、调试，并严格按操作规程，以确保制冷设备的正常运行。制冷设备全部安装好以后，必须对整个制冷系统进行全面的检查。

1．气密性检查

在制冷储粮中，必须确保制冷系统的密封性，这是制冷设备正常运行的前提。检查工作要求十分细致，可采用肥皂水法或卤素喷灯捡漏；

2．制冷设备运行情况的检查

制冷系统在运行中，应加强设备运行情况的检查，如观察油压的变化，定期清理蒸发器积水盘中的露水，检查膨胀阀是否畅通等。

（二）低温粮库的检查管理

1．低温库隔热性的检查

在围护结构施工时，要检查隔热材料铺垫的均匀性，保温门是否符合隔热要求等，以确保低温粮库的隔热性能。

2. 低温库的温湿度检查和控制

必须严格控制粮堆与冷风间的温差，使储粮区的温湿度符合低温储粮的要求。

3. 加强低温库的维护管理

制定安全检查制度和安全操作规程，定期检查储粮温度、湿度和水分以及虫霉等情况。

（三）低温储粮的管理

1. 入库粮质

根据低温储藏中温度和水分的相关性，一定的低温仓，入库粮油的水分不得超过规定的要求。

2. 进仓时机

根据粮油的不良导热性，为节约运行费用，低温储藏的粮油以低温季节进仓为宜，并及时密闭。

3. 合理堆放

储粮在低温库中堆放时，应根据库内送风系统出风口的位置，合理布置堆间走道，使其形成自然风道，以提高冷风利用率。

第四节　谷物冷却机低温储粮

谷物冷却机低温储粮技术，在国外是一种较为先进和成熟的粮油储藏保鲜技术。我国 1999 年开始在黑龙江、云南、北京、安徽等地试点应用。实践表明，谷物冷却机低温储粮在保质、保鲜、减耗保量等方面具有良好的效果。谷物冷却机低温储粮，是一种绿色储粮保鲜的重要技术措施。

一、基本概念

（一）谷物冷却机低温储粮的概念

谷物冷却机低温储粮技术是指通过向粮堆通入谷物冷却机产生的低温控湿空气，使粮堆温度降低，并有效控制储粮水分，从而达到安全储粮效果的一种储粮技术。

谷物冷却机低温储粮对保持粮油的新鲜食用品质、延缓品质的陈化劣变，改善储粮的加工品质、提高储粮的稳定性等具有非常重要的意义。在优质稻米的储藏保鲜、防虫防霉和促进流通等方面具有明显的经济效益和社会效益。

（二）谷物冷却机低温储粮的特点和作用

1. 具有低温储粮的优点，且降温幅度大，降温速度快

谷物冷却机低温储粮能够将储粮温度降到 15℃以下，且降温速度快。由于谷物冷却机是将其产生的冷空气直接送入粮堆，比传统的机械制冷和窗式空

调储粮具有更高的冷却效率和节能效果，而且可以按照实际需要设置送入冷风的温、湿度。

2. 具有通风储粮的优点，能均衡粮温和水分

谷物冷却机低温储粮在实现降温的同时，能明显缩小粮层温差，均衡粮堆水分，可有效地防止粮堆水分的分层和转移及粮堆结露。

3. 不受自然气候条件限制

谷物冷却机低温储粮不受自然气候条件限制，冷却通风可在任何需要的时候实现粮温降低。即使在雨雪天气和雾天及高温、高湿的条件下也可以使用。可以作为处理发热粮或高温粮的有效措施。

4. 适用面广

可以适用于各类具备机械通风系统的仓房，不需建造专门的低温仓，因而储粮费用较制冷机降温要低。

5. 综合效益高

在降低储粮温度的前提下，可以减少储粮水分减量损失，合理地提高安全储粮水分，改善储粮的加工工艺品质，增加储粮加工和销售环节的综合效益。

总之，谷物冷却机储粮弥补了制冷机和机械通风储粮的不足，是一种先进、科学的储粮技术，有着广阔的推广应用前景。但是利用谷物冷却机低温储粮的技术工艺，还需要在应用过程中进一步研究和完善。

二、谷物冷却机的结构和工作原理

（一）谷物冷却机的主要结构和类型

谷物冷却机是一种可移动的制冷调湿通风机组。由制冷系统、温湿度控制系统和送风系统组成。主要部件有通风机、蒸发器、压缩机、冷凝器、膨胀阀、后加热装置、控制设备和可移动机架等。

谷物冷却机按通风机所在的位置，可分为前置式和后置式两种类型。

1. 前置式谷物冷却机

是指通风机设置在蒸发器的前面，环境空气经过过滤器除杂后，经通风机进入蒸发器被冷却成为低温高湿的冷空气，再由后加热装置调湿，而后通过送风管道进入仓内。具有调湿范围宽，适应气候能力较强的优点，在环境相对湿度较低时，具有较好的保水、调质冷却通风功能；但由于外界空气在进入蒸发器前先通过风机，已被风机加热，增加了制冷系统的负载，设备运行能耗较高。

2. 后置式谷物冷却机

是指通风机的位置设置在蒸发器后，环境空气经过过滤器除杂后，进入蒸发器被冷却，成为低温高湿的空气，再经后加热装置加热调湿，最后通过通风机送入仓内。具有相对节能的优点，但在环境相对湿度较低时，控湿性能稍

差。但在环境湿度较高时，同样具有较好的保水、调质和降水冷却通风功能。

按谷物冷却机制冷量（10℃/30℃）划分，可将谷物冷却机分为大、中、小三种类型。制冷量在 100kW 以上的为大型机，50 ~ 100kW 的为中型机，50kW 以下的为小型机。

（二）谷物冷却机的工作原理和功能

1. 原理

谷物冷却机的基本工作原理是机械制冷，它是在机械制冷的基础上，通过增设通风和后加热系统达到降温控湿目的。外界空气在通风机产生的压力差作用下，经过滤网进入蒸发器，通过热交换被冷却，由后加热装置将被冷却空气的相对湿度降低到设定要求，再通过送风管和空气分配器送入粮堆，从而降低粮堆温度，并控制粮堆湿度，达到低温控湿储粮的目的。如图 7-11，这对于防止机械制冷中因冷却而增湿结露非常有效。

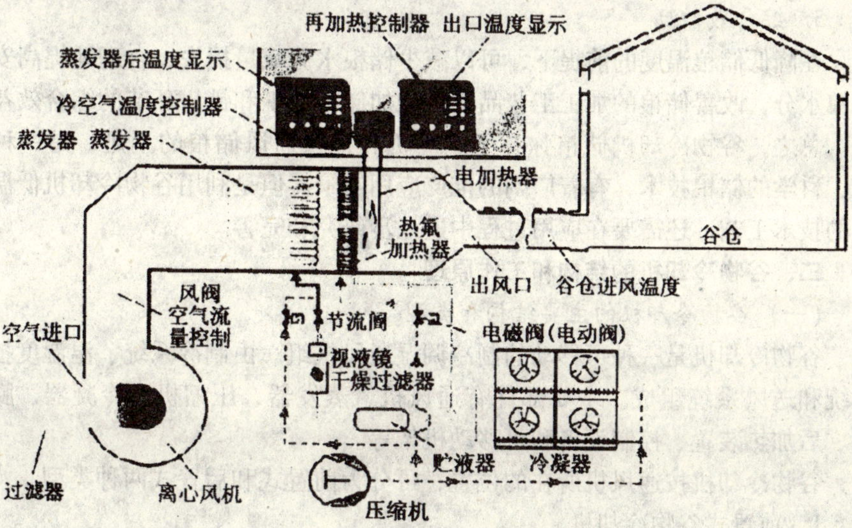

图 7-11 谷物冷却机系统原理

2. 工作过程

谷物冷却机的工作过程包括制冷剂的循环过程和进仓空气的循环过程。

（1）制冷剂的循环过程：与机械制冷的制冷循环过程相同。参见制冷机的制冷过程。

（2）进仓空气的循环过程：空气被离心风机引入进风口，通过过滤网进入蒸发器，流经蒸发器铜管外侧被冷却降温成为低温高湿的冷空气。同时其中含有的过饱和水蒸气变成冷凝水由蒸发器低部排出。降温后的高湿冷空气通过后加热装置进行调湿，按照设定的进仓空气相对湿度值，设备自动调整加热装置的加热级别，经过几个调整周期后，使湿冷空气的湿度逐渐达到设定值，满足入仓要求后送入粮仓。在条件满足时，将仓房上部排出的空气经过风管引接到谷物冷却机的进风口重新被引入，形成空气的循环。

3．功能

谷物冷却机低温储粮具有四个功能：

（1）降低水分冷却通风：是将送入粮堆的冷空气湿度调节到低于被冷却粮油水分的平衡相对湿度，在合理的范围内降温的同时降低储粮水分。

（2）保持水分冷却通风：是通过合理分段调控送入粮堆冷却空气的温度和相对湿度，在保持储粮水分不变的前提下，降低储粮温度。

（3）调质冷却通风：谷物冷却机对水分过低的储粮，可适当调高送入粮堆冷空气的相对湿度，将储粮水分调整到符合保鲜和适宜加工的要求范围。

（4）调湿通风：是指在不需要制冷通风的条件下，仅使用谷物冷却机的通风和后加热装置或单独使用通风装置，完成自然通风或机械通风的功能。

（三）谷物冷却机的基本参数

1．送风量

单位时间内向粮仓内送入的冷空气体积，单位是 m^3/h。

2．制冷量

在规定的制冷能力条件下，从进入谷物冷却机的空气中出去的热量。

3．功率

指谷物冷却机运行时所消耗的全部功率。

4．单位功率送风量

送风量与所消耗功率之比。

5．制冷性能系数

制冷量与所消耗功率之比。

（四）谷物冷却机的型号

1．型号

谷物冷却机按使用的气候环境分为 A 型和 B 型。A 型代表热带型，其代号为 GLA；B 型代表温带型，其代号为 GLB。

2．型号编制

由大写的汉语拼音字母和阿拉伯数字组成，具体表示方法如图 7-12。

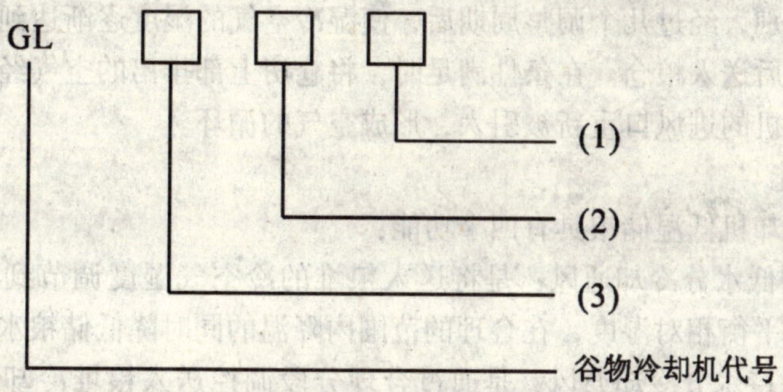

图 7-12　谷物冷却机的型号表示

（1）工厂设计序号和特殊功能代号等；

（2）名义工况制冷量：数字 10^3W；

（3）型号：A 型、B 型。

谷物冷却机使用时的气候环境条件往往难以分为 A 型或 B 型，所以国内有的生产厂家将同一机型 GLA/GLB 或者只标出 GL，不分 A 型或 B 型，并在 GL 后加标最大冷却能力。如 GL—400 型表示在工况为 17℃，相对湿度 RH70%，粮油水分 15%时，最大处理能力为 400t/24h。

再如：名义制冷量为 42kW、A 型的谷物冷却机，其型号编制为 GLA42。

三、谷物冷却机冷却通风系统的组成

谷物冷却机冷却通风系统是由粮仓、粮堆、通风管道和送风管道以及谷物冷却机和测控系统组成的。并要求各部分均符合机械通风储粮技术的使用要求，以确保冷却通风的均匀性。其工作示意图如图 7-13。

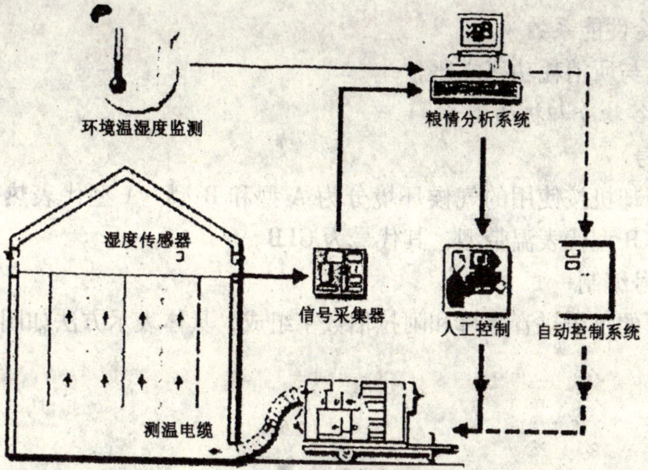

图 7-13　谷物冷却机冷却通风系统工作示意图

四、谷物冷却机低温储粮的技术要点

（一）谷物冷却机出风口冷却空气的有关参数设定

1. 计算出风口冷却空气的相对湿度（$RH_{后}$）。

根据冷却通风后要达到的粮油水分，按照一定温度下粮食水分与相对湿度相平衡的原理，计算出所需要的出风口冷却空气的相对湿度 $RH_{后}$。

2. 计算通过谷物冷却机蒸发器后的冷却空气温度（$T_{前}$）。

其计算公式为：

$$T_{前} = T_{后} - T_{升} \tag{7-10}$$

式中：$T_{后}$—表示后温，即通过谷物冷却机出风口冷却空气的温度，一般比低温储粮的低温指标低 8℃～12℃；

$T_{升}$—表示后加热装置加热引起的温升值（℃）。根据冷却空气温度每升高 1℃，其相对湿度降低 5% 左右的规律，其计算公式为：

$$T_{升} = (RH_{前} - RH_{后}) / 5\% \tag{7-11}$$

式中：$RH_{前}$—表示通过谷物冷却机蒸发器后的冷却空气的相对湿度，一般在 95% 左右；

$RH_{后}$—表示谷物冷却机出风口冷却空气的相对湿度，（%）。

对于后置式谷物冷却机，$T_{升}$ 还包括通风机引起的温度升高，一般 1℃～3℃。

3. 根据计算值和谷物冷却机的操作要求设定前温和后温。

4. 根据实测谷物冷却机出风口冷却空气的温度和相对湿度，再微调前温，使之达到预定的数值。

（二）送风温度和湿度的调控

谷物冷却机送风温度和湿度的调控，应根据通风的目的不同进行。

1. 在保持水分冷却通风中温湿度的调控，必须按照被冷却粮食在不同降温阶段的平衡水分值，分阶段动态调控送风的温度和湿度，其调控指标与粮种、水分和粮温密切相关。在冷却通风过程中，应根据每天测定的粮油水分和粮温变化情况，及时修正送风温湿度控制指标，否则易引起水分丢失或增加。根据国内外谷物冷却机应用的初步经验分析，调控送风温湿度指标建议如下：

（1）冷却通风前的送风温度为 12℃～14℃，相对湿度 80%～85%；

（2）冷却通风中的送风温度为 10℃～12℃，相对湿度 80%；

（3）冷却通风后期到停机前：送风温度为 8℃～10℃，相对湿度 75%～80%。

2. 在降低水分冷却通风中，由于谷物冷却机的降水能力有限，一般一次冷却通风只能降水 1℃～3%。因此降水冷却通风的储粮水分不能过高，应在

16.5%以内，而且应以降温为重点，以降水为辅。在获得低温储粮条件的同时，合理调控送风湿度，合理降低储粮水分，以避免过低湿度送风而影响冷风送入量，影响降温效果和增加单位能耗，延长冷却通风时间。其温湿度调控指标建议如下：

（1）冷却通风前的送风温度为12℃～14℃，相对湿度70%～75%；

（2）冷却通风中的送风温度为10℃～12℃，相对湿度75%；

（3）冷却通风后期：送风温度为8℃～10℃，相对湿度70%～85%。

3. 调质冷却通风的温湿度调控指标建议如下：

（1）冷却通风前的送风温度为12℃～15℃，相对湿度80%～85%；

（2）冷却通风中的送风温度为10℃～12℃，相对湿度80%～85%；

（3）冷却通风后期：送风温度为8℃～10℃，相对湿度75%～80%。

（三）冷却通风的作业要求

1. 冷却通风的作业时间

对于不同的储粮，其冷却通风的作业时间不同。对新粮入库应在两周内完成初冷作业，必要时粮油入库与冷却通风的作业时间同时进行；对每年须冷却通风储藏的粮油，应在三个月内完成全年的冷却通风作业；对单仓的冷却通风作业时间一般在两周内完成为宜；对发热粮或偏高水分的粮油要及时进行冷却通风降温处理；应尽量选择有利的气候条件或时机进行通风，避免在夏季高温季节进行冷却通风。对全年储存的粮油，可在入夏前进行冷却通风作业，密闭保冷通过高温季节后，再于入秋后进行复冷作业，也可在秋冬季节或春季配合利用自然低温条件进行机械通风降温，在进入夏季之前，储粮温度回升后再使用谷物冷却机进行降温处理。

2. 冷却通风的作业方式

应用谷物冷却机对粮堆进行冷却通风时，对粮仓较大，现有谷物冷却机不能一次完成冷却时，可采用仓内储粮分区、分段冷却通风降温的作业方式。

仓内粮食分段作业方式是指储粮冷却降温分段进行。例如：秋季粮油入库后，在环境温湿度较高时，先安排使用谷物冷却机将粮温降到15℃左右，在冬、春季节利用机械通风或谷物冷却机进一步将粮温降到10℃或10℃以下。

分区冷却方式是指将同一个仓内的储粮按送风网布置形式和进风口的位置划分为若干个待冷却作业区，利用有限的几台设备分区作业，先后完成全仓储粮冷却的作业任务。

五、谷物冷却机的应用条件和要求

（一）仓房条件和要求

谷物冷却机冷却粮堆的送风方式与机械通风基本相同，因此谷物冷却机的应用条件之一是仓房应配备有机械通风系统，且风道的排列与布置及有关参数应符合机械通风的技术要求，以确保冷却通风具有降温等的均匀性。但由于谷物冷却机的送风量比传统的机械通风送风量小（风量过大会降低冷风的利用率），因此被冷却通风的粮层相对较厚，以提高冷风利用率，降低使用能耗。一般平方仓粮层厚度应达到或超过6m，冷却效果较好。

（二）冷却通风的操作条件

根据谷物冷却机低温储粮的特点，使用谷物冷却机对粮堆进行冷却通风，其操作条件中开始通风的条件可以按照冷却通风的作业时间和温湿度控制标准为依据；而结束冷却通风的条件包括以下几方面：一般初次冷却通风作业时，应将粮温降低到规定的标准：即安全水分的粮油应降到12℃～13℃；偏高水分的粮油应降到10℃～12℃。重复冷却通风的时间以粮温回升到17℃～20℃左右进行。同时，对不同目的的冷却通风，还应考虑以下条件：

对保持水分冷却通风，当平均粮温已降到设定值，粮堆冷却界面已移出粮堆上层、粮堆内的温度梯度≤1℃/m粮层厚度时，即可结束冷却通风。

对降低水分冷却通风，在确保冷却效果的同时，通过控制送入冷风的相对湿度（一般设定值为75%），在一定范围内降低储粮水分，被冷却的储粮原始水分不宜超过16.5%。当储粮温度和水分降到设定值（水分以安全水分为标准），粮堆内的温度梯度≤1℃/m粮层厚度，粮堆水分梯度≤0.5%/m粮层厚度时，可结束冷却通风。对调质冷却通风，增水量不应超过低温安全储粮的水分范围，且一般应在粮油加工前进行。当粮温和水分降到设定值，且粮堆内的温度梯度≤1℃/m粮层厚度，粮堆水分梯度≤0.5%/m粮层厚度时，即可结束冷却通风。

六、谷物冷却机的选用和配置要求

（一）谷物冷却机的选用

谷物冷却机的选用首先应根据当地的气候条件，合理选择前置或后置式谷物冷却机。然后根据储粮数量、仓房类型及风网布置等因素合理选定谷物冷却机的型号，最后根据选定机型的冷却处理能力（吨/24小时）确定所需谷物冷却机的台数。

例题7-1 某粮库设计仓容为5万吨，其中每年需使用谷物冷却机做初冷处理的粮食核定为3万吨、复冷处理的粮食为2万吨，已知初冷和复冷作业期间粮库环境相对湿度经常在50%左右，储粮水分（稻谷）在14%～15%。外温平均24℃，粮库主要仓型为浅圆仓和平房仓各占50%，经研究年作业总时间要求在100d内完成冷却储粮任务。如何选定机型和确定配置数量？

解：（1）根据稻谷水分14%～15%，作业期间环境湿度50%左右（偏低），为确保冷却通风时不减少水分，应选择风机前置式的谷物冷却机。

（2）根据粮库作业环境平均气温在24℃，属较热气候条件下作业，应选用A型机（热带型机）。

（3）通常中型与大型谷物冷却机都可以用于浅圆仓和平房仓作业，但浅圆仓粮层较厚、平房仓粮层相对较薄。因此，浅圆仓可以主要选定大型机、平房仓选用中型机。经查阅有关资料，在平均气温24℃，相对湿度50%～70%时，大型机的实际处理能力约为250t/24h；中型机的实际处理能力约为220 t/24h。

配置方案1：配置3台中型机。其日处理能力（平均粮温从25℃降到14℃以内）：

$3 \times 220 = 660t/24h$。

处理5万吨粮食的作业时间约需：$50000 \div 660 \approx 76$（d）

配置方案2：配置2台大型机。其实际日处理能力为：

$2 \times 250 = 500t/24h$

处理5万吨粮食的作业时间约需：$50000 \div 500 = 100$（d）

说明：由于谷物冷却机的实际处理能力受环境温湿度和送风温湿度控制指标影响很大，上例中的计算和分析不能作为选定机型和数量的唯一标准。

（二）谷物冷却机的配置要求和注意事项

1．谷物冷却机必须具备冷却粮食所需的风量、风压和相应的冷却能力，并能满足低温储粮时降温速度的要求。

2．谷物冷却机的配置应采用"一机一口"，即一台谷物冷却机只连接一个主风道进风口，不允许串联使用。

3．配备谷物冷却机的仓型优先顺序为浅圆仓、高大平方仓、立筒仓、其他粮仓。应优先选择具有一定隔热保冷、防潮隔湿性能和结构坚固的仓房。粮种优先顺序为稻谷、糙米（大米）、玉米、小麦和其他粮种。

4．谷物冷却机送风网、空气分配系统的设计，必须符合《机械通风储粮技术规程》的技术要求，住风道内设有多个支风道时，支风道以全开孔式空气分配器为好。

5．谷物冷却机的应用，必须配备有能准确检测储粮温度和水分及粮仓进风口内冷却空气的温湿度的检测设备。

6．谷物冷却机应放置在背阴处平整结实的地面上，避免阳光直射，并保证冷凝水排水通畅。

7．供电线路应符合谷物冷却机的动力负荷要求，保证电气接地安全、可靠，并配有自动保护装置。

8．多台谷物冷却机同时使用时，应逐台启动，待运转正常后再启动另一台，严禁同时启动。

9．连接谷物冷却机出风口与仓房风道入口的送风管，如采用硬风管，其重量不能由设备的出风口承载。

10. 通风过程中应注意防止粮仓顶部或仓壁由于排热不畅而发生结露。

11. 在设定和使用后加热装置升温控湿时，应优先使用余热加热，即优先使用在制冷剂冷凝时散出的热量。

七、谷物冷却机低温储粮的操作管理

（一）冷却通风前的准备

1. 将设备移动到使用位置水平摆放和有效固定，将谷物冷却机出风口与送风管及风道牢固连接，并检查密封程度；

2. 检查设备各部位的连接，确保无松动和损坏；

3. 检查制冷设备和制冷剂，确保符合运行和启动要求；

4. 检查风机转向是否正确；

5. 在谷物冷却机上的U形管内注入透明洁净的冷水，并调节到规定的位置，同时检查冷凝水管是否阻塞，确保排放通畅；

6. 在送风管道硬性连接处布设温湿度检查孔和安置温湿度检测装置；

7. 布置和检查粮情测控系统，粮情检测点的布设应符合《粮油储藏技术规范》和《粮情电子检测分析控制系统技术规程》的各项规定，并要求在空气分配器上方布置若干个水分检测固定取样点；

8. 测定粮温、仓温、储粮水分和大气的温、湿度；

9. 设定和打开仓房的排气口（门、窗、仓顶孔或其他排气口）。在确保粮堆中热空气能顺畅排出的同时，尽量减少仓外湿热空气对流传入。

（二）冷却通风过程中的操作管理

1. 设备的启动：

（1）合上总开关，打开紧急关车键盘或按钮；

（2）预热谷物冷却机；

（3）设定和输入制冷温度和后加热温度，按下设备启动按钮。

2. 设备启动后，应对设备的工作情况进行观察，并按要求经常检查排水情况等，严防管路堵塞和冷凝水被吹入送风管，排出的冷凝水应引入排水沟。

3. 定时检测入仓冷风的温、湿度，发现与设定温度的差值大于1℃或与设定湿度差值大于3%时，应及时调整。

4. 定期检测储粮水分、温度等。有代表性的部位，如原始最高、最低粮温（水分）处、可能的通风死角、杂质聚集区等也应设点取样检测。

（1）保持水分冷却通风：温度每12小时测定一次，水分至少每24小时分层定点测定一次；

（2）降低水分冷却通风：温度每12小时测定一次，水分每12小时分层定点取样检测一次；

（3）调质冷却通风：温度每 12 小时至少测定一次，水分应根据调质要求，每隔 8 ~ 12 小时测定一次。

在采用分阶段控湿冷却时，每个阶段通风结束后应整仓检测一次水分和温度。

5. 严禁向低温粮仓送入热空气和湿度过高的空气，以防造成储粮结露和霉变。

6. 随时检查设备运行情况等，发现问题及时处理。

（三）冷却通风结束后的管理

1. 冷却通风结束后及时关闭门窗和排气口，用防潮、隔热的密封材料及时堵塞风道口，做好粮堆的隔热保冷和密封防潮工作。

2. 卸下谷物冷却机，按要求进行检修、保养和防腐处理，并妥善保管。

3. 对冷却通风作业的单位能耗进行评估，评估方法为：

（1）根据冷却通风降温储粮的单位能耗计算公式计算单位能耗，其值越低，效率越高。

$$E = \frac{\sum W}{(T_1 - T_2)\ G} \tag{7-12}$$

式中：E—降低粮温的单位能耗，kW · h/℃ · t；

$\sum W$—冷却通风降温的累积耗电量，kW · h；

T_1—冷却通风前的平均粮温，℃；

T_2—冷却通风结束后 24 小时的粮堆平均温度，℃；

G—被冷却通风的储粮质量，t。

（2）冷却通风降温的单位能耗要求：

立筒仓冷却通风：E≤0.30kW · h/℃ · t

浅圆仓冷却通风：E≤0.55kW · h/℃ · t

高大平房仓冷却通风：E≤0.50kW · h/℃ · t

其他粮仓的冷却通风：E≤0.80kW · h/℃ · t

4. 详细填写冷却通风作业记录卡，见表 7-3。

第五节　空调机准低温储藏

一、空调机储藏的概念和原理

空调机储藏是指采用低能耗、高自动化的整体空调设备进行低温储粮的技术，是一种准低温储粮技术。一般用于城市保管大米的安全度夏。它具有简便、经济、有效的特点，在高温季节能形成恒低温的储粮环境，提高储粮的稳定性。

表 7-3　　谷物冷却机低温储粮作业记录卡

单位名称　　　　　　　　　　仓号：

粮种		等级		杂质（%）		数量（t）	
仓型		直径（跨度×长度		粮层厚度（m）		粮堆体积（m^3）	
风网类型		风网总阻力（Pa）		总风量范围（m^3/h）			
谷冷机型号		台数		总功率（kW）		单位通风量 $m^3/h\cdot t$	
冷却通风目的							
通风时间	开始：	结束：				累计通风时间（h）	
冷却通风期间参数	平均值		最高值		最低值	备注	
大气温度（℃）							
冷却通风前粮温（℃）							
冷却通风后粮温（℃）							
冷却通风前储粮水分（%）							
冷却通风后储粮水分（%）							
粮层温度梯度（℃/m 粮层厚度）							
粮层水分梯度（%/m 粮层厚度）							
冷风温度（℃）（设定值/检测值）							
冷风湿度（%）（设定值/检测值）							
实际冷却能力（t/24h）		总电耗（kW·h）					
单位能耗（kW·h/℃·t）		电价					
操作人员							

空调设备是指具有空气调节能力的装置。它可以根据需要在一定范围内自动调节空气的温度、湿度和空气流动速度（又称“三度”），过滤空气并使空气对流循环。通常利用空调设备可以将储粮温度稳定在准低温范围内。因而能长期保持储粮品质，达到安全储藏的目的。

二、空调机储粮的技术特点

空调设备的空气调节作用和机械制冷的基本原理大致相同，只是空调设备的工况属于空调工况，而制冷机多是在标准工况下工作。除此之外，空调机在组成上增加了空气处理设备和温、湿度自动控制装置，因而对库内空气可以进行降温或升温处理，并可以过滤空气和对空气进行降湿、增湿处理。储粮中主要用于降温、降湿。

空调机的控温范围一般为15℃～28℃，湿度控制范围大致为40%～70%。因而可使储粮环境的温、湿度趋于稳定、恒定，更有利于储粮的安全、稳定性的提高。

空调机在运行期间由于灵敏的自动控制系统，使库内空气温度稳定，因而粮堆不会发生温差结露。而制冷机却不能完全避免温差和结露的发生。另外空调储粮中，主要使用窗式空调机，其制冷量较小，难以实现气流的均匀分配，储粮散装堆放时可能回出现粮温分层现象，并且空调储粮的温度较机械制冷偏高，但投资费用较低。

三、空调机的选用与安装

空调机的选用要按照温度控制范围合适、投资少、能耗低、体积小、安装操作方便、自动化程度高等条件来选择其型号；根据空调库的平面面积大小，按110～160W/m^2的耗冷量确定空调机的台数。

空调设备的安装要求牢固、遮阳、防雨、稳定、无缝。对于空调储粮中被广泛使用的窗式空调机，一般安装在仓房两侧离地较高的窗户上并尽可能靠近仓房顶部，防止空调机吹出的冷风直接接触粮面而产生结露。另外，为了减少空调机的运行时间，通常还在仓房山墙上部安装排风扇，适时排出仓房上部的热量。

四、空调机储粮的管理

空调机储粮的管理主要做好以下几方面工作：

1. 做好空调仓的隔热、防潮与气密性检查，确保仓房具有良好的防潮、隔热和气密性能，以减少空调储粮的费用；一般对新建空调仓，应按机械制冷低温仓的要求设计；改建的空调仓与自然低温储藏中对仓房的改造要求基本相同。

2. 要严格控制空调库的入库粮质，要求入库水分要低，高温粮不能进入空调库储藏。

3. 要严格控制库内空气交换次数，防止库外高温空气进入库内。

4. 控制空调机的工作运行时间，空调机的年工作周期应在气温上升季节的后期和气温下降季节的前期（以仓温达到20℃为界）两个阶段，其余时间可通过排风扇适时通风，加速降温，以缩短空调机的运行时间，降低费用。初次开机时间必须在粮温升到一定温度之前，否则粮温不易降低。

思考练习题

1. 什么叫低温储藏？低温储藏的作用原理是什么？

2. 干粮和湿粮低温储藏的低温指标是多少？

3. 试述自然低温储藏的冷却降温方法。

4. 制冷机由哪几部分组成？各有什么作用？其工作原理是什么？

5. 什么叫制冷剂？什么叫制冷工况和制冷量？

6. 低温库的隔热保冷结构由哪几层组成？它与保温有什么区别？其隔热性能与哪些因素有关？

7. 什么叫围护结构的传热系数？其选择依据是什么？选择范围是多少？

8. 什么叫谷物冷却机低温储藏？它有什么优点和功能？其应用条件是什么？

9. 低温储藏 50 万 kg 大米，水分为 14%（其比热容为 2.01kJ/kg·℃），入仓温度 20℃，要求储藏温度为 13℃，在 5 天内冷却，试求其耗冷量。

第八章
气调储藏技术

第一节　气调储藏概述

一、气调储藏的基本概念

在密封粮堆或气密库中，采用生物降氧或人工气调改变正常大气中的气体成分的比例，使在仓库或粮堆中产生一种对储粮害虫致死的气体，抑制霉菌繁殖，并降低粮食呼吸作用及基本的生理代谢。这种以控制调节储粮环境气体成分为依据，使粮食增加稳定性的技术叫气调储藏。

气调储藏有悠久的历史，是从气密储藏发展而来的。我国的气密储藏也具有悠久的历史，远在仰韶文化时期已有气密性的缸、坛、窖藏。新中国成立后，气密储藏技术有了较快的发展。迄今国内外已确认气调储藏对粮食生理、生物学、品质保持以及控虫、防霉等方面均较之常规储藏更具明显的优越性。

二、气调储藏的作用和原理

（一）防治虫害

储粮害虫的生活条件，与所处环境的气体成分、温度、湿度分不开。使用最有效的杀虫气体组合，按粮种不同提高粮温到一定范围，并按实际情况延长处理时间，均能提高气调杀虫的效果。当氧浓度含量在2%以下，就能致死储粮害虫，当有高二氧化碳和低氧混合气体同时起作用时就更具毒性。杀虫率所需的时间取决于环境温度，大气温度愈高，达到95%杀虫率所需的时间则愈短，所以高温可以增加气调的效力。在比较低的湿度下处理比在较高的湿度下处理更为有效。气调杀虫的规律与充入气体浓度和处理时间有着密切关系，人工气调时，低氧和高二氧化碳两种气体相配合时对杀死各种害虫更具增效作用，当粮堆中单一充36%～80%的CO_2，其杀虫效果随CO_2浓度增高而增大。当氧含量低于5%，有15%～38%的二氧化碳混合时，对害虫的毒效作用增加，能取得明显的气调杀虫效果。几种储粮害虫在不同O_2、CO_2、N_2气体浓度中的致死率和致死时间见表8-1、8-2、8-3。

表 8-1　玉米象成虫 100%致死时间与 O_2 浓度的关系

O_2 （%）	2	4	5
天	2	8	20

表 8-2　赤拟谷盗成虫 100%致死时间与 CO_2 浓度的关系

CO_2 （%）	致死率%	致死时间（小时）
80	100	48
90	100	36
95	100	24

表 8-3　米象成虫 100%致死时间与 N_2 浓度的关系

N_2%	96%	100%
天	14	8

（二）抑制霉菌

当粮堆氧浓度下降到2%以下时，对大多数好氧性霉菌具有显著的抑制作用，特别是在安全水分范围内的低水分粮以及在粮食相对湿度在65%左右的低湿条件下，低氧对霉菌的抑制作用尤为显著。但是有些霉菌对氧气要求不高，极能忍耐低氧环境，例如灰绿曲霉，能在0.2%氧浓度下生长。当气调粮堆表面或周围结露时，在局部湿度加大的部位就会出现霉菌，有些兼厌氧性的霉菌，如毛霉、根霉、镰刀菌等亦能在低氧环境中生长。

粮食上的霉菌对低二氧化碳有较强适应能力，只有当二氧化碳浓度提高到40%以上才能有明显的抑制作用。

（三）降低储粮呼吸强度

由于正常的呼吸作用是一个连续不断地从空气中吸收氧的氧化过程。与此同时，不论缺氧呼吸或有氧呼吸所产生的二氧化碳都能积累在粮堆中，相对地抑制粮食的生命活动，并抑制虫霉繁殖。

在实践中，干燥的粮食采用缺氧储藏，可以较好地保持品质和储粮稳定性。然而，在高水分粮采用缺氧储藏技术时，将会使机体受到损伤或完全丧失生活力，这种现象特别对于高水分种用粮不利。一般地说，粮食水分在16%以上，往往就不宜较长时期的采用缺氧储藏方式，以免引起大量酒精的积累，影响品质。

（四）对粮食品质的影响

影响储粮品质的首要因素是温度，其次才是其他条件。从缺氧储藏与常规储藏（实验对照组）的品质相比较，缺氧储藏品质变化明显优于常规储藏，其中常规储藏（实验对照组）粘度下降，脂肪酸值增高，淀粉糊化特性改变明显的较缺氧储藏的快。

三、气调储藏的类型和指标

气调储藏有生物降氧和人工气调两大类。生物降氧是通过粮食生物体的自身呼吸，将塑料薄膜帐幕或气密库粮粒孔隙中的氧气消耗殆尽，并相应积累了较高的二氧化碳，达到缺氧目的。人工气调则是应用一些机械设备（如燃烧炉、制 N_2 机、分子筛、充二氧化碳等）改变粮堆原有的气体成分，强化密封系统，使其达到高浓度的氮、高浓度的二氧化碳或其他气体。

气调储藏的氧气浓度降到2%左右，或二氧化碳浓度增加到40%以上，或氮气浓度达95%以上，霉菌生长就会受到抑制，害虫也会很快死亡，并能较好保持粮食品质。

第二节　气调储粮的密封技术

一、密封材料

密封程度的好坏是气调储藏效果成败的关键。

（一）塑料薄膜

常用的塑料类密封材料有：聚氯乙烯、聚乙烯、聚丙烯等塑料薄膜。其厚度在0.07～0.40mm，它们在常温下能耐酸、碱的腐蚀，具有耐磨性及绝缘性，其机械强度随厚度增加而加强，但不耐高温，聚氯乙烯在85℃软化，130℃变形；聚乙烯熔点在110℃～130℃；聚丙烯在170℃～174℃就使其开始熔化。因目前在生产技术上还允许存在有一定的微孔及砂眼，对于气体和水蒸气具有微透性，其性能随厚度增加而减少，所以在选用聚氯乙烯和聚乙烯薄膜作粮堆密封材料时，应先查漏补洞，其厚度根据需要来选定。应用生物降氧方法密封粮堆时可选用0.14mm厚度的薄膜，做一面或五面密闭。应用机械脱氧时，则必须选用能耐压，抗拉力较强，厚度为0.2mm以上的薄膜，亦可供充二氧化碳、充氮等需抽真空耐负压的密封帐幕。聚氯乙烯质地较柔软，易热合、粘合，但由于含有增塑剂，不宜用来直接接触成品粮。

（二）黏合剂

1. 薄膜与薄膜之间的黏合剂

（1）聚氯乙烯胶：将干净的聚氯乙烯薄膜碎片溶解在环已酮溶液中，呈粘稠状即可使用。比例（重量比）约为9:1，也可直接用环已酮试剂，但只限于沾用极少量来进行薄膜补洞，不能用来整块薄膜黏合。

（2）过氯乙烯胶：过氯乙烯溶解在二氯乙烷溶液中，比例1:4，呈粘稠状即可使用。

（3）塑料胶水或万能胶水。

（4）胶带。

2．薄膜与物体之间的黏合剂

（1）聚乙烯醇胶：用聚乙烯醇树脂0.5Kg，兑水1.5Kg，蒸12小时即可。

（2）羧甲基纤维素（商品名称C.M.C）：又称化学浆糊，用温开水调冲成浆糊状即可。

各地区因地制宜应用的还有沥青、磁漆、皮胶、桐油加石灰和立德粉等都取得了良好的黏合效果。

（三）热合工具

目前，所用热合工具有高频热合机，或者采用300～500W调温的电慰斗，也有用75～100W电烙铁或自制的电刀。在没有电的地方亦可采用炉火烙铁等自备用具。

采用高频热合机（台式或钳式）进行热合的技术条件根据薄膜厚度而定。经验数据是热合0.14～0.30mm厚的聚氯乙烯薄膜，调整电压为220V，高压输出功率屏流表指为数为280～290W，经6～7秒钟，热合效果良好，还可配合其他钢制刀具（多为环形）热合一些测温、测气、测虫、取样等管口。热合聚氯乙烯薄膜须在薄膜上方放一层黄蜡绸，而热合聚乙烯及聚丙烯簿膜时则需上下衬垫聚四氟乙烯布把所要热合的薄膜夹在中间进行热合。

应用300～500W调温电熨斗时，热合0.14mm左右的聚氯乙烯，可把温度调节在"羊毛档"上，把所要热合的薄膜用干布擦净，压在带有1～2cm宽的木条的木板（长度可根据需要而定）上，薄膜上加一层玻璃纸（报纸、真丝绸布、黄蜡绸等）把电熨斗平放在上面，匀速推进即能热合结实。

二、密封技术

（一）查漏补洞

塑料薄膜生产时，未塑化的透明粒子一般称为"鱼眼"，也即"砂眼"。在制作帐幕前必须进行仔细查漏补洞。要做到五查：热合前查，热合后查，吊在仓内查，密闭后查，查粮情时查。热合前查是最关键的一环，其方法是，把薄膜平放在装有日光灯的查漏台上或对着日光灯查看。发现漏洞及"砂眼"用小木棒沾上一点黏合剂，贴上块薄膜粘牢，较大的破洞可用热合工具进行热合。

（二）制备帐幕

制备帐幕时，应先根据粮堆大小，密闭形式等具体情况来量剪塑料薄膜，一般各边放宽30～50cm，

薄膜热合要保质保量，热合适度，牢固，不脱焊，不假焊。

（三）密封粮堆

粮堆密封的形式，目前多为一面密闭、五面密闭和六面密闭三种。

1. 一面密闭

这种方法适用于仓房土建结构好，墙壁和地坪防潮性能好，基本保持气压平衡的气调储藏。

（1）粮面密封：粮面薄膜与仓墙连接的形式主要有：

墙壁四周用木条开槽压薄膜法：在墙壁四周固定10cm宽的木板条，中间开有2cm宽的深沟缝，粮食进仓后，将塑料薄膜直接嵌入，用配套木条压紧。

硬质塑料槽管法：在墙壁四周略高于装粮线处，把内径10mm，壁厚4mm左右，槽口宽6mm的硬质塑料槽管，用木螺钉固定，粮食进仓后，将塑料薄膜直接嵌入，用外径11mm的软质橡胶管压入槽管。

（2）仓门密封：仓门口是个较难密闭的地方，稍不细心，就会漏气。不开的门，把预先热合好的比门稍大些的薄膜用黏合剂黏合在门的四周墙壁上，粮食入仓时做一圈包打围或用木板隔档，以防粮食直接侧压于塑料薄膜造成薄膜破损，经常开的门一般一个仓房只留一个作检查粮情用，多用挡粮板外贴薄膜密闭，不能使用挡粮板的仓房，可在门口堆垛，将热合的薄膜两边与门两边的内墙黏合在一起，下面与地面黏合，上面与粮面薄膜热合在一起，增设塑料薄膜框架门。

（3）密封方法步骤：结合清仓并仓，对仓房进行清仓消毒；粮食进仓时要严控水分杂质；在粮堆内埋好需要数量的测温（测湿、测虫）探头及测气管道；待粮食装满后，扫平粮面，铺好走道；然后将薄膜放平在粮面上，由仓房的一端向另一端拉放，把粮面薄膜上所有热合缝热合好（根据仓房大小，可事先把薄膜热合成一块，两块或三块，待移入粮面时再焊接成整块），再把薄膜与仓墙连接好。

（4）其他密闭：取样口，测温（测湿、测虫）线头引出口的密闭也是不可忽视的，粮食取样口一般做成袖口状，预先热合在帐幕需要取样的地方，测温（测湿测虫）的电线，通过预先焊在帐幕上的聚氯乙烯软管口引出，并用石腊封好。

2. 五面密闭

此方法适用于地坪（水泥地坪）干燥而墙壁防潮性能差的仓房和基本保持气压平衡的堆垛储藏。

防潮性能差的仓房五面密闭，首先根据仓房大小热合好两块塑料薄膜，一块是仓房四周的薄膜，一块是粮面薄膜，把热合好的四周薄膜沿墙壁四周吊挂起来，下端延长30～50cm用黏合剂与地面黏合好，待粮食入满后平整粮面，将四周薄膜与粮面薄膜热合或黏合在一起，并引出测温（测湿测虫）线头及测气管口。

堆垛进行五面密闭，根据堆垛大小做成一个塑料薄膜罩子，将粮堆罩住，引出测温（测湿测虫）线头及测气管口，并将下端留 30～50cm 塑料薄膜与地面黏合即成。

3. 六面密闭

此方法适应于地坪需铺垫的仓房，成品粮堆垛和气压不平衡的堆垛储藏。具体做法只比五面密闭多一个薄膜底，其余相同，将簿膜帐幕罩上堆垛，再将罩与底热合或黏合牢固即成。

三、仓库密封

（一）仓顶的密封

仓房屋顶表面施工时，基层要平整、清洁、牢固，无浮灰、无疏松、无空鼓、无明水，有渗漏时先堵漏处理，阴阳角应做成圆弧角；仓房顶层面板缝处清理干净，细石混凝土浇捣密实。屋面板板缝处：板缝嵌 5mm 密封胶，然后用丙酮、中性粘胶、无纺布等材料，采用二布三涂气密性处理。分格缝与板缝对齐，均匀顺直，并嵌密封材料。拱板仓的拱板间、拱板与山墙处的膨胀缝是气密处理时的一个难点，可用硅酮胶或用弹性环氧树脂胶处理。涂料要集隔热、防腐、防水、耐老化、耐酸碱、耐污染、便于清洗于一体，多功能长效保持；并且为无污染、无辐射、无毒的环保型材料，具有特别强的自洁力，自然雨水冲刷环境积尘即可将使工程面亮洁如新；具有较好环境适应性和柔韧性，能解决必要的抗裂性、抗冲击性、耐油污性、耐老化性等问题。

（二）墙体的密封

建筑物墙体表面施工时，清除附着于墙体表面的砂粒，用抹布或高压清洗机清洗全部需要涂刷的墙体，保证墙体外表面无任何的浮尘及杂物；仓墙、地墙采用石灰、水泥、砂浆作基层后，再粘贴 0.14mm 聚乙烯薄膜一层，或采用石灰浆、油毛毡、粘贴砂纸，再涂刷酚醛清漆或“701”胶。能很大程度上改进仓库的气密性。

（三）墙角与地面、屋面板连接部位的密封

墙角与地面连接处、屋面板与墙体连接处：用丙酮、固邦中性粘胶、无纺布等材料、采用二布三涂气密性处理。

（四）门、窗的密封

仓房门、窗及通风道密封可采用硅酮橡胶、聚氯乙烯带及聚氨酯泡沫加以覆盖和嵌缝，或用聚氯乙烯与丙烯酸结合起来密封仓门及管道，阻止仓房气体的泄漏。

1. 仓门

仓门口是个较难密闭的地方，把预先热合好的比门稍大些的薄膜用黏合剂

黏合在不开的门的四周墙壁上，一般一个仓房只留一个门作检查粮情用，可在原门内增设一个塑料薄膜框架门。在挡粮板与门之间采用塑料薄膜密封。注意塑料薄膜应保持适度松弛，在充气时塑料薄膜与门贴紧，使压力传于门上，保证塑料薄膜不会因受力而破裂。如果塑料薄膜绷得过紧，在测试压力条件下，塑料薄膜常常发生破裂泄压现象，因此需要特别注意。

2. 仓窗

利用原设计密封槽用塑料薄膜进行密闭处理，塑料薄膜保持适度松弛，在充气过程中，使塑料薄膜贴紧防雀网，使压力传于防雀网上，确保塑料薄膜不受损坏。

（五）通风口的密封

对经常打开的孔洞如通风进风口需调换 5mm 以上厚度的软橡胶垫或接口处打胶。轴流风机孔处的电源线应走暗线，仓墙上的爬梯不能影响对粮面或孔洞的密封。

1. 机械通风口、管道口：将钢板与机械通风口用螺栓连接，中间加密封垫，所有接缝处用密封胶嵌缝，其中留一个口做测压检测孔；机械通风口装有密封门的，保证密封门周围不漏气。

2. 轴流风机口：采用临时密封措施处理，风机口四周装有密封槽，然后用塑料薄膜压入密封槽进行气密性处理。

（六）其他部位的密封处理

注意各类电源线、测温电缆线、浓度检测管等穿线孔的密封，采用的密封粘胶应对各类电源线、电缆线无腐蚀性。

第三节 生物降氧气调技术

一、自然缺氧气调技术

自然缺氧是在密封储藏中，由于粮食、微生物和害虫等生物群自身的呼吸作用，逐渐消耗粮堆中的氧气和增加二氧化碳含量，使粮堆自身达到缺氧。自然缺氧的特点是方法简便，除用塑料帐幕依照密封工艺密封好粮堆之外不需要其他降氧设备。

（一）降氧能力

在进行自然缺氧时，首先要熟悉和掌握储存粮种的降氧能力和粮种间降氧能力的差异。降氧能力高的粮种才可以利用自然缺氧方法进行缺氧储藏。稻谷、大米、小麦、玉米、大豆等粮种都具有很好的自然降氧的能力，而面粉就很难达到自然降氧效果。

（二）降氧速度

降氧速度随粮食水分、温度而不同，粮堆虫害密度大小也影响到降氧速度的快慢。

1. 水分

水分大，降氧快，见表8-4。据实验，小麦水分13.96%，密闭7天氧浓度降到3.5%，水分10.36%的小麦经过95天氧浓度降到17.4%。实际工作中，绝不允许为提高降氧效果而人为增加水分。

表8-4 河南鹿邑对新收获小麦的试验

水分（%）	密封天数	氧含量降到（%）
10.4	27	6
12.2	15	5
13	9	1
14.9	6	0

2. 温度

粮温高，降氧快。同一种粮食，含水量相同的情况下，粮温高的比粮温低的降氧速度快，见表8-5。实际工作中，可根据粮食的耐热性不同，适当提高入仓粮温。

表8-5 河南鹿邑、郸城对新收获小麦的试验

水分（%）	粮温（℃）	密封天数	氧含量降到（%）
11.5	35	11	5.4
11.2	26	43	6.4

3. 虫口密度

有虫粮，降氧快。害虫的呼吸强度比粮食大10万倍以上，所以虫口密度越大，缺氧越快。实际工作中，绝不允许为提高降氧效果而人为增加虫口密度。

二、微生物辅助降氧气调技术

利用微生物呼吸量大的特点，辅助低水分粮、陈粮及成品粮降低粮堆氧浓度的方法称为微生物辅助降氧。目前，我国许多地区都在进行酵母菌、糖化菌以及多菌种的固体发酵的微生物降氧，效果好，方法简便，一周内可将粮堆的氧浓度降到2%以下。

（一）菌种的选择

选择菌种的条件是应用安全、对人畜无害、不污染粮食、降氧快、呼吸量大，而对氧的要求不十分严格，方法简便繁殖快、易于培养、取材容易即菌种

和培养料均易取得。

（二）培养料的制备

一般采用三级扩大培养法制备。一级培养为试管斜面培养，将麦芽汁琼脂斜面灭菌以后接种黑曲霉与酵母菌；二级为曲盘糖化，以砻糠和麸皮为原料，配制比例为1:1，原料加入等量的水进行调节，然后蒸煮灭菌1小时，取出冷却至60℃～65℃加入上述菌种，保持30℃，培养4天；三级培养为粮堆培养箱培养，同时接通粮堆进行脱氧，按粮堆实际空间体积计算用料量，配料及灭菌方法同二级培养，按1%接种量。

（三）粮堆脱氧装置

在包装粮堆帐幕的一侧，用微生物培养箱与粮堆相联通。散装粮仓可在粮面顶部与微生物培养箱相连，在培养箱与粮堆间上下平行设两根通气管。通气管用竹做骨架，外包0.14mm聚氯乙烯簿膜，当培养料投放培养箱后，管道接口立即密封，防止漏气，在通气管道的弯曲下端，可安装接水盆，盛接微生物培养过程中放出的水。较小的粮堆可采用发酵袋与粮堆相接，每袋装培养料10kg，不需采用发酵箱与通气管道，更为简便。

（四）脱氧效果

当粮温在25℃～30℃时，一周内可将粮堆中的氧浓度降至1%～1.5%，见表8-6。脱氧完毕，可拆除培养箱架，密封好粮堆，保持缺氧状态。如果在第一次投料后5～8天，氧浓度下降甚微未达到应有的低氧量，可换料连续降氧直至达到低氧为止。

表8-6　河南鹿邑用（含水量12.5%面粉2500kg）黑曲霉试验情况

密封天数	1	2	3	4	5	6	7
氧降到%	20.6	18.3	12.3	10.3	10.0	3.0	1.2

三、异种粮串联降氧

异种粮串联降氧是指利用耗氧能力强，降氧速度快的粮油与呼吸强度弱，降氧速度慢的粮油各自密闭，相互串联，实现两个粮堆降氧的气调技术。如用大米、玉米、等降氧速度快的粮油与面粉、玉米粉等降氧速度慢的粮油相互串联，可辅助后者降氧。

第四节　人工降氧气调技术

人工气调，就是应用一定的机械设备（如钢瓶、制氮机、气体混合发生器等）将粮堆氧气燃烧掉或置换进氮、二氧化碳或直接充入二氧化碳的气调技术。

一、充氮气调储藏

在粮堆或仓库中形成并保持低氧的大气，常采用充入氮气来取代富含氧气的正常大气。

（一）钢瓶液化氮气调

在常规仓库中多用于六面密闭的粮堆，直接往气密库充气会获得最佳效果。粮堆充氮，需要真空泵（900立升/分钟）、真空表、氮气瓶（每瓶容氮气6～7立升）以及密封用的塑料薄膜（厚0.2mm），以高频热合机进行热合。每万公斤散装大米粮堆可充入氮气5～6m³，包装粮堆用氮量要增加40%左右，充氮浓度应达95%以上，粮堆氧气尚有5%，随着储藏期的延长，粮堆内生物体的呼吸消耗，氧浓度逐降。二氧化碳相应增加，当粮温在20℃～25℃时，充氮后几天就要以绝氧或保持低氧。

（二）制氮机气调

我国制氮机是以煤油和大气的空气为原料，经过高温完全燃烧，制取氮气。煤油是多种碳氢化合物的混合物，当与空气燃烧时，大量的氮气基本上不参与反应，生成的只是79%氮，14%～15%的二氧化碳，氧残留0.2%～0.5%，以及水蒸气。由燃烧炉出来的高温气体，在冷却塔中经水冷后使水蒸气冷凝下来，生成气冷却到常温，通进粮堆进行低氧气调储藏。

1. 制氮机

制氮机主要由离心式燃烧喷嘴、燃烧炉、油罐冷却塔和浮动阀等组成。使煤油雾化，喷成极细的油雾，并与空气充分混合。在1500℃下使液体燃料完全燃烧，所以它是关键性的部件。

燃烧炉：高0.9m，外有水夹套的炉体，炉内衬有耐火筒炉膛，炉顶装有喷嘴和电点火装置，着火、灭火、温度显示等装置，炉体下部有一气体导出管。

油罐：装煤油用，约可装25kg煤油，可供燃烧6小时。

冷却塔：是用水冷却生成气的冷却设备。浮动阀用来自动控制水位，完成水和气的分离。配用设备主要是空气压缩机和真空泵。

2. 操作方法

脱氧设备的安装：由于燃烧制氮机体积小（一般规格：0.9×0.6×1.3m³）重量轻（300kg），移动方便，可以在用前临时安装。先将空气压缩机与制氮机的进气口、水龙头与制氮机的进水管，制氮机的生成气出口与仓内的进气莲蓬头、每个进气支管、每个出气探管、抽气莲蓬头及其与真空泵接口，分别以软管相连接。

粮堆密封与进、出气探管的配置：密封按常规进行。配置探管目的是便于粮堆内外的气体交换和粮堆内气体的平衡分布。探管配置数量，16.5万kg粮堆长10m、宽10m、高2m，共插探管13根，即进气管9根，出气管4根。50万kg粮堆长16m，宽12m，高3.5m，共插探管32根，即进气管20根，出气管12根，进气管与出气管的交插分布要平衡。

制氮机开机点火：点火后先将生成气放空，待化验生成气中的二氧化碳14%～15%，含氧量在0.2%～0.5%时，即为合格，方可充入粮堆。

粮堆抽气与充氮：待制氮机生成气开始充入粮堆时，开动真空泵把粮堆内的空气抽出，将粮堆内抽成负压（负压不要超过50mm水柱），然后停开真空泵，接受充氮，待充入氮气将粮面薄膜帐幕鼓胀起来后，再次开动真空泵，抽出粮堆内的含氧较多的气体，如此反复，抽气—充气—抽气—充气，直到粮堆内气体含氧量平均在2%以下时，停止抽气，最后让氮气充胀薄膜帐幕即可停机。密封堆的各种管口，使粮堆保持缺氧状态。

（三）液氮法气调

液氮法是将经过液化的氮，通过空气分离设备以深度冷冻后将空气压缩、冷却、液化和精馏而成。

设备由液氮储槽、气化器、抽气泵组成。

工艺操作为：将液氮槽中的液氮放出对通过蒸发器使液氮气化成液氮，通入粮堆前先开动抽气泵，将粮堆内空气抽出，然后将气氮送入事先用薄膜密封好的粮堆。气化的氮气纯度大于95%，粮堆第一次经2小时气调后，降氧量为5%，储藏期可使氧浓度继续下降至2%以下。液氮法操作方便，无污染，能较好地保持粮食品质，特别适用于大米等储藏。

二、充二氧化碳气调

向粮堆中充二氧化碳，有两种作用，一种是充二氧化碳排氧，把空气中的氧置换出来达到降氧目的，一种是能承受相当压力的气密库，充二氧化碳量维持在40%～60%以上时，就不强调低氧，因高浓度的二氧化碳对有害生物具有毒害作用，粮堆在高二氧化碳低氧时，对抑制虫霉和粮食生理活动可收到双重效果。

粮堆置换法充二氧化碳，是将五面或六面密封粮堆顶部薄膜布点的排气孔全部打开，直接从下部管口接上二氧化碳钢瓶，由于二氧化碳气体比重比空气重，当粮堆充入二氧化碳时，下层空气亦自下而上逐渐从排气孔排走。当二氧化碳浓度达70%以上，即可停充，并密封充、排气管口。

粮堆抽真空充二氧化碳，是把粮堆六面密封，用真空泵直接抽真空至400mm汞柱以上，检查无泄漏现象，即可卸下真空泵立即接上二氧化碳钢瓶，打开阀门，使气流均匀扩散，直至薄膜膨起即可停充。

胶实包装充二氧化碳，又称“冬眠”密封包装储藏，当塑料密封口袋（上侧留有进出孔各3cm）装粮后，充入二氧化碳，在24～32小时内就能形成袋内负压，粮粒胶着成硬块状。

三、分子筛富氮脱氧气调

（一）分子筛富氮脱氧的特点

利用分子筛富氮脱氧的好处是脱氧速度快，经反复循环富氮排氧，一般泡沸石型分子筛可使粮堆的氮含量提高到95%～98%以上，使氧含量降低到5%以下，经分子筛筛分后进入粮堆内的空气非常干燥，解决了粮食的内结露问题，同时不会污染粮食，是机械降氧技术中为理想的一项有发展前途的新方法，为加速缺氧储藏的脱氧速度提供了一个新的途径。

（二）分子筛富氮的装置与过程

应用加压吸附，真空解吸的富氮装置，其富氮过程，大致分成三个阶段—充气和鼓风、吸附解吸、富氮排氧。富氮过程包括进气处理、富氮和解吸。进气过程：由于水汽会降低富氮塔中分子筛的分离效果，故进入富氮塔中的空气必须是干燥后，在一大气压下含水量应在20mg/m^{3}以下，进气处理要达到脱水的目的。空气先经硅胶塔再进入4A分子筛干燥塔。为了降低连续使用时干燥塔脱水的效能，干燥塔应分组轮换使用，并和热风周期性活化再生。

装有5A分筛的几个塔组进行富氮，使氧、氮分离，常用低温加压，常温加压或常温常压法。

用水环真空泵和蒸气喷射泵配合，作二级抽空，将筛床吸附的氮脱附。

（三）分离效果

利用分子筛富氮脱氧的速度是相当快的，一个5万kg的粮堆，只需6小时，氧浓度就下降到5%以下，氮浓度升到95%以上，同时经过了一系列的干燥和过滤系统，进入粮堆的富氮气体干燥纯洁，避免了粮堆的结露和污染。

四、脱氧剂降氧气调

脱氧剂也叫除氧剂。粮堆密封后，脱氧剂与氧气快速发生化学反应除去粮堆中的游离氧，使储粮处于无氧环境中，抑制好氧性微生物和虫害危害，防止储粮品质劣变，达到安全储藏的目的。

（一）脱氧剂的种类与性能

脱氧剂分为无机物系和有机物系两大类。

1. 以连二亚硫酸钠为主剂，氢氧化钙及活性炭为辅助配合制得的脱氧剂。此药剂在催化剂水的作用下，与氧反应生成硫酸钠。如果需要在除去氧气的同时产生二氧化碳来保持储粮品质，可以加入碳酸氢钠作辅助剂。

2. 铁系脱氧剂，铁粉经处理成活性氧化铁，与氧生成一系列反应，因而能除掉氧。如果需要在除去氧气的同时产生二氧化碳来延缓储粮品质，可用以硫酸亚铁、铁粉为主剂的气体置换型脱氧剂，由于脱氧剂的除氧机理是化学反应，其反应的速度受温度、湿度、压力的变化及催化剂的不同条件的影响，除氧能力也各不相同。

（二）脱氧剂的制备

1. 铸铁粉：溶融成细条状，切削成铁粉，粒度在300μ以下。

2. 金属卤化物：为提高脱氧剂反应速度，加入碱金属或碱土金属类，如各种金属氯化物。

3. 充填剂：脱氧剂中加入充填剂，不仅能控制吸氧的速度，且能提高组成物的通透性，从而提高脱氧效果。充填剂要求不与原料发生化学反应并形成高密度氧膜，如二氧化硅、高岭酸性白土、活性炭、硅藻土、泡沸石、珍珠陶土、聚酰胺粉末、苯乙烯粉末等混合物均可。比例可按铁粉:卤化物:填充剂＝1:0.8:0.5的重量加入，经球磨搅拌均匀，密封备用。

4. 其他药剂：对置换型的脱氧剂还须加入碳酸氢盐（如 N_AHCO_3. $KHCO_3$. NH_4HCO_3 等）或加入含结晶水的碳酸盐（如 $N_ACO_3 \cdot 10H_2O$，$Na_2CO_3 \cdot 7H_2O$）较为理想。

（三）脱氧剂的应用

脱氧剂具有制作工艺简单、成本低、脱氧速度快、脱氧能力高、无毒无残留等优点，一般密封粮食包装中投放脱氧剂68小时后的残氧量为2%～3.2%以下，以1克铁粉可处理1500mL空气中的氧计算，每 m^3 空气需要2.4kg特制铁粉脱氧剂，含氧量可降为零。据试验，在密闭条件下，只要投入适量的除氧剂，最短的两天时间内，能使粮堆氧气降到1%左右或绝氧状态。对一些不易降氧的粮食，特别是油料，除氧剂脱氧能较好地保持其品质。此外，除氧剂脱氧储藏，还具有除氧彻底、迅速、安全、无污染等优点。

第五节　气调储藏的管理

一、密封粮堆气体成分分析

在缺氧储藏中除了对其温度湿度测量外，测量粮堆气体变化也是掌握粮情变化的一个极为重要的方面。粮堆气体成分分析，在密封后24小时内即应进行，连续测定一周达到降氧效果后可改为每3天测记一次，分析气体的方法很多，所用仪器也很多，采用快速测氧仪和测二氧化碳仪的优点是携带方便，可连续自动化分析，但奥氏气体分析器测氧、测二氧化碳和测一氧化碳比较经典准确。

（一）奥氏气体分析器的测定原理

将粮堆中一定容积的混合气体样品，分别经过二氧化碳吸收剂吸收后，根据被测气体样品体积减少的百分数，计算被吸收某种气体的含量。

1. 二氧化碳的吸收剂为33%的氢氧化钾溶液。

反应式为：$2KOH + CO_2 \longrightarrow K_2CO_3 + H2_0$

配制方法：取 580 克氢氧化钾溶于 160mL 蒸馏水中配制而成。

2. 氧吸收剂为 16.6%的焦性没食子酸溶液与 60%的氢氧化钾溶液的混合剂。

反应式为：$C_6H_3\ (OH)_3 + 3KOH \longrightarrow C_6H_3\ (OK)_3 + 3H_2O$

$C_6H_3\ (OK)_3 + 1/2O_2 \longrightarrow (KO)\ 3C_6H_2—C_6H_2\ (OK)_3 + H_2O$

配制方法：取 22 克焦性没食子酸，溶于 111mL 蒸馏水配成甲液，再取 66 克氢氧化钾溶于 44mL 蒸馏水配成乙液，然后将甲乙两液混合即得碱性没食子酸溶液。

（二）奥氏气体分析器构造

分析仪构造如图 8-1 所示。

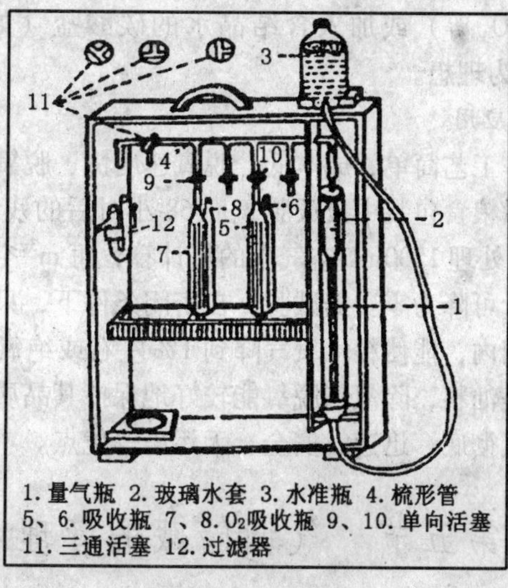

1. 量气瓶 2. 玻璃水套 3. 水准瓶 4. 梳形管
5、6. 吸收瓶 7、8. O_2吸收瓶 9、10. 单向活塞
11. 三通活塞 12. 过滤器

图 8-1 奥氏气体分析器构造

1. 量气瓶

量气瓶 1 是用来度量被测气体样品的容器，容积为 100mL，最小刻度为 0.2mL，为避免工急剧波动，被放置在装满清水玻璃水套 2 中、玻璃水套两端装有橡皮塞，下端由橡皮管与水准瓶 3 相连。

2. 水准瓶

水准瓶 3 装有 200mL 饱和食盐水，加入几滴硫酸和甲基红显色。酸性溶液可防止被测气体中二氧化碳溶入。同时甲基橙遇碱呈黄色，因此在操作中如不慎将碱液吸入量气瓶时可及时发现。量筒上端由橡皮管与梳形玻璃管 4 连接。

3. 吸收瓶

吸收瓶装有吸收剂，其中瓶5、6为吸收室，内放一束玻璃管，以增加气体与吸收剂接触面积，加快吸收速度，瓶7、8为移液室，移液室管口用1cm厚的液体石蜡封闭，防止吸收液与外界空气接触，单向活塞9、10用以在测定时接通或切断吸收并与量气筒的联系。

4. 三通活塞

三通活塞用来使分析仪在抽取气体样品时与粮堆相通，切断与外界空气联系；在排气时，与外界相通，而切断与粮堆的联系，在气体分析时，则同时切断与粮堆和外界的联系。

5. 过滤器

过滤器是一个U形管，内装无水氯化钙，上端塞棉花，塞上塞子并用石蜡将其密封。一端支管接待测储气瓶，一端支管接三通活塞与梳形管相联，用于除去杂质和水汽。

（三）气体测定步骤

1. 测定准备

先将仪器全部安装好，活塞涂凡士林，再将吸收液分别倒入吸收瓶中。

2. 检查气密性

将活塞全部关闭，将水准瓶放在分析仪的木箱上，静置数分钟，如量气筒内液面稳定不动，表示仪器气密性良好，无漏气。

3. 取气体样品

先打开三通活塞与外界相通，上升水准瓶，使量气筒内的液面上升接近管口，排队梳形管内原有空气。再打开三通活塞与待测气体相通，下降水准瓶，吸入待测气体，随之排出外界，反复3~4次，以保证量气筒里所取气体完全是粮堆内待测气体样品。然后下降水准瓶，使量气瓶内液面下降至零刻度，并使水准瓶与量气筒的液面都位于零，略待数分钟，关闭三通活塞，切断一切通路，此时量筒内气体样品为100mL，并与大气压保持平衡。

4. 测二氧化碳

测气时必须先测二氧化碳，打开二氧化碳吸收瓶上的单向活塞，提升水准瓶，再降低水准瓶，如此反复3~5次，操作要缓慢，使二氧化碳与吸收液充分反应。最后一次使吸液面准确地停留地原刻度上，关闭活塞，将水准瓶移近量气筒，把两者液面调整到同一水平线上，记下量筒上减少的mL数（A）则：

CO_2（%）=A

5. 测氧气

拔开氧气吸收瓶的单向活塞，按测定的二氧化碳的程序测定氧气，再记录量筒上减少的mL数（B），然后按下式计算氧百分含量。

O_2（%）$= B - A$

（四）使用注意事项

1．测定时，预先作正常空气中 CO_2 和 O_2 含量测试，以校对仪器。

2．测定气体时，应作重复试验，双试验允许误差不得超过 0.2mL。

3．经多次使用后，吸收剂的吸收能力会减弱或消失，因此，每次测定前应先测正常空气的氧含量，以校对仪器。

4．吸氧剂对氧的吸收能力随温度的降低而减少，在 0℃时几乎不吸收。测氧最好在 15℃以上进行，温度稍低时，可增加吸收次数。

5．应先测二氧化碳后测氧，顺序不能颠倒，否则氧吸收剂中的氢氧化钾也会吸收二氧化碳，影响测定结果。

6．测定时水准瓶移上移下要缓缓进行，太快将产生猛然压力，吸收瓶内会出现气泡现象，或吸收液冲入梳形管，影响测定准确性，吸收剂如进入梳形管，应拆洗干净，放在通风处晾干之后可使用。

7．分析器的活塞均应涂上凡士林，固定活塞用石蜡密封以免漏气，影响分析效果。

8．仪器用完后倒去药剂，用水清洗，关闭全部活塞备用。

二、温度检查

储粮需要经常地系统地测量气温、仓温、粮温，观察储粮情况变化。气调储藏温度一般每 10 天检查一次，如在高温季节，对高水分粮食，每天要检查一次，每次测量结果均应记录，以便前后对比。检查粮温是通过预埋式感温探头，配用相应的测温仪表来完成。

三、水分检查

在气调储藏中，粮食水分比较稳定。但受外界温度的影响形成温差变化大时，易出现结露现象，引起局部粮食水分升高。因此，在气调储藏中，仍需要定时、细致检查粮食水分。由于粮堆密封，不能采用取样检查水分的方法，而必须采用预埋式测水探头，通过电子线路来检查粮食水分。测量水分的时间要和检查温度统一起来，为了方便，可以将测温、测水电路组装在一个仪表中，同样，每次检查水分的数据要详细记录，以便对照，如发现局部水分增高，应增加测量次数，及时采取措施，防止结露霉变。

四、害虫检查

气调储藏为保证密封性能，不能采用取样筛检的方法来检查虫情。可采用害虫在粮堆内活动造成的征弱声音，通过声电转换探头，将声音变成电信号，由音频放大器放大推动喇叭或耳机发出较大的声音，从放大的声音中判断粮堆内是否有害虫活动。利用微音放大装置检查虫情的最大缺点，是不能区别害虫的密度和虫种，也易受干扰。因此，需要寻求电子查虫的新方法。为可靠检查虫情，可在易发生害虫活动的粮堆部分，用透明度好的塑料薄膜粘合，以便人工直接观察虫情。

五、防止结露和氧浓度回升

（一）防止结露

在气温下降季节，气温与粮温存在较大温差时，一般易产生内结露。预防的方法，可在密闭粮面加盖一层旧麻袋片。有条件的可用脱湿机除湿或应用硅胶、无水氯化钙及分子筛对少量储粮堆垛进行吸湿。

（二）氧气回升问题

气调储粮一般进入 10 月以后氧含量普遍回升，其原因可能是：

1. 薄膜微透性所造成。
2. 粮温低，呼吸征弱。
3. 气温低，测气所用吸收液吸收不完全使其测定数据偏低。

如果发现氧气浓度忽高忽低，或是一下子降得很多，那就要检查薄膜是否有破损或其他原因。发现问题及时处理。

六、安全防护

缺氧环境对人体是十分有害的，工作人员需入仓作业时，必须确保安全。在拆除密封薄膜时，必须先打开门窗，使仓内空气对流。然后揭开密封帐幕一角，使之通气，再逐渐揭开整个帐幕。操作时，要求两人以上同时进行，以便发生意外事故时及时救护。

思考练习题

1. 气调储藏有哪些作用？
2. 气调储藏粮堆密封形式有哪几种？分别适用于哪些情形？
3. 试述利用塑料薄膜进行一面密封的密封过程。
4. 储粮气调技术有哪些？进行自然缺氧储藏应注意哪些问题？脱氧剂降氧的原理如何？
5. 如何加强气调储藏管理？

第三篇

主要粮油饲料及粮油食品的储藏

第九章 主要粮油的储藏

各种粮油在储藏过程中，其变化的基本规律虽然相同，但由于不同粮油的籽粒结构、化学组成、收获季节及生理机能等各有特殊性，因此储藏特性也各不相同。这就要求在储藏各种粮油时，要根据各自的特性和条件，灵活地运用不同的储藏方法，达到安全储藏的目的。

第一节　原粮的储藏

原粮是指收获后带有皮壳并未经加工的粮食，是粮食储藏的主要对象。一般来说，原粮均带有完整的皮壳，有一定的保护作用，在储藏期间有较强的抵御温、湿、虫和微生物等不良影响的能力，其储藏稳定性较成品粮好。

一、稻谷的储藏

（一）储藏特性

1．抗虫霉能力强

稻谷有完整的谷壳保护，能缓和稻谷的吸湿，对虫霉有一定的抵御能力，同时谷壳含量低于米粒，因此储藏稳定性较大米、糙米好。

2．不耐高温

稻谷籽粒胶体结构疏松，不耐高温，每经过一次高温，就会引起品质明显下降。具体表现为粘性降低，发芽率下降，酸变和脂肪酸值增高，爽口性差。

3．后熟期短

稻谷后熟期较短，尤其是籼稻无明显后熟期，不论在田间、场头或者仓内储藏期间，如发生水湿、雨淋、结露，含水量只要达到25%以上即可生芽，严重时造成芽烂。生过芽的稻谷，虽经晒干，储藏稳定性也大大降低。

4．谷堆空隙度大

由于稻谷籽粒表面粗糙不平，有的还长有芒尖，因此散落性较小，孔隙度较大，便于粮堆内外空气对流和气体交换，但同时也易受外界温湿度的影响。

5．早稻特殊性

早稻收获正值高温季节，有利于干燥，入仓水分较低，但原始粮温较高。若积热散发不出，易形成粮堆早期发热，随着气温下降，又易形成顶部结露。此外，早稻也易感染虫害。

6. 晚稻特殊性

晚稻收获正值低温季节，不易干燥，水分较大，带菌量多，尽管入仓时害虫较少，但易引起发热、霉变，即使在冬季亦可能出现发热，引起品质劣变。

（二）储藏期间变化

1. 发热霉变

稻谷在储藏期间发热、霉变与其水分量有着很大关系。水分高的稻谷易发热、霉变，水分低的稻谷发热、霉变较少。散装稻谷发热的部位一般是从水分高、粮温高、杂质多或害虫聚集的部位开始，然后向其他部位扩散。晚稻收割时正值低温季节，稻谷不易干燥，入仓水分大，容易发热、霉变。新谷比陈谷含水量要高，因此发热、霉变现象比陈谷严重。发热、霉变的原因有：堆垛地基低洼潮湿，铺垫不好，引起底层发热、霉变；垛或仓顶漏雨受潮，造成顶部发热、霉变；更多的是粮堆内温度或水分分布不均匀，引起湿热转移，导致在粮堆内部局部发热、霉变。

稻谷发热、霉变最先出现而且易于察觉的早期现象是：局部水分升高，略微潮润，散落性降低，籽粒发软，硬度降低，有轻度霉味，继之谷壳潮润挂灰，泛白，未熟粒偶见白色或绿色霉点等。发热、霉变的早期粮温不高，米质未变，是处理的关键时刻，应及时采取措施。否则，以上现象继续发展，将出现明显发热、霉变。

2. 结露

结露是稻谷储藏既普遍又突出的问题，无论新稻或陈稻均可发生。其原因是新稻后熟期间生理活性旺盛，加之带菌量大，呼吸产生的热量就多。另外，一般稻谷入仓粮温较高，积热多，当气温下降时，就会引起湿热上升，形成粮面结露，如不及时发现，则易导致发热、霉变。陈稻结露主要原因是季节交换形成内外温差所致。

3. 生芽

稻谷的胚成熟较早，且萌发所需含水量很低，部分晚稻和大部分籼稻无后熟期，无论是在田间、场头、仓内，只要温度适宜，含水量只要达到25%以上，即可生芽。含有生过芽的稻谷，储藏稳定性大为降低。

4. 黄变

稻谷水分高，稻堆发热，易使米质变黄。气温在26℃～37℃、稻谷水分在18%以上时，堆放3天就会有10%的黄粒米；水分在20%以上，堆放7天就会有30%左右的黄粒米。稻谷黄变后，碎米增加，品质劣变，有些霉菌还可能使粮粒带毒，影响食用品质。

5. 陈化

收获一年以内的新稻谷，呼吸作用较强，以后由于生理活性减弱，储藏稳定性增大，这是有益于长期储藏的。但稻谷在储藏中陈化发展较快，随着储藏期的延长，每经过一次高温季节，发芽力就降低，粘性下降，酸度及脂肪酸值上升，食味变差，出现陈米气味。而且水分愈大、温度愈高、储藏时间愈长，陈化出现的就愈早愈严重。表 9-1 表明稻谷在不同储藏期限内的品质变化情况。

表 9-1　储藏期限对稻谷品质的影响

项　目	籼稻				粳稻			
	当年	第二年	第三年	第四年	当年	第二年	第三年	第四年
发芽率(%)	97.5	93.0	47.0	0	97.5	89.5	4.0	0
脂肪(%)	2.93	2.47	2.02	1.9	3.83	3.03	2,60	2.39
脂肪酸值	15.0	16.4	18.2	45.5	43.8	182.0	195.0	255.0

6. 虫害

许多储粮害虫都能危害稻谷，主要有米象、玉米象、谷蠹、印度谷蛾、麦蛾等。当有虫源存在，储粮环境温、湿度等条件适宜时，就会对储藏的稻谷造成严重的危害。

（三）稻谷储藏的技术要点和措施

1. 控制水分

严格控制稻谷的安全水分，是稻谷安全储藏的必要条件。稻谷的安全水分标准应随其品种、季节、当地气候条件决定。短期储藏至过夏前的稻谷，水分控制在 13.5%～15%即可，若要过夏则必须控制在 13.5%以下。但水分过低会引起稻谷加工品质降低，增加碎米和爆腰率。控制降低稻谷水分一般采用日晒、烘干或机械通风等方法。稻谷的相对安全冰分标准参见表 9-2。

表 9-2　稻谷的相对安全冰分标准

温度(℃)	籼稻安全水分(%)	粳稻安全水分(%)
5	18 以下	19 以下
10	17 以下	18 以下
15	16 以下	17 以下
20～25	15 以下	16 以下
30	13.5 以下	14.5 以下
35	13 以下	14 以下

2. 机械通风低温密闭储藏

新稻入仓，因水分较大，粮温较高，生理活性强，储藏稳定性差，应适时通风，并翻扒粮面，降低粮温。也可在秋、冬季节采用机械通风，使粮温均匀降到10℃～15℃以下，春暖前进行压盖；夏季采用谷物冷却机低温储粮技术，降低粮温。这样可较长时间保持稻谷的低温状态，抑制粮堆生物成分的生理活动，减少虫霉危害，延缓稻谷的陈化。

3. 气调储藏

稻谷的自然缺氧密闭储藏和人工气调储藏均能取得较好的效果。自然缺氧密闭储藏成败的关键在于粮堆密闭的效果。一般水分大、粮温高、新粮密闭缺氧速度快。对于新粮温在20℃～25℃，粳稻水分在16 %左右；籼稻水分在12. 5%左右可进行自然缺氧密闭储藏。采用人工气调储藏能有效延缓稻谷陈化。目前，国内外应用较为广泛的是充 CO_2 气调储藏。水分低于13%的稻谷在高浓度 CO_2 中生活力变化不大，但如果稻谷水分偏高，则高浓度 CO_2 对稻谷生活力的影响将是明显的。

4. “三低”储藏

为了更有效地防止虫霉危害，保证稻谷安全储藏，应充分利用冬季寒冷天气进行通风降温；至春暖前转入密闭，造成粮堆的缺氧状态；在低温密闭缺氧的基础上，以2～3g/t的计量将磷化铝施入密闭薄膜下，进行低温、低氧、低剂量的储藏，这样可以取得单一应用化学药剂无法达到的效果。

二、小麦的储藏

（一）储藏特性

1. 后熟期较长

小麦有明显的后熟作用，小麦后熟期与其他谷类粮食相比长得多，大多数品种小麦后熟期长达两个月左右。一般而言，春小麦较冬小麦后熟期长，红皮小麦的后熟期最长，其次是花麦，最短是白皮小麦。小麦在完成其后熟过程中，表现出旺盛的呼吸，对小麦储藏稳定性不利，当完成后熟作用后，小麦的品质就有所改善，储藏稳定性提高。

2. 较耐高温

小麦具有较好的耐高温性和抗温变能力，在一定的高温范围内不致丧失生命力。据试验，小麦水分在17%以上时，粮温不超过46℃，或小麦水分在17%以下时，粮温不超过54℃，酶的活性不会降低，仍然保持发芽力。小麦在后熟阶段经历高温品质得到改善，做成馒头松软膨大，但过度的高温会引起小麦蛋白质的变性，变性程度与小麦水分直接有关，水分低，虽受高温影响，蛋白质仍比较稳定。充分干燥的小麦，在温度70℃时放置7天，面筋质无明显变化，小麦水分越低耐热性越强。

3. 吸湿性强

小麦外皮较薄，组织松软，亲水物质较多，在储藏中及易受外界湿度影响使含水量增加，在相同条件下，小麦的平衡水水分较稻谷高。吸湿后，小麦中的淀粉、蛋白质水解增强，易受微生物的侵害，引起发热霉变，使小麦品质劣变。一般白皮小麦吸湿性大于红皮小麦；软质小麦大于硬质小麦；瘪粒与虫蚀粒大于完整饱满粒。

4. 易感染害虫

小麦无外壳保护，组织松软，是抗虫性差、染虫率较高的粮种。除少数单食性豆类害虫外，几乎能被所有的储粮害虫侵害，其中以玉米象和麦蛾为害最严重。小麦收获入仓正值高温季节，也是害虫大量生长、繁殖的季节，因此要加强小麦虫害的防治工作。

（二）储藏期间的变化

1. 麦堆结顶

新收获入仓的小麦在后成熟期间呼吸作用旺盛，放出大量湿热，上升到麦堆表层，被麦粒吸收膨胀使麦堆上层粮温增高水分增大，形成结顶和发热、霉变，其深度一般在粮面下30cm处，这是新麦储藏中特别要注意的问题。在小麦正常储藏中，到深秋季节，气温下降，粮温高于气温，粮堆内由于温差使湿热气流上升，引起上层粮面水分增加，也会发生粮堆结顶现象。此现象一般与粮面结露现象同时发生。

2. 发热霉变

小麦发热、霉变，最严重的一般发生在麦收时天气阴雨，不能日晒、干燥，且小麦水分过高的情况下。这种情况造成的发热、霉变，在粮堆内范围广，深度大，容易造成较大的损失。小麦发热后，带菌量多，发芽力显著降低或丧失，脂肪酸增高，面筋的延伸性降低。用发热小麦制成的面粉，不能做成良好的面条，做出的馒头、面包膨胀不良（见表9-3）。

表9-3　发热小麦的品质变化

发热时达到的温度(℃)	试验经过天数	水分(%)	感染霉菌的粒数(%)	发芽势(%)	发芽率(%)	脂肪(%)	脂肪酸 koHmg/100g干	面筋质 湿的(%)	面筋质 干的(%)	面筋质 比延伸性	面筋质 感官鉴定
发热前	0	19.35	0	85	88	2.36	45.1	28.5	8.78	2.28	正常
30℃以下	9	19.80	84	9	15	2.33	49.4	28.7	9.20	0.34	正常
40℃以下	13	19.45	86	9	14	2.30	53.16	28.2	9.28	0.23	坚实
45℃以下	39	19.52	100	0	0	1.63	65.9	22.1	7.88	0.06	短而断裂

3. 褐胚

随着储藏时间的延长或因储藏条件不利，小麦胚变为褐色，通称为褐胚。

褐胚粒长被称做病麦或胚损伤麦。褐胚的发生与酶促褐变、非酶促褐变及微生物感染有关。

（三）储藏的技术要点和措施

1. 常规储藏

小麦入库储藏时要控制水分，清除杂质，提高入库质量，作到“四分开”。要加强害虫防治，并做好储藏期间的密闭工作。

2. 热入仓密闭储藏

小麦趁热入仓密闭储藏是我国传统的储藏方法之一。根据小麦耐热性的特点，利用盛夏高温曝晒小麦将小麦水分降到12.5%以下，麦温晒到50℃左右保持2小时，趁热入仓，散装压盖粮堆密闭，使粮温在40℃以上持续十天左右。此后粮温逐渐下降与仓温平衡，即可转入正常储藏。通过这种方法和过程可以降低小麦含水量并可达到杀虫制菌的效果。对于新收获小麦能促进后熟作用的完成。由于害虫的灭绝，含水量和带菌量的降低，小麦呼吸强度大为减弱，可使小麦长期安全储藏。此法简单易行经济有效，对小麦品质无不良影响。小麦热入仓密闭储藏过程中使用的仓房、器材、用具和压盖物等事先必须清洁消毒，充分干燥。小麦转入正常储藏后要加强管理，防止感染害虫。

3. 低温冷冻

小麦保持一定的低温对于延长种子寿命，保持小麦品质很有好处。水分不超过18%的小麦在-15℃的低温下放置半年发芽率不会发生变化。因此利用冬季严寒低温进行倒仓、除杂、冷冻，将麦温降到0℃左右，然后趁冷归仓密闭，对消灭麦堆中的越冬害虫有很好的效果，并能延缓外界温度对粮温的影响，使小麦安全度夏。此法可使小麦长期储藏，但要严防外界湿热气流接触麦堆以免造成结露现象发生。

4. 自然缺氧储藏

小麦收获时值高温，若干燥及时将水分降低到12.5%以下，可利用粮温较高，后熟期生理活动旺盛的特点进行薄膜密封，达到麦堆自然缺氧状态，从而抑制虫霉的危害。对于隔年陈麦，因后熟期已完成，可以采用辅助降氧，或充二氧化碳、充氮等气调方法进行防治虫害的储藏。

除上述方法之外，小麦还可在低温密闭的基础上，进行低剂量磷化铝施药储藏，即进行低温、低氧、低剂量的“三低”储藏，这对于保持小麦储藏稳定性，防止虫、霉滋生都有很大作用。

三、玉米的储藏

（一）储藏特性

1. 玉米胚大

玉米胚部几乎占全粒体积的三分之一，占全粒重量的10%～12%，因此其呼吸强度大，吸湿性强，带菌量大，容易酸败。据实验，正常玉米的呼吸强度要比正常小麦的呼吸强度大8~11倍。

玉米胚含有约30%的蛋白质和较多的可溶性糖，所以吸湿性强。玉米吸收和散发水分主要通过胚部进行，干燥玉米胚部含水量小于全粒或胚乳，而水分大的玉米其胚部含水量则大于全粒或胚乳，见表9-4。

玉米胚部含有丰富的营养物质，极易感染大量的微生物。据测定，玉米经过一段时间储藏后，带菌量比其他禾谷类粮食高得多。如正常稻谷带霉菌孢子约95000个/1克（干样），而正常干燥的玉米却有98000~147000个/1克（干样）。

表9-4　玉米胚部与胚乳含水量变化比较

不同处理的玉米	全粒水分(%)	胚部水分(%)	胚乳水分(%)	备注
新剥玉米	31.4	45.2	29.0	新从植株上剥下测定的水分
收获后5天的玉米	23.8	36.4	22.4	收获后5天测定的水分
烘干的玉米	12.8	10.2	13.2	烘干后测定的水分
晾晒后的玉米	14.4	11.2	14.8	晾晒后测定的水分

玉米胚部含有整粒77%~89%的脂肪，胚部的脂肪酸值始终高于胚乳，而且温度愈高，湿度愈大，产生的游离脂肪酸愈多，酸度也愈高，因此玉米胚因含脂肪多而容易产生酸败，致使胚变色变味，丧失发芽能力。

2. 原始水分大

玉米在我国主要产区是北方，收获时天气已冷，加上玉米果穗外有包叶，难以充分干燥，原始水分较高。新收获玉米水分在20%~35%，即使秋天雨少日照好，成熟度高的情况下，玉米水分也在17%~22%左右。加上目前杂交玉米粉质多、角质少、组织疏松、含水量更大。自然也就增大玉米的生理活性，储藏稳定性降低。

3. 易感染虫霉。

因玉米胚部富含营养，并有甜味，可溶性糖含量较大，很易感染虫害。同时玉米成熟度往往因同一果穗的顶部与基部授粉时间不同，造成成熟度不均匀，以及因含水量高，脱粒时易损伤，即有较多的未熟粒和破碎粒，也易受害虫侵害。由于害虫大多从胚向胚乳内部侵蚀，为微生物生长也提供了良好的条件。一般危害玉米的虫种主要有玉米象、大谷盗、赤拟谷盗、粉斑螟、麦蛾、印度谷蛾等，危害最为严重的是玉米象及蛾类幼虫。

（二）储藏期间的变化

1. 发热霉变

常规储藏的玉米，常见的发热、霉变部位一般在粮面下30～60cm处，或在底层与墙壁的返潮处。土圆仓和露天囤储藏的玉米，常见的发热、霉变部位在囤的顶部以及向阳面。玉米发热、霉变主要是玉米入仓水分高或者在储藏期间受外界因素的影响，使粮堆局部水分增高（如表层结露或底面返潮等），进而使霉菌大量生长繁殖而造成的。据实践经验，玉米霉变的临界水分、温度情况见表9-5。

表9-5　玉米霉变的临界水分、温度情况

水分(%)	13	14	15	16	17	18	19	20
温度(℃)	30	27	24	21	18	15	12	9

玉米霉变早期，籽粒表面潮润、散落性降低、粒色鲜艳，散发出甜味，此时菌落不明显，玉米品质变化不大。若及时处理不会影响食用。否则，继续发展下去随着霉菌的生长发育，胚部及断面出现白色菌丝，通称“长毛”，并有轻度霉味，这一阶段可延续一周左右。如再发展随粮温的上升，霉变范围扩大，并出现黄色、黑色菌落。当粮堆出现黄褐色霉烂结块时，则完全丧失食用价值。

2. 虫害

玉米储藏期间，极易发生虫害，主要害虫有玉米象、赤拟谷盗以及蛾类。其中以玉米象与印度谷蛾危害严重。蛾类幼虫多活动于粮堆外层，甲虫类在粮堆内较多。玉米胚乳比较坚硬，害虫一般先咬食胚部，破坏胚组织，为霉菌生长繁殖也创造了有利条件。

（三）储藏的技术要点和措施

玉米安全储藏的关键是提高入仓粮质，降低粮食水分，由于各地的气候变化不同，应结合本地具体情况，采取相应的储藏措施。

玉米储藏，有粒藏和穗藏两种方式。国家粮库基本是粒藏，穗藏多用于农村小量储藏。

1. 干燥降水和常规储藏

根据东北的实践，玉米在田间采取“玉米站杆扒皮降水”的方法，比未站杆扒皮的水分降低5%～6%，而且使玉米提早七八天成熟，籽粒饱满，脱粒时可减少破损，提高了产量。站杆扒皮的时间，应在玉米定浆后进行，晒15天左右后收割。

对收获水分较大的玉米，最好在5月份前进行干燥处理（烘干、晾晒等），使之达到安全水分标准。经过筛选除杂的，应适时通风降温、降水。春暖前密闭，结合压盖密闭方法防治蛾类害虫，可基本能达到无虫无霉安全过夏之目的。

2. 低温密闭储藏

玉米适合于低温、干燥储藏。在南方当收获的玉米水分降至安全水分后（按夏季标准其安全水分为13. 5%）即可过筛入仓，进行散装密闭储藏，一般可安全过夏。北方地区因受气温限制，高水分玉米降至安全水分14%有困难，可以利用严冬天气（12~2月），进行转仓转囤出仓摊晾冷冻，然后趁冷入仓，压盖密闭，既可降低. 粮温，又可利用低温杀死害虫，待到春暖，进行晾晒降水。对符合安全水分标准的玉米，进行低温密闭，则可长期安全储藏。一般保管条件下，玉米安全储藏的临界温度、水分关系参见表9-6。

表9-6　玉米变化与温度、水分关系

水分(%)	发生甜味温度(℃)	出汗温度(℃)	生霉温度(℃)	预防处理温度(℃)
13~14	27	30	35	26
14~15	24	26	28	22
15~16	18	20	24	16
16~17	15	18	21	14
17~18	13	15	19	11
18~19	10	12	15	9
19~20	2	6	12	0

3. 机械通风储藏

将玉米散装储藏在设置有机械通风系统的仓房内，入仓结束后立即扒平粮面，然后选择适宜的通风时机，采用离心通风机进行强力通风，每天约8小时。通风时结合扒翻粮面1~2次，以加快粮堆表层水分散发的速度，以迅速降低玉米水分，提高玉米储藏的稳定性。冬季利用低温气候进行机械通风降温，使玉米温度大幅下降后，在季节气温回升前，及时做好隔热保冷工作，使玉米长期保持低温，实现安全储藏。

4. 缺氧储藏

玉米呼吸强度大，带菌量高，可采用自然缺氧储藏。用聚氯乙烯薄膜密闭水分为12. 8%的新玉米，10天后粮堆氧浓度降到2. 7%，二氧化碳上升到14. 2%，粮堆害虫死亡率达100%。可见，玉米自然缺氧速度快，效果理想，可有效地防止发热、霉变和害虫感染。也可在低温、低氧的基础上，施放少量磷化铝，进行“三低”综合储藏，这：样可起到防虫、防霉、防湿的作用。对高水分玉米采用“三低”保藏，能起到缓和粮情，防止发热的作用。

5. 玉米穗藏

玉米带穗储藏是一种比较成熟的经验，在我国北方农村广泛采用。因为玉米穗堆空隙度大（约51. 7%），穗堆内空气流动大，通风性好，湿热易散失，高水分玉米即使不进行摊晒经冬春季节的长期自然通风，也能将玉米水分降至安全水分以内。据东北经验，收获时籽粒水分为20%～23%，经150～170天储藏后，水分降至14.5%～15%，即可脱粒转入粒储。玉米带穗储藏时，籽粒胚部埋藏在穗轴内，仅有籽粒顶部角质暴露在外，对虫霉侵害有一定保护作用。但因该法占用仓容较多，且增加运输量，所以不适合国家粮库，在农村可广泛采用。

四、各种杂粮的储藏

（一）高粱的储藏

1. 储藏特性

高粱主要产于东北地区，其次是华北地区。东北地区收获高粱期间，由于气温影响往往受到早霜的危害，因而新粮的水分大，未熟粒多。新收获的高粱水分一般在16%～25%左右。高粱果皮角质化，种皮内含有丹宁，有一定的防霉和保护作用。高粱杂质含量多，易吸湿，又易堵塞粮堆空隙，造成通风不良，使粮堆湿热不易散发，容易发热、霉变。

2. 储藏期间的变化

高粱在储藏期间的变化主要是发热、霉变。高粱发热的速度较快，在开始变化时粮面首先湿润（出汗），颜色鲜艳，以后粮堆内逐渐结块发潮，散落性降低。一般经过4～5天，即可产生白色菌丝，稍有异味。如再经2～3天，粮温迅速上升，胚部出现绿色菌落，结块明显，并有霉味，随着粮温继续上升，粮面色泽变成深褐色或黑色，种皮与胚乳间出现紫圈（丹宁氧化），整个籽粒被菌丝包围，胚乳内部颜色加深，产生严重的酒味和浓厚的霉味。整个变化过程约15天左右，严重时粮温可达50℃～60℃。高粱在不同水分温度时的变化情况列表9-7，以供参考。

表9-7 高粱在不同水分温度时的变化情况

水分(%)	13	14	15			16			17			18			19		
温度(℃)	30	24	20	25	30	15	20	25	10	15	20	7	10	15	4	7	10
变化情况	安全	安全	出汗	变味，开始生霉	变色，有绿色霉菌	出汗	变味，开始生霉	变色，有绿色霉菌	出汗	变味，开始生霉	变色，有绿色霉菌	出汗	变味，开始生霉	变色，有绿色霉菌	出汗	变味，开始生霉	变色，有绿色霉菌

3. 储藏技术要点

（1）干燥除杂

新收获的高粱水分大，杂质多，在收购中要作到分水分、分等级入仓。对不符合安全储藏水分要求的高粱必须适时晾晒，使水分降低到安全标准以内，并除杂、凉透入仓。严防由于晒后高粱降温不好，入仓后产生发热现象。高粱的相对安全水分见表 9-8。

表 9-8　　高粱的相对安全水分

温度(℃)	5	10	15	20	25	30
相对安全水分(%)	≤18	≤17	≤16	≤15	≤14	≤13

（2）低温密闭。高粱适于低温储藏，应充分利用寒冬季节降温密闭保管，即冬季充分通风冷冻，降温降湿，春暖前及时密闭。经过干燥除杂、低温冷冻的高粱，再密闭储藏一般可以安全过夏。

（二）谷子、糜子的储藏

1. 储藏特性

谷子、糜子的外壳比较坚硬，对虫霉侵害能起到一定的保护作用。谷子、糜子的耐热性较强，虽经烈日曝晒或初期发热，经加工后对米质影响不大。谷子、糜子多种植在干旱地区，籽粒又小，容易干燥，一般水分在 10%左右，最高不超过 12%～14%。因此，谷子、糜子是比较好储藏的粮种。东北地区在秋雨较多时，收购的谷子最大水分可达 14%～16%。谷子、糜子水分较大时，由于粮堆空隙小，湿热不易散失，如处理不当，仍然可以发热、霉变。

2. 储藏期间变化

谷子、糜子在储藏期间的变化主要是发热与霉变。谷子、糜子受潮后，经 3～4 天开始发热，这时如能及时倒仓通风除杂，尚可制止发热。否则粮温继续升高，胚部发红，约经一周左右，胚部生出白色菌丝，以后逐渐扩展，渐渐变成墨绿色，有霉味，米色呈黄褐色，再继续发展下去，就逐渐结成团，甚至腐烂。

3. 储藏技术要点

（1）干燥降水

谷子、糜子的水分在 12.5%以下，粮温不超过 25℃时，一般可安全储藏。如温度再高，水分则应适当降低。对于超过安全水分的谷子、糜子，应当及时晾晒干燥降水，使水分降至安全标准以内。因谷粒较轻，晾晒时不能在大风天气里进行，以免刮跑谷粒。晾晒后清杂，降低粮温后，再行入仓储藏。东北、西北多年来将谷子水分降到 12.5%以下，于土圆仓或露天囤储藏。一般在气温较高时向阳面和上部有发热现象。在入夏之前，仓顶应加以苫盖防止阳光直晒。

（2）低温密闭

其他秋粮一样，谷子、糜子收获入仓正值气温下降季节应抓住有利时机，通风降温，趁冷入仓，低温密闭，据实践经验，在冬季1～2月份，将水分在13%左右的谷子、糜子粮温降到-10℃左右，清杂后密闭储藏，可以安全过夏。

五、豆类的储藏

（一）蚕豆

1. 储藏特性

（1）易生虫

蚕豆储藏期间常受蚕豆象的侵食，被害率高达45%以上，蚕豆生虫后，其食用、种用和工艺品质均会下降。

（2）易变色

各种豆类有其正常的色泽。如蚕豆多为青绿色或乳白色。蚕豆变色与光线、温度、水分、虫害有关。光强、温度高、水分大，则蚕豆变色多。如果储藏不当，则会因氧化受潮而变色。蚕豆在储藏过程中皮色劣变，从合点周围及近脐隆起处开始呈淡褐色然后逐渐扩大，颜色加深，由红褐色变为黑褐色。这种变化是因为蚕豆本身含有叶绿素之类的色素，在保藏过程中易受光线和氧化作用发生变化；蚕豆种皮含有酚类和抗坏血酸等物质，由于氧化作用而生成有色物质；蚕豆种皮的酚类受酚酶的作用，引起酶促褐变。

蚕豆象危害也易使蚕豆变色。在300粒样品中，青粒110粒，变色粒190粒，经剖粒检查，青粒中全部无虫，变色粒中虫蚀豆达166粒，占变色粒的87.36%。蚕虫象危害使蚕豆变色的原因是害虫蛀食豆粒后，使种皮遭到破坏，营养物质外露，且害虫在豆粒内呼吸放出水分及热量加速了氧化作用的结果。由于豆粒变色可造成品质下降，发芽率降低，蛋白质和淀粉含量降低，总糖增加，食味变劣。用水分相似的青皮蚕豆和白皮蚕豆作试验，变色后其品质变化见表9-9。

表9-9　大粒白皮蚕豆和小粒青皮蚕豆变色后质量变化表

项目	大粒白皮蚕豆				小粒青皮蚕豆			
	原色	黄绿色	棕黄色	褐黑色	原色	黄绿色	棕黄色	褐黑色
发芽率(%)	99.02	97.06	61.32	8.51	96.34	96.50	64.86	51.43
粗蛋白(%)	29,7	25.9	26.0	24.6	26.9	24.83	25.3	22.1
还原糖(%)	1,26	1.01	1.16	1.51	1.35	1.45	0.71	1.56
非还原糖(%)	1,81	2.42	2.61	2.70	1.62	1.95	2.85	2.00
淀粉(%)	36,07	34.41	35.32	33.49	33.29	33.35	31.27	31.58

2. 储藏技术要点

（1）防治蚕豆象

蚕豆收获入库到7月底为止，正是幼虫期和蛹期，应在幼虫很小时抓紧除治。可用熏蒸剂治杀。整个熏蒸工作应在7月底前完成，否则成虫羽化飞出粮堆时，蚕豆已被虫蚀一空。熏蒸密闭期满后，应及时放气，以防豆粒变色。

（2）防止变色

散装蚕豆在储藏中，一般上层粮面先变色，在粮堆60厘米以下逐步减轻。防止变色的关键是把蚕豆的水分降到13%以下，对粮面进行压盖，或用塑料薄膜六面密闭缺氧黑暗储藏，都有良好效果。

（二）绿豆

1. 储藏特性

（1）易生虫

危害绿豆的害虫主要是绿豆象和四纹豆象，这两种害虫均以幼虫在豆粒内越冬，绿豆被害率可达30%～40%，绿豆生虫后，其食用、种用和工艺品质均会下降。

（2）易变色

绿豆的色泽多为青绿色或黄绿色。一般绿豆变色与水光线、温度、氧气、水分、虫害等因素有关。光强、温度高、水分大，则绿豆变色程度重。如果储藏不当，则会因氧化受潮而变色。变色后的绿豆其食用、种用和工艺品质均会下降。

2. 储藏技术要点

（1）常规储藏

绿豆在储藏期间一般比较稳定，入库时严把质量关，将绿豆水分控制在11．5%以下，杂质降到国家规定标准以内，并做好日常管理工作，既可安全度夏。

（2）防治害虫

绿豆象和四纹豆象均可在田间与仓内交替繁殖，所以要不失时机的在开花、结荚和储藏初期及时防治，才能获得良好的效果。对于已发生害虫的储藏绿豆，在仓内可采用化学药剂熏蒸、“双低”储藏等方法，及时消灭其中害虫。

（3）防止变色

散装绿豆在储藏中，一般上层粮面先变色，在光线、温度、氧气等因素综合作用下，上层粮面先变色，粮堆60厘米以下逐步减轻。防止变色的关键是干燥、低温、密闭储藏。

第二节　成品粮的储藏

一、大米的储藏

（一）储藏特性

1．容易吸湿

大米失去外壳及皮层的保护，胚乳直接暴露在外，易受外界湿热等不良条件影响，由于亲水胶体直接与空气接触，容易吸湿，在各种温湿度条件下，其平衡水分均大于稻谷。大米吸湿能力还与加工精度等有关。加工精度低、糠粉及碎米含量高的，不仅吸湿性强，而且带菌量大。此外糠粉会阻塞米堆空隙，使堆内积热难以散发，同时糠粉含有大量脂肪，易分解氧化，增加大米酸度，造成大米不耐储藏。

2．难于度夏

大米与稻谷相比更不耐高温，容易受外界高温高湿的影响而发热、霉变。特别是高水分大米，到了梅雨季节发热、霉变较为普遍。常规保管的大米每经过一个夏季，品质都有不同程度的下降，有时甚至严重变质，因此，有“大米难过夏”的习惯看法。

3．容易爆腰

爆腰就是在米粒上出现一条或多条横裂纹或纵裂纹的现象。大能骤冷骤热，不宜高温烘干或日光曝晒，否则造成大量爆腰。干燥大米急速吸湿或潮湿大米急速干燥时，一般均会爆腰，产生较多碎米，降低大米品质。在急速干燥情况下，米粒外层干燥较快，内部水分向外转移慢，内外层干燥速率不一，体积收缩程度不同，外层收缩大，内层收缩小，因而造成爆裂。在急速吸湿情况下，米粒外层膨胀快，内层膨胀慢，也会造成爆裂。

4．容易陈化

大米胶体物质外露，易受外界因素的影响，陈化速度较快。其中糯米最快，粳米次之，籼米较慢。大米陈化后，色泽变暗、香味消失、出现陈米气（糠酸气）、酸度增加、黏性下降、吸水量减少，持水能力减退，食味变劣。出现陈米气的原因，主要是陈米中挥发性羰基化合物含量增加，戊醛与已醛是形成陈米气的主要成分。在常温条件下储藏7个月和一年的大米，其乙醛含量减少，戊醛、已醛含量增加。

陈米食味劣变的原因，是由于游离脂肪酸包围着淀粉粒，使淀粉糊化所需要的水分难以通过，并使淀粉颗粒外膜强度增加。煮饭时，陈米饭粒虽膨胀而淀粉粒外膜不破裂，或者只有部分膜破裂，因而淀粉没有完全溃散糊化，米饭口感变硬，黏性不良。

5. 容易生虫

大米由于组织外露，易受虫害，尤其是夏季温度较高，极易感染玉米象、赤拟谷盗、锯谷盗、长角扁谷盗、粉螨、书虱、干果露尾甲、印度谷蛾、粉斑螟等害虫。

（二）储藏期间的变化

1. 黏性变化

黏性是影响米饭食味最重要的因素，大米在储藏期间黏性的变化十分突出，随着储藏期延长，陈化的进展，米的粘度逐渐降低。尤其经过高温过夏后，黏度下降更为显著。大米黏性在储藏期下降的原因是综合效应的结果，主要有：α-淀粉酶活性降低；大米中蛋白质由溶胶变为凝胶；陈米细胞壁较为坚固，蒸煮时不宜破裂；陈米中的游离脂肪酸会包裹淀粉粒的细胞结构，使其膨化困难等。

2. 气味变化

大米在陈化过程中，清香味很容易丧失。H_2S 是大米香气的主要成分之一，乙醛是新米气味的主要成分，而戊醛、己醛是大米产生陈臭味的主要原因。随储藏期的延长，大米中的 H_2S 和乙醛逐渐减少，S-S 逐渐增多。实验表明，大米在陈化过程中，S-S 增多与戊醛、己醛的增高成正相关。此外，大米在储藏中感染霉菌也会使大米带有霉臭味。

3. 品质变化

在大米的主要成分中，脂肪和酶的变化最为显著。虽然脂肪的含量比淀粉和蛋白质的含量低的多，但在储藏期间大米品质变化的主要原因却在于脂类物质的氧化。由于大米脂肪易于水解、氧化，使游离脂肪酸增加，游离脂肪酸包藏在直链淀粉的螺旋结构中，使糊化所需要的水难于通过，因而淀粉糊化温度升高，糊化时间延长，淀粉粒的强度增加，陈米蒸煮的饭硬，口感粗糙。所以，在大米储藏中常以脂肪酸值作为灵敏指标，脂肪酸值一般随着大米储藏期的延长而增加。

大米中维生素 B_1 的含量在储藏中也逐渐减少，陈米比新米减少约 50% 左右。

（三）储藏的技术要点和措施

储藏大米主要是防止发热、霉变、延缓陈化，因此可灵活运用干燥、低温、气调、化学储藏等方法。

1. 常规储藏

（1）控制水分和含杂量

大米入库必须严格控制水分和含杂量，以防发热霉变。过夏大米水分一般不超过 13.0% ~13.5%，糠杂含量不超过 1%。因大米不适宜高温干燥或曝晒降水，因此，可在加工前对稻谷干燥降水，以达到安全储藏大米目的。常规储藏的大米，根据各地经验，其相对安全水分标准见表9-10。

表9-10　　大米的相对安全水分标准

温度（℃）	相对安全水分（%）
0	18以下
5~10	16以下
20	14以下
25	13.5以下
30	13以下
35	12以下

（2）冷凉入仓，合理堆放

新加工热机米，应冷凉后才能入仓。水分低质量好的大米，散装堆高一般不超过2~3m，包装堆高一般不超过12包。水分高质量差的大米，应适当降低堆高高度。

2. 低温储藏

北方地区利用冬季自然低温，通风降温散湿，将粮温降至10℃以下，然后进行密闭储藏，这样可以使粮温常年保持在20℃以下。在南方地区可采用机械通风和机械制冷的储藏方法。也可利用空调仓低温储藏大米。

3. 气调储藏

气调储藏大米在我国各地采用较多，一般多采用自然缺氧、真空充氧、充二氧化碳、脱氧剂脱氧等方法，对抑制大米的呼吸及虫霉繁殖，有明显的效果。

（1）自然缺氧储藏

一般对水分在13.5%以下的大米用薄膜密闭，可不发热、不生虫、不变色，延缓大米陈化。据原郑州粮食学院实验，大米水分13.6~14.0%，采用0.14mm塑料薄膜密闭，在5月上旬密封88天后达到自然缺氧。氧浓度降为0.4~2.7%，二氧化碳上升到9.5%以上。储藏8个月，有效达到了无虫，不发热，不变质，安全度夏。

（2）充二氧化碳储藏

充二氧化碳储藏应掌握的要点：大米水分在16.5%以下，二氧化碳浓度应达70%；储藏期间二氧化碳浓度应保持在40%以上。

（3）充氮气储藏

生产性实验充氮气储藏大米，用塑料薄膜密闭后抽出堆内空气，而后充入氮气，促进粮堆迅速绝氧，维持粮堆氮气浓度在95%以上，从而使大米安全度夏。

（4）真空包装储藏

用0.13～0.14mm厚的聚酯已烯复合薄膜袋盛装5公斤左右的大米，然后将米袋置于真空包装机内抽真空密封，从而防虫防霉，保持品质。为使大米长期安全储藏，水分不易超过15.5%，大米精度应在标一米以上。

（5）胶实包装储藏

将大米装在复合薄膜的袋子里，充二氧化碳，置换袋内空气，然后立即密封袋口。经过一段时间后，二氧化碳被大米吸附，在袋内形成负压，形成真空包装的胶着实体。这种胶实包装具有抗压防潮，携带和食用方便的特点，可安全储藏一年以上。

4. 化学储藏

实验表明，高水分大米用PH_3储藏不仅可以预防大米发热霉变，而且对已发热生霉的大米也有抑制作用。正常大米用PH_3预防发热霉变时，浓度应不低于0.05mg/L。对发热大米储藏期间PH_3浓度应不低于0.15mg/L。化学储藏目前仅作为大米储藏发热的一种应急处理措施。

5.“三低”储藏

长江以南的地区，单靠自低温储藏大米，不易度夏，可应用“三低”储藏。低温季节入仓的大米，采取低温通风冷冻（低温），二月后密闭缺氧（低氧），有虫或有发热趋势时施药（低药量）的“三低”储藏方式，保证大米安全度夏。高温季节入仓的大米，入仓后立即密闭缺氧储藏（低氧），有虫或有发热趋势时施药（低药量），十月后采取降温通风（低温）的“三低”储藏方式。“三低”储藏方式的大米在气温转冷后为预防结露，应撤除压盖，适时降温通风。

上述各种方法应相互配合、灵活应用。从常年来讲，可充分利用冬季对水分低、品质较好的大米进行低温密闭储藏；对水分偏高的大米，可采用气调缺氧及化学保藏的形式以保过夏，这样构成一年四季保管大米比较完整的技术体系，对延缓陈化、防止发热和霉变生虫，安全保管大米具有良好的效果。对大米储藏经验归纳为：秋凉以后勤通风，低温密闭趁隆冬，缺氧保管好过夏，化学保藏作补充。

二、小麦粉的储藏

（一）储藏特性

1. 易受虫霉侵蚀

小麦经加工磨成粉状物，失去皮层保护，营养物质直接暴露在外，极易感染霉菌及虫害，尤其是第二食性储粮昆虫和螨类。

2. 散热较慢

面粉颗粒细小，空隙度小，气体和热传递受到很大阻碍，导热性极差，湿热散发困难，易引起发热、霉变。

3. 吸湿性强

小麦粉吸湿速度远比小麦快，水分12%的小麦粉，薄摊置于饱和湿度的空气中，经过一天，水分就能增加到23%。这是因为小麦粉颗粒细微、吸附面积大的缘故。

4. 易成团结块

小麦粉颗粒间摩擦力较大，长期受压极易降低或丧失散落性，堆垛下层往往整袋板结成块，小麦粉储藏时间愈长、水分愈大、堆垛愈高、结块愈严重。小麦粉水分在12%以下，一般结块经搓揉、倒袋，仍可恢复原状；如水分过大，又有发热、霉变现象，则不易恢复松散，品质也大为降低。

（二）储藏期间的变化

1. 粉质熟化

新出机的面粉，吃水力小，黏性大，面筋拉力大。做成面条粗细不均匀，做成面团也不够圆滑。但是正常储藏条件下，放置两三个星期后，上述状况就会变好。通常把这种现象叫做面粉的“成熟”。面粉“成熟”后吃水能力增大，制成的面包体积大而松软可口，面条粗细均匀，筋力强。

2. 粉色变白

新出机的面粉由于脂溶性色素的存在而带有淡黄色，随着储藏期的延长，这种脂溶性色素逐渐被氧化而使得面粉变白。面粉变白，从粉色上看，品质有所提高，但营养价值并无改善，相反还有所降低。

3. 变苦变酸

小麦粉在高温高湿环境中储藏时间长，均易酸败变苦。这是由于小麦粉中的脂肪在酶和微生物或空气中氧的作用下，被不断分解产生游离脂肪酸和醛、酮等有苦臭味小分子物质的结果，使得小麦粉酸度增大，失去新鲜味道变苦。在储藏中，小麦粉脂肪酸变化是品质劣变的主要标志。一般即使正常的干燥的小麦粉，由于脂肪的氧化，脂肪酸值及酸度都会增加。原粮品质差的（特别是已发热生芽的）比原粮品质好的小麦粉容易酸败；粮堆外层比内层的因接触空气多而易酸败；粉袋中靠袋皮的比袋中央的易酸败；等级低的（如标准粉）比等级高的（特制粉）易酸败，脂肪酸值上升也快。

4. 发热霉变

发热、霉变主要是由于面粉水分和温度过高，造成微生物大量生长繁殖所致。如果面粉水分超过安全水分或水分分布不均匀以及出机面粉未经冷却就入仓堆垛，就很容易造成面粉发热、霉变。面粉垛发热部位随气候季节不同而异。一般春夏季节发热多从上层开始，逐渐向下发展；秋冬季节发热多从中下层开始，逐渐向上发展。如果垛内水分与温度分布不均匀，发热则从水分、温度高的部位开始，然后向四周扩散。由外界湿度引起的生霉一般先发生在堆垛下层的外部。

5. 面筋质变化

面粉在储藏过程中，如果原始面筋为弱性，流散性大，随着储藏时间的延长，面筋渐呈强性，韧性增大，发酵性提高，品质得以改善；如果原始面筋品质差，面筋坚实，延伸性差，随着储藏时间的增长，面筋会更加坚实，吸水力减弱，品质变劣，甚至洗不出面筋。这种改善与劣变的原因是由于脂肪水解产生脂肪酸，使面筋由软变为结实状态，延伸性降低，弹性增加。

（三）储藏技术要点

1. 控制水分

由于面粉是比较难储藏的成品粮，所以储藏中要严格控制水分和储藏温度。水分、温度对面粉品质变化的影响见表 9-11。

表 9-11　水分、温度对面粉品质变化的影响

面粉水分（%）	面粉温度（℃）	面粉品质变化
<12	<35	很小，可安全储藏
12～13	<30	很小，可安全储藏
13～14	<25	可安全储藏 3～5 个月
14～15	<20	可安全储藏 2～3 个月
>15	>20	很快发热霉变

1. 合理堆垛

小麦粉以包装为宜，干燥低温的小麦粉宜采用实垛，要求堆得紧，减少接触空气面积及堆内空气体积；水分大或温度高的小麦粉要用通风垛。堆垛的大小，应根据气温变化和小麦粉品质来决定。低温季节入仓，水分在安全标准内的宜堆大垛；高温季节即使水分不高也不宜堆大垛。水分在 13% 以下的小麦粉可堆至 20 层高，水分再高应酌减。保存时间较长的小麦粉，要适时翻桩倒垛，调换上下位置，以防下层结块。

2. 密闭防潮

水分小、温度低的小麦粉采用密闭储藏，既可防止虫霉感染，又可保持小麦粉清洁度、防止异味、异物污染，同时也可减少外界温湿度的不良影响。一般冬春季入仓小麦粉，在 3 月上旬以前，选择水分在 13% 以内的小麦粉，经自然降温后予以完全密闭，可以延长储藏时间。

3. 严防虫害

面粉很容易被害虫侵染，而且感染害虫后很难清除，因此严防虫害是面粉储藏中不容忽视的一项工作。防虫工作主要是控制原粮无虫，杜绝加工环节的害虫感染。在储藏工作中则必须做好仓房选择和清洁消毒以及隔离工作。如已生虫，可采用过筛回车处理，或采用 PH_3 熏蒸杀虫。据实验，面粉对 PH3 的吸附性远比其他熏蒸剂为小，熏蒸 7 天后即可出库供应。

由于面粉储藏难度大，所以应坚持以销定产，推陈储新的原则，以保持面粉品质和新鲜度。

三、玉米粉的储藏

（一）储藏特性

1. 脂肪含量高

玉米粉脂肪含量高，带胚加工的玉米尤其如此，因此容易酸败产生哈喇味、苦味。据测定，小麦标准粉脂肪含量为 1.8%，而黄玉米粉为 4.3%，白玉米粉为 6.1%。

2. 易感染虫霉

由于失去皮层保护，营养物质暴露，容易感染虫霉，吸湿作用与氧化作用较强。玉米粉颗粒小，透气性、导热性差，湿热不易散失，容易发热、霉变。

3. 含水量较大

玉米在制粉时，有的经过水洗，增加了玉米的含水量，而未经水洗的玉米，由于除杂不彻底，使加工后玉米粉中混入少量灰尘。新出机的玉米粉温度较高，一般在 30℃～35℃，这都给微生物繁殖创造了有利条件，所以说玉米粉是比小麦粉难储藏的一种成品粮。

（二）储藏期间变化

玉米粉在储藏期间的变化主要是发热、霉变。玉米粉发热、霉变速度很快，一般经吸湿返潮后一至二天即开始发热，初期有轻度霉味，发热部位水分、酸度显著增加，据测定，未发热部位玉米粉的水分为 15.96%，酸度 4～7，而发热部位水分为 18.84%，酸度为 8～10。发热的玉米粉经三至五天粮温继续升高，霉味加重，结块成团，严重粉色灰淡，粉团内呈微红色，玉米粉的吸水性和黏性明显降低，有哈喇味、苦味，不堪食用。

（三）储藏技术要点

玉米粉是较难储藏的一种成品粮，最好是随加工随供应，一般不要做长期储藏。在掌握其储藏特性的基础上，采取适当措施可进行短期储藏。

1. 控制水分

温度是影响玉米粉品质变化的主要因素。据北京市粮食局经验，1、2 月份玉米粉水分 20%～20.5%，粮温 15℃以下可储藏 1 个月；3 至 5 月份玉米水分 15%～16%，粮温在 20℃以下可以储藏半个月；6 至 8 月份玉米水分 13.5%～14.5%可储藏 10 天，同时认为储藏期超过 10～15 天，玉米粉即失去原有香味。

2. 合理堆放

玉米粉的储藏一般都是在仓内袋装码垛。对水分大、温度高的玉米粉应采用通风垛，以便散发水分，降低温度，延长安全储藏期限。。在空气湿度大的地区，不宜采用通风垛，以免玉米粉吸湿增加水分。对水分小、湿度低的玉米粉可采用实垛。新加工的玉米粉切忌码实垛，否则 3 至 5 天就可能发热结块。根据各地经验，不同水分的袋装玉米粉在不同季节堆垛高度归纳为表9-12，供参考。

表 9-12　袋装玉米粉在不同季节堆垛高度参考表

垛高（袋）／季节／水分	冬季	春秋季	夏季
12 以下	12	10	8
13 以下	10	8	6
14 以下	8	6	6
15 以下	6	4	4

3. 加强检查

新磨的玉米粉由于湿热向上扩散，发热部位通常是在垛顶向下三至四层间。而存放时间较长的玉米粉底部粉袋受压力大，易于吸湿返潮，所以垛底部和墙角部位往往最先发生变化，在检查中要特别注意这些地方。检查时除测定粮温、水分外还要检查粉质，注意其色泽和气味的变化，是否有结块现象，如发现有变化时应迅速处理，根据不同情况采取敞袋，通风降温，倒垛以及过筛等措施。

另外，玉米面的磨制方法对安全储藏也有直接关系。大批量加工采用干法磨粉有利于安全储藏。少量加工可水洗后磨粉，但出机后必须通风降温。玉米脱胚后磨粉，不仅可以制取玉米胚油，而且有利于玉米粉安全储藏。

四、高粱米的储藏

（一）储藏特性

1. 耐藏性差

高粱米的储藏特点与大米相似，由于失去皮层保护，易受外界温湿度的影响，也易感染微生物和害虫。特别是高粱米含糠量比大米多，脂肪、蛋白质含量也较大米高，因此在高温多雨季节，极易吸湿、脱糠、发热、霉变。

2. 不宜曝晒

高粱米在强烈日光下曝晒，米粒外层易龟裂，米色由亮变乌，煮饭时米粒松散、粘性差。但比大米抗晒，在日光不强、温度不高时，可以晾晒降水。

（二）储藏期间的变化

高粱米在储藏期间的变化主要是发热、霉变。高粱米在发生变化时，首先粒面湿润，颜色发暗，在米粒表面尤其是在剥掉胚的凹部粘附较多糠粉，俗称脱糠，经3~5天即可发热结块，粮温到27℃左右，米粒（胚部）产生绿色菌落，逐渐结块。此时，如仍不处理，粮温会迅速上升，米粒呈现深褐色，胚部周围出现紫圈，霉味严重，粮温继续上升，以至高粱米严重变质，失去食用价值。

高粱米储藏时间过长，高粱米粘性降低，食味变劣，这种陈化现象会因储藏环境的高温高湿而加速。

（三）储藏技术要点

高粱米适于低温储藏，水分在13.5%左右，粮温在25℃以下，可以安全度夏。粮温低时水分可以适当放宽些。如北方地区利用冬季低温冷冻的办法使粮温降低－10℃，则水分在14%左右，也可安全储藏。

新加工出机的高粱米，一般粮温在33℃~35℃，应摊晾降温后，再行入仓。否则在储藏过程中易引起发热、霉变。

清除高粱米中的附糠和杂质，有利于安全储藏，糠杂多的高粱米易吸湿，阻碍堆内的气体交换，且有利于微生物和害虫的繁育。

因为高温、高湿的储粮环境，会加速高粱米的陈化，因此，高粱米一定要保持低温、低湿条件，并有计划地轮换储存，做到推陈储存。

加强高粱米储藏期间的检查，特别注意检查容易发生变化的顶部、向阳面和袋与袋之间压实处等部位。如发现吸湿脱糠现象，可通过通风、过筛、回碾等方式处理。

高粱米在强烈阳光下曝晒能引起裂纹、变味，煮饭时米粒破碎，严重者发生哈喇味，所以降低高粱米水分应从原粮入手。但对高水分高粱米可在仓内阴晾，以防品质劣变。

五、小米的储藏

（一）储藏特性

小米为谷子加工后的成品，它籽粒较小，在加工过程只失去了皮层保护。粮堆空隙度小，杂质多，内外气体不易交换。小米含糠多，而糠内含有较多的脂肪，易变质，特别是在粮温较高的情况下，容易发热变哈。

（二）储藏期间的变化

小米保管不当，温度和水分偏高时，则会发热霉变。发热初期粮面湿润，4~5天后颜色显著变浅，失去光泽，出现脱糠现象，粮堆内开始结块，个别谷粒开始生霉，粮温快速上升，在过3~5天后，米色变为深褐色，有浓霉味。

（三）储藏的技术要点和措施

1. 控制水分

小米水分应控制在12%以下。小米不耐高温，常采用低温密闭法。也可存放在阴凉、干燥、通风的地方。小米水分过大时，不能曝晒，可在库内阴干。所以谷子在加工前应将水分降低至标准水分。

2. 清糠除杂

小米入库时应过筛出风，除去糠粉和杂质。入库后加强检查，发现小米有脱糠或发热时，要及时过筛出风，除糠降温，否则容易发热霉变。

第三节 油料的储藏

一、油料储藏的一般特性

（一）易发热变质

植物油料脂肪含量一般20%~50%，最少的也在20%左右，因此在温度高、水分大的条件下，容易受到微生物、氧气和光的影响而发生氧化、水解。常易发热、霉变，走油和酸败变质，使油料发芽率降低，酸价增大，出油率降低。

（二）安全水分标准低

由于脂肪是一种疏水物质。因此油料内的水分分布极不均匀，都集中在亲水凝胶部分。而一般所指的水分是以全部干物质为计算基础的，即使油料的水分含量较低，其亲水凝胶部分的水分含量也会很高。例如脂肪含量为35%的油料其含水量为15%时，油料中非脂肪部分含水量就达23%，所以油料安全储藏水分标准要比谷类粮食低的多，如表9-13所示。

表9-13 常见油料安全储藏水分标准

油料名称	油菜籽	芝麻	花生仁	花生果	大豆
安全水分(%)	9~10	7~8	8~9	9~10	11.5~12.5
油料名称	葵花籽	棉籽	亚麻籽	油桐籽	
安全水分(%)	10~11	11~12	9~10	9	

（三）发热温度高

脂肪氧化时，能产生较多的水和热量，例如一克脂肪完全氧化时能放出39.36千焦热量和1.1克左右的水分，放出的热量比糖类、蛋白质要高一倍。所以油料比较容易发热，而且发热的最高温度高与禾谷类粮食，如大豆可达80℃，棉籽可达88℃，有时棉籽发热可发生自燃。

（四）籽粒易于破损

油料中的脂肪是以液滴状态分别在细胞中，脂肪的比重小，在籽粒中占有较大的体积。因此，整个油料的组织结构比较松软，在收获、运输和储藏过程中易发生机械损伤，不耐储藏。

二、主要油料品种的储藏

（一）大豆的储藏

1．储藏特性

（1）吸湿性强

大豆含有40%左右的蛋白质，含亲水胶体较多，加之大豆种皮较薄脆，又具有特殊的吸水构造珠孔，在潮湿的条件下极易吸水。

（2）不耐高温

大豆不耐高温，不能用日光曝晒，高温日晒会加速脂肪变质，引起赤变。在高温、高湿条件下，豆粒内蛋白质容易变性，发生老化，降低工艺品质和食用价值。

（3）抗虫霉能力强

大豆粒圆，种皮光滑，组织坚硬，有特殊的豆腥味，一般情况下害虫不易侵害，对霉菌也有较强抵抗能力。

2．储藏期间的变化

（1）陈化赤变

陈化赤变是大豆长期储藏的普遍问题。大豆水分超过13%以上时，随着温度升高，首先豆粒发软，然后在两子叶靠胚部位的色泽变红，俗称“红跟”；以后豆粒内部红色加深，并逐渐扩大。俗称“红变”或“赤变”，严重时子叶呈蜡状透明，俗称。“走油”，有脱皮现象。“赤变”的大豆不但出油率低，并且豆油颜色加深，做出的豆腐有酸败味，豆浆颜色发红。大豆“赤变”一般认为是在高温作用下，蛋白质疑固，破坏了大豆内部脂肪与蛋白质共存的乳化状态，脂肪呈游离状态而产生浸油，脂肪中的色素物质逐渐沉积而引起子叶变红。据试验，大豆“赤变”情况如表9-14。

表9-14　大豆“赤变”情况

水分（%）	温度（℃）	赤变情况
13	20	豆粒发软。
	23	不熟粒背部有红眼。
	25	不熟粒背部红眼加深，完整粒黄色加深。
	28	不熟粒子叶5%变红，完整粒子叶微红。
	30	豆粒红色加深，范围扩大。

（2）易丧失发芽率

一般水分的大豆，温度升到25℃时，就不易保持其发芽率。保持发芽率时间的长短与温度高低、种皮色泽等因素有关。黑色大豆保持发芽率的时间较长，黄大豆最易丧失发芽率。这是因为颜色深的皮组织较为紧密，代谢作用较弱的缘故。水分愈高，温度愈高，丧失发芽率愈快（见表 9-15 和表 9-16）。

表 9-15　水分对大豆发芽率的影响

温度（℃）	储存方法	储存时间	水分（%）	发芽率（%）	初始发芽率（%）
25	封闭容器内	三个月	9.4	78	85
			10.5	67	
			12.6	41	
			14.6	4	
			15.5	1	
			16.6	0	

（3）发热霉变

一般情况下，大豆不容易发热、霉变，但在水分超过安全标准时，由于呼吸旺盛，微生物繁殖危害，易形成内部发热。发热开始，豆堆潮润，豆粒发软，温度在 2～3 天内很快上升，粒色变暗，渐呈粉红色，由外层向里浸润，呈现“红眼”，子叶浸油，种皮逐渐长出白毛、绿毛。随后子叶呈褐色，产生腥味并结块成团，直至严重发热、丧失使用价值。

表 9-16　温度对大豆发芽率的影响

储存时间	水分（%）	温度38（℃）		温度25（℃）		温度20（℃）	
		CO_2（mg）	发芽率（%）	CO_2（mg）	发芽率（%）	CO_2（mg）	发芽率（%）
三个半月	13.8	10.6	0	12.8	0	2.8	70
	14.9	12.5		20.5		3.6	61
	15.8	24.9		25.5		7.8	75
	16.9	72.8		44.2		7.8	75

3．储藏技术要点

（1）干燥降水

降低大豆的含水量是安全储藏大豆的重要措施。大豆的相对安全水分为：粮温 30℃时为 12.5%，15℃时为 14%，8℃时为 17%。据黑龙江省储藏大豆的经验，认为大豆水分在 12.5%为安全，12.5%～13.5%为半安全，13.5%以上为不安全。大豆水分超过 14%时储藏中脂肪酸值增加很快，长期储藏的大豆水分不应超过 12.5%。大豆的干燥方法有带荚晒、脱粒晒和机械烘干三种方法。大豆带荚曝晒是我国农民成熟的经验。即大豆收获入场后趁晴天带株铺晒 2～3 天，脱粒阴凉后即可入仓。这种方法因有豆荚保护，可防止豆粒裂皮皱纹，保持大豆的色泽和光泽，并可减轻大豆走油现象，带荚晒须动员农民在农村进行。如果入仓大豆水分高，也可将豆粒直接晾晒，但应避免强烈日光照射，豆温不宜超过 45℃，以防止裂纹脱皮，光泽减退，子叶色泽变深。据黑龙江省经验，晾晒大豆要在4月20日前进行，日晒降水的大豆不降低出油率，但品质有不同程度的下降，如发芽率降低、脂肪酸增加等（见表9-17）。

表9-17　　大豆日晒后发芽率与脂肪酸变化情况

处理情况	时间	水分（%）	发芽率（%）	脂肪酸值
原始样品		15.26	86	30.50
日晒处理	四月中旬	13.16	71	42.74
日晒处理	四月中旬	11.13	73	41.53

采用机械烘干具有降水快、清除杂质和不受阴雨影响等优点，但易发生焦斑和破皮粒，光泽减退，；脂肪酸增加，如果豆温超过50℃以上，还可能引起蛋白质变性。蛋白质热变性速度与程度则与大豆含水量、受热时间、受热温度密切相关。水分大、温度高、受热时间长，变性就严重。因此，采用机械烘干大豆时，应考虑水分的大小，合理选用烘干温度与受热时间，出口豆温应低于40℃。对采用日晒或烘干降水的大豆都应摊晾降温后再入仓。

（2）适时通风

新收获的大豆入仓后，因后熟作用生理活动比较旺盛，粮堆的湿热容易积聚，同时正值气温下降季节，极易产生结露或使粮堆局部水分增加。所以大豆入仓后应及时扒沟翻动粮面或进行机械通风，及时散发湿热，防止大豆发热、霉变。如能在大豆入仓3~4周后，倒仓散温散湿并结合过筛除杂一次，则更能提高大豆的储藏稳定性。

（3）低温密闭

低温密闭储藏对防止大豆走油赤变最为有利。试验表明，将冬季入仓的低温大豆，粮面用隔热材料压盖后，与不覆盖粮面相比，粮温和粮堆上部水分均可不同程度的下降，过夏后，豆粒色泽正常，没有走油赤变现象。

（4）气调储藏

大豆的呼吸强度比较高，适合自然缺氧储藏。据实验，将水分为13.3%的大豆5面或6面密闭2个月，氧气浓度可降到2.4%，二氧化碳浓度可上升到11%，对抑制害虫侵染，保持大豆品质均有显著效果。

（二）油菜籽储藏

1. 储藏特性

（1）吸湿性强

油菜籽颗粒细小、皮薄、胚大，极易吸湿。当空气湿度达到85%以上时，在短时间内，水分可增到10%以上。因此，储藏时必须随时注意气候条件的变化，以防其吸湿。

（2）极易发热霉变

油菜籽颗粒细小，含杂多，空隙度小，氧化酶活性高，呼吸强度大，加之含油量高，释放热量大，导热性小，粮堆湿热不易散失。所以高水分油菜籽极易发热、霉变。而且其发热霉变来势之猛，发展之快，是其他粮油所不能相比的。当其水分在13%以上时，往往无任何早期象征，一夜之间即可使温度升高10℃以上，有时最高温度可达70℃～80℃，籽粒表面全部为白色霉菌菌落所覆盖。

（3）后熟期短

油菜籽胚组织成熟较早，无明显后熟期，在植株上就具有发芽能力，加之吸湿性强，在储藏期间若不加强管理，容易出现发芽现象。

2. 储藏期间变化

（1）发热霉变

油菜籽霉变初期，种皮出现白色霉点，容易擦去，这种霉变不影响出油率；当种皮变白，子叶仍保持淡黄色，也不明显影响出油率；若种皮变白，子叶变红并有酸味，则出油率有所下降；如果已经结块，有酒味，就会严重影响出油率；当种皮破烂，子叶呈白粉状时，就不会出油了。

（2）酸败变质

油菜籽含油量高，平均为35%～42%，氧化酶活性很强，脂肪易氧化产生较多的热量和水气，呼吸旺盛。水分超过13%，易引起酸败，增大酸值，含油量下降，发芽率降低。堆积愈高，酸值增加愈快，一般中下层上升较快。

3. 储藏技术要点

油菜籽不宜长期储藏，除留有少数用作种子储存外，收获后应及早加工成菜籽油，应在当年加工完。

（1）干燥降水

据各地经验，油菜籽水分必须控制在9%以下才能安全度夏，水分超过10%，在高湿季节就开始结块，水分在12%以上会霉变成饼。水分温度对油菜籽储藏的影响见表9-18。

表9-18　水分、温度对油菜籽储藏的影响

水分（%）	油菜籽平均温度（℃）	储藏变化情况
6.0	25	正常
7.5	30	
8.0	35	
10.5	40	不正常，开始结块。
11.5	41	
12.5	43.5	结饼，开始腐败。
13.5	45	
14.0	47	

因此对高水分油菜籽应抓紧时间干燥降水，降水的方法以日晒为主，烘干

为辅。高水分油菜籽散湿较快，晴天出晒，摊薄，勤翻，一次翻晒可降水5%左右，且不影响出油率和发芽率。日晒时先要将晒场晒热后才能铺晒油菜籽。如遇阴天不能日晒时，可采用机械烘干降水。根据我国烘干油菜籽的经验，干燥介质温度不应超过85℃。无论晒干或烘干的油菜籽都必须摊晾后才能进仓，否则堆内温度过高，能促使脂肪分解，降低出油率。

（2）分等级储存

入仓后油菜籽必须按不同水分、杂质、品种和品质好坏进行分等储藏。油菜籽水分在8%以下，杂质在2%左右的，散装堆高不得超过2.5m，包装不超过8包；水分为8%～9%，杂质在3%以下，散装堆高不超过2m，包装不超过6包；仓房质量差的，还应适当降低，以防止墙壁倒塌或裂缝；至于水分在9%～12%，杂质超过3%的油菜籽，堆高应控制在1m以内，并利用晴天抓紧出晒，将水分降低到9%以下，并尽先加工处理。

（3）应急措施

油菜籽产区主要是长江流域各省，收获季节正值梅雨季节，碰到连续阴雨，只能雨中抢收，这种抢收的油菜籽大部分水分在20%以上，高的可达50%左右。如果来不及干燥降水，必须采取应急措施，保持暂时稳定，以赢得时间，待机干燥。这些应急措施主要有自然缺氧储藏和化学储藏。

缺氧储藏是利用高水分油菜籽呼吸旺盛，需氧性强的特点，用塑料薄膜使粮堆保持密闭。油菜籽在强烈的呼吸作用下，将粮堆内的氧气迅速耗尽并产生大量二氧化碳达到缺氧甚至绝氧状态，从而抑制了油菜籽和微生物的生命活动。这样可以在短期使油菜籽不生芽、不发热、不霉烂，并可降低粮温。如油菜籽水分在20%，则储藏时间不超过15天，水分为25%以上不超过10天，水分30%以下不超过7天为安全。

化学储藏是在缺氧储藏的基础上，按每立方米油菜籽投磷化铝药片9～12g，可抑制霉菌的繁殖，制止发热与生芽，并迅速降低粮温，使油菜籽在2～3周内处于稳定状态。

以上两种应急措施效果基本相同，但从品质变化比较，则化学储藏好于缺氧储藏，这主要是磷化氢气体具有杀菌作用。据上海市粮食储运公司测定，油菜籽采用上述两种储藏方法其品质变化情况见表9-19。

表9-19 高水分油菜籽化学、缺氧密闭储藏品质变化表

密闭方法	用药量（g/m²）	密闭天数	含油量（%）		酸价		发芽率（%）		色泽	气味	湿重损失
			前	后	前	后	前	后			
化学	12	14	43.55	43.93	2.53	2.58	75	57	未变	略有酒精味	0.24
缺氧				43.83		2.79		48			0.49

表中密闭后含油率反而上升，是由于油菜籽在缺氧呼吸中糖类被大量消

耗，绝对重量减少，含油量则相对增高。

高水分油菜籽密闭后，一般会出现以下几种现象。

①由于油菜籽强烈呼吸产生大量二氧化碳，有时幕布鼓起，但时间不长，仅2~3天后，便逐渐恢复原状。

②在密闭期间，由于油菜籽水分很高，强烈呼吸产生大量的水气因温差而引起幕内结露，形成大量水珠，但只要密闭良好，一般不会导致油菜籽生芽霉烂。

③密闭开始的1~2天菜籽温度可能上升，随着氧气浓度下降，粮温也会逐步下降。

④几天后，油菜籽堆表层产生白色菌丝，这对油菜籽影响不大，以后出晒即会消失。

⑤在密闭过程中，油菜籽水分并未降低，霉菌并未死亡，油菜籽的生活力也并未丧失，只是被暂时抑制，一旦取消密闭，发热、霉变则急速出现。因此，天气转晴时，应估计出晒能力，晒多少拆多少，随拆随晒，如拆封不晒，便会造成油菜籽的生芽、发热、霉变。

（三）花生储藏

1. 储藏特性

（1）怕冻。花生收获正值晚秋，气温低，花生果的水分达30%~35%，所以容易遭受冻害，在-15℃时植株枯死，-3℃时荚果受冻。受冻的花生籽粒变软，色泽发暗，含油量降低，酸价增高，食味变哈变臭，还原糖增加，同时由于冻后机体受到破坏，发芽力丧失，易受霉菌侵害。

（2）怕晒。花生米的含油量约为45%，如用日光强烈曝晒，容易裂皮变色，并且在储藏中走油酸败，食味变哈。在曝晒中由于多次翻动，破碎粒增加很多，故花生只宜带壳曝晒降水。

（3）易生霉。一般花生果水分超过10%，花生米水分超过8%，在储藏中进入高湿季节容易生霉。生霉部位首先从花生米的尖端或两子叶的内侧面以及未熟粒、破碎粒、冻伤粒开始，然后扩展影响好籽粒。一般在粮堆表层以下15~40cm处首先出现。发热、霉变的早期现象是籽粒发软、光泽变暗。

2. 储藏期间变化

（1）脂肪酸变化。据试验花生米入仓初期，由于处在后熟作用的合成阶段，脂肪酸有微量降低，以后趋向升高，升高的速度视水分温度高低而异。水分含量在8%，温度在20℃时变化基本稳定。温度升高到25℃时，脂肪酸就有明显的增加。发生虫害、冻害、破损的花生，脂肪酸都有显著的增高，增高到一定程度，就会使整个籽粒酸败。因此测定花生脂肪酸的变化，可以判断花生储藏的好坏。

（2）走油变哈。走油是花生品质变化的外表可见现象。花生内脂肪酸变化到一定程度，就出现走油现象。走油的花生，子叶由乳白色慢慢变成透明如蜡质状态，食味变哈，严重的产生腥臭味。花生果水分在10%，粮温升至30℃时，花生米水分在8%，粮温升至25℃时即开始走油。水分愈大粮温愈高，走油愈快愈严重。走油变哈的花生出油率降低，食用品质恶化。

（3）种皮变色。种皮变色也是花生品质降低的一种现象。过夏的花生米，即使没有走油变哈，其种皮中的色素由于受光、氧气、高温的影响，也能发生变化。种皮失去原有色泽，由浅变深。变色的花生米容易脱皮。

3. 储藏技术要点

从储藏安全角度看，花生果比花生米好保管，但花生果比花生米多占2倍以上仓容，而储藏花生仁，只要保管合理，也能安全度夏。

（1）花生果储藏。

花生果在仓内或露天散存均可，只要水分控制在9%～10%以内，就能较长期储存。在冬季水分较大但不超过15%的花生果可以露天小囤储存，经过冬季通风降水后，到第二年春暖前再转入仓内保管。水分超过15%的花生果，温度过低时，会遭受冻害，必须抓紧处理，降低水分后才能保管。花生果仓内密闭，水分9%以下，粮温不超过28℃者，一般可作较长期保管。花生果可利用冬季干燥、低温季节进行通风降温、密闭储藏，时间宜在3月份进行，或气温在5℃以内开始密闭。密闭方式可因地制宜，如仓内套囤压盖密闭，或密封仓房、散堆压盖密闭均可。

（2）花生仁的储藏。

储藏花生仁只要合理掌握干燥、低温、密闭三个环节，就能保管得很好。

①控制水分。花生仁长期保管的安全水分为8%；水分在9%以内的基本安全；水分在10%以内的，冬季采用通风方法短期保管；水分超过10%以上的必须及时处理，不能长期储存。

②保持低温。水分8%以下，长期保管的花生仁最高堆温不宜超过20℃，超过此温度界限，脂肪酸值显著增高，易于引起败坏。

③密闭储存。密闭储存可以防止虫害感染和外界温湿影响，有利于保持低温，是保管花生仁的主要方式。

④气调储藏。花生米也可采用气调储藏，据实验，将花生米堆用塑料薄膜密闭后，抽气至真空度为53千帕左右，再充以氮气，这样可以达到缺氧，抑制花生的呼吸强度和霉菌繁殖，消灭害虫，防止吸湿。由3月储藏至9月，基本上保持花生品质和色泽（见表9-20）。

表 9-20　花生米缺氧储藏品质变化表

项目	水分（%）	粗脂肪（%）	粗纤维（%）	出油率（%）	酸值	微生物（百个/克花生米）			
						总数	青霉	细菌	其他
原始样品	6.74	48.35	5.08	46.07	0.34	1000	50	900	50
真空充氮	8.36	44.39	3.85	45.01	0.88	50			50

（四）葵花籽储藏

1. 储藏特性

葵花籽具有完整的木质纤维素籽壳，对虫霉有一定的抵抗力。葵花籽的含油量高，油用品种的含油量一般在40%～50%。油脂中的不饱和脂肪酸所占比例大，亚油酸含量达66%以上，当水分大，温度高时极易氧化酸败。葵花籽在脱粒过程中，茎杆、花盘、花萼等杂质极易混入粮堆中，不易清除干净。这些杂质带菌量大，易吸湿使粮堆水分增加以致发热、霉变。

2. 储藏期间变化

葵花籽储藏过程中，由于亚油酸含量高，在夏季粮温为28℃以上时，容易氧化产生哈喇味，发生变质，严重时食味变苦不能食用。葵花籽中由于有机杂质含量高，在储藏过程中易发热、霉变。一般发热、霉变先从杂质含量高，水分大的部位开始，逐渐向四周蔓延。霉变初期葵花籽籽粒潮润变软，继而出现霉斑，严重时会结块成团，丧失食用价值。

葵花籽虽有完整的籽壳保护，但仍是一种易受害虫侵害的油料。特别是易受到印度谷螟幼虫的危害，葵花籽被害后，籽仁被剥食，并被吐丝结网封粮面。

3，储藏技术要点

低温干燥，密闭储藏最有利于保持葵花籽的品质。葵花籽在入仓前必须晒干、整净，一般食用的葵花籽水分不宜超过10%，油用种的葵花籽，水分不应超过7%，杂质含量均不宜超过2%。

对散装储藏的葵花籽也可采用机械通风的方法降温降湿，在储藏期间应特别注意通风密闭的时机，在高温季节要经常检查，以便及时发现问题，及时处理。对包装储藏的葵花籽入仓时应合理掌握堆垛高度，一般冬季堆垛高度不应超过6包，其他季节不应超过1.5m。对油用种葵花籽还应适当降低堆放高度。

（五）芝麻的储藏

1. 储藏特性

芝麻的籽粒细小，皮薄肉嫩，极易吸收水分。芝麻的密度大，空隙度小，含杂量一般较高，湿热不易扩散。在储藏过程中容易发热、生虫和霉变。同时，芝麻的脂肪含量高达50%以上，易发生浸油和酸败，储藏稳定性差。

2. 储藏的技术要点

(1) 严格控制水分和杂质

通常芝麻的安全储藏水分为 7% ~ 8%，半安全水分为 8% ~ 9%，超过9%则储藏稳定性下降。散装芝麻水分在 7%以下，杂质在 1%以下，利用冬季低温入库，可以安全度夏。水分在 8%以上，杂质超过 1%的，必须经降水除杂后才能安全储藏。

(2) 合理堆装

通常水分、杂质未超过国家标准规定的芝麻，散装储藏堆高以 1.5 ~ 2m 为宜，包装储藏堆高不宜超过 6 包，而且应堆成通风垛。

(3) 加强检查

不论种或是一般用途的芝麻，在储藏过程中都必须加强检查。在春暖气温上升以前彻底普查一次，根据情况分别处理，采取倒垛、转囤、过风、除杂等措施，散发湿热，以延长安全储藏期。

(六) 棉籽的储藏

1. 储藏特性

棉籽是棉花的种子，按采摘季节可分为霜前籽和霜后籽；按加工程度可分为毛籽（留有短绒的棉籽）和光籽（已脱绒的棉籽）。棉籽具有坚硬的外壳，抗潮、抗压的性能好，比一般的粮食和油料好储藏。

一般霜前毛籽质坚仁饱，水分低，绵绒长，容易保管；霜后毛籽质软仁瘪，水分高，不易长期储藏。经过多次脱绒的光籽，皮壳受损，防潮性差，数落性大，不仅不能承受较大的压力，而且易受外界环境的影响，储藏稳定性较差

2. 储藏的技术要点

(1) 控制水分

通常水分在 12%以下的棉籽，在冬季趁低温堆垛或入仓，可以长期储藏；水分在 12% ~ 13%的棉籽，一般只易短期储藏。棉籽的安全水分冬季为 14%，春季为 13%，夏季为 12%。

(2) 分级储藏

霜前籽和霜后籽、毛籽和光籽都要分开储藏。还应根据水分高低分级储藏。

毛棉籽具有较高的抗潮、抗压性能，可进行露天储藏。毛棉籽露天储藏先选择好地势高，通风排水良好的地基，作好垛底铺垫工作，并将棉籽水分降至12%以下，然后选择气温较低的的天气进行堆垛。堆垛的形状，一般底部为长方形，上部为椭圆形。大垛可储藏棉籽 20 万 kg，小垛可储藏棉籽 8 ~ 10 万

kg。

光棉籽由于皮壳受损，防潮性差，易受外界环境影响，一般不宜直接露天存放，但可采用光棉籽堆垛，外围覆盖毛棉籽的方法露天储藏，但对发芽率稍有影响。在实践中如严格控制光棉籽水分在10%～12%，趁低温季节堆垛，并加强管理，保持垛身紧密无缝，是能保持光棉籽在露天安全储藏的。

第四节　油脂的储藏

一、油脂的分类

油脂的分类方法有多种，通常可按其用途、加工精度、干燥特性等进行分类。

（一）按用途分类

1．食用油脂

指可供人食用的各种植物油脂，主要品种有大豆油、花生油、芝麻油、菜子油、精炼棉籽油、葵花子油等。

2．非食用油脂

指不能供人食用的各种植物油脂，主要品种有桐油、木油、柏油、蓖麻油等，其主要用途是做工业原料。

（二）按加工精度分类

1．毛油

采用压榨法或浸出法从植物油料中提取的颜色较深、水杂较多的初制油脂为毛油，一般不易作食用，如毛糠油、毛棉油等。

2．精炼油

初制毛油经过脱胶、脱色、脱酸、脱臭和脱腊后获得的颜色浅，而且水杂少的精制油脂为精炼油，可以供作食用。如精糠油、精棉油和精炼菜籽油等。

（三）按干燥性分

1．干性油

碘价在130以上，在空气和阳光下很快凝固，结成硬膜的植物油脂为干性油。如亚麻油、桐油、大麻油及向日葵油等均属干性油。适宜制作油漆、油墨、涂料、绘画颜料等。

2．半干性油

碘价在100～130之间，在空气和阳光下结膜缓慢的植物油脂为半干性油。如大豆油、芝麻油、菜子油、精炼棉籽油等均属半干性油。适宜食用和一般工业用。

3．不干性油

碘价在100以下，在空气和阳光下很难结膜或不结膜的植物油脂为干性油。如蓖麻油、茶籽油、花生油、橄榄油等均属不干性油。适宜做机械润滑油、化妆品、上等肥皂和纺织用油等。

二、油脂在储藏期间的变化

食用植物油脂中一般含有大量的不饱和脂肪酸，在常温下为液体，但也有少数植物袖脂中含有大量的饱和脂肪酸，在常温下为固体，如椰子油等。

食用植物油脂储藏特性中最突出的一点是容易酸败。油脂酸败后，其中游离脂肪酸增加，沉淀物增多，透明度变小，色泽变深，混浊度增大，最后酸败变苦，有哈喇味或恶臭味，食用品质大为降低。油脂酸败后，其物理化学常数常有改变，如油脂的比重、折光指数、酸价、过氧化值及皂化价都会增加。

三、影响油脂储藏的因素

影响油脂酸败的因素主要有水分、温度、空气、光照、杂质、抗氧化物、金属等。

（一）水分

水是参与脂肪水解的重要介质，并能助长酶的活性与微生物的繁殖。油脂具有疏水性，但油脂中含有少量的磷脂、固醇和其他杂质，能吸水形成胶体物质。一般油脂在制取过程中，虽经脱水处理，仍含有微量的水分。一般认为油脂水分含量超过0.2%，水解酸败作用就会加强。所以在油脂制取中要防止水分含量超标，另外在油脂的储藏和调运过程中要严格防止水分侵入。

（二）温度

温度升高，油脂酸败速度加快。因为温度高时油脂中脂肪酶的活性增加，且有利于微生物的繁殖。温度每升高10℃，油脂酸败速度加快一倍，温度对油脂储藏的影响见表9-21。

表9-21　温度对油脂储藏的影响

储藏天数	过氧化值（I_2/%）	
	储于恒温器中（38℃）	储于冰箱中（-10℃）
0	0.047	0.047
10	0.159	0.048
20	0.206	0.054
30	0.572	0.074
40	1.298	0.087
50	2.117	0.100
60	3.188	0.119

（三）空气

空气中的氧气能使油脂发生自动氧化和聚和反应，氧化变质速度与接触空气面的大小、氧气浓度及温度均有关系，盛油容器有盖无盖以及打开盖子次数的多少均能影响油脂氧化变质速度，见表9-22。

表 9-22　空气对油脂储藏的影响

储藏天数	无盖、瓶装油的过氧化值	有盖瓶装油			
		取样次数	过氧化值 (I_2/%)	取样次数	过氧化值 (I_2/%)
30	0.67	13	0.59	1	0.52
64	1.38	17	1.08	2	0.61
90	1.87	19	1.25	3	0.69
144	2.52	21	1.71	5	0.89
199	3.39	23	2.23	7	1.03
276	5.57	25	3.09	9	1.29
351	7.21	27	3.15	11	1.38
418	8.09	29	4.22	13	1.61

（四）光照

日光中的紫外线能促进脂肪氧化，因紫外线有较高的能量，有利于氧的活化和油脂中游离基的生成。同时，油脂的维生素 E 也易被紫外线破坏，抗氧化功能受到影响，从而加速油脂氧化酸败速度，见表 9-23。

表 9-23　光照对油脂储藏的影响

储藏月数	过氧化值(I_2/%)	
	瓶装、室内直接光	瓶装、柜内无直接光
0	0.13	0.13
1	0.67	0.28
2	1.23	0.48
3	1.37	0.61
5	2.52	0.78
7	3.39	0.99
9	5.57	1.11
12	7.21	1.14
14	8.09	1.90
17	9.51	2.26

（五）杂质

油脂中的杂质如磷脂、饼末、种皮等含水多，带菌量大，有利于微生物的繁殖，能降低油脂储藏稳定性，加速油脂的水解酸败。一般认为油脂中的杂质以不超过 0.2% 为宜。

（六）抗氧化剂

阻止或延缓油脂酸败的物质，叫抗氧化剂或阻氧化剂，它的作用机理大致有三个方面：

1. 抗氧化剂本身比油脂更容易被氧所氧化，首先结合了空气中的氧而保护了油脂。

2. 使油脂氧化生成的过氧化物氧化分解，而不能产生醛、酮、酸等物质。

3. 与生成的过氧化物结合，阻止氧化过程的继续进行。油脂中所含的维生素E、胡萝卜素、芝麻酚和维生素C，都是很好的天然抗氧化剂。

（七）金属

在光的照射下，金属可以活化氧分子，促进氢过氧化物的分解，从而催化油脂的氧化酸败过程。特别是钴、锰、铅、铜等金属，其催化作用更明显，但铁的影响较小。所以目前的油桶和油罐多用铁皮或钢板制成。

四、主要油脂的储藏特性

（一）豆油

豆油是大豆经过热榨或冷榨制取，属半干性油。豆油中亚油酸含量约为52%，亚油酸是人体必需的脂肪酸，具有重要的生理功能。儿童缺乏亚油酸，发育迟缓，皮肤干燥；老人缺乏亚油酸，易引起白内障。豆油的消化率可达98%，富含维生素E，所以是良好的食用油。但大豆毛油中含有1%～3%的磷脂、0.7%～0.8%的甾醇及少量的蛋白质，易引起油脂酸败，所以除去这些杂质，是保管中的首要工作。

精炼过的豆油为淡黄色，深棕色的豆油是用变质大豆制得的，应分桶储存。精制豆油在长期储存中，油色会由浅变深，其原因可能与油脂的自动氧化引起的复杂变化有关，因此颜色变深的豆油不易长期储存。豆油有特殊的豆腥味，虽通过脱臭后可以消失，但在储藏过程中有“回味”的倾向。

（二）菜籽油

菜籽油是半干性油，它所含的脂肪酸的大部分是芥酸，约占总脂肪的50%，并含有一些由种皮带进的色素。因此菜籽毛油色泽较暗，呈深黄色，热榨的菜籽油，色泽更深，并有令人不愉快的芥辣气味。精炼后的菜籽油澄清透明、颜色浅黄、无异味，适于食用。菜油中芥酸是一种不易消化、人体吸收慢、营养价值不高的脂肪酸。近年来国内外都致力于培养低芥酸（含量2%以下）油菜新品种。菜籽油的凝固点为4℃。在冬季储藏时仓温最好不低于10℃，以免凝固后再熔化时发生氧化变质、酸价增高。

（三）花生油

花生油属不干性油，含有37%的油酸和38%的亚油酸，它含有18种以上的饱和脂肪酸，比其他植物油多。花生油呈浅黄色，具有浓厚的香味。在夏季为透明的液体，冬季变稠不透明，一般在5℃稠度加大，到-3℃呈乳浊状，如果温度再低就会凝固。凝固后的花生油经熔化易发生氧化，增大酸价。因此在储藏中要设法防止花生油凝固。

（四）芝麻油

芝麻油属半干性油，又名香油，含有46%的亚油酸。机榨芝麻油呈浅色，香味较淡，用水代法提取的芝麻油呈棕色，具有浓郁的香味。芝麻种子的外皮含有较多的蜡质，制油时会溶入油中。因此芝麻油在较低的温度下会有白色沉淀析出，影响油品的外观。

芝麻油中不饱和脂肪酸的含量较高，但它的储藏稳定性较好，这是因为芝麻油中有甾醇、芝麻酚、维生素E等天然抗氧化剂，具有较强的抗氧化能力。储存在油池中的芝麻油在过夏时，由于高温也会产生哈喇味，所以在储藏中应尽量保持低温。

（五）棉籽油

棉籽油含有57%的亚油酸，分为毛棉油和精炼棉籽油。毛棉油具有令人不愉快的气味，并含有1%游离棉酚及其衍生物，故色泽深褐，不宜食用。毛棉油经过滤、水化和碱炼后除去其中的棉酚和杂质，称作精炼棉籽油。精炼棉籽油为淡黄色，无异味，可以食用。

五、食用油脂储藏技术要点

（一）常规储藏

1. 清洁装具，合理灌装

容器在装油前，必须认真细致地检查，将容器中残留的油脚、污垢、铁锈及异味等用碱水洗刷干净，并进行干燥，容器内不容许丝毫湿润或水珠存在，以保证食用安全，并提高储藏稳定性。

灌装油品时，不宜灌得太满或太少，一般每个标准油桶灌油175～185kg。装得太满，易泼洒、流溢、膨胀，甚至高温爆炸；装得太少，既浪费装具，又会因桶内氧气太多而发生氧化酸败。

2. 清除水杂

油脂入罐或正式装桶前，要认真检查水分、杂质和酸价，一般要求最高限额为：水分0.2%、杂质0.2%，酸价4～6，见表9-24。

表9-24　油脂储藏的水分、杂质、酸价安全标准

项目＼品种	豆油	花生油	菜子油	芝麻油	茶油	精炼棉油	毛棉油
酸价	4	4	5	4	6	1	6
水分（%）	0.20						
杂质（%）	0.20						

对于超过水、杂、酸价标准的油脂，必须先清除其中的水、杂及一切可以引起酸败的物质后，再入罐装储藏。清除水、杂一般退回油厂处理，油厂具有去水、去杂、碱炼的专门设备。也可在油库内就地采用自然沉淀、水化精炼、

碱炼等简易方法处理。

3. 控制温度

通常油脂在冬季不会酸败，在夏季极易发生酸败。在进入高温季节后应采取有效措施隔热保冷，使油脂处于低温状态，能确保油脂安全储藏。将储油仓房的温度控制在15℃以下，能有效的长期安全储藏油脂。

（二）气调储藏

在储藏油脂时，为防止酸败变质，可采用气调法。因为油脂劣变的主要原因是氧化酸败，所以，只要控制油脂氧化，则可阻止劣变进程。油脂氧化的速度与空气或溶解在油脂中的氧浓度成正比，设法限制或切断氧的供给，如采用抽真空、充氮、脱氧等方法，可以有效地防止油脂在储藏过程中酸败。

1. 脱氧剂脱氧储藏

我国多采用无机系脱氧剂，常用的为特制铁粉脱氧剂，它是一种无毒，无臭的无机物，在水和金属卤化物的催化下，容易被空气中游离氧所氧化而消耗氧，防止被保护物氧化。油品储藏中利用脱氧剂脱氧储藏的方法很多，常用的有悬挂法，浮船法和投袋法三种。

悬挂法是用铁丝把除氧剂悬挂在油层上面的空间，浮船法是用泡沫塑料制成浮船放在油面上，再将除氧剂投放在浮船上；投袋法是用一种能够透气而不使油渗入的通透性硅橡胶薄膜粘结成不同表面积的小袋，装入不同重量的除氧剂后立即密封袋口并将其投入油内，依靠浮力作用使除氧剂小袋分别漂浮在油脂上、中、下三层不同部位。

脱氧剂脱氧储藏，要求油罐（桶）密封性能良好，并具有较好的机械强度，否则就难以保持缺氧状态，或容易使油罐（桶）变形、损坏。因此，采用除氧剂脱氧储藏时，为保护油罐安全，应增设调压装置，使其与油罐成一密闭的储油系统，当气温升高时，罐内气体自动进入调压装置；当气温降低时，调压装置内的气体又自动进入罐内，以此平衡罐内外压力差，保证油罐的安全。

脱氧剂的用量可根据脱氧剂的脱氧能力及罐桶内的空间计算而定。

2. 充气法

将一种不活泼的气体（惰性气体）充入油罐和油桶，排除其中的空气使之缺氧，以抑制油脂氧化，确保油脂安全储藏的方法称为充惰性气体储藏法。常用的惰性气体有氮气和二氧化碳，充气法因油脂装具不同分为油桶充气法和油罐充气法。

油桶充气法：完好的能够密封的容量为180kg的标准油桶，在大盖焊接一阀门，在小盖上焊接一抽气橡皮管，装油后向桶内充入氮气或二氧化碳，使桶内空气全部排出，然后即用橡皮塞密封。

油罐充气法：在储油罐上装设压力安全阀、真空控制盘（真空安全阀）和氮气压力调节器，然后用钢管将液氮瓶（或氮气发生器）与储油罐联接好，形成一个密封系统，并向油罐内充入适量氮气。将经过静置沉淀处理的精炼植物油直接装入已充氮气保护的储油罐中，通过氮气压力调节器控制充氮量。当油罐装满，压力达到最大值时，可将氮气排放到大气中去；当油脂从油罐中泵出时，罐内压力下降，氮气压力调节器自动开启，氮气又不断补充充入油罐。

充氮储油实验证明，采用充氮法储藏的油脂，过氧化值增长速度慢，只有常规储藏（对照罐）油脂的1/4，甚至更少一些，具有明显的阻止氧化，抑制微生物活动，保持油脂品质的效果。但在夏天高温季节，充氮储藏油脂的安全可靠性还不够稳定，这时仍应没法降低温度，实现低温储藏，才更有利于确保油脂安全渡夏。采用充惰性气体储藏法时，要特别注意安全，既要在油罐上装压力安全阀与真空安全阀，以免油罐炸裂，又要建立严格的安全操作规章制度，以免管理人员进入油罐引起生命危险。在清洗油罐时，要严格遵守操作规程，彻底将油罐中惰性气体排出后才可进入罐内操作，以免发生意外事故。每座储油罐上都要悬挂警告牌，以策安全。

（三）抗氧化剂储藏

1. 抗氧化剂种类

在储藏油脂中添加一定量的抗氧化剂，可以延缓油脂的酸败进程。抗氧化剂种类有天然抗氧化剂和人工合成氧化剂两类。天然抗氧化剂主要有生育酚（VE）、柠檬酸、类胡萝卜素、抗坏血酸、芝麻酚、磷脂等。我国允许在食品中使用的人工合成抗氧化剂主要有 BHA、BHT、PG 及 TBHQ 等。油脂在抗氧化剂储藏时加入抗氧化剂增效剂，能增强抗氧化剂效能，还可以减少抗氧化剂用量。常用的抗氧化剂增效剂有柠檬酸、磷酸、酒石酸及抗坏血酸等。

2. 抗氧化剂储藏应用

（1）抗氧化剂使用浓度

使用人工合成抗氧化剂的浓度要适当，虽然浓度较大，抗氧化的效能也增大，但并不是成正比例关系。由于毒性的问题，我国食品卫生标准规定，BHA、BHT 的最大添加量不得超过 200ppm（即 0.02%）；PG 最大添加量不得超过 100ppm（即 0.01%）。

使用天然抗氧化剂 VE 的添加量为 5～10g/100kg，将适量的 VE 添加在油脂中，立即用搅拌器搅拌，使其与油脂充分混合均匀，然后盖紧盖子，严格密封，既可安全储藏。

（2）抗氧化剂的加入时机

抗氧化剂对油脂的抗氧化作用十分复杂，但大多数抗氧化剂主要是清除游离基的，因此应在精炼后的新油中及时加入，而且要事先加入柠檬酸等金属钝化剂，使铁桶与油浓度为罐的金属钝化，才能获得理想的抗氧化效果，当油脂已经酸败，油脂中过氧化值已升高到一定程度时才添加抗氧化剂，难以获得显著效果。

（3）抗氧化剂的选择

抗氧化剂对油脂的抗氧化作用十分复杂，同一种抗氧化剂对不同的油脂具有不同的效能，就是同一种抗氧化剂用于同一种油脂，也会由于使用浓度及方法的不同而得到不同的效果，有时甚至会发生相反的作用。

因此，选择抗氧化剂及使其能得到满意的效果，则首先必须对油脂的结构、自动氧化的机制、抗氧化剂的结构与性能、使用方法及其相互关系等等有较全面的了解，否则将会事倍功半。另外，抗氧化剂具有清除油脂游离基的功能，因此又称为游离基清除剂。它对非游离基反应的氧化反应是不适用的，如油脂的光氧化反应。

第五节 种子粮的储藏

一、种子储藏的基本要求

种子粮储藏要求高于一般商品粮，在储藏过程中不仅要防止发热、劣变和虫、霉、鼠、雀危害，还要保持种子生活力、纯度和净度。

（一）保持生活力

种子生活力是表示种子生命有无存活性的标志，是决定种子品质最重要的指标。种子储藏水分、温度、氧气、光照、霉变、虫蚀、高温烘干、不适宜的药剂熏蒸、机械损伤、沾染化肥和农药、陈化等都能影响种子的生活力。其中最重要的影响因素是种子的水分含量和储藏温度，因低温、干燥是保持种子生活力最基本有效的措施。

（二）保持种子纯度

纯度是指种子本品种粒数占全粒数的百分率。保持种子的纯度，是防止种子混杂，提高种子品种品质，发挥良种特性，保证高产的重要措施。在种子粮的储藏中，绝不允许发生品种混杂；无论是同一种或杂交及其亲本种子，均应做到单收、单打、单储。从收获、脱粒，整晒、入仓、储藏、出仓等一系列环节，都要做到专人负责，专仓（囤、垛）堆放，逐囤、逐包、逐堆设立卡片档案，标明品种、品系、数量、播种期以及制定交接制度等。

（三）保持种子净度

净度是指种子本品种健康完整粒重量占总重量的百分率。净度也是衡量种子品质的一项重要指标，净度低、杂质多的种子储藏稳定性差，对粮油生产也会产生不利影响。因此在种子入仓过程中，要彻底清除各种杂草种子、破伤粒、霉变粒、病虫害粒、出芽粒以及其他杂质等，保持种子的清洁纯净。

二、种子储藏技术要点

（一）仓房选择

储藏种子粮的仓房比储藏一般粮油的仓房要求高，特别是防潮、防漏、隔热、通风和密闭的性能必须完善，仓房内、外以及器材装具要做到彻底清洁、无虫，仓房内无遗粮，更不能堆放农药、化肥。

（二）降水除杂

水分含量大的种子，呼吸作用旺盛，容易产生发热和耗损干物质，并引起霉变和害虫的侵害，以至降低种子的生活力。因此，在储藏过程中将种子粮水分降低到规定标准，是提高种子粮储藏稳定性的首要环节。种子粮的安全水分原则上应比一般粮油的安全水分低0.5%～1.0%。长期储藏的种子粮水分要求更严。种子粮的降水以日晒为主，并防止爆腰、变色和破皮等现象的发生。

种子的杂质如杂草种子、植物茎叶、泥沙、石块都能影响种子安全储藏的稳定性。因此，必须严格控制入仓种子的杂质，保证种子的净度。

（三）合理堆放

种子堆放的方法有多种，散装、包装、围囤堆放都可以，但不要堆得过大和过高，在低温季节散装堆积，以不超过2.5m高为宜，包装以6～10包高为好。高温季节散装堆积应控制在1.5～2m高之间，包装堆积的高度也应适当降低。堆放时各品种之间要留一定的距离。

（四）适时通风密闭

种子粮一般应以通风储藏为主，特别是含水量和温度均高的种子，更应加强通风降温散湿。对于含水量低的种子，则以密闭储藏为主，防止吸湿和害虫感染。为了保持种子品质，可采用高温季节间歇密闭，低温季节大力通风的方法，以增加储藏稳定性。

（五）防虫治虫

虫害是导致种子发热、发芽率降低的原因之一。危害种子的害虫一般是先咬食种子的胚部，所以感染虫害以后，种子胚部受到损伤，即失去了种用价值。对于虫害应采取以防为主的方针，从种子的收割，脱粒、整晒、运输，入仓等各个环节上消灭种子感染害虫隐患。对已感染了害虫的种子处理原则是歼灭害虫又不伤害种子的生活力。如采用化学药剂处理时必须根据品种、水分、温度等不同情况，慎重选用药剂，严格掌握用药量及用药条件，而且在处理前后要做发芽率对比实验。

（六）加强检查

种子粮在储藏中的检查要比商品粮更加严格细致，应由种子专职保管员检查，检查项目也比食用粮的范围广泛，检查项目，一般包括温度、水分、虫害、发芽率、发芽势、新鲜度等。

思考练习题

1. 稻谷有那些储藏特性？在储藏期间各容易发生哪些变化？在储藏过程中应把握哪些关键？

2. 小麦有那些储藏特性？在储藏期间各容易发生哪些变化？在储藏过程中应把握哪些关键？

3. 玉米有那些储藏特性？在储藏期间各容易发生哪些变化？在储藏过程中应把握哪些关键？

4. 油料储藏有什么共同特性？

5. 大豆、油菜籽、花生各有哪些储藏特性？在储藏期间各容易发生哪些变化？

6. 大豆安全储藏的措施有那些？

7. 影响食用植物油脂酸败的主要因素有哪些？如何延缓油脂在储藏期间的酸败进程？

8. 种子储藏的基本要求是什么？应掌握哪些储藏技术要点？

第十章 粮油食品和饲料的储藏

第一节　粮油食品的储藏

一、食品储藏共同特性

粮油食品种类繁多，根据制作原料分类主要有米制品、面制品、豆制品及杂粮制品等。它们一般具有如下的储藏特性。

（一）易变质

粮油食品在一定的条件下会腐败变质，主要表现在食品颜色改变，产生刺激性气味，严重的会腐烂。食品变质主要有两个方面的原因：一是食品的营养成分在本身所含酶及水分、湿度、光线和氧气等因素的作用下被分解破坏，造成食品变质；二是由于微生物的作用引起食品变质。微生物生长繁殖需要水作为溶剂或介质，细菌和酵母菌能在含水量30%以上的食品中生长，而霉菌在水分为12%以下的食品中也能生长，有的甚至能在水分低于5%的食品中生长。若环境条件特别适宜，含水量即使为2%的食品也有生霉的可能。粮油食品的水分含量一般在3%～25%之间，生霉变质的可能性较大。

（二）易老化

粮油食品作为一种商品，要求具有良好的外观与风味。外观主要指食品的色泽和形态，风味主要指食品的香气和味感。研究表明，食品中的香气是一些挥发性的羰基化合物，在储藏过程中，这类物质极易挥发而使食品失去固有的香气。面包储藏过久会干硬、掉渣、有陈面包气味；挂面储藏过久，会降低新鲜度，水煮后易断碎。这些现象即为食品的老化。食品老化后将会大大降低其商品价值。

（三）易生虫

粮油食品营养丰富，而且具有特殊的香味，在储藏过程中，容易被甲虫、蚂蚁、螨类、蛾类、蜚蠊等害虫危害。另外也易遭受鼠害。

（四）易污染

粮油食品大多为速食或即食食品，固而对食品卫生的要求极高。但在粮油食品的加工、运输、储藏和销售环节中易受到污染。食品可能出现的污染主要有以下几个方面：第一是生物性污染。如微生物、寄生虫及虫卵和害虫所造成的污染。微生物污染主要有细菌与细菌毒素、霉菌与霉菌毒素矿某些寄生虫及虫卵可随食品进入人体而致病，如蛔虫、绦虫、旋毛虫等；害虫污染主要包括昆虫、螨类及蝇蛆。第二是化学性污染，如各种有害金属、有机化合物、无机化合物。主要有，汞、镉、铅、砷、有机氯、有机磷、亚硝酸盐等。化学污染原因主要是化肥、残留农药，食品添加剂使用不当，被污染的包装容器、运输工具接触食品等。

二、食品储藏技术要点

粮油食品种类多，组成成分不同，储藏特性也各异，下面介绍几种主要粮油食品的储藏方法。

（一）挂面储藏

1. 品质要求

出厂挂面的水分在12.5%~14.5%之间，应具有面粉特有的色泽和气味；花色挂面应具有添加辅料的特色和气味，但添加剂应无损于人体健康。在感观、卫生方面，挂面条挺直、光滑不酥、不潮，无并条、无杂质、无虫害、无霉变、无污染，符合国家食品卫生标准。挂面的品质指标见表10-1、花色挂面的品质指标见表10-2。

表10-1　挂面品质指标

项目＼等级	一级品	二级品
水分（%）	≤14.5	
酸度	≤4.0	
不整齐度（%）	≤8.0（其中自然断条率≤3.0）	≤8.0（其中自然断条率≤8.0）
弯曲折断率（%）	≤5.0	≤15.0
熟断条率（%）	0	≤5.0
烹调损失（%）	≤10.0	≤15.0

表10-2　花色挂面品质指标

项目	指标
水分（%）	≤13.5
酸　度	≤4.0
不整齐度（%）	≤15.0（其中自然断条率≤8.0）
弯曲折断率（%）	≤15.0
熟断条率（%）	≤5.0
烹调损失（%）	≤15.0

2. 常规储藏

入仓水分超过15%的挂面，在常温下常规储藏一个月，就会出现霉味；储藏3个月就不能食用。因此，常规储藏挂面，水分应控制在安全水分以内，将挂面放置在通风干燥的仓内，不能与地面接触，不能与有异味的物品放在同一仓内。做好防潮、防霉变、防虫害、防污染，储存期不能超过产品规定的储藏期限，一般不能超过3个月。

3. 气调储藏

挂面可采用缺氧、充氮（氮气浓度为84%～90%）、充二氧化碳（二氧化碳浓度为10%～20%）等气调储藏方法。如缺氧储藏：将挂面用塑料包装材料包装后，放入脱氧剂然后密封，储藏一年后，挂面还保持原有品质，面条下锅水煮后，不断、不糊，具有原有的色、香、味。据试验，未放脱氧剂储藏的挂面，则其品质一年后明显变差，有霉味，不能食用，结果见表10-3。

表10-3　缺氧储藏挂面品质变化比较表

品名	水分（%）	重量（克）	密封材料	脱氧剂产地/克	储藏一年后品质变化			
					虫害	霉变	色泽	口味
挂面	15.2	1000	尼龙/聚乙烯薄膜	青岛/7	无	无	新鲜	适口
		1500	聚酯/聚乙烯薄膜	青岛/15	无	无	新鲜	适口
		1500	聚乙烯薄膜	无脱氧剂	无	有	暗	有霉味不能食用

（二）方便面的储藏

1. 品质要求

油炸方便面和风干方便面的品质指标应符合表10-4的要求。

表10-4　油炸方便面和风干方便面的品质指标

项目＼类别	水分（%）	含油（%）	酸价（KOH毫克/克）	过氧化值（%）	氯化钠（%）	复水时间（分钟）
油炸方便面	≤8.0	≤24	≤1.8	≤0.25	≤2.0	≤4
风干方便面	≤12.0				≤2.0	≤6

2. 包装储藏

方便面在储藏过程中品质劣变，主要是由于不良的环境因素如高温、水分、氧气、光线、微生物等引起的，采用不同的包装材料储藏，可以防止或减缓不良环境的影响。采用有铝箔材料包装，可防止日光照射；采用聚偏二氯乙烯、聚脂或铝箔材料包装，可阻止氧气透人和微生物危害。方便面保质期限，一般油炸面不得超过50天，风干面不得超过90天。方便面保存期限可根据季节和地区的不同由生产单位规定，并在包装上注明。

3. 脱氧剂储藏

油炸方便面脂肪含量较高，在储藏过程中，易氧化变质。用厚40微米复合塑料薄膜（聚丙烯/聚乙烯复合材料）包装密封后，使用脱氧剂连二亚硫酸钠储藏42天，即使在40℃温度下，油炸方便面的品质和食用风味也没有发生变化。

（三）面包储藏

1. 品质要求

面包瓤心部位水分不超过34%～44%；酸度不超过6.0；口感松软、不酸、不粘牙。

2. 常规储藏

及时冷却、冷透是面包储藏的主要关键。冷却的作用主要是减少面包表面破裂，防止霉变。一般采用室温自然冷却，即面包出炉后在速度较慢的输送带上缓缓冷却，使面包中心温度冷却至接近室温为宜。面包冷却后要及时包装，以防止水分散失引起硬化，并可保持卫生。包装材料有纸袋、蜡纸袋、聚乙烯型塑料袋等。这些包装材料必须卫生、无毒。面包不宜久储，否则便会老化而影响质量，最好能根据季节和市场需求进行以销定产、随产随销。短期储存以室温15℃～20℃，相对湿度不超过75%为宜。

3. 冷冻储藏

冷冻储藏应在面包冷透后进行冷冻。冷冻温度要低，时间要短，这样能使面包的干燥率降低到最低程度，解冻后的面包也新鲜。冷冻温度先在－30℃下快速冷冻，然后储存在－10℃～－15℃条件下，可储存一周或数周。

第二节 粮油饲料的储藏

一、储藏共性

饲料的种类很多，主要有粮油加工副产品和配合饲料。这些饲料因原料组成不一致，物理性状不同，储藏特性也各异，但一般都具有以下储藏特性。

（一）易吸湿返潮

饲料中含有大量的糖类和蛋白质等亲水物质，吸湿性强。如米糠中淀粉含量为37.5%～39%，蛋白质含量为15%～17%；饼粕中蛋白质含量一般为30%～50%。麸皮由于结构疏松，空隙度大，吸湿性也很强。据实验，在相同的温湿度条件下，麸皮的吸湿速度超过小麦粉一倍以上，而且麸皮的平衡水分高于其他粮食。例如，在饱和状态时，麸皮的平衡水分可达38%～40%，而谷类粮食一般为20%左右。饼粕水分含量虽然在15%～10%，但在储藏期间外层易吸湿生霉。

配合饲料和混合饲料中含有大量的糖和蛋白质，特别是饲料中的动物蛋白质原料如鱼粉、肉粉、蚕蛹粉等，吸湿性都很强。

（二）易生霉变质

饲料中蛋白质含量高，它是微生物生长繁殖的重要物质。动物蛋白原料、饼粕和粮油加工副产品，由于在加工过程中经粉碎、蒸气加热处理，营养物质外露，并且含有一定的水分，更适合霉菌的繁殖。霉菌大量繁殖的结果，会使营养物质严重损失和变质，在某些微生物的侵害下，甚至使饲料带毒。

（三）易氧化酸败

糠麸含脂肪多，尤其是米糠，脂肪含量一般在17%～18%左右，新鲜米糠的含油量为16%～22%。米糠的脂肪中含有相当数量的解脂酶。由于解脂酶的作用，米糠中的脂肪易被分解，使游离脂肪酸大量增加。据实验，刚出机的米糠温度为30℃以上，酸价在10以下，经过5天后，酸价上升到15以上；10天后升到25以上；20天后则升至35以上。夏季酸价上升最快。出机不到数天，能升到80以上。同时米糠温度也随着上升，并发红结块。脂肪被分解后，出油率减少，酸价增高，质量变差。

（四）易生虫

饲料经机械加工粉碎，营养物质外露，没有皮层保护，在适宜的环境条件下，容易发生虫害。特别易受到甲虫、蛾类幼虫、螨类等害虫的侵害。

（五）易自燃

鱼粉和饼粕在一定水分和堆垛条件下，温度会逐步上升，甚至达到200℃，造成营养物质碳化，失去使用价值，这种现象称为自燃。

机榨所产油饼的温度可达130℃～150℃，饼中水分被强烈蒸发，含水量只有2.0%～3.5%，油饼的空隙度约为20%，同时产生一些裂纹。这样的油饼能从空气中吸收大量的水气而氧化放热，当温度达到一定程度油饼就会碳化。据报道，油饼进仓温度为60℃～70℃，水分为2.2%～2.4%时，储藏极不稳定，饼温不断升高，经10～18天可达160℃～279℃；水分为2.8%～3.8%时，发热过程较慢。需经25～35天，才能达到自燃。

二、常用粮油饲料储藏

（一）米糁储藏

米粞是稻谷加工后的副产品，是指含有一部分糠杂的细碎米粒。

1. 储藏特性

（1）易生虫

米粞由于含有糠杂，一般是微生物、害虫繁育的良好场所，所以要特别做好防虫防霉工作。

（2）易发热霉变。新出机的米粞温度高、水分大（一般温度在30℃以上，水分在15%～16%左右），很容易发热、霉变。此外，采粞中含胚及糠杂较多，营养丰富，氧化作用强，一经发热，升温很快一天能上升10℃之多。发热过程比一般粮油快。

2. 储藏技术要点

（1）冷却入仓。新出机米粞应摊晾冷却，降低粮温后，再行入仓。

（2）控制水分。短期存放应使安全水分控制在15%以内。长期储存应在13%以内，可安全储藏。

（3）勤查勤翻。要特别注意生虫与发热的检查。注意堆囤中，下层是否有结块、生虫、发热现象。同时深翻粮面，防止结露、生霉。

（4）防止害虫感染。要对加工厂和堆放器材仓房、垫糠等彻底消毒杀虫，对有虫的米粞如水分不高，可似熏蒸处理；水分大可先晒干处理；也可用0℃以下气温进行低温杀虫。

（二）米糠储藏

米糠也是稻谷加工后的副产品，按加工情况可分为细米糠和混合粗糠两种。

1. 储藏特性

（1）易发热。米糠粒细、松软、空隙度小，对外界接触面积相对增大，易吸湿结块，极易遭受微生物的侵害繁殖而发热。

（2）易酸败变质。米糠营养物质很多，一般含油脂17%~18%，蛋白质15%~17%，淀粉37.5%~39%。由于米糠含米胚多，油脂、蛋白质含量高，在解酯酶及微生物的作用下，很易发热酸败变质。据试验测定，刚出机的米糠温度为30℃以上，酸价在10以下，经过5天后，酸价上升到15以上，10天后升到25以上；到20天后则在35以上，特别是夏季上升情况最迅速，下机后不到数天，能升到80以上，同时糠温也随着升高，并发红结块。

2. 储藏技术要点

（1）短期储藏。米糠不宜长期储藏，储藏时间最好不超过10天，尽量保持米糠新鲜度；高温季节的米糠，应随出机随供应。

（2）烘炒抑酶。如因特殊情况，必须储存米糠，则应预先破坏解脂酶活性，控制酸度增加。即将新出机的米糠在2~4小时内进行烘炒，加热10~15分钟，使温度达到95℃以上，水分降至4%~6%，才可长期储藏。据试验：加热后，温度达到115℃~126℃，水分降至3%~4%的米糠，可以储存半个月左右。

（3）合理堆放。米糠入仓时，堆放要疏松，高度不超过1.33m，用输送机自动输送进仓的堆放高度亦不可超过2m。在堆放方法上还须注意由内向外推，由于米糠颗粒细、弹性较强，因此不能用脚踩踏糠面，必须采用跳板，从上面将米糠倒下，否则米糠导热不良，脚踏后积热更不易散发，反会加速脂肪分解变质。

（4）勤查勤翻。米糠入仓后，要勤检查，勤翻倒。在储藏期间每隔 3 ~ 5 天翻松糠面，以利堆中湿热空气散发。同时注意检查糠堆的温度、色泽和气味，如有发热或结块现象，应及时翻堆、摊晾、通风，并及早安排使用。

（三）麸皮储藏

麸皮是小麦加工后的副产品。

1. 储藏特性

（1）易生虫

麸皮营养十分丰富，极易发生害虫，在储藏过程中危害麸皮的害虫种类很多，其中以赤拟谷盗、长角扁谷盗、黑粉虫、印度谷蛾、粉斑螟、粉缟螟和螨类等害虫危害最严重。

（2）易吸湿

麸皮结构破碎疏松，粮堆空隙也较面粉大，所以，麸皮比面粉更容易吸湿。据实验，在相同的温度条件下（气温 15℃、气湿 90%），将面粉和麸皮各一袋放在仓外，经 24 小时后，麸皮水分从 11.5%增至 13.8%，而面粉水分从 14.6%增至 15.5%，麸皮吸湿速度超过面粉一倍以上。

（3）易酸败

麸皮脂肪含量高达 5%（特制粉只含脂肪 1.3%，标准粉含 1.8%），在储藏期间容易酸败变质。据资料介绍，不论原始水分高低，在高温季节，麸皮储藏三个月以内，尚可保持原有品质，到四个月后，酸度就显著增加，并有明显异味（见表 10-5）。

表 10-5　不同储藏时期麸皮酸度变化情况表

麸皮储藏时期	水分（%）	酸度	气　味	备　注
新机粗麸皮	12.33	10.9	正常	刚脱包入仓
储藏 3 个月粗细混合麸皮	11.57	12.6	尚可	脱包散装 1 个月
储藏 4 个月粗麸皮	10.83	17.9	有异味	散装时间较长
储藏半年细麸皮	10.55	20.6	异味严重	散装时间较长
储藏半年以上粗麸皮	11.72	21.7	异味严重	散装时间较长

2. 储藏技术要点

（1）降温入仓，勤加翻倒

一般新出机的麸皮水分不高（13%左右），但温度均很高，虽在低温季节，亦达 30℃左右；因此，应首先将温度降低到 10℃ ~ 15℃以下，再脱包散装储存。在冬季继续采用勤翻囤顶的方法，防止结露、生霉。春暖以后，立即严格密闭压盖，防止外界湿热侵入。

（2）加强检查，防治害虫

麸皮在储藏期间要勤加检查，着重于质量和气味检查，如发现发热变质和霉变结块不能食用的，须迅速处理。高温季节加工的麸皮或一般保管的麸皮，如麸温超过30℃，须迅速翻倒低堆，散温散湿，堆高以不超过5包为宜。在检查中如发现有害虫感染，可采用化学药剂熏蒸处理。

（四）饼粕储藏

饼粕是油料加工后的副产品。饼一般是指油料用压榨法制取油脂后形成的块状固形物，而粕一般是指用萃取法制取油脂后留下的粉渣。

1. 储藏特性

（1）易生虫霉变

饼粕是蛋白质、纤维素、糖类及其他物质组成的胶体物质，其中蛋白质含量可达36%以上。由于饼粕无保护组织，丧失了生命，且营养物质裸露在外；所以储藏性很差，易生虫霉变。

（2）会自燃

豆饼、菜饼、棉饼及糠饼饲料，是一种高蛋白、高能量物质，在贮藏过程中很不稳定，特别是在高温、梅雨季节，常常发生自燃。油饼发生自燃的原因很复杂，主要由于饼的吸湿回潮、霉菌繁殖、日晒生热及热饼贮运所造成的。

2. 储藏技术要点

（1）空仓消毒、铺垫防潮

由于油饼易生虫，所以储藏油饼的仓房、垫糠和垫席等用具均需彻底清洁，用药剂杀虫后方可使用。各种油饼的外层易吸湿生霉，因此必须搞好铺垫防潮工作，防止霉变。

（2）通风降温

新出机的油饼，温度较高。若不及时冷却，会吸湿放热，促使饼温升高，加强氧化作用，引起虫霉繁育及发热、自燃等现象。所以新出机油饼必须低堆通风，及时翻倒、降低温度，同时还要控制油饼水分，一般水分应在5%左右。当温度降低后，可按常规堆积，密闭储藏。

（3）露天堆放

选择地势高燥处，以砻糠垫底15~20cm，起码以6个饼为宽，长度视地形而定，随时以糠或干沙堵塞饼间空隙，堆到20块左右高时即可收尖，到适当高度脊形为止。然后用席子等苫盖，用麻绳扣牢。同时加强检查，若发现苫盖转潮或时间过长，应及时取出曝晒再盖，确保储藏安全。

（4）夹沙密闭

仓底垫10~20cm厚的干沙，沙层上平铺饼块，每铺一层饼，夹一层15cm厚的干沙，结顶用10~20cm的干沙覆盖。仓壁四周与饼块的缝隙间也用干沙灌满，加强门窗密闭，以防返潮和虫、鼠危害。如干沙来源有困难，也可用干净无虫的砻糠代替。

（五）配合饲料储藏

1. 储藏特性

配合饲料中70%以上是玉米或大麦、小麦等谷物类能量物质，这些原料经过粉碎后，霉菌容易在其中大量繁殖，使饲料变质甚至引起畜禽中毒。常用的米糠、鱼粉、饼粕、肉骨粉、蚕蛹粉等原料的脂肪含量很高，储藏不当容易引起酸败变质。添加进的维生素等，也极易氧化变质，降低饲用价值。因此，对加工出来的配合饲料，必须妥善储藏。

2. 储藏技术要点

配合饲料在储藏中要存放在低温、干燥、遮光和清洁的地方，应根据饲料产品说明书上所规定的有效期，决定推陈储新的时间。配合型的颗粒状饲料储藏期一般为1～3个月；粉状配合饲料的储藏期不宜超过10天；浓缩粉状饲料一般加入了适量抗氧化剂，储藏期为3～4周；添加剂预混饲料一般加入抗氧化剂后，储藏期可达3～6个月。

思考练习题

1. 食品储藏有哪些共同特性？
2. 挂面的储藏方法有那些？
3. 粮油饲料储藏有哪些共同特性？
4. 怎样储藏麸皮、饼粕及配合饲料？

第四篇

粮油仓储管理

第十一章 粮油仓库

粮油仓库（简称粮库），是指我国专门从事粮油商品储存工作的基本经济单位，是从事粮油储备、流通活动独立的经济组织。粮库是我国粮食企业重要组成部分，担负着国家储备、集体储存以及商品粮油流转的接收、保管和发运等重要任务。

第一节　粮库的分类与设置

粮食是国家重要的特殊战略储备物资，粮库作为储存粮油的场所，对调节粮食年产丰欠，应对突发事件以及确保粮食正常消费流通，起到重要作用。为确保上述目标实现，客观上要求有充足的粮食储存和合理的粮库布局。

一、粮库的分类

粮库若按经营性质进行分类，大致可分为收购库、供应库、中转库和储备库四类。

（一）收购库

收购库是以粮油收购为主要业务的仓储企业，担负着对农业生产单位和农户的粮油商品收购经营任务。

（二）供应库

供应库又称批发库，是以粮油商品为主要经营业务的仓储企业，担负着对粮食供应企业或加工企业以及部队、工商行业等部门用粮的批发、转售、调出、供应等任务。

（三）中转库

中转库是以粮油中转为主要业务的仓储企业，担负着进出口贸易和国内地区间调拨需中途转运粮油的接收、临时保管、存放和发运任务。

（四）储备库

储备库是以接收、保管储备粮油为主要业务的仓储企业，担负着国家储备粮油的接收和保管任务。

以上四种类型仓库是按照各自经营范围和业务性质来划分的，实际上目前我国粮库综合性经营居多，一般是既搞收购，又搞储备，有的还担负一定的粮油中转和供应任务。

二、粮库的设置

（一）粮库设置原则

粮库设置是否合理，是粮库管理的重要内容。粮库设置一定要按照经济区域，兼顾生产与消费，做到合理布局。粮库设置一般应掌握以下原则：

1. 交通方便。粮油是笨重、大宗物资，为提高经济效益，要求粮库设置于交通枢纽以及公路、水路和铁路沿线，以保证吞吐及时，运输便利，达到满足生产、生活需要，提高经济效益目的。

2. 粮源充足。建粮库的主要目的是储存粮油，因此在选择建库地点时，应切实研究粮源，弄清当地和跨地区粮油生产水平，把握消费结构，掌握商品粮生产基地的布局等。确实粮源充足的，才能建库。

3. 合理流向，便于经营管理。粮库设置要按照经济区域和产销流向，便于经营管理。并根据农民运送粮油能力，结合购、销、调、储、加环节合理布局，防止粮油迂回倒流运输。

（二）粮库分布和库内布局要求

一般来说，处于商品流转起点的粮油收购库，应设置在交通便利的农村集镇和市、县郊区，以方便农民交售粮油和及时购进、调出粮油商品。处于商品流转过程终点的粮油供应库，主要建于城镇、工矿区和经济作物区，以方便对粮油需要量较大的工商行业、部队等单位搞好供应工作。处于商品流转中介地位的粮油中转库，要求建于交通便利的城乡集镇，最好设置在车站、码头和港口附近，以便经济地转运粮油商品。处于商品流转特殊地位的粮油储备库，由于其负担着为国家、集体长期储备粮油任务，故要求仓库设置于产销集中、交通方便，适宜备战、备荒等战略要地。总之，粮库设置要适应国民经济发展需要，做到既有利于粮油的安全储藏、有利于提高粮库经济效益和科学管理，又能满足生产和人民生活需要。

粮库内部一般分为仓房区、工作区、加工区和生活区。其中仓房区是粮库主体，其包括储粮仓库，检化验室、货场等。仓房要整齐排列，间距20m以上，以利于交通和防火。仓库内供粮油中转使用的仓房，要靠近车站、码头或铁路专用线，并与储备仓保持一定距离。加工原粮仓和加工成品仓要接近加工厂。工作区主要有办公室、化验室等，要与仓房区接近，以方便工作。加工厂与仓房区既要接近，又要隔离，防止灰尘、虫害侵染仓房。生活区包括食堂、宿舍、幼儿园以及其他后勤服务部门。生活区应远离仓房区，并与仓房区隔离，防止仓库熏蒸毒气影响人畜健康和安全防火。

1998 年以来，我国利用国债资金分三批建设了 1000 多亿斤粮食储备库，这些粮库在设计时不仅考虑了“四散”作业的要求，在库内布局方面还充分考虑了粮仓工艺作业的要求，在不妨碍库区作业的情况下，还设计有种植树木、花草等，美化了环境。

三、粮库的安全措施

粮食仓储企业担负着为国家储备物资重任，随着新技术、新设备、新材料广泛应用，储备物资数量增加，致使在仓储生产作业过程中，客观上存在着许多不安全因素。因此，消除安全隐患，加强生产安全管理，保证粮库安全生产是一项长期且重要的任务。

（一）安全制度

粮库在粮油保管过程中，除粮油容易发生霉变生虫事故外，还由于储存可燃物资、使用剧毒药品、机械操作、电器操作和登高作业以及洪、汛等自然灾害威胁；客观上存在发生工伤、中毒、失火、被盗和风灾、水灾等危害。实际工作中，要实现粮库安全，应注意做好以下几方面工作：

1．加强领导，综合管理。本着“谁主管，谁负责”原则，粮库领导是搞好安全工作的关键，是粮库安全第一责任人。粮库应建立以库领导为负责人的安全领导小组，具体领导、协调、指导粮库安全工作。

2．组织机构健全，人员落实。粮库要成立安全生产管理及保卫科室，主动与当地公安及相关业务主管部门联系，加强对干部、职工进行安全教育及技术培训。建立安全责任基础网络，人人参与粮库安全管理，使遵守粮库安全管理成为干部、职工的自觉行动。

3．健全制度，加强检查。粮库领导要坚持“安全第一，预防为主”方针，牢固树立“生产必须安全，安全促进生产”观念。制定安全生产应急预案，实行安全管理责任制，健全安全生产规章制度，确定本单位各部门、岗位的安全管理责任人。领导要定期与不定期检查安全管理情况，确保粮库安全管理工作具体落实到实处。

4．落实安全制度，防患于未然。粮库要落实安全管理责任制度，每年与各部门、岗位签订安全管理目标责任状，并按责任制度落实情况进行评估。各部门、岗位要严格遵守操作规程，履行正常的检查制度，重点检查火源、电源、机械设备、药品仓库以及安全储粮等要害部位。查出的安全隐患要详细记录，限期整改。一时难以解决的，及时上报，并做好安全防范工作，保证安全。

5．提高管理科技含量，改善劳动条件。粮库要坚持履行《安全生产法》及其他法规，加强安全教育，强化劳动保护，逐步改善安全生产环境条件，对生产工艺及流程进行技术更新，提高劳动保护的科技含量。经常组织职工进行业务技能培训，并对从业人员岗位基本技能进行考核鉴定，经考核合格后，才能上岗操作，严禁无证上岗，无证操作。

6. 加强劳动保护，严守劳动纪律。粮库领导要根据不同工种，按照国家规定的劳动保护条例，定期对从业职工进行健康检查；个人的劳保防护用品和营养补助，要根据规定按时发放。职工应自觉遵守劳动纪律，规范操作，防止事故发生。劳动岗位若出现问题应立即采取有效措施补救，并及时上报，不得隐瞒事故或借故拖延上报时间。若因岗位人员工作不到位，玩忽职守或不按规章制度操作而出现问题和损失，要追究相关人员责任。对触犯刑律的责任人，要报请司法部门追究刑事责任。

（二）安全保卫

粮库安全保卫主要包括：防火、防盗、防抢、防破坏事故等方面工作。

1. 粮库安全保卫工作的重要性。粮库的全部资产都是国家财产，管好国家财产并使其保值增值，不仅是每位粮油仓储从业人员的职责，同时也是粮库仓储工作中的大事。

2. 保卫工作。粮库保卫工作是粮库日常工作的组成部分，粮库应有一名领导负责安全工作，并设置保卫组织，配备保卫人员。粮库保卫组织要在仓库党政的领导下进行工作，业务上要接受公安机关和上级保卫部门双重领导。粮库应经常对职工进行安全教育，定期检查安全保卫制度执行情况，做到思想、组织、措施三落实。专门设有经济警察或外聘保安的仓库，还应邀请当地公安人员讲授专业知识和进行军事训练。

要严格执行粮库门卫检查制度，严禁无关人员进入。粮油物资出库有出门证，进库提粮要有提粮单。除因工作需要，经粮库领导同意并采取防范措施外，任何人不准携带易燃、易爆物品进入粮库。此外，库区内禁止放电影、演戏、举办展览、开群众大会或进行其他公共活动。

粮库要建立值班、值宿、夜间巡逻制度，实行分段负责。在划定地段内，保卫人员与保管员之间、夜间值班人员之间的安全责任交接工作要做好。如保卫巡逻人员在保管员下班后要注意检查所负责地段里的库房是否关闭落锁，电源是否切断等。保管员上班开仓前应检查门窗、锁封有无异状。非工作时间，尤其是夜间，除当班保卫人员之外的一切人员，未经仓库领导批准，不得擅自进入库房或在货场逗留。

粮库职工必须严守国家机密。对仓库容量、库存数量、吞吐时机、人员组织、护仓武器、保卫措施以及重要文件等机密事项，一律不准泄露。

粮库要建立安全责任制，做好护仓工作，以防人员伤亡、设施毁坏及储备粮油丢失等事故发生。节假日，更应加强值班与安全巡检工作，以杜绝事故发生。

（三）安全消防

粮食仓储企业消防工作应贯彻“预防为主，防消结合”方针，具体应做到：预防为主，防患于未然；防消结合，做好灭火准备，将火灾事故消灭在萌芽之中。

1. 粮食仓储企业消防工作职责。粮食仓储企业作为消防安全重点单位，其消防安全工作主要包括：

（1）仓库要确定一名领导作为防火安全负责人，健全消防组织，制定消防安全制度、消防操作规程，建立防火档案，针对本单位特点对职工进行消防宣传教育。

（2）实行防火安全责任制，确定本单位各部门、岗位的消防安全责任人。实行每日防火巡查并建立巡查记录制度，特别是对油库、粮库、化学物品库、变配电室等重点部位，要做到定点、定人、定措施管理。

（3）组织防火安全检查，及时消除火灾隐患。

（4）按照《中华人民共和国消防法》和《仓库防火安全管理规则》等规定配置消防设施和器材，设置安全标志，制定火灾应急疏散预案，定期进行消防训练和演习。

（5）要严格粮库防火制度，在库区内严禁燃放烟花、爆竹。除指定地点外，严禁吸烟、用火。要遵照“建筑设计防火规范”规定，不得违章擅自搭盖并保障疏散通道、安全出口畅通。不能破坏建筑已有的消防安全设施，在仓房、油罐（池）和露天囤垛周围，严禁堆放易燃、易爆物品。露天货位以及各种生产设施之间，应该保持必要的防火距离。

（6）要配好配足消防设备，在库房内外及露天堆附近的适当地点，设置消防栓、消防水池、灭火器等消防设施，并设专人负责，经常维护，保证性能良好。

（7）由于各种油饼（粕）在储藏过程中会产生自燃现象，为避免此类现象发生，油饼（粕）未经摊晾，严禁堆码储存。堆积不宜过大，并要有通风措施。平时要做好通风散热工作、定期测定堆内温度，发现问题及时处理。

（8）在高压架空电线下面，不准存放粮油和易燃物品。

2. 起火与报警

（1）物质起火的三个条件。一是要有可燃物质。如粮食、油脂、油料、麻（面）袋、木材、苫盖物等；二是要有助燃物质。如空气（氧）、氯、溴、氯酸钾等；三是要有火源。如明火、磨擦、化学能、电火花、聚集的日光等。上述物质燃烧的三个条件还需相互结合，才能引起燃烧。

（2）粮油仓库容易发生火灾的原因

①粮库储存的粮食、油脂、油料等都是可燃物质，特别是油脂及其加工副

产品，在适宜条件下还会自燃。

②仓库使用大量的垫木、芦席、麻袋、油布等都是易燃物质。另外，许多杀虫剂和化学药品也具有燃爆性能。

③粮库建筑简陋或布局不合理，电气设备老化失修等。

④粮库附有烘干设备，油库附有炼油厂，采取机械操作，用火用电，极易产生明火，引起火灾。

（3）报警。任何人发现火灾时，都应立即报警，报警是每个公民应尽的义务。报警方法：除装有自动报警系统的单位可自动报警外，其他单位或个人可根据条件分别利用以下方法报警：

①向单位和周围的人群报警。报警时可采用电话、警铃、有线广播、敲锣及约定的报警方法报警，同时也可以派人到本单位专职消防队报警。

②拨打“119”火警电话报警。电话报警时应讲清楚以下内容：发生火灾的单位或详细地址、起火物、火势情况、报警人姓名、联系电话等。

3．灭火方法

（1）灭火器的选择。正确、合理地选择灭火器是成功扑救初起火灾的关键，应根据不同种类火灾选择不同类型的灭火器：

①扑救A类（固体可燃物。如：木材、棉、麻等）火灾应选用水型、泡沫、磷酸铵盐干粉、卤代烷型灭火器。

②扑救B类（可燃液体。如：汽油、柴油、甲醇、乙醚等）火灾应选用干粉、泡沫、卤代烷、二氧化碳型灭火器。

③扑救C类（可燃气体。如：煤气、天然气、乙炔等）火灾应选用干粉、卤代烷、二氧化碳型灭火器。

④扑救带电火灾应选用卤代烷、二氧化碳、干粉型灭火器。

⑤扑救A、B、C类和带电火灾应选用磷酸铵盐干粉、卤代烷型灭火器。

（2）灭火方法。若发生火灾，可采取以下方法灭火：

①仓房发生火灾。如果从物资开始燃烧，首先要控制火势，保护仓储物资，并防止火势蔓延。控制火势关键在于合理、及时、正确地使用各种灭火器械及灭火方法。如：干粉灭火器、扑打火苗、喷淋水等。

②露天堆垛发生火灾。要先搬开、拆除可燃物，使集中的物资分散，孤立火源，并从上风方向堵截，以控制火势蔓延，然后使用灭火器械将燃烧垛包围，逐渐将火扑灭。

③油罐发生火灾。油罐起火时，应注意对罐体降温，以控制油罐爆炸。灭火时，首先用灭火剂或消防水枪（水炮）对油罐罐壁进行冷却，冷却油罐要求均匀，向燃烧处投沫要集中。

④油罐管道着火。当管道起火时，要迅速关闭上游阀门，以断绝可燃液体

来源，并注意堵塞漏洞，同时使用灭火器械扑灭明火。

⑤楼房发生火灾。迅速查明起火点，判明火势蔓延方向，占据制高点，几面包围，控制火势，用水枪喷射着火点。明火扑灭后，应注意检查，消灭残火，以防死灰复燃。

（四）安全生产

安全生产是党和国家的一项重要政策，是保护劳动力及企业管理的一项基本原则。2002 年 6 月我国颁布了《中华人民共和国安全生产法》，这是我国一部安全生产方面的专门法律。它的诞生，使我国安全生产管理步入了法治轨道。

1. 安全生产方针及其含义

安全生产是指保护劳动者在生产、经营活动中的人身安全、健康和财产安全。因此，安全生产不是指国家对劳动者所有方面的保护，而是专指对劳动者在劳动生产过程中可能引起伤亡和职业危害的保护。

安全生产工作方针是："安全第一，预防为主。"

保证安全生产包括"生产必须安全，安全促进生产"这一完整概念。在实际工作中，当其他工作和安全生产发生矛盾时，要求把安全作为一切工作的前提条件。即反对只重视生产而忽视安全，也要防止脱离生产而只讲安全，安全与生产有机而不可分割。

2. 生产操作安全

生产操作是仓储生产的重要组成部分，粮食仓储企业领导必须按照安全法规，改善劳动条件，采取行之有效措施，创造安全生产条件，履行对劳动者应尽的义务，以保证劳动者的安全与健康。粮食仓储职工必须遵守劳动纪律，自觉执行安全生产规章制度和操作规程，进行安全生产，防止伤亡事故发生。

粮食仓储生产操作，大致包括机械作业操作、化学熏蒸、消毒杀虫作业操作、电器设备操作以及登高作业操作等方面。粮食仓储作业人员在进行以上生产操作时应注意做好以下几方面工作：

（1）执行方针，健全制度。粮库要认真贯彻"安全第一，预防为主"方针，实现安全生产无事故。要健全各项安全生产规章制度，采取多种形式对职工进行经常性安全教育。提高职工安全意识，做到"四懂三会"（懂机械性能、懂设备结构、懂工作原理、懂电气安装；会操作、会保养、会故障排除），提高职工遵守安全生产制度自觉性。

（2）履行制度，遵守规程。粮食仓储职工作业时要严格遵守岗位安全操作规程，杜绝违章指挥、违章作业。操作时发现异常现象，应及时停机检查，避免事故发生。

做好安全防护工作，粮食仓储职工生产作业时必须做好安全防护，按要求穿戴劳保安全用品，做好"两穿三戴"（穿工作服、穿工作鞋、戴口罩、戴工作手套、戴工作帽）工作。

粮食仓储职工上班前及工作时间不准喝酒、不得擅离岗位。粮库如发生事故，要立即组织人员抢救，尽可能减少损失。对事故处理，按照“三不放过”（事故原因、安全分析不清楚不放过，事故责任者和群众没有受到教育不放过，没有防范措施不放过）原则，严肃处理，对触犯刑律的责任人要报请司法部门追究刑事责任。

（3）化学熏蒸杀虫安全操作：

①熏蒸杀虫作业前，必须对环境、设备、警示设施、防护设施进行检查，经检查无误后，方能进行作业。

②熏蒸作业过程必须落实专人负责观察及检测熏蒸施药环境，如发现异常要及时采取补救措施。

③熏蒸作业要做好防烟火、防燃爆、防泄漏、防中毒等工作，每半小时至少检查一次，并做好记录。

④熏蒸作业时，要设置明显警戒标志牌，阻止行人进入警戒区。施药后24小时内有专人值班，并注意检查有无毒气外漏、冒烟、燃爆等现象。

⑤参与熏蒸人员在分药、投药、散气和残渣、残液处理过程中必须佩戴防毒面具，戴胶手套，禁止用手直接接触化学药剂。施药完毕，要对现场、设施、设备进行清洁、清洗工作。

⑥参与熏蒸杀虫人员，必须服从指挥，严格按操作规程进行操作。进入毒仓，必须两人以上，杜绝单独进仓操作，以防发生事故。操作过程中，若遇药液溅到皮肤上时，应及时用肥皂水或清水冲洗。

⑦严格化学药剂的使用审批手续，对所领用的化学药剂，不得留存。如特殊情况剩余，必须将剩余药剂送回药剂仓库保管。

⑧有毒试剂、熏蒸药品实行专仓存放、专人管理，药品出入库都要严格领用手续。运输熏蒸药品，尤其是剧毒药品，必须有防护措施。试用新品种药剂，须按规定报经批准后方可实施。

⑨装卸、运输、贮存药剂时，要轻拿轻放，防止滚动、撞击；药箱（桶、瓶）不能倒置存放；发现装具破漏，要及时妥善处理。

（4）机械及用电安全操作：

①机械作业前，应对设备安全检查，确认安全后再启动设备。设备在运行过程中，应每半小时检查一次设备安全运转情况，发现异常及时处理。

②机械设备运转时，严禁人员从机面或机底通过或停留。移动式机械摆放应平稳牢固，机械需移动时，应切断电源并将高机械机身降低，以避免与空中电线或其他物品碰撞、触电。

③仓储机械所配置的电气设备，由电气专业人员定期巡视、检查、安装及

维修。对电气设备中的保护电器及控制电器更换，应按规格参数选用。在进行故障排除或电气设备检修时，应切断电源，不准带电作业。机械设备必须具有安全有效的接地保护措施。

④机械传动部分应保持轻巧灵活，对链条、链轮、皮带、皮带轮、传动齿轮等外露部位应加装防护罩。

⑤新购或维修后的机械设备，须经试车合格后方可投入使用。仓储机械设备严禁超载或带病运行。当电机额定电压与外加电源电压不相符合时，或电机温升超过铭牌允许值时，均不能接电启动电机。

⑥仓储机械应配置防尘设备，在粉尘浓度高的场合应使用防爆电器元件，导线接头牢固可靠，禁止明火，以杜绝粉尘爆炸等恶性事故发生。

⑦为仓储机械设备正常运行创造良好的外部环境。如配备与机械相配套的防护、控制、检测设备；提供洁净、舒适的工作环境；具有良好的防潮、防腐、防锈条件等。

⑧停机前必须空载运行一定时间，待机器排吐干净后再停机，并切断电源。

⑨检修作业时,要先切断电源,同时挂上“有人检修,禁止合闸”警告牌。

（5）登高及其他作业安全操作：

①高空作业时，梯子头尾必须有防滑保护。人在梯上作业，梯下必须有专人做固梯保护工作。高空作业人员要扎好安全带，衣着灵便，脚穿软底防滑鞋，不能穿拖鞋、硬底鞋或易滑靴鞋作业。

②使用梯子进行攀登作业时，梯脚底部应坚定，不得垫高使用。梯子底部应采取包扎、钉胶、锚固或夹牢等防滑措施，上下梯子时必须面向梯子，且不得手持器物。

③粮食入仓时，堆粮高度一律不得超过安全堆粮线。包装粮堆码要牢固，防止倒塌。在粮油装卸过程中也要防止粮包或油桶等倒塌伤人。

第二节 粮库的类型及性能要求

粮仓是粮油储藏的场所，是安全储粮基本工具，粮食仓储所进行的各项业务工作，都是围绕着粮仓内储粮安全而开展的。因此，了解粮仓类型，掌握粮仓性能要求，提高仓容利率是本节着重讨论的内容。

一、粮仓的类型

（一）按其所处的位置、结构形式可分为地上粮仓及地下粮仓两大类

1. 地上粮仓

包括房式仓和筒式仓两种。各种仓型如图 11-1 所示。

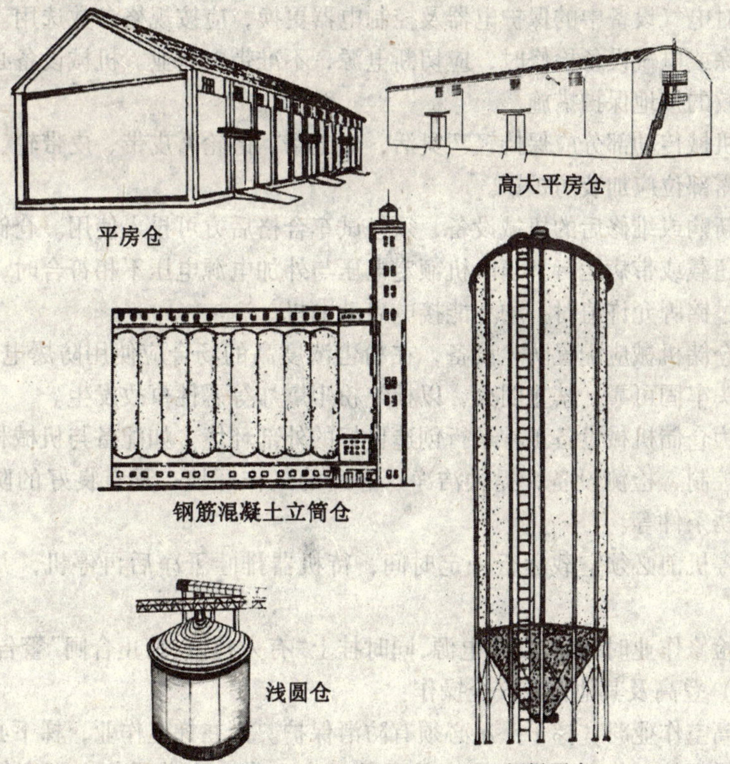

图 11-1 地上粮仓类型

(1) 房式仓

房式仓包括平房仓、楼房仓、拱形仓、折板仓、高大平房仓等多种类型。

① 平房仓：平房仓一般为砖墙、瓦顶、双坡屋面、木屋架，也有钢结构屋架、钢檩条、钢筋混凝土屋架、钢筋混凝土檩条等，如图 11-2 所示。

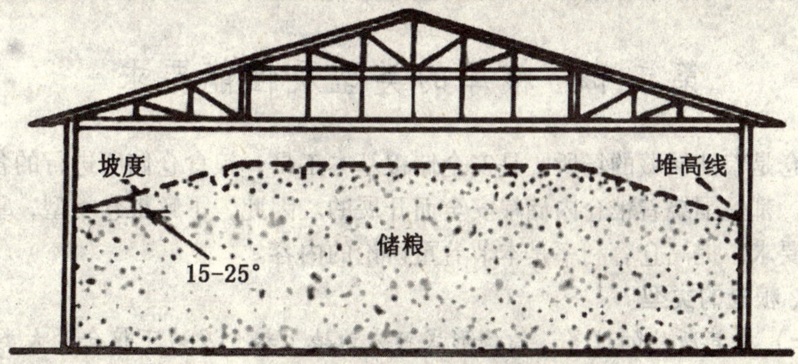

图 11-2 房式仓结构及散装粮堆示意图

平房仓一般跨度为10～20m，长度为20～50m，容量大，有的一幢仓房可储粮数千吨。平房仓的优点是施工简单、造价低，适合散装和包装储粮，粮油进出较方便。缺点是占地多，密封性能不好。

②拱式仓：屋面为混凝土拱形预制板构成，一般不用屋架、檩条或梁柱。按拱形类型可分为单曲拱、双曲拱和连续曲拱三种。拱形仓的密闭性能良好，但隔热和通风性能差。

③折板仓：是利用钢筋混凝土预制板代替人字形房架，屋面呈折板状，结构牢固，防震防雨，密封性能良好，但屋面吸热面积大，隔热性能差。

④楼房仓：是指二层或以上的房式仓，能节约用地，便于机械化作业，但造价较高，主要在城市建造。

⑤高大平房仓：系我国20世纪90年代后出现的新型储粮仓库。该仓库特点是仓房容量大（单仓容量可达1万吨以上，跨度21～72m，堆粮高度6～8m）。由于高大平房仓具有气密性好，设施配套齐全，科技储粮手段先进，仓房容量大，机械化程度高等优点，其先进程度是普通房式仓不可比拟的。但由于高大平房仓仓顶面积大，外界热辐射极易通过仓顶辐射而影响仓内粮堆温度。

房式仓的主体结构包括地坪、仓墙、屋面等。

地坪：多数采用沥青油毡地坪。如二油一毡，其特点是能更有效地防止地下水渗入粮堆。

仓墙：墙体采用砖或石料砌筑而成，散装仓的仓墙要承受粮食侧压力及屋架屋面荷载，其厚度一般为37～49cm。

仓墙内壁面涂抹灰浆以改善仓壁表面平滑度和防止潜藏仓虫。为加强仓壁的抗渗、防潮性能，通常采用刷沥青、贴油毡等。干燥后再刷一层1～2cm厚的1：25的石灰砂浆。近年来，也有采用刮腻子或喷涂涂料等工艺，以避免粮油与沥青直接接触。

屋面：旧式仓房广泛使用的是平瓦屋面。近年来建造的混凝土整体仓顶，在上面敷设了一层沥青、油毡，效果较好。目前使用的高大平房仓还在仓顶与屋顶之间的隔热顶棚中加装抽风机，利用机械动力强迫空气对流，降低仓顶温度，以减少外温对粮温的影响。

（2）筒式仓

就其结构可分为土圆仓、砖圆仓、钢板圆仓、钢筋混凝土立筒仓以及浅圆仓等数种。

①钢筋混凝土立筒仓。主要由工作塔和仓筒群两部分组成。工作塔是筒仓的总枢纽，内设升运、称量和清理、吸尘等机械装置。仓筒群由6～24个筒为一组，一般有两组。每个钢筋混凝土圆筒直径为6～8m，高30m，可装容粮食

500～600 吨。

②钢板圆筒仓。分焊接、组装和螺旋筒仓等类型。其结构一般为两层，两层钢板之间间隔为5cm，筒外表涂刷铝粉防热。它的优点是仓体轻，对地基要求不严，密闭性能好，利于熏蒸杀虫。缺点是隔热性能差，仓壁易产生温差及不便粮情检查。

③浅圆仓又称矮圆仓。系我国20世纪90年代从国外新引进的仓型。浅圆仓仓壁高度与仓内直径之比小于1.5，系钢筋混凝土结构。该仓特点是：直径大（18～40m）、粮堆高（12～50m）、占地面积小、气密性能好，单仓容量大（5000～10000 吨）。仓内机械化设备齐全，自动化程度高，特别适用于对粮食散装、散卸、散运、散储等中转、流通业务。近年来，也有部分地方将该类型仓房用于粮食储备。

2. 地下粮仓

地下粮仓主要分为地下平洞仓和地下立洞仓两大类，用于地下低温储藏。

（1）地下平洞仓

地下平洞仓分石平洞仓和土窑平洞仓等。石平洞仓是利用高山自然条件掘洞而成。土窑平洞仓则在黄土沟、崖面通过人工掘挖而成。

（2）地下立洞仓

地下立洞仓在地下呈直立圆筒形，仓盖为弧形。

该类仓房最大的优点是全年仓温稳定，且温度较低，利于粮食低温储藏。

（二）按控温性能又可划分为低温仓、准低温仓以及常温仓三类

1. 低温仓

可将粮食温度控制在15℃以下的粮仓。

2. 准低温仓

可将粮食温度控制在20℃以下的粮仓。

3. 常温仓

除低温仓、准低温仓以外的其他粮仓。

二、粮油仓库的性能要求

（一）仓址选择

地上仓仓址应选择在交通便利、地面水位低、地基干燥、土质坚硬均匀，通风良好，四周排水畅通、有动力电源以及没有洪、汛威胁和避风的地方。

（二）粮仓的性能要求

1. 坚固耐用性能

即能承受粮油对仓壁的侧压力及对仓房的总压力，防止开裂、下陷。

2. 防潮隔热性能

要求仓房屋顶不漏雨，地坪干燥，仓墙坚固隔热，不渗漏，不返潮，仓外

排水畅通。

3．通风密闭性能

要求门窗打开时，空气对流通畅；密闭时，严密无缝。此外，要求仓房屋顶、墙顶与屋面的结合处构造严密，不留缝隙。

4．防虫、防鼠雀性能

防虫性能，即要求仓内地坪、仓墙以及顶棚都要平整光滑，无孔洞缝隙，达到“仓内面面光”要求。

防鼠雀性能。即要求地坪、墙根坚固无孔洞，所有门窗和通风孔要有防鼠网（板）、防雀帘等防鼠雀设施。屋檐瓦缝要设封檐板，并用灰浆嵌实，不给鼠雀做窝的环境条件。

5．防火性能

建筑仓房应按“建筑设计防火规范”要求，尽可能采用砖石或混凝土结构。仓内尽量采用天然光线，需要用电灯照明的，总开关应设置在仓外。

6．抗震性能

地震区所建粮仓应具有抗震性能，仓壁要适当加厚，长度加以限制，仓顶要采用轻体材料，并加强仓房整体刚度和构造连接。

7．便于机械作业性能

在建仓设计时对仓房的大小、檐墙的高矮以及柱梁的设计都应综合考虑，以便于机械作业。

8．散装储粮性能

一般仓房应具有散装储粮性能，这就要求仓墙必须厚实坚固，能承受储粮的侧压力，提高仓库的利用率。

（三）油罐的类型与性能要求

1．油罐的类型

（1）钢板油罐是目前建造使用较多的一种油罐，由薄钢板焊接而成，呈圆筒形。其特点是：容量大、防渗、耐酸性能好，但隔热性能差。

（2）钢筋混凝土油罐。此类油罐有地上、半地上、地下三种，油罐形状以圆形或矩形居多。其特点是：防火、防潮性能好，但防渗漏和耐酸性能差，造价较高。

（3）砖石油罐。构造和钢筋混凝土油罐相似，但结构的强度和整体性能以及不透水性能都比钢筋混凝土油罐差。其特点是：防火、隔热性能好，但容量小、易渗漏。

以上油罐以钢板油罐为优，后两种因渗漏问题难以解决，不再兴建。

2．油罐的性能要求

（1）防渗漏性能。要使用结构严密的材料如钢板、高标号水泥等建造，否则就要涂环氧树脂等防渗漏涂料。

（2）耐腐蚀性能。因油罐内壁和底板常受油脂中的油酸侵蚀，引起脱皮损坏，必须在油罐内壁涂耐酸砂浆或耐酸涂料，以防腐蚀。

（3）隔热性能。油脂受热易酸败变质。因此，除砖石结构和钢筋混凝土结构外，钢板油罐外表要刷涂浅色涂料如铝粉等，并在四周种树遮荫。

（4）防冻性能。油脂遇冷会凝固，不易放出。冬天气温低的地方要在油罐底层设暖气盘管，便于冬季出油。

三、仓容量的计算

（一）仓房容量计算方法

1．仓房容量

仓房容量一般是以原设计容量为基准，但有的仓房设计容量与实际储存量不符，还有经改造后的仓房或部分仓房根本就没有设计容量，类似此类仓房就需要测定出实际容量。实施中应合理计算仓房的可用面积、可堆高度、堆粮容积，最后根据粮食品种的容重，确定仓房储粮容积。

2．可用面积

可用面积是指仓房平面面积减去仓内固定建筑物、障碍物、走道、粮堆与墙壁及其他障碍物之间必要距离；粮堆与粮堆的间隔等所占用面积，所剩下的就是仓房可用面积。对靠墙堆放的散装粮，仓房可用面积就是仓内墙以内（除去建筑物、障碍物后）的平面面积。

3．可堆高度

不同的粮食具有不同的容重与散落性，对仓房墙壁的侧压力就各不相同。对靠墙散装粮食，应以原仓房设计的堆积高度限装，堆粮高度不得超过安全堆粮线。对经改建的仓房，其可堆高度应根据仓房的状况、高矮、牢固程度及参考以往存粮情况，确定其仓房可堆高度。

4．堆粮容积

根据不同堆粮形状应用几何计算公式就可分别算出堆粮的容积。粮食堆放形式与堆放高度，要在保证储粮和仓房安全前提下，尽量提高仓容利用率。

5 仓容计算

仓容量系指每幢仓房可容纳粮食的数量，以吨为单位。中央储备粮代储资格认定规定各类仓房的仓容按照以下规定计算：

散装平房仓：仓容量 = 仓房地坪面积 × 装粮高度 × 粮食密度

包装平房仓：仓容量 = 仓房建筑面积 × 70% × 堆包高度 × 粮食密度

浅圆仓、筒仓：仓容量 = 装粮容积 × 粮食密度

在上述计算公式中，粮食密度统一按中等质量小麦 750kg/m^3 计算，但实际储粮时可根据具体的粮食密度进行换算；装粮高度按设计堆粮线或装粮高度

为准，浅圆仓以仓内墙壁高度为准；筒仓粮堆容积应考虑底部锥斗和上部形成的锥体粮堆体积，连体筒仓群间每四个星仓按一个筒仓计算。

第三节　仓房的使用与管理

一、合理使用仓房

合理使用仓房，提高仓容利用率，提高仓房效益是仓房使用的总要求。由于每幢仓房仓容量是一定的，在仓储实际中往往同一间仓房要同时储存多种粮油品种；有的仓房作为中转仓使用；有包装存放也有散装存放等。类似这种批次不同、数量不一、质量各异，用途及储存时间参差不齐的仓房，极难按仓房定额储存粮油。为提高仓房利用率，合理使用仓房是关键。而合理使用仓房主要体现在："容得下，放得好，不返工"三方面。

（一）容得下

系指依据入库计划，根据粮油的品种、质量、用途、储藏时间等，结合本库实际仓容，准确计算出所需仓库的容量；通过制定多套方案，统筹比较各方案的优劣，选定最佳方案。做到精心筹划、合理摆布、留足仓容，达到合理使用仓房，提高仓库容量利用率目的。

（二）放得好

系指粮油入库后的合理堆放，应根据仓库的技术参数及季节、温、湿度等情况，尽可能堆多、堆大、堆高储藏。做到堆高平整到位，堆垛整齐牢固。力求节省仓容，为粮油安全储藏打好基础。

（三）不返工

系指本着"就近取粮，就近供应，余粮外调"原则，结合新粮入库，统筹规划，杜绝入库后的来回搬倒，防止倒流运输。另外，同一仓房中的小品种，小批量粮油，可采用仓内"围包散装堆放、隔仓板散装堆放、小囤打围散装堆放"等堆放形式，以缩小其占用仓房面积，提高仓房利用率。

二、仓房的管理要求

（一）仓房日常管理

仓房日常管理主要内容是把仓房管理好，保持仓房具有良好储藏性能，充分发挥使用效能，延长使用寿命，提高经济效益。

1．仓房日常管理要求

（1）国家粮油仓房、货场，主要用于储存国家粮油，未经上级粮食主管部门批准，不准外借，不能改作它用，更不得擅自转移产权和拆除。暂时闲置不用的仓房、货场，经上级粮食主管部门批准，并在不影响其他储粮安全、不损坏仓房和货场以及其他相关设施前提下，可以代其他部门或单位储存物资，收取合理的代储费。

（2）正确测定仓容，建立仓房登记卡片，仓容数量不得随意改动，如有变动要及时报上级备案，以保持仓容准确。

（3）仓房地坪应保持干燥平整，无裂缝，不透潮。对仓房水泥地坪不要用重物冲击，防止和油、酸、碱类物质接触；沥青地坪应防止与汽油、煤油接触，以保持其性能，延长使用寿命。门窗开关时，应将门窗系牢，防止风吹撞击，每隔几年要对门窗加刷一次桐油或油漆。

（4）屋面要保持平整，瓦路整齐，瓦槽合缝与瓦头压盖紧密，不积灰杂。仓墙若发现裂缝，应详细检查，并及时进行修理。仓库四周要保持清洁，不留垃圾、污水和杂草，严禁堆放易燃物品。

（5）合理堆装粮油，散装粮堆高不要超过安全堆粮线，以免仓墙负荷过重。粮油进出仓时要注意使粮堆对墙身的压力基本平衡，不要堆成斜坡形。包装粮要堆稳，防止倒堆而压坏仓墙，其高度限制在规定范围之内，以免地坪负载过重，影响墙基牢固。

（6）仓房要经常检修、保养，要制订相关检修保养制度，做到定期和不定期检查。主要查使用、查管理、查安全，及时发现问题并加以改进，防患于未然。

（二）仓房合理使用和提高仓容利用率

合理使用仓房，提高仓房利用率，是提高粮库储粮效能和经济效益的重要手段。

1．合理使用仓房的途径

（1）根据入库粮油品种、质量、用途、储藏时间等，结合仓房具体情况进行妥善安排。选择适当的仓房和桩位，尽可能少占仓容。

（2）提高仓容利用率。即在确保粮油和仓房安全前提下，对粮油进行合理堆装存放，尽可能堆多、堆大和堆高。尽量并装或散装储粮，力求节省仓容。

（3）指定专仓堆存小品种和小批粮油。堆存方法尽可能使用袋装或囤装，以缩小其占用仓房面积。

2．制定仓容利用率定额

仓容利用率定额分仓房容量利用率定额和仓库容量利用率定额两种。

（1）仓房容量利用率定额。仓房容量利用率是指每幢仓房容量的利用率。通过仓房容量利用率定额来考核每幢仓房的利用情况。制定仓房容量利用率定额时要考虑仓储粮油的种类、仓房用途、储粮形式等情况。

对储存情况变化不大的仓房，可根据具体情况规定一个利用率定额。对储存情况变化较大的仓房，可根据不同情况，规定不同的利用率定额。

（2）仓库容量利用率定额。仓库容量利用率是指整个粮库全部仓房容量的利用率。通过仓库容量利用率定额来考核整个粮库仓房的利用情况。制定仓库容量利用率定额时要考虑仓库的仓房总容量、仓库历年来仓房实际堆放粮油的最高容量、粮油商品流转情况、经营品种和质量、粮油堆放的方法和形式等因素。

在全面考虑这些因素基础上，根据具体情况，确定整个粮库可以堆放粮油的数量，制定出仓库容量利用率定额。根据一些地区的经验，仓库容量利用率定额在粮油品种比较单纯、流动量小的粮库，一般为85%左右。在粮油品种和批次较多、粮质较差、流通量大的粮库，一般为70%～80%。

第四节　粮油堆放的原则和要求

一、粮油堆放原则

粮油堆放原则是在不损仓、不坏粮、不影响操作安全前提下，尽可能堆多、堆大和堆高，能并装的不分散，能散装的不包装储藏，力求节省仓容，提高仓容利用率。

二、粮油堆放的要求

粮油堆放的要求是容得下、放得好、不返工。

三、粮油的堆放方式

粮油的堆放形式，若以存放场所分类，大致可分为：仓内堆放与露天堆放；若以堆放形式分类又可分为散装和包装堆放两种；而包装堆放又可分为实垛和通风垛等形式。

（一）仓内散装堆放

1．全仓散装堆放

此法适用于结构牢固、地坪和仓墙不返潮的仓房。对散装数量大、质量好、常年储藏的干粮及冬季冷冻储藏的潮粮，可直接将粮油靠墙散装，其堆粮高度可根据粮油质量、储藏时间和仓房条件来确定。对质量好、储藏时间短、冬季入库的原粮，可堆得高些，但不应超过原仓房设计的安全堆粮线。反之，就应适当降低。一般大型房式仓靠墙部位达到堆高线后，粮面可按不同的坡度（与地面夹角15°～250°）向中间逐渐加高，以增加仓房利用率。图11-2是全仓散装粮堆示意图。

2．围包散装堆放

对于结构不牢固、易返潮的仓房，或粮油质量好但数量少以及仓房大而储藏粮种多等情况，均可采用围包散装堆放。具体做法是：用麻袋装粮，码成围墙，边打围墙边倒粮，如图11-3所示。围墙的高度和厚度要根据粮油的散落性大小来确定，散落性小的围墙可适当高些、薄些。如大豆、小麦可堆11包高，稻谷可堆13包高，一般1~5层堆一包半的厚度（即横一包直一包的半非字形）。5层以上减至一直包，要求包包扣紧，层层骑缝。自下而上，每层收进3cm，以加强围墙的强度。

3. 隔仓板散装堆放

隔仓板常用于大型仓房隔成廒间散装储粮。这种方式适用于分品种保管和用于批次、质量不同的粮油分开堆存。用隔仓板隔成对门对通道，有利于通风。隔仓板可由木头或角铁联接成为一个刚体三角形，然后在该三角形的斜面上铺约5cm厚的木板，当谷物倒入隔板后，由于储粮的重量压往其斜面，防止其倒塌，而使垂直面构成挡墙作用。隔仓板的高度一般为2m，长度均为1.5m，如图11-4所示。

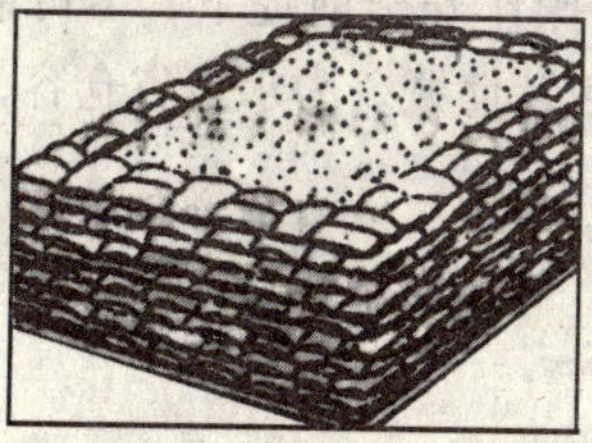

图11-3 围包散装堆放

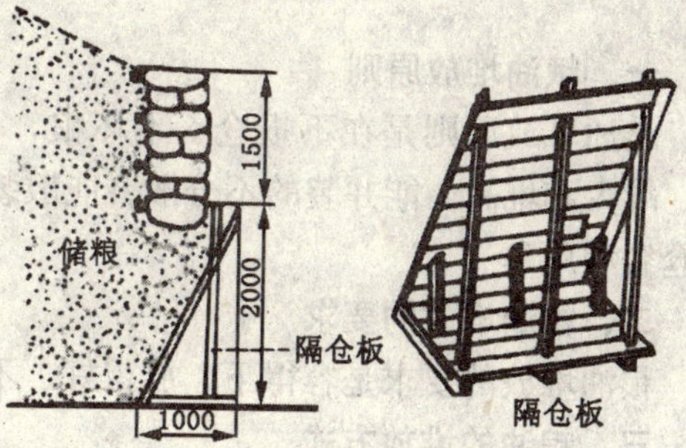

图11-4 隔仓板散装堆放

4. 小囤打围散装堆放

小囤打围常用于对小批粮油、小品种、小杂粮的堆放。其具体做法是：用茓子围作许多直径1m左右的互相靠紧的小茓囤，以此组成围墙，中间散装储粮，如圆囤增高，每个圆囤的直径可适当加大。如图11-5所示。

5. 圆囤散装堆放

仓库结构条件不适合全仓散装或多品种、数量少的原粮、种子粮均可采用这种方式。如图11-6所示。

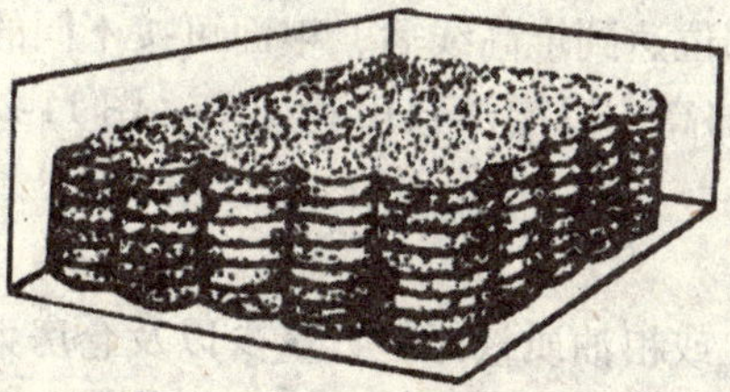

图11-5 小囤打围散装

图11-6 圆囤散装堆放

（二）仓内包装堆放

包装堆放通常采用麻袋或面袋装粮码成粮垛。此法虽费用和仓容利用都不经济，但由于包装储藏有利于粮油的装卸、运输、通风降温和保持纯度，所以在中转或保管成品粮和种子粮时，还较多采用。包装堆放形式通常有：

1. 实垛包装堆放

实垛包装堆放适用于水分小、粮温低、较长时间储存的粮油。其特点是粮包挤靠紧密，空隙小，不易受外界湿热空气影响，能较长时间保持低温，有利于保管。实垛包装堆放是用麻袋或面袋堆码成实垛，长度不限，随仓房情况而定，宽度一般是四列（所谓“列”是以粮包的长度为准），也可以堆成二列、六列、八列等，高度要看粮种而定，大米四列以上的可堆18包高，二列的不宜超过12包，稻谷可增加一包或两包，大豆、小麦、糙米等散落性较大的粮种要酌情减低，以防倒桩。实垛的牢固性在于“盘头”和“拍包”（“盘头”是指粮堆两头上、下层的粮包互相盘压，“拍包”是指上下层粮包，相互骑口）。通过盘头和拍包，使整个粮堆的粮包都起到互相牵拉作用，而组成牢固的整体。

2. 通风垛包装堆放

通风垛堆放形式通常有：半非字形、工字形、井字形、金钱孔形、口字形等，如图11-7所示。

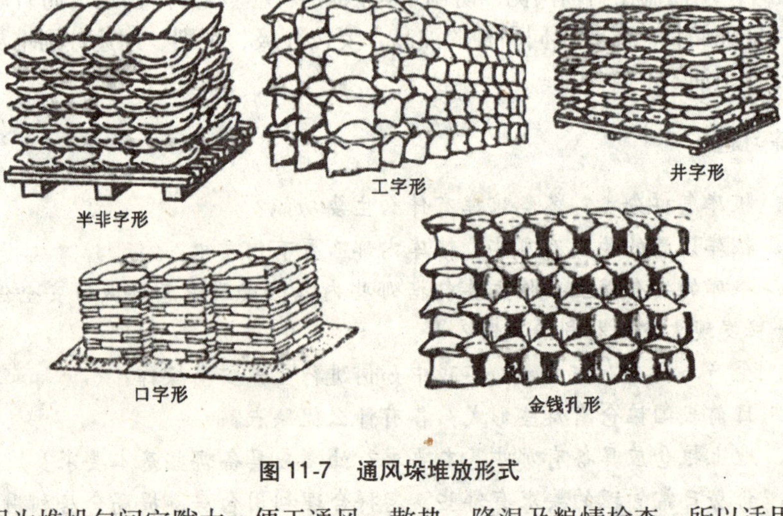

图11-7 通风垛堆放形式

因为堆垛包间空隙大，便于通风、散热、降温及粮情检查，所以适用于保管水分大、温度高的粮油，尤其适合秋冬季储存高水分大米。

（1）半非字形堆。第一层放四直包和六横包；第二层是在第一层直包上面放横包，横包上放直包，循环交替堆到所需高度。

（2）工字形堆。先侧放一层，包与包间要留出间隔，第二层则在第一层上交叉平放一层，第三层同第一层，第四层同第二层，循环交替堆到所需高度。

（3）井字形堆。适用于面粉袋装堆放。第一层放二列直包，第二层放二列横包，如此交替堆高到一定高度，一般可将几个井字形联接在一起。

（4）金钱孔形堆。先侧放一层，包与包间要留出间隔，第二层平放，每包要在第一层每二包的间隔上，第三层再侧放压在第二层缝上，并与第一层对称，循环交替堆到所需高度。

（5）口字形堆。码法是一袋顶另一袋的一头，依次码四袋成口字，第二层也是如此码法，但要压在第一层缝上交替码牢。

以上仓内包装堆放方法，可根据季节、粮质和储存时间等具体情况选用。注意节约仓容，一般要求包装堆距墙壁不得少于50cm，堆与堆之间留60cm作为走道，以便于检查。

（三）油品堆放

油品的堆放有仓内堆放和露天堆放两种形式，以仓内堆放为宜。仓内堆放，一般是将油桶直立两层或三层，上下层要交错骑缝，呈“品”字形堆，以免压坏底层油桶，油品仓房要低温、干燥、无光、桶底要有铺垫，以防桶底腐蚀漏油。露天堆放时，油桶要斜立堆放，即桶底的一侧用枕木垫高，桶身呈100倾斜，使桶盖在斜面两侧以防雨水浸入。要注意做好防雨浸、防日晒、防冷冻和推陈储新。各种不同品种的油品，要按等级、类别、用途分别堆放，严格区分食用油及非食用油。

思考练习题

1. 粮库怎样分类？各类粮库有什么主要功能？
2. 粮库设置的原则有哪些？粮库内部布置有何要求？
3. 粮库的安全保卫工作主要包括哪些内容？实践中怎样做好安全保卫工作？一旦发现火灾怎样排除火险？
4. 生产与安全有何关系？实践中如何进行生产安全操作？
5. 目前我国粮仓有哪些形式？各有什么优缺点？
6. 地上粮仓应具备有哪些基本要求？油罐应具备哪些基本要求？
7. 仓房日常管理的要求有哪些？怎样合理利用仓房，提高仓房利用率？
8. 仓内包装堆放适用何种场合？包装通风垛堆码如何操作？

第十二章
粮油进出库和日常管理

粮油进出库和粮油在库日常管理是粮油储藏的主要业务，做好粮油进出库和粮油在库日常管理工作，关系到储粮安全，可以减少储粮损失，降低损耗，节约费用，提高企业经济效益。

第一节　粮油入库制度

一、粮油入库要求

（一）统筹兼顾

认真贯彻落实国家粮油收购入库政策，做到国家与农民利益双兼顾，保障军需民食和国家必要的粮油储备。

（二）合理存放

入库的粮油，应根据质量、结合加工、供应和长期保管等计划，合理存放，减少重复搬倒，以节约费用开支。对不同粮油要“五分开”存放。对已被污染或有病虫害的粮油，必须单独存放，以防止污染扩大和病虫害蔓延。

（三）依质论价

认真贯彻“依质论价”政策，提高入库粮油质量。要严格执行国家规定的质量标准和等级差价，做到优质优价、价质相等，不随意抬级抬价或压级压价。

（四）账实相符

要严把入库质量关，所有出入库的粮油，都必须准确称重并及时登记账目，做到账实相符，称重人员要对粮油数量负责。

（五）持证上岗

粮库要调配人员组织政治、业务培训，并根据国家规定进行考核，经考核合格者方能上岗工作。

（六）充分准备

要认真做好粮油入库准备工作。包括仓房、器材、用具、资金、人员等准备。做好仓房、器材、用具消毒杀虫；粮油机械检查维护以及粮油检验器械和设备的校验工作。

（七）严格手续

所有出入库粮油，必须按上级出入库计划进行。动支国家粮油，必须按照粮食部门规定的正式手续办理，没有正式手续，粮库和保管人员有权拒付。

二、粮油入库前的准备

（一）制定粮油入库计划

在收购季节或上级入库计划到来之前，应根据粮油品种、质量、用途、储存时间等因素，结合本单位的具体情况通盘考虑接收方案，拟定编制出切实可行的粮油入库计划。

（二）配备、培训业务人员

粮油入库是时间集中、业务频繁、技术性和政策性较强的工作。要调配人员、合理分工，并组织短期培训，详细讲解政策、价格、任务、质量标准、操作方法等，并明确班组和个人的工作责任。

（三）仓房、器材准备

主要是落实好粮油商品清理、仓房和货场修理、空仓器材消毒；合理安排仓容、场地和器材；备足苫盖防雨设备及包装物；配置和维修好检斤、验质的仪器和计量衡器；配齐装卸、倒运机械设备及其他保管用品等。

（四）做好库内粮油规划安排

入库粮油要合理存放，防止入库后再来回搬倒。结合保管、加工、调运、销售等因素，通过对比多套入库计划，选定最佳方案，实现合理摆布，留足仓容，提高仓库容量利用率目的。

（五）加强联系、掌握发运情况

为更好地做好粮油接收工作，粮库应主动与发粮单位及交通运输部门联系，了解掌握调入粮油的发运与运输在途情况，保证随到随卸，以免压车（船）造成损失。

三、粮油入库过程

（一）粮油收购入库过程

1. 严格验质

严格验质是把住粮油入库质量关的关键。因此，必须组织有关部门和检验人员严格按照国家规定的粮油检验标准及操作规程，对接收入库的粮油质量进行认真检验鉴定，检质时可采用感官检验与仪器鉴定相结合办法验定。

2. 准确检斤

准确检斤是把住入库数量关的关键。它直接关系到企业、国家与个人之间的经济利益，也关系到收购任务的完成以及原始凭证和报表的真实性、准确性。为此，粮库必须组织计量人员对收购入库的粮油，准确检斤，计好票据，指明送交仓号货位，经保管人员查收无误后，签署结算凭证。粮食出（入）库检斤单，如表12-1所示。

表12-1　　×××储备库粮食出（入）库检斤单

填写单位：　　　　年　月　日　　　　单位：kg　　　　№

发粮单位				收粮单位	
品名		收发仓号		承运单位	
检斤记录	件数			车（船）号	
	毛重			随粮包装	
	皮重			品名等级	数量
	净重			标新	
	包装物扣量			标旧	
	水分扣量			编织袋	
	杂质扣量			其他	
	结算数量				
备注					

开票员：　　　　保管员：　　　　检斤员：

3. 依质分类入库

由于入库粮油数量多、品种杂，质量不一，入库时应根据粮油种类、质量、用途和储存等情况，合理存放。堆放时做到“五分开”，即不同品种分开、质量好次分开、干粮与湿粮分开、新粮与陈粮分开、有虫粮与无虫粮分开。

4. 结算付款

收购粮油的结算一般包括：核对结算手续凭证、支付粮油价款等工作。业务人员应依据检斤人员和验质人员核定数量、品种、等级、价格，准确结算各种粮油价款。

5. 统筹安排

粮油收购入库往往是集中性与分散性、突发性和间歇性相统一的业务过程。粮库应根据粮食入库计划要求，对粮库内部的人力、物力进行统筹安排，尤其是在入库高峰期间，粮库应延长工作时间，随到随收，当日粮车当日卸完，避免积压，确保粮油入库工作有条不紊地进行。

（二）粮油调运入库过程

1. 开具到货单据

仓库接到运输部门到货通知后，由调运员开具“到货通知单”一式六联，如表12-2所示。分别由调运员、检斤员、业务科、检验员、储运科及财务科各执一份。

表 12-2　　　　×××储备库粮食到货通知单　　　　№

发货单位		填开依据	发货明细表			
发货地点			车（船）号			
商品部分	通知数			实收数			备注
	品名	包数	数量	品名	包数	数量	仓号

调运员：　　　　保管员：　　　　年　月　日

2. 卸载前检查

接到运输部门到货通知后，仓库应派人会同承运部门人员现场检查、卸车，发现问题，应作好记录，当场分清责任。如责任属承运方要作“货运记录”；责任属发粮方应作“普通记录”，以作追赔凭证。如不作检查或虽检查而不作记录，责任由收货方负责。

3. 卸载前检验品质

粮油卸载前，要依照国家粮油品质标准和检验操作规程进行检验。如发现品质、等级和发粮方检验结果有异，应重新抽样复验。若两次检验结果不一，以接近发粮方检验的一次为准。并保留原样品，等待发粮方到来共同协商处理。

4. 填制检验单

检验员根据结果填制“粮食入库检验单”一式三联，如表 12-3 所示。第一联自存，第二联交业务科，第三联交检斤员。

表 12-3　　　　×××储备库粮食入库检验单

填写单位：　　　　年　月　日　　　　№

样品来源					
品名		代表数量		确定等级	
检验项目	水分%	不完善粒%	容重 g/L	杂质%	出糙率%
检验结果					
检验项目	色泽气味	粘度	脂肪酸值（KOH）mg/g	回归评分值.分	发芽率%
检验结果					
备　注					

主管：　　　　检验员：

5. 填制入库检斤单

检验合格的粮食经过磅称量后由检斤员开具“粮食出（入）库检斤单一式三联，如表12-1所示。第一联由检斤员自存，第二联由保管员留存，第三联经保管员签字后交业务科保存。

6. 认真核对单证

在及时卸车（船）。卸车（船）时，接收人员要按有关规定认真点件、称重验收；核对发货明细表、货运单、检验单等所填写的粮油品种、包装件数、数量、质量等与实收情况是否相符。并将实收的粮油情况填在“发货明细表”和“货运单”上。粮库应签字、加盖公章，凭以登记、记账，并及时寄给发粮单位。如发生质量或数量方面问题，应及时通知发粮方，在办理差额结算时，应将验收的检验证书、过称磅码单凭证副本一并寄给发粮单位。同时还应认真检查包装、缝口以及有无污染、撒漏、丢失等情况，如发现霉坏变质、污染等，应与好粮分别堆放。对地脚粮油，也应及时清扫，并归入原批称重记数。

四、粮油入库收尾工作

（一）粮油收购入库收尾工作

1. 核准数字，建立账卡

粮油入库期间，保管、统计、会计等有关业务部门要做到每天核对校准入库数字。当入库基本结束时，要进行一次全面核对，保持“三账”（保管账、会计账、统计账）相符，发现问题及时处理。所有入库的粮油，都必须及时登记账卡，不准有任何账外粮油。保管账卡主要有以下三种：

（1）囤、垛、堆卡。此卡由保管员根据囤、垛、堆、廒间所储粮油而建立。卡上记明本囤、垛粮油的品种、等级、水分、杂质和数量等内容，如表12-4所示。

表12-4　×××储备库储备粮专卡

填卡单位：　　　　单位：t；　　500g价位：元；　　体积：m^3

保管单位		仓 号		货位编号		仓 型	
设 计 仓 容		储 粮 性 质		品 种		实际数量	
						折合标准数量	
价 位		产 地		入仓时间		储存地点	
收获年度		入仓水分 %		杂质 %		不完善粒 %（整精米率%）	
容重（出糙率%或纯粮率%）		等级		保管方式		保管员 签 字	

续表

散存粮体 积	长×宽×高			包存粮包 数		平均包重 kg	
检测记录	检测时间	水分%	脂肪酸值（KOH）mg/g	黏度 mm^2/s（蛋白质溶解比率%）	面筋吸水量%	品尝评分值	检测人
货位变更记录	变更时间						
	新货位号						
	原货位号						

填卡日期：　　　年　月　日

（2）分仓账。此账由分仓保管员以仓为单位建立，账中记明仓号、储存粮油品种、收入数量、支出数量以及库存数量增减变化等情况，如表 12-5 所示。

表 12-5　　×××储备库储备粮分仓保管账

仓号或货位号：　　　　单位：kg

年	月	日	分公司文件号	摘要	收入数量				支出数量				库存数量					填表人
					小麦	稻谷	玉米	大豆	小麦	稻谷	玉米	大豆	小计	小麦	稻谷	玉米	大豆	

（3）保管总账。以入库粮油品种为单位，每个品种一个户头，建立保管总账。账中记明本品种粮油的数量、等级以及增减变化等情况，如表 12-6 所示。

2. 全面检查，清理现场。粮油入库结束后，粮库要组织一次全面检查，检查内容包括：粮油质量、堆形安全、是否平整；以及各仓点粮油的温度、水分、杂质、虫害、堆高等，记入检查记录簿，作为入库粮质的原始依据。同时对现场进行全面清理，包括平整粮面、清理地脚粮和散乱器材、用具等。并从仓内到仓外全面彻底进行一次清洁卫生大扫除，做到“仓内面面光，仓外三不留”。然后划定清洁卫生责任区，保持卫生经常化。

表 12-6 ×××储备库储备粮保管总账

仓号或货位号： 单位：kg

年	月	日	分公司文件号	摘要	收入数量				支出数量				库存数量					填表人
					小麦	稻谷	玉米	大豆	小麦	稻谷	玉米	大豆	小计	小麦	稻谷	玉米	大豆	

（二）粮油调运入库过程中问题的处理

1．对含有有害、有毒物质超过国家卫生标准的粮油，以及由于使用化学药剂不当造成残留超标的粮油，不能接收入库。已误收入库的，应单独封存，并及时将情况报告上一级主管部门研究处理，未经上级研究决定，不得随意处理。

2．发现接收粮油或装具的货票不符、质价不符、货票分离、批次混乱、短件丢失、破损被盗、湿损污染、霉坏变质等问题，粮库须向承运部门索取“货运记录”或“普通记录”，认真追查处理。责任属于承运部门的应迅速派人到站（港）提出索赔要求，并在铁路、交通部门规定的期限内追赔结案。责任属于发粮方的，应在卸车（船）后五日内电告发粮方，发粮方接到通知后七天内表示处理意见或派人到收粮方共同协商处理。如既不复电也不按期派人复验，即视为没有异议，收粮单位即按接收的实际情况处理。

3．粮油在运输过程中的损耗，不应超过表 12-7、12-8 的定额损耗率，若超过此定额，即为超耗。

表 12-7 粮油运输定额损耗率（不含面粉、豆饼） №：

运输方式	品名	50km 以下(%)		50～1000km(%)		1001km 以上(%)	
		包装	散装	包装	散装	包装	散装
铁路	粮油	0.1	0.1	0.25	0.29	0.3	0.34
	薯干	0.2	0.2	0.5	0.6	0.6	0.7
水路	粮油	0.1	0.1	0.1	0.1	0.1	0.1
	薯干	0.15	0.15	0.3	0.3	0.3	0.3
公路	品名	2km 以下(%)		21 km 以上(%)			
		包装	散装	包装	散装		
	粮油	0.1	0.1	0.25	0.29		
	薯干	0.2	0.2	0.5	0.6		

表 12-8　　粮油运输定额损耗率

品名	运输里程	陆路(%)		水路(%)	
		包装	散装	包装	散装
食用油	1000km 以下	0.25	0.20	0.30	0.20
	1001km 以上	0.30	0.20	0.30	0.20
非食用油	1000km 以下	0.25	0.20	0.35	0.20
	1001km 以上	0.32	0.20	0.40	0.20

当粮油发生超耗时，粮库必须组织人力逐车（船）严格复查。复查比例：火车、轮船、机帆船的定量包（桶）为10%～15%。抽查和复查的结果不一致时，按抽查与复查平均值计耗。责任在发粮方，应保留原始凭证和账册与之办理差额结算；超过规定限额（一般在1%以上）的，要保留原货，及时通知发粮方处理。责任在承运部门的应及时索赔。

第二节　粮油出库业务管理

粮油出库，是指系统内调出，市场经营、批发销售、军粮供应以及供应出口等业务经营活动。

一、粮油出库前的准备

（一）科学编制粮油出库作业计划

粮库应根据上级主管部门下达的粮油出库计划，结合业务经营需要和能够利用的合理运输方式和条件，科学地编制粮油出库作业计划。业务部门通知检验人员取样检验粮食品质，并将检验结果填制“粮食销售出库检验报告”一式二份，如表 12-9 所示。一份自存，另一份交业务科。

（二）编制出库通知单

粮油出库，必须贯彻“推陈储新”和“好粮外调”原则，凡质量不合格的粮油，不能外调。对市场经营的粮油质量标准，应严格按照购销双方签订的购销合同中有关质量标准条款执行。根据上述原则，业务部门根据出库计划填制“出库通知单”一式四份，如表 12-10 所示。一份自存，储运科、财会科、保管员各一份。

（三）准确称重、定量包装

仓库保管员接到出库通知单后，组织人员对拟出库粮油进行称重、定量包装，并填写“粮食出（入）库检斤单”一式三份，如表 12-11 所示。分别由检斤员、保管员及业务科各执一份。

定量包装规定：50kg 的标准麻袋装粮 50kg；100kg 的标准麻袋装稻谷、壳大麦为 70kg；装高粱、米大麦、玉米为 85kg；装芝麻、油菜籽、花生仁为

80kg；装大米、小米、小麦、高粱米、豆类为 90kg；标准面袋装面粉 25kg。200L 标准铁桶装菜油、花生油、芝麻油、豆油、棉籽油等食用油为 180kg。粮油包装必须符合安全运输要求，并做好铺垫及苫盖工作。

表 12-9　　×××储备库稻谷销售出库检验报告　　№

检验单位				报告编号		
受检单位						
样品类别名称		粮食性质		粮食产地		
收获年度		包装/散装		入库年度		
扦样地点						
代表数量		扦（送）日期		扦（送）样人		
检验依据（标准代号）						
检验结果	检验指标	标准值	检验结果	检验指标	标准值	检验结果
	出糙率%			脂肪酸值（KOH）mg/g		
	整精米率%					
	杂质%			口尝评分值．分		
	水分%			黄曲霉毒素 B_1（以大米计）μg/kg		
	互混%					
	黄粒米%			磷化物（以 PH_3 计）mg/kg		
	谷外糙米%					
		类别			色泽气味	
检验结果	报告日期：　年　月　日					
备注						

批准：　　　　审核：　　　　编制：

表 12-10　　×××储备库粮食出库通知单

编号　　　　　　　　　　　　年　月　日

提货仓号		资金到位通知单号	
客户名称		品　名	
发货数量		包　数	
审核意见		开票员	

表 12-11　　　　×××直属库粮食出（入）库检斤单

填写单位：　　　年　月　日　　　单位：公斤　　　　N0.00000688

发粮单位			收粮单位	
品 名		收发粮仓号	承运单位	
检斤记录	件 数		车 船 号	
	毛 重		随 粮 包 装	
	皮 重		品名等级	数 量
	净 重		标 新	
	包装物扣量		标 旧	
	水分扣量		编织袋	
	杂质扣量		其 它	
	结算数量			
备 注				

开票员：　　　　　　保管员：　　　　　　检斤员：

（四）开具“出门放行单”

仓库保管员根据车辆发运或客户提货情况，填写：“库内业务联系单”一式三份，如表 12-12 所示。库内业务联系单经保管员、客户双方签字后，由保管员、客户及财务科各执一份。

表 12-12　　　×××储备库库内业务联系单（出库）　　　年　月　日

出库通知单号		客 户 名 称	
品 名		提 货 仓 号	
包 装		包 重	
包装物名称		包装物数量	
提 货 数 量		车（船）号	
发货方经手人		收货方经手人	

业务科对客户递交的“库内业务联系单”进行复核无误后开具“发货明细表”和“出门单”，如表 **12-13** 所示。并提供“粮食销售出库检验报告”随货同行。

表 12-13　　　×××储备库粮食发货明细表　№：

发方	发站		收方	单位		运输单位		
	日期	年 月 日		日期	年 月 日	运输工具		
品 名	件数	数 量 kg	品名	件数	数量 kg	车（船）号		
						随货包装物	品名	
							等级	
							数量	

续表

发方	签章		收方	签章		承运单位	
	发方经手人			收方经手人			

二、粮油出库发运注意事项

（一）做到“五不装”

粮油装车（船）之前，发粮单位应指派专人会同承运部门人员，认真检查车（船）和粮油是否符合安全运输标准，若发现问题应及时处理并向上级汇报，做到“五不装”。即：

1. 体、门窗、船底、船帮不完好、无苫盖、铺垫物或雨天无防雨设施，可能造成撒漏、湿损的不装。

2. 过毒品、化肥、农药或有异味的车（船），未经洗刷消毒或虽洗刷仍易造成污染的不装。

3.（船）内未经清扫或虽已清扫，但仍不干净的不装。

4. 热、污染、变质和不符合调出品质的粮油不装。

5. 具破漏、缝口不符合规定或桶盖不严的不装。

若属粮油和包装不符合要求的应立即整理或调换；属车（船）状况不好的，应及时与承运部门联系调换。如发粮方不检查车（船）状况，一旦造成损失，均由发粮方负责。

（二）做到一车一船（大船按舱）一单一清

装车（船）时，要会同站（港）现场工作人员认真点件计量交接清楚，做到一车一船（大船按舱）一单一清。要注意一车（船）尽量只装同一品种、同一等级、同一定量包（桶），不同品种、等级、数量的不得混装。不得已要混装时，必须在包（桶）上明显标记，并在发货明细表上注明。食用油与非食用油严禁混装，以防污染中毒。如不按上述规定，因此而发生的挑选费用以及称重整理费用，均由发粮方负责。对于整车整船装运，要求车（船）要装足吨位或容量，注意做到包口朝里，桶口朝上，堆码整齐，苫盖严密，捆绑牢固，棚车要关好门窗，封好铅封。车（船）装好后，发粮单位要按实装品种、数量以及粮油品质检验结果，按一车一船为单位，填开发货明细表及品质检验凭单，随车（船）交收货单位。如遇特殊情况，不能随货同行的，应改用快邮补寄，并在发货当日电告收粮方准备接收。若用铁路专用线或专用码头自装车（船）时，应在运输单上加以注明，以便分清事故责任。

三、粮油出库收尾工作

当一仓（垛、堆）的粮油出清后，应及时计算损耗（溢余），并认真填制保管损耗（溢余）报告单，进行报核处理。并组织人力清理铺垫器材，打扫仓房场地，整理地脚粮，登记账目，做到出一仓、清一仓，账实相符。

第三节 粮油储藏日常管理

一、粮油检查方式

粮油在库日常管理是粮油仓储业务的重要环节，是确保储粮安全的关键。粮食籽粒在储藏期间由于本身的生命活动和环境条件影响而不断发生变化，这就需要粮油仓储人员定期与不定期对粮油进行检测，以正确掌握粮情变化，为确保储粮安全服务。按检查方式划分，可对粮油检测分为："全面普查、定期检查和不定期检查"三种方式。

（一）全面普查

系指每年夏、秋粮油入库工作基本结束后，或在季节交替时期，由上级主管部门组织的对所有储存粮油进行的全面检查。普查的内容主要是：查数量和质量、粮油安危情况；查仓房和露天囤、垛的安全情况；查仓储器材和管理情况；查各项仓储管理制度的执行情况；查"一符四无"的巩固与发展情况；查经营管理情况等。实施时要求做到：有仓必到、有粮（油）必查，查必彻底，对不安全粮油要边检查边处理，使库存粮油达到安全储藏标准。

（二）定期检查

定期检查是指仓储人员按照粮油储藏有关制度的规定，对各自分管的仓房所储存的粮油进行经常性检查。通过检查掌握储粮情况，发现问题，及时处理，防患于未然。

（三）不定期检查

粮油在储藏期间，除按上述所列的项目定期检查外，还要对粮仓、露天囤、垛是否漏雨、返潮、环境卫生以及有无鼠雀危害等进行综合检查。遇刮风、暴雨、大雪等突发性天气变化，应针对薄弱环节进行检查。

二、粮情检测与控制

粮情检测业务主要包括：对温度、湿度、虫害、水分和粮油品质等检测，对种子粮还要检测其发芽率。检查步骤应按照"三先"顺序；先仓外，后仓内；先原粮，后成品粮；先无虫粮，后有虫粮。即先测记气温、大气相对湿度和当时的天气情况，然后进仓查看有无鼠迹、雀害以及仓房、粮堆和器材等情况；再按已定层点，检查粮温、粮油水分；随之进行虫、霉以及仓房有无漏雨返潮检查，最后将检查结果填入储粮检查记录簿（表 12-14）上，以作为反映粮情变化的原始资料，为研究、制定科学保管措施和每月按规定填写"储粮安全情况月报表"提供依据。

表 12-14　　**储粮检查记录簿**

仓号：　　围垛号：　　粮油品种：　　等级：　　来源：

年		数量	天气	气温	仓温	粮温			湿度		水分	杂质	虫害	其他不安全情况	处理情况	检查人意见
月	日					上	中	下	仓外	仓内						

为正确掌握仓库内气温、仓温及粮温的变化规律及特点，在坚持定时、定点检测基础上，可用方格坐标纸绘制出“三温（或三湿）”变化曲线图。如图 12-1 所示。

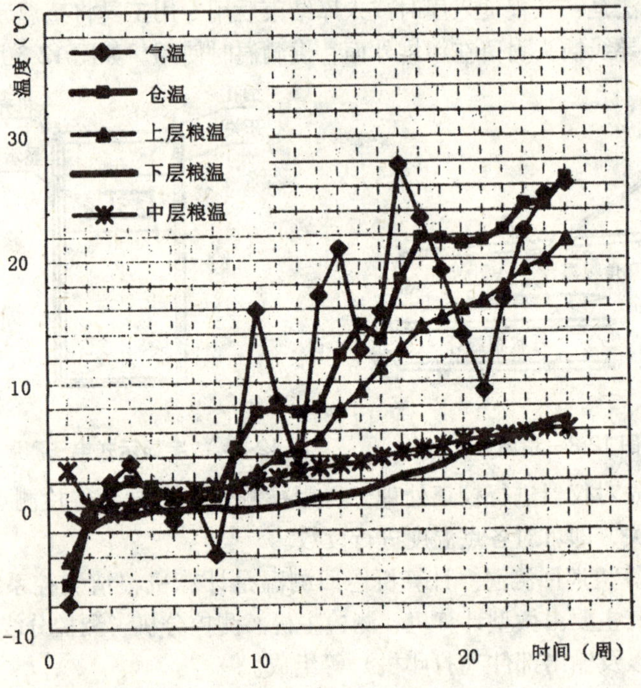

图 12-1　“三温”曲线图

（一）温度的检测

1．温度检测内容

温度检测内容有外温、仓温、粮温。

2．检测工具

检测工具有温度计、粮温计、数字显示式电子测温仪、计算机巡回测温系统等。

（1）温度计。仓库常使用干湿球温度计对外温、仓温的检测。

（2）粮温计。分杆式和直角式两种，如图 12-2 所示。

杆式粮温计长度有 4m、3m、2. 5m、2m、1m 以及 0. 5m 等多种规格。杆式粮温计适用于对散装粮、包装粮粮温检测。使用时将锥形尖端插入相应测点，静置 10 ~ 15 分钟后拔出，即可从温度计中读数。

直角式粮温计仅适用于袋装粮，使用时将锥形尖端插入麻袋或从面袋缝口处插入，静置 10 ~ 15 分钟后从手柄处读取温度数值。

（3）数字显示式电子测温仪。数字显示式电子测温仪是根据不平衡电桥原理进行测量的，其包括测量机构和感温探头两部分。测量机构由集成电路和数字显示电路两部分组成。感温探头一般由半导体热敏电阻或 PN 结测温传感器等作为感温元件。

使用方法是：在粮食入库时或入库结束后用专用工具将感温元件埋入待测点，将连接导线插头引留在粮堆外面，供测温时使用。如图 12-3 所示。

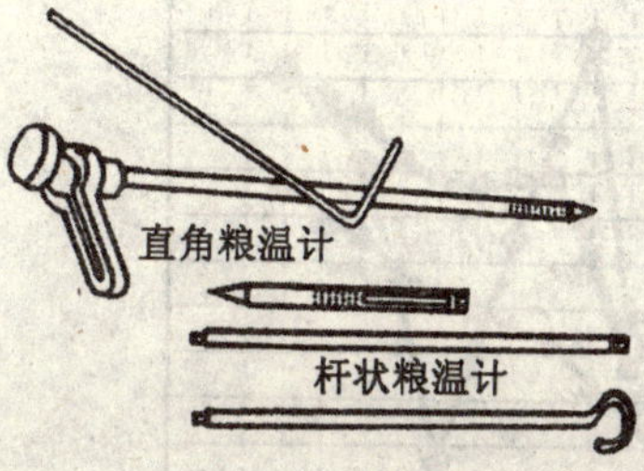

图 12-2　粮温计

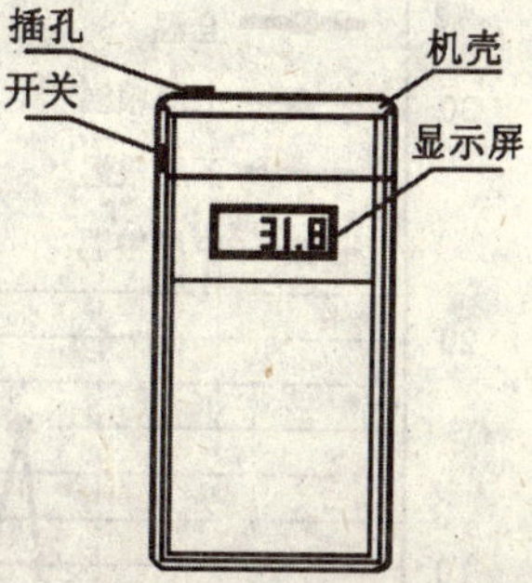

图 12-3　数字显示式电子测温仪

使用时先对仪器进行校正处理，再用检测仪先后与各待检测点插头连接，按下电源开关，即可对各点温度进行读数。

（4）计算机巡回测温。计算机巡回测温是计算机粮情测控系统中的检测功能之一；其主要由微型计算机、测检主机、测控分机、测控分线器、检测电缆、传感器以及输出部件（打印机）等组成。

计算机粮情测控系统具有可人机对话、程序控制、自动巡回检测、粮情分析、通风控制以及其他控制等功能。此外，还能将各仓房各点数据存盘、显示或打印，并可通过计算机程序控制对各点粮情进行对比分析，实现对各点参数进行预警或监控。

①操作方法：合上储粮微机测控系统主机、电脑主机及打印机电源，进入

桌面状态；点击粮情测控系统软件，进入仓库平面分布界面；选择所需检测的仓库检测；得出该仓仓温、仓湿、外温、外湿以及各相应检测点粮食温度；若需打印输出，点击工具栏打印图标即可。

②粮情检测系统温度检测结果校正：

A. 工具：水银球式标准温度计（最小温度值0. 1℃）一支。

B. 操作方法：将标准温度计水银球分别与待校气温传感器、仓温传感器以及粮温传感器放置在同一环境温度中（两者应尽量靠近），启动计算机粮情检测系统，分别将各点温度值填入表中，如表 12-15 所示。

表 12-15　计算机粮情检测系统温度校正检测记录表

校正点	气温	仓温	粮温 1	粮温 2	粮温 n
系统检测温度℃					
标准温度示度℃					
系统检测误差 ± ℃					

③粮情检测系统管理与维护

A. 操作者应具备相关专业知识及操作技能，经培训合格后持证上岗。

B. 检测系统应由专人负责，对所插入系统的光盘及软盘应事先经检测确认无病毒后，方可连机操作使用。

C. 要定期检测并及时消除计算机病毒，对检测数据要定期备份。

D. 检测系统应可靠接地，定期检查系统的防雷装置，确保系统安全。

E. 要定期对测控分机、控制装置、温湿度传感器进行检测，确保系统工作畅通。

F. 要定期对系统分线器、传感器及测控分机防护箱密封的检查，防止腐蚀气体进入引起元件损坏。测控分机还应加强对其防雨检查，以免锈蚀。

3. 温度检查

对粮温的检查，可采取分层定点与机动设点相结合、仪器检测与感观鉴定相结合办法，定时定点测温，便于前后对比分析，掌握储粮温度变化规律。

（1）粮温检查期限

粮温检查期限按粮堆的安全状况与最高温度部位确定，如表 12-16 所示。检查时间以上午 9 ~ 10 时为宜，该时段气温接近日平均温度。在检查粮温同时，还应测记仓温和气温，以便分析比较。

表 12-16　检 查 粮 温 的 期 限

储粮类别	新粮入库 3 个月内	粮温 15℃以下	粮温 15℃以上
安全粮	3 天内至少一次	15 天内至少一次	10 天内至少一次
半安全粮	2 天内至少一次	10 天内至少一次	5 天内至少一次
危险粮	1 天一次	5 天内至少一次	1 天一次

（2）测温点的设定

①气温检测点设置。每库设一点，检测点设置于库区空旷通风且无阳光直射的“百叶箱”中心。百叶箱中心距离地面高度 1.5m。气温、气湿检查一般每个库区只设一个检测点。

②仓温检测点设置。仓温、仓湿检查一般每个仓间只设一个检测点。即：平房仓每个廒间或立筒仓、浅圆仓每个独立单仓内设一点，位于距粮面（设计装粮面）的空间中心位置。

③粮温检测点设置。粮温检测点应根据粮堆大小、堆高及仓库形状分别设置若干个检测点。

A. 房式仓储粮：要求分区、分层设点。具体可将粮堆平面划分为若干区段，每区段为 $100m^2$，取四角与中央共五点，并根据需要增设某些点。粮堆高度 2m 左右的可设上、下两层；3m 以上可设上、中、下三层。各点上、中、下测温点应设在同一垂直线上，上下四周测温点设在距粮面下、靠壁、靠地坪 30～50cm 地方，中间点介于上、下层之间，如图 12-4 所示。

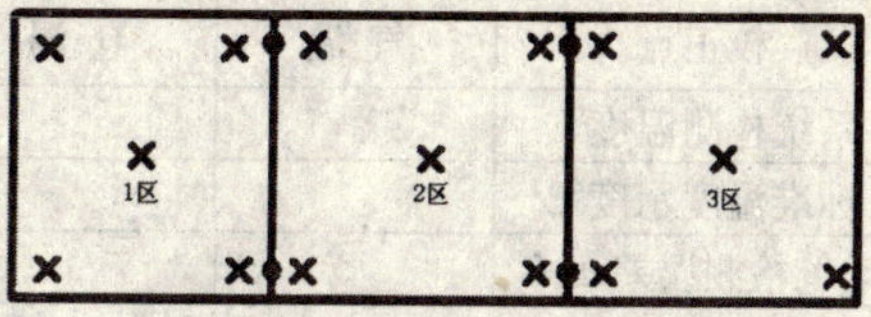

图 12-4　平房仓分区设点示意图

B. 筒式仓与地下仓储粮：应根据筒仓直径和高度及设备条件设定测温点。但在入粮口下及中心部位必须设点。上层设在粮面下 2m 处，下层设在距底部 2m 处，中间可根据不同粮质、深度由各地自定，筒式仓还应在向阳面设点。

C. 围囤、土圆仓储粮：每层通常分内、中、外三部位设点。内部点设在仓、囤的中心点；中部为仓、囤半径的中心，在不同方向分别设两个点；外部为距仓、囤壁 30cm（直径两端点）处各分别设一点，共计五个点。如仓囤直径大于 7m，要适当增加设点。若堆粮高度在 3m 以上，应加设上、中、下三层。

D. 包装储粮：设点应根据堆垛大小和粮质情况而定。一般在粮包堆四边，分上、中、下层设点。若堆高为 12 包的粮堆由下往上数取 2、5、8 包（或 3、6、9 包）。如堆垛较长，每边按三层三处共设九个点。堆垛较大的，还应在堆上面取几点，粮堆中部还应适当设点，必要时可将粮包搬出检查。

E. 机动设点检查：除上面所述的定点之外，应再根据气候条件、粮质情况以及仓储条件，选择在容易发生问题的部位设机动点检查。其机动点检查重点应设定在：粮堆表层、底层、向阳、靠门、窗、墙（柱）、阴湿以及粮质较差的地方等部位。

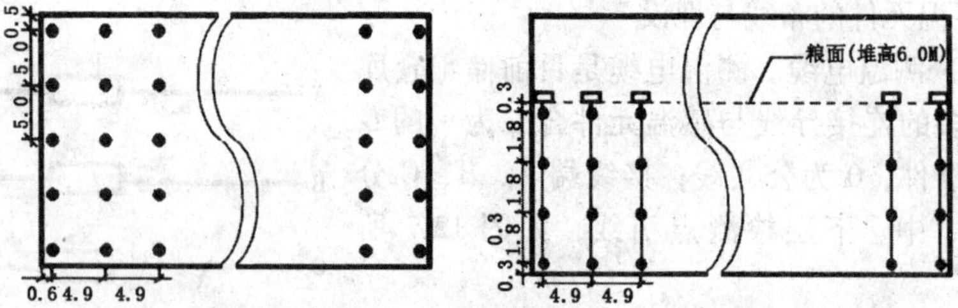

图 12-5　测温传感器平、部面布点示意图

F. 高大平房仓测温点设定。在矩形仓库平面中（具体尺寸如图 12-5 所示），各水平检测点距离不大于5m，同一点垂直方向距离不大于2m，上层、下层及距边墙检测点与粮面、仓底及仓壁的距离为 30 ~ 50cm、浅圆仓测温点设定。在直径为 22m 圆形仓库平面中，各层同心圆布点数量、直径示意如图 12-6 所示。各检测点水平距离为 5 ~ 6m，最外圈检测点距仓壁不大于 2m。同一点垂直方向距离为 1. 5 ~ 3m，在向阳方向和中心部位和入粮口处要设置检测点。常规各直径浅圆仓测温点布置参考数据如表 12-17 所示。

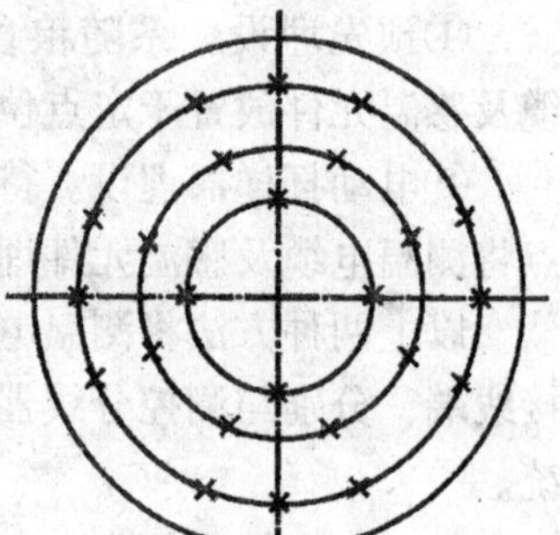

图 12-6　直径 22m 浅圆仓测湿布点示意图

表 12-17　常规各直径浅圆仓测温点布置参考数据

仓型	电缆配置直径（m）	间隔角度（°）	每一圆周需电缆根数
直径 18m	4. 2	120	3
	15	36	10
直径 22m	4. 2	90	4
	12	45	8
	19. 8	30	12
直径 25m	4. 2	90	4
	13. 2	45	8
	22. 2	30	12
直径 27m	4. 8	90	4
	14. 4	36	10
	24	24	15
直径 30m	5. 4	90	4
	16. 2	36	10
	27	22. 5	16

4. 温元件的布线与埋设

(1) 测温电缆。测温电缆是目前储粮仓库使用较多的连接导线与感温元件合二为一的专用测温器件，0 为公共线；接线端 A、B、C 分别为上、中、下层检测点引线，如图 12-7 所示。

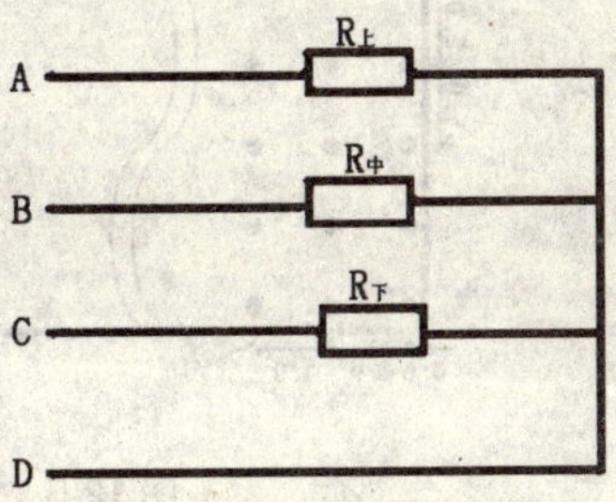

图 12-7 电阻式测温电缆示意图

(2) 测温电缆的布设。测温电缆布设有预先埋设与电动扦样器埋设两种方式。

①预先埋设。系随粮食入库时，将测温电缆及感温元件放置于定点位置，边入库边埋设。

②电动扦样器埋设。待粮食入库整理结束后，利用电动扦样器在选定待测点将测温电缆及感温元件埋设至相应位置。

以上两种方法将测温电缆及感温元件埋于相应待测点后，测温电缆的另一接线端，分别与测控分线器接线柱连接；使之与计算机检测连成完整的测控系统。

（二）湿度的检测

仓库相对湿度检测方法主要有干湿计检测、毛发湿度计检测、WHM5 型温湿度表检测以及电子湿度检测仪检测等。

1. 干湿计检测

干湿计外形如图 12-8 所示。干湿计由等刻度温度计两支、纱布一条、盛水槽一个、带刻度木板一块等组成。

(1) 结构及安装。使用时应将纱布一端固定于湿度计（右边）水银球上，另一端浸泡于盛水槽之中，使球面保持湿润状态，称湿球温度计；另一支（左边）称为干球温度计。置于仓库中 20 ~ 30 分钟。

(2) 使用方法。先查看湿球温度，再看干球温度，并算出二者差数；

①转动滚筒，使干湿差值对准铝罩缺口，再在铝罩上找出湿球示度刻度线（°F），此刻度与滚筒上相平的数据即为当时的相对湿度。

② 由湿球检查表的横栏查出湿球温度，然后从表的左边直栏内，查出干湿球的差数，在直栏与横栏相交的方格内，即可查出相对湿度或绝对湿度的数值。

例如：湿球 20℃，干球 22℃，温差 2℃，经查表 12-17，该仓库的相对湿度为 83%。

(3) 使用注意事项。干湿计应放置在通风阴凉处，太阳不能直射，也不宜放于风口上。在实仓内应悬挂距粮面至少 1m 高处；室外最好悬挂在百叶箱内。水槽和纱布应经常保持清洁，并经常换水，否则会影响水分蒸发，造成误差。

因湿球结冰时要放出热量，表示湿度要小些。当气温低于 -10℃时，干湿计的误差很大，此时则应改用毛发湿度计检测。使用前应注意做好校正工作。

2. HM5 型温湿度表检测

该表系储粮仓库中使用较多的检测温度、湿度合二为一的仪表。其由双金属片作为感温元件，用以测定环境温度；采用人发作感湿元件，用以测定大气相对湿度。圆型刻度盘中，上端刻度为温度值，下端刻度为相对湿度值。使用时只须将该表放置于待检测环境中静置 20～30 分钟，便可从表盘指针中直接读取当时待测点的温、湿度值。

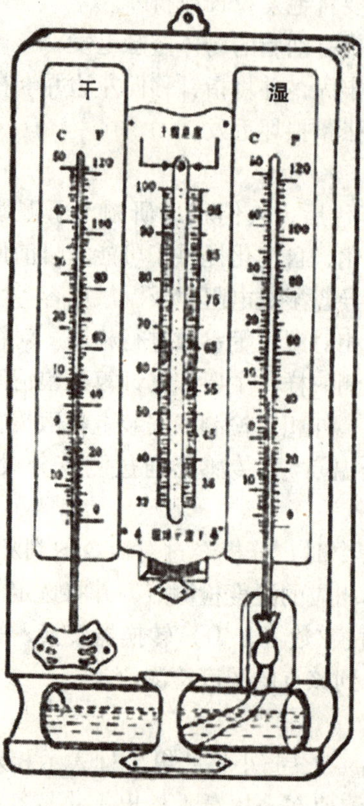

图 12-8 干湿球温度计

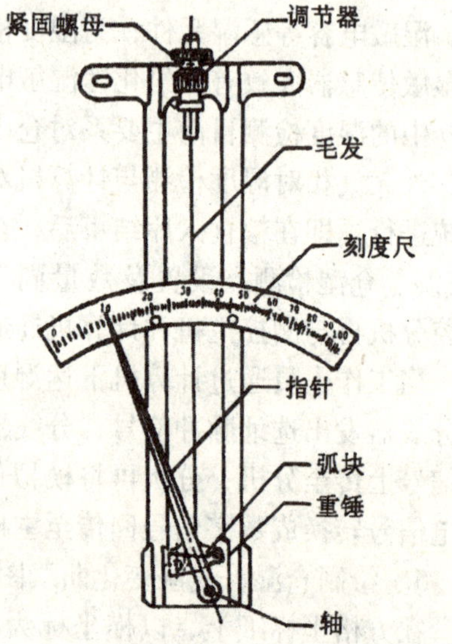

图 12-9 毛发干湿计结构示意图

3. 发湿度计检测

毛发湿度计简称毛发计，其外形如图 12-9 所示。毛发计由紧固螺母、调节器、毛发、刻度尺、指针、弧块、重锤以及轴等部分组成。毛发计分普通型和自记型两种，粮库中常用机械式普通湿度检测仪器。

（1）使用方法。将毛发湿度计由盒中取出，并将其垂直悬挂，此时与干湿计所测出的湿度值进行比较。如订正值超过5%，可在相对湿度大于50%时，调整调节器，使指针指示在与实测值相符的位置，此时校准调整工作结束，可投入检测使用。

检测时，指针所指的刻度数即为所测的相对湿度。

（2）毛发计调节方法。先松开调节器的紧固螺母，然后转动调节器，此时可改变示度，但在使用时应将紧固螺母锁紧。

毛发计工作的温度条件，低温方向可至-30℃，一般温度降至冰点以下不能再使用干湿计检测湿度时，则可改用毛发计检测湿度。

（3）使用注意事项。

①当将毛发计由盒中取出时，要注意不要将毛发拉长或折断。

②使用时应避免仪器震动，不能用手或带有油脂的物体碰触毛发。

③在搬运毛发计时应放置于盒子里固定牢固，并将指针移向左边并卡在刻度板背后，以保证毛发处于松弛状态，避免张紧损坏毛发。

4．电子数字显示式湿度检测

随着科学技术不断进步，20世纪50年代后，人们相继研制出了湿敏电阻、湿敏电容等感湿元件，为湿度检测电气化、自动化提供了可能。目前使用的湿敏传感器大致有：氯化锂湿敏电阻，半导瓷湿敏电阻以及湿敏电容等。对粮仓中的湿度检测目前主要系对仓内和大气相对湿度等参数进行检测。对粮仓内、外大气相对湿度检测与计算机对粮温检测一样，主要依据计算机粮情测控系统进行。即在粮食入库结束后，在粮仓内、外相应检测点安装上湿敏传感器（气湿、仓湿检测点设置及数量同气温、仓温点），传感器通过测控分线器、测控分机再与测控主机和计算机连通。

当工作人员通过计算机下达湿度检测命令时，分机经过对命令的判断后，向分线器发出选址脉冲信号，分线器则选择相应的湿度检测点，并将选定的模拟信号上传至分机，分机再将模拟信号经过模/数（A/D）转换器转换，被测点电信号转换成数字信号回传至主机，便得到该点的湿度检测值。

5．绘制仓湿、气湿变化曲线图

在方格坐标纸上，以横坐标为时间变量，1周/小格；纵坐标表示相对湿度，每小格代表1%。分别将每周相应点检测值在坐标纸上标出，并与各相邻时间检测的仓湿、气湿点用曲线连接起来，便可得出仓湿、气湿变化曲线图。

（三）水分的检测

粮油含水量是储粮划分安全粮、半安全粮和危险粮的主要标准。它直接关系到储粮的安全与品质变化。因此，在粮油储藏期间，要按规定检查、化验储粮水分。

1．检查储粮水分期限

粮油水分的检查期限，一般根据环境温度和粮油含水量情况划分为安全粮、半安全粮、危险粮，再确定检查期限，如表12-18所示。

表12-18　储粮水分检查的期限

储粮类别	检查期限
安全粮	每季度至少一次
半安全粮	每月至少一次
危险粮	根据情况随时测定

2. 检测水分取样点设定

参考测温点的设定方法确定取样点。

3. 水分测定方法

一般有两种方法：

(1) 平均水分。以一个仓房或粮垛、囤为单位，扦取样品检验“平均水分”。该法通常在接收、普查、填报储粮安全月报表、出仓报耗时进行测定。

(2) 局部水分。仓内某层点有问题，扦取该层点样品检验“局部水分”，该法通常为掌握、了解仓内某层点“局部水分”服务。

平均水分用仪器测定，其方法有105℃恒重法、定温定时烘干法、遂道式烘箱法、两次烘干法等（检测方法参见粮油检验有关章节）。局部水分可用感官判断（即眼观、手捏、牙咬）与仪器测定相结合的方法测定。

对各层点粮油水分检测，也可通过预埋的测湿传感器利用半导体测水仪或微机巡回测湿。测湿探头的数量可少于测温探头。测湿传感器通常埋设在距粮面、墙壁、地面30~50cm或其他易潮湿部位。

检查粮食水分的层点与粮温检查点相同。重点应对粮堆的表层、靠墙、靠柱、贴地以及易发生月份变化的点等部位检测。在寒暑及其他气温交替季节，应特别注意对局部水分以及对粮堆是否出现“结露”检查。

(四) 害虫的检测

储粮发生虫害，不仅造成粮食数量损失，而且还会引起粮食品质劣变。因此，必须对储粮进行虫害检查。

1. 检查储粮害虫的期限

储粮害虫的检查期限，应根据粮温高低，分别进行。如表12-19所示。

表12-19　储粮害虫检查期限

粮温	检查期限
低于15℃	各地自定
15℃~25℃	15天内至少检查一次
高于25℃	7天内至少检查一次
危险虫粮在处理后3个月内，7天内至少检查一次	

2. 检查范围及虫粮取样点的设定

检查害虫范围一般应包括粮油、仓房、加工车间、粮店、仓储器材及储粮环境等。

由于虫种和季节的不同，导致了它们生活习性和活动规律也不相同，因此设点取样部位可采取定点与易发生害虫部位相结合办法灵活掌握。

（1）散装粮取样。粮面在 $100m^2$ 以内的，设 5 个取样点；$100 \sim 500m^2$ 的，设 10 个点；$500m^2$ 以上的，设 15 个取样点。堆高在 2m 以下的，一般在粮面取样；堆高在 2m 以上的，设两层取样，每点取样量不少于 1kg。

（2）包装粮取样。采取分层设点办法，外层可适当多设点。500 包以下的粮堆取 10 包；500 包以上的粮堆按 2%的比例取样。先检查露在外面部分的包外虫害头数，再用扦样法检查包内害虫，必要时可拆包或倒包取样。对花生、蚕豆等大粒粮应采用拆包取样方法，取样不少于 1kg。如包外害虫头数多于包内每千克害虫头数时，则以包外害虫头数作为该点害虫密度，不能将两者相加平均计算。

（3）物品和空仓取样。装具、器材以件计算害虫头数，按 2% ~5% 比例抽样检查；空仓在仓库上下四周任选 10 个点，每点面积为 $1m^2$，用目测法检查害虫。

3. 害虫检查的方法

储粮害虫因危害方式不同，有的在粮粒外危害，有的钻到粮粒内危害。因此检查时应先检查粮粒外害虫，再检查粮粒内隐蔽性害虫。粮粒外害虫检查一般采用筛选法，目测法等，对样品采用 Ø1.5、Ø2.5mm 规格虫筛进行选筛选。粮粒内害虫以剖粒法为主，结合比重法、染色法、灯光透视法等方法进行检查。

4. 害虫密度的表示

检查结果按各取样点分别计算害虫密度，并以密度最大的点代表全仓（囤、垛）害虫密度；计算害虫密度时一律以粮粒内、外发现的活虫计算。根据检查对象不同，害虫密度表示为：

（1）储粮的害虫密度表示为：1kg 储粮样品中各种活害虫头数的总和，即：头/ kg。

（2）空仓或加工厂害虫密度表示为：$1m^2$ 面积内各种活害虫头数的总和，即：头/m^2。

（3）装具、器材和机具害虫密度表示为：1 件装具、器材或机具上各种活害虫头数的总和，即：头/件。

（五）粮油品质检测

1. 品质检查期限

储粮品质检查期限各地可根据具体情况确定。油脂品质检查期限一般根据季节确定，如表12-20所示。

2．粮油品质检查取样点设定

粮油品质检查取样点的确定，可参考《粮油检验》中有关规定施行。

表12-20　　油脂检查期限

时　间	检查期限	备　注
夏　季	每半月一次	油脚多、水分高、酸价大的应适当增加检查次数
春秋季	每月一次	
冬　季	每季一次	

3．粮油品质检测项目

检测项目主要有：粮食酸度测定、粮食脂肪酸测定、面筋测定、淀粉——碘——蓝值测定、黏度测定，粮食陈化程度鉴别等。

4．粮油品质检查方法

检查方法可按《粮油检验》中具体操作方法进行，一般以感官鉴定为主，并配合仪器检验。对粮食一般从色泽、气味、硬度、酸值以及发芽率等方面进行检测；对油脂一般检查其水分、杂质、酸价、色泽、气味、渗漏等。

（1）感官鉴别粮油色泽。将试样置于散射光线下，用视觉鉴别待检样品的颜色及光泽是否正常。

（2）感官鉴别粮油气味。将待检样品用嗅觉直接嗅其气味是否正常。也可将待检样品放置于密闭的器皿内，用水浴法将样品加热至60℃～70℃，并保持2～3分钟，再开盖嗅其气味是否正常。

（3）感官鉴别粮油滋味。将待检样品少许涂于舌尖上，用味觉尝辨其滋味是否正常。

（六）粮情分析与处理

通过每次定点检查记录和以往资料，对粮情进行系统分析，以找出问题所在。并在检查分析基础上，研究粮情变化趋向，掌握有关规律，提高仓储工作水平。

1．填写“粮情报表”

粮油仓储人员应依据每次对粮油检查、记录结果，每月按规定如实填写“储粮安全情况月报表”上报。若发现粮情变异失常或发生霉坏粮油事故，不得隐瞒或拖延报告，如因不报、漏报、迟报或无检查记录，后果由检查人员负责。

2．高温、发热、高水分、霉变、污染粮油的处理

（1）高温粮油的处理。若粮油由于受到外界高温影响，出现入仓后仍保

持高温或下降缓慢（趁热入仓密闭储藏的粮油除外）情况，可采取自然通风、仓内翻倒、挖塘扒沟、机械倒仓以及机械通风等办法冷却粮油，促使粮温下降。

（2）发热粮油的处理。造成粮油发热的原因是多方面的，所以在处理发热粮油时应具体情况具体分析。对因水分过大而引起发热的粮油，应采取晾晒、烘干等干燥降水措施处理；因后熟作用而引起发热的粮油，应进行通风处理，以降低粮温，促进后熟；因害虫猖獗而引起发热的粮油，应进行化学药剂熏蒸杀虫处理；因粮油中杂质过多而引起发热的粮油，应采取清杂降温处理。

（3）高水分粮的处理。当粮油水分高于安全水分时，可根据具体条件，采用日光晾晒、机械烘干、机械通风等方法降水。成品粮不宜采用日晒、烘干办法降水，一般采用仓内摊晾、拆包、站包、码通风垛等方法降低水分。

（4）霉变粮的处理。对轻微变质的粮油不宜继续储藏，应及时作食用或饲料处理。对生霉的粮油，如色泽气味还正常，符合国家食品卫生标准的，应及时加工供应或改作饲料。对不能食用或饲用的霉变粮油，可降等作工业原料。对于已达霉烂阶段的粮油，粮质彻底变坏，完全失去使用价值的粮油，只能作报废处理。

（5）污染粮油的处理。对受汽油、农药、化肥等气味污染而产生异味的粮油，应采取隔离存放，清扫刷洗、通风除味等措施，以消除粮油异味污染。对受真菌毒素污染的粮油，必须经过去毒处理，使之符合国家食品卫生标准规定，方能供应食用。对受到黄曲霉毒素污染的粮油，可区别不同粮种并视其受污染程度，分别采取人工挑选去毒、掺和稀释、紫外线照射去毒、活性碳吸附剂去毒以及化学去毒等方法加以处理。凡经处理后仍不符合国家食品卫生标准的粮油，应单独封存，并及时将情况报告上一级主管部门研究处理。未经上级研究决定，严禁随意处理。

二、“一无四符”粮仓（油罐）管理

“一无四符粮仓（油罐）”是我国粮食仓储工作者摸索总结出来的科学管理经验，是做好粮油仓储管理工作的重要标志，是贯彻“以防为主，综合防治”保粮方针的有力措施，是推动粮食仓储管理工作科学化、正规化、制度化的重要手段。

（一）“一无四符”标准

1.“一符四无粮仓”标准

（1）一符。指在库存粮油管理中做到保管账、统计账、会计账与实物数量相符，没有擅自动用国家库存粮油现象称为“一符”。

（2）无害虫。仓房、露天囤（垛）、货场、车间（指库内附属车间，下同）及其存放的粮油、装具、器材和铺苫物料等全部达到《粮油储藏技术规范》中的“基本无虫粮”标准或相应标准的称无害虫。若粮油入库时，害虫密度超过“基本无虫粮”标准，但能做到隔离存放，并积极按《粮油储藏技术规范》中的虫粮处理原则进行防治处理的也算无害虫。

(3) 无变质。储藏的粮油色泽、气味正常没有发生生霉、劣变降等、污染的称为无变质。粮油因发热、生霉、劣变、污染等造成降等扣价，其数量未超过检查评定当月（季、年）平均库存的十万分之一，绝对损失数量未超过平均库存的百分之一的，也算无变质。粮油入库时，经检验已有霉变、轻微污染或色泽、气味不正常，如能采取措施，使损失不再扩大的，仍可视为无变质。

(4) 无鼠雀。仓房内无鼠雀，也无鼠雀粪便、鼠迹、鼠洞、窝巢以及危害痕迹等，并有防鼠雀设施，露天储粮无鼠雀危害痕迹，均称无鼠雀。若仓房、露天囤垛内偶尔窜入鼠雀，但能及时发现，并将鼠雀驱捕的，也可视为无鼠雀。

(5) 无事故。除人力不可抗拒的自然灾害外，没有发生火灾、盗窃、中毒、粉尘爆炸、工伤以及粮油被虫蚀、变质等事故的称为无事故。但如发生上述事故后能及时发现，努力抢救，使国家财产基本未受损失，以及轻微工伤并能及时检查发生原因，总结经验教训的，仍视为无事故。凡属舍己救人或为抢救国家财产而造成伤亡事故的，不列入事故范围。

2. “一符四无油罐”标准

(1) 一符。参照“一符四无粮仓”标准执行。

(2) 无变质。保管的食用或工业用植物油脂质量符合国家标准的称为无变质。如油脂入库时，经检验证明已有轻微变质，入库后能及时处理，达到标准或采取措施控制变质发展的，也可视为无变质。

(3) 无混杂。保管的食用与工业用油脂及不同品种油脂，都能按不同品种、等级严格分开存放，不掺混，并且装具有明显标志的称为无混杂。

(4) 无渗漏。保管的油脂没有发生泼撒、漫顶、渗漏、跑油的称为无渗漏。如个别油罐（池、桶）发生轻微渗漏，但能及时采取防漏措施，其损失未超过1kg的仍可视为无渗漏。

(5) 无事故。参照“一符四无粮仓”标准执行。

(二)“一符四无”单位条件

1. “一符四无粮库”

(1) “一符四无粮库”。以独立核算的库（包括站、所，下同）为单位，整个库内的全部仓房、囤垛、货场、车间、包装器材都达到“一符四无粮仓”标准，可评定为“一符四无粮库”。

(2) “一符四无粮仓县（市）”。全县（市）所有粮库、油库和有粮油储存任务的加工厂，都实现“一符四无”单位的，可评为“一符四无粮仓县（市）”。

2.“一符四无油库”

以独立核算的油库为单位，整个库内油罐、存油仓房、油池都达到“一符四无油罐”标准的，可评定为“一符四无油库”。

（三）“一符四无”的检查、评定

1.“一符”的检查

（1）“一符”检查、评定的具体内容

①清查账目。清查、核对库（所）内的保管、统计、会计账目和报表是否账账相符，账表相符。与上一级主管部门的报表、账目核对，逐一核对货位卡片。

②清查实物。对库存粮油要分货位或批次，核查库存性质、数量、品种和质量并与账表对照分别计算是否相符。

（2）“一符四无”检查、评定的具体要求

基层粮油仓库要根据“一符四无”标准及有关要求，每月有领导参加，组织保管、防治及有关人员对库存的粮油进行一次自查，检查要求深入细致，不仅要查粮情，而且要查平时记录和保管卡片，检查情况、发现的问题要详细填写在“一符四无”检查记录卡上，作为季度检查、年度鉴定的重要依据。

县（市）级粮食局，每个季度要由领导带队，组织有经验的保管、防治以及有关人员，对所属库点进行一次“一符四无”检查，将结果载入“记录卡”，并写出检查总结报上级粮食局，作为年度评定“一符四无”单位的重要依据。

省（区）、地（市）级粮食局，每年要组织人员对所辖地区的“一符四无”开展情况进行1～2次检查或抽查，每次检查，都有要将情况记录在被检查单位的“一符四无”记录卡上。

2.“一符四无”的评定

（1）县（市）级或地（市）级粮食局，每年度根据“一符四无”标准、单位条件，主持评定出“一符四无粮库（油库）”，发给“一符四无”单位合格证，并将结果向上级主管部门报告。

（2）省（区）、地（市）级粮食局，每年按“一符四无”标准，主持评定出县（市）级“一符四无粮库（油库）”和“一符四无粮仓县（市）”并发证，对相关单位或先进个人，给予奖励。

3. 中央储备粮“一符、三专、四落实”内涵及要求

（1）一符。系指账实相符，即统计账、会计账、与保管总账相符；保管总账与分仓保管账相符；分仓保管账与货位专卡相符；专卡与库存实物相符。

(2) 三专。系指专仓（罐）储存、专人保管、专账记载。中央储储备粮实行专仓挂牌储存，不得与其他性质的粮食混存。如需调整中央储备粮专仓，须报分公司或分公司授权的中心库批准。中央储备粮要专人保管，实行定编、定岗、定责任、定奖惩的岗位责任制管理。

承储库要建立统一规范的中央储备粮保管总账及分仓保管账账、专卡和专卡汇总表。保管账和专卡要准确、及时反映中央储备粮的数量、质量及轮换情况。仓房调整、中央储备粮轮换或数量有变动时要及时调整保管账和专卡，旧账由承储库存档备查。

(3) 四落实。系指数量落实、质量落实、品种落实、地点落实。

①数量落实。中央储备粮一旦入库，所有权、动用权在中央。未经国家有关部门批准，任何单位和个人都不得擅自动用。中央储备粮出入库应严格执行中央储备粮出入库管理规定，并及时将出入库情况上报上级单位，以便准确掌握实际库存数量。

②质量落实。收购入库的中央储备粮必须是达到国家标准中等以上的新粮，储备油必须是国家标准四级以上的新油。储存期间，应按照国家有关规定，进行定期质量检测。

③品种落实。中央储备粮的品种一经落实，不得随意变更，必须严格按照国家下达的计划执行。

④地点落实。中央储备粮的储存地点及仓号一经确定，不得随意变动。

（四）中央储备粮管理的基本原则

1. 坚持“三个严格、两个确保”原则

中央储备粮的管理应当严格制度、严格管理、严格责任；确保中央储备粮数量真实、质量良好和储存安全，确保中央储备粮储得进、管得好、调得动、用得上。

2. 坚持诚信原则

执行该原则时要做到“七不得”。即：不得以任何方式骗取、挤占、截留、挪用中央储备粮贷款或者贷款利息、管理费用等财政补贴；不得以中央储备粮对外进行担保或者对外清偿债务；不得虚报、瞒报中央储备粮的数量；不得在中央储备粮中掺杂掺假、以次充好；不得擅自串换中央储备粮的品种、变更中央储备粮的储存地点；不得擅自更改中央储备粮入库成本；不得拒绝执行或者擅自改变中央储备粮动用命令。

3. 坚持动用许可原则

未经国务院批准，任何单位和个人不得擅自动用中央储备粮。擅自动用中央储备粮者将受到法律制裁。

4. 坚持节约成本、费用和高效原则

中央储备粮经营管理过程中应当本着低成本、高效率原则。同一地区、同一品种、储存条件基本相同的承储企业管理费用补贴标准原则上应当一致。

三、粮油保管损耗管理

粮油保管损耗大小可以反映粮库的管理水平，直接影响着粮库的经营效果和经济效益。因此，加强粮油保管损耗管理是粮油仓储业务工作的一个重要环节。

（一）粮油保管损耗概念和分类

1．粮油保管损耗

系指粮油由计量验收入库起，至计量点交出库止的整个保管过程中发生的全部损耗。

2．粮油保管损耗种类

若按其发生的原因，可分为“水分杂质减量”和“保管自然损耗”两类。

（二）水分杂质减量

1．水分杂质减量

系指粮油在保管过程中，由于水分自然蒸发减量或为确保安全而对超标准粮油进行烘晒、整理所发生的减量损耗。

2．水分（杂质）损耗量计算

水分损耗的计算公式

$$水分（杂质）损耗率（\%）=\frac{入库水分（杂质）-出库水分（杂质）}{100-出库水分（杂质）}\times 100\%$$

$$水分（杂质）损耗量=入库总量\times 水分（杂质）损耗率（\%）\quad (12\text{-}1)$$

在实际工作中，若整批入库又整批出库，计算水分（杂质）减量按公式12-1计算；若整批入库分批出库或分批入库整批出库以及分批入库分批出库等，则应采用加权平均的计算方法，先求得进、出库粮油的平均水分（杂质），然后再用公式12-1求出水分（杂质）损耗率和水分（杂质）减量。计算公式为：

$$进（出）库平均水分（杂质）=\frac{\Sigma［（出）库数量\times 进（出）库水分（杂质）］}{\Sigma 各批进（出）库数量}\times 100\quad (12\text{-}2)$$

由于杂质含量一般占储粮比例很小，杂质减量的幅度小，为计算简便，其损耗率也可用下式计算。

$$杂质损耗率（\%）=入库杂质（\%）-出库杂质（\%）\quad (12\text{-}3)$$

$$杂质损耗量=入库总量\times 杂质损耗率（\%）\quad (12\text{-}4)$$

（三）保管自然损耗

1．自然损耗

系指由于粮油正常生命活动损耗的干物质、化验和计量的合理误差，以及检化验耗用的样品、轻微的虫、鼠、雀害以及搬倒中零星抛撒等所产生的损耗。

一般把粮油在规定的安全水分下发生的水分减量，也作为保管自然损耗处理。

2．粮油保管自然损耗率

系是指粮油在保管期间的自然损耗量占入库量的百分比。国家规定粮油保管自然损耗率定额如表12-21。

3．保管自然损耗计算公式

保管自然损耗量 = 入库总量 − 出库总量 − 水分杂质减量

保管定额损耗量 = 入库总量 × 自然损耗率定额（%）

超耗量 = 保管自然损耗量 − 保管定额损耗量

如果保管自然损耗量超过保管定额损耗量，其超过部分称为“超耗”，而出库数量大于入库数量，其多出部分称为“溢余”。

粮油在整批入库和整批出库时，保管时间即为实际在库时间。当一个仓库的粮油分批入库或分批出库时，其保管时间可采用计算平均保管时间解决。计算公式为：

$$\text{平均保管月数} = \frac{\sum(\text{结存数量} \times \text{保管日数})}{\sum \text{入库粮油数量}} \div 30 \qquad (12\text{-}5)$$

表12-21　粮油保管自然损耗定额（%）

品种＼保管时间	六个月内	一年以内	一年以上
粮食	0.10	0.15	0.20
油料	0.15	0.20	0.23
油脂	0.08	0.10	0.12
薯干	0.25	0.30	0.35

（四）保管损耗管理

1．保管损耗管理原则

（1）水分杂质减量和保管自然损耗，必须分别计算，分别列报，不得混淆。

（2）水分杂质减量和保管自然损耗，应该以一个货位或批次为单位，在粮油出清后，根据粮油入库验质、计量凭证进行计算。

（3）不同粮种和油料、油脂、油饼（粕）以及薯类保管自然损耗定额，粮油保管损耗的报销手续，审批权限，由省（区）粮食局规定，报国家粮食局备案。

（4）保管的粮油，出现“溢余”时，应按“商品溢余”处理，不得冲抵保管损耗。

（5）凡发生超耗或溢余，都必须查实后说明原因，报规定的上级机关审批。

2. 保管损耗管理措施

（1）粮库应经常对职工进行爱惜粮油教育，严格遵守仓库的各项规章制度和操作规程，千方百计降低粮油保管损耗。仓储人员要负责记载所保管仓房的粮油保管囤垛卡，以作为报销的基本凭证，并保证物卡相符。

（2）粮油进出库，必须称重、检验水分、杂质，填写磅码单和检验凭证，作为报耗依据。

（3）保管损耗以堆、囤为计算单位，在粮油出清后，根据出入库检验、称重凭证一次进行计算，在保管和分批拨付期间，不得预报损耗。

（4）粮油保管自然损耗与水分、杂质减量，必须分开计算。一个仓、囤在出清后，如发生损耗，可先根据出仓水分、杂质含量计算水分、杂质减量。如经计算水分、杂质减量超过实际损耗总量的，其损耗总量可全部作为水分、杂质减量处理，不再计算保管自然损耗；如实际损耗总量超过水分、杂质减量，其超过部分应作为保管自然损耗；如无水分、杂质减量时，其损耗量全部作为保管自然损耗。

（5）保管损耗要严加管理，不得预报、估报、假报和隐瞒不报。粮油出库如发生溢余，应列入商品溢余和其他收入处理，不得隐瞒，不得抵消损耗或以其他方式处理。

粮油保管损耗，在规定的保管自然损耗定额以内的，以及合理的水分、杂质减量，可以实报实销。对超耗和溢余，一律采取“先登记后结案”办法，将超耗和溢余情况另行登记，然后查明原因上报处理，没有正当理由的，作为事故处理。所有粮油保管损耗一定要经过审查批准才能核减库存。

（6）粮油在保管过程中，因管理不善，工作失职造成巨额超耗，或霉变、虫蚀、污染、水淹、失火、贪污、盗窃等事故损失和经查明不属于损耗的短斤、丢失等损失以及意外事故所发生的损失，应按财产损失有关规定办理，不作正常损耗处理。

思考练习题

1. 粮油收购入库主要业务环节有哪些？
2. 粮油调运入库要做好哪些工作？若发现问题如何处理？
3. 粮油出库大致要做好哪些工作？
4. 粮油的堆放有哪些形式？适用范围如何？
5. 粮情检查有哪些方式？检查内容包括哪些？各内容的检查期限如何？

6. 怎样处理高温、发热、高水分、霉变、被污染的粮油?

7. “一符四无粮仓”和“一符四无油罐”的标准各是什么?怎样进行检查、评定、发证?

8. 粮油保管损耗包括哪些?保管损耗管理具体措施有哪些?

主要参考文献

1. 路茜玉主编:《粮油储藏学》, 北京, 中国财政经济出版社, 1999。

2. 沈宗海主编:《粮油储藏》, 北京, 中国财政经济出版社, 1998。

3. 王德学主编:《粮油储藏》, 北京, 中国财政经济出版社, 2002。

4. 程传秀主编:《储粮新技术教程》, 北京, 中国商业出版社, 2001。

5. 中国标准出版社第一编辑室主编:《粮油标准汇编》[品种质量卷 (第二版)], 中国农业出版社, 2005。

6. 中华人民共和国粮食行业标准《储粮技术规程》, 国家粮食局, 2002。

7. 岳炜主编:《粮油保管》, 北京, 中国财政经济出版社, 1998。

8. 韩玉芝主编:《粮油保管》, 哈尔滨, 黑龙江人民出版社, 1992。

9. 严以谨主编: 《机械通风储粮技术》, 郑州, 河南科学技术出版社, 1996。

10. 宋伟主编:《粮油保管员》(粮食行业职业技能培训教程), 北京, 中国农业出版社, 2006。

11. 商业部《粮油储藏技术规范》1987, 商业部粮食储运局印。

12. 郑继顺, 扬昌举编著: 《食品储藏原理与运用》, 北京, 中国财政经济出版社, 1987。